CAMBRIDGE LIBRARY COLLECTION

Books of enduring scholarly value

Mathematical Sciences

From its pre-historic roots in simple counting to the algorithms powering modern desktop computers, from the genius of Archimedes to the genius of Einstein, advances in mathematical understanding and numerical techniques have been directly responsible for creating the modern world as we know it. This series will provide a library of the most influential publications and writers on mathematics in its broadest sense. As such, it will show not only the deep roots from which modern science and technology have grown, but also the astonishing breadth of application of mathematical techniques in the humanities and social sciences, and in everyday life.

Mécanique analytique

Joseph-Louis Lagrange (1736–1813), one of the notable French mathematicians of the Revolutionary period, is remembered for his work in the fields of analysis, number theory and mechanics. Like Laplace and Legendre, Lagrange was assisted by d'Alembert, and it was on the recommendation of the latter and the urging of Frederick the Great himself that Lagrange succeeded Euler as the director of mathematics at the Prussian Academy of Sciences in Berlin. The two-volume Mécanique analytique was first published in 1788; the edition presented here is that of 1811-15, revised by the author before his death. In this work, claimed to be the most important on classical mechanics since Newton, Lagrange developed the law of virtual work, from which single principle the whole of solid and fluid mechanics can be derived.

Cambridge University Press has long been a pioneer in the reissuing of out-of-print titles from its own backlist, producing digital reprints of books that are still sought after by scholars and students but could not be reprinted economically using traditional technology. The Cambridge Library Collection extends this activity to a wider range of books which are still of importance to researchers and professionals, either for the source material they contain, or as landmarks in the history of their academic discipline.

Drawing from the world-renowned collections in the Cambridge University Library, and guided by the advice of experts in each subject area, Cambridge University Press is using state-of-the-art scanning machines in its own Printing House to capture the content of each book selected for inclusion. The files are processed to give a consistently clear, crisp image, and the books finished to the high quality standard for which the Press is recognised around the world. The latest print-on-demand technology ensures that the books will remain available indefinitely, and that orders for single or multiple copies can quickly be supplied.

The Cambridge Library Collection will bring back to life books of enduring scholarly value (including out-of-copyright works originally issued by other publishers) across a wide range of disciplines in the humanities and social sciences and in science and technology.

Mécanique analytique

VOLUME 1

JOSEPH-LOUIS LAGRANGE

CAMBRIDGE
UNIVERSITY PRESS

CAMBRIDGE UNIVERSITY PRESS

Cambridge, New York, Melbourne, Madrid, Cape Town, Singapore,
São Paolo, Delhi, Dubai, Tokyo

Published in the United States of America by Cambridge University Press, New York

www.cambridge.org
Information on this title: www.cambridge.org/9781108001755

This edition first published 1811
This digitally printed version 2009

ISBN 978-1-108-00175-5 Paperback

MÉCANIQUE
ANALYTIQUE.

MÉCANIQUE

ANALYTIQUE,

Par J. L. LAGRANGE, *de l'Institut des Sciences, Lettres et Arts, du Bureau des Longitudes; Membre du Sénat Conservateur, Grand-Officier de la Légion d'Honneur, et Comte de l'Empire.*

NOUVELLE ÉDITION,

REVUE ET AUGMENTÉE PAR L'AUTEUR.

TOME PREMIER.

PARIS,

Mme Ve COURCIER, IMPRIMEUR-LIBRAIRE POUR LES MATHÉMATIQUES.

1811.

AVERTISSEMENT.

On a déjà plusieurs Traités de Mécanique, mais le plan de celui-ci est entièrement neuf. Je me suis proposé de réduire la théorie de cette Science, et l'art de résoudre les problèmes qui s'y rapportent, à des formules générales, dont le simple développement donne toutes les équations nécessaires pour la solution de chaque problème.

Cet Ouvrage aura d'ailleurs une autre utilité; il réunira et présentera sous un même point de vue, les différens principes trouvés jusqu'ici pour faciliter la solution des questions de Mécanique, en montrera la liaison et la dépendance mutuelle, et mettra à portée de juger de leur justesse et de leur étendue.

Je le divise en deux Parties; la Statique ou la Théorie de l'Équilibre, et la Dynamique ou la Théorie du Mouvement; et dans chacune de ces Parties, je traite séparément des Corps solides et des Fluides.

On ne trouvera point de Figures dans cet Ouvrage. Les méthodes que j'y expose ne demandent ni constructions, ni raisonnemens géométriques ou mécaniques, mais seulement des opérations algébriques, assujéties à une marche régulière et uniforme. Ceux qui aiment l'Analyse, verront avec plaisir la Mécanique en devenir une nouvelle branche, et me sauront gré d'en avoir étendu ainsi le domaine.

Tel est le plan que j'avais tâché de remplir dans la

première édition de ce Traité, publiée en 1788. Celle-ci est à plusieurs égards un Ouvrage nouveau sur le même plan, mais plus ample. On a donné plus de développement aux principes et aux formules générales, et plus d'étendue aux applications, dans lesquelles on trouvera la solution des principaux problèmes qui sont du ressort de la Mécanique.

On a conservé la notation ordinaire du Calcul différentiel, parce qu'elle répond au système des infiniment petits, adopté dans ce Traité. Lorsqu'on a bien concu l'esprit de ce système, et qu'on s'est convaincu de l'exactitude de ses résultats par la méthode géométrique des premières et dernières raisons, ou par la méthode analytique des fonctions dérivées, on peut employer les infiniment petits comme un instrument sûr et commode pour abréger et simplifier les démonstrations. C'est ainsi qu'on abrège les démonstrations des Anciens, par la méthode des indivisibles.

Nous allons indiquer les principales augmentations qui distinguent cette édition de la précédente. La première Section de la première Partie contient une analyse plus complète des trois principes de la Statique, avec des remarques nouvelles sur la nature et la liaison de ces principes; elle est terminée par une démonstration directe du principe des vîtesses virtuelles, et tout-à fait indépendante des deux autres principes. Dans la seconde Section, on démontre d'une manière plus rigoureuse que le principe des vîtesses virtuelles pour un nombre quelconque de forces en équilibre, peut se déduire du cas où il n'y a que deux forces, ce qui ramène directement ce principe à celui du levier; on réduit à une forme plus générale les équations qui résultent de ce principe, et l'on donne les conditions nécessaires pour qu'un système de forces soit équivalent à un autre système de forces, et puisse le remplacer. Dans la troisième Section, on établit d'une manière plus directe les formules des mouvemens instantanés de rotation, et de la composition de ces mouvemens, et on en déduit la théorie des momens et de leur composition; on y expose une propriété peu connue du centre de gravité, et on donne une nouvelle démonstration des *maxima* et *minima* qui ont lieu dans l'état d'équilibre. La quatrième Section contient des formules plus générales et plus simples pour la solution des problèmes qui dépendent de la méthode des variations; et par la comparaison de ces formules avec celles de l'équilibre des corps de figure variable, on y montre comment les questions relatives à leur équilibre rentrent dans la classe de celles qui sont connues sous le nom de *problème général des isopérimètres*, et se résolvent de la même manière. La cinquième Section offre quelques problèmes nouveaux et des remarques importantes sur quelques-unes des solutions déjà données dans la première édition. Dans la sixième Section, on a ajouté quelques détails à l'analyse historique des principes de l'Hydrostatique. On a donné, dans la septième Section, plus de rigueur et de généralité au calcul des variations des molécules d'un fluide, et on a rendu beaucoup plus simple l'analyse des termes qui se rapportent aux limites de la masse fluide ; on a déduit de ces termes la théorie de l'action des fluides sur les solides qu'ils recouvrent, ou sur les parois des vases qui les renferment, et on en a tiré une démonstration directe de ce théorème que, dans l'équilibre d'un solide avec un fluide, les forces qui agissent sur le solide sont les mêmes que si le fluide ne formait qu'une seule masse avec le solide. On a ajouté aussi, tant dans cette Section que dans la suivante qui traite de l'équilibre des fluides élastiques, quelques applications des formules générales de l'équilibre des fluides.

La deuxième Partie, qui contient la Dynamique, offre un plus grand nombre d'augmentations. Dans la première Section on a rendu plus complète et plus exacte dans quelques points l'analyse historique des principes de la Dynamique. Il y a dans la seconde Section une addition importante, où l'on montre dans quels cas la formule générale de la Dynamique, et par conséquent aussi les équations qui en résultent pour le mouvement d'un système de corps, sont indépendantes de la position des axes des coordonnées dans l'espace, ce qui donne le moyen de compléter une solution où l'on aurait supposées nulles quelques constantes, par l'introduction de trois nouvelles constantes arbitraires. Dans la troisième Section on a donné plus d'extension aux propriétés relatives au mouvement du centre de gravité et aux aires décrites par un système de corps ; on y a ajouté la théorie des axes principaux ou de rotation uniforme, déduite de la considération des mouvemens instantanés de rotation, par une analyse différente de celle qu'on y avait employée jusqu'ici; et on y démontre quelques théorèmes nouveaux sur la rotation d'un corps solide ou d'un système de corps, lorsqu'elle dépend d'une impulsion primitive. La quatrième Section est à peu de chose près la même que dans la première édition; mais la cinquième Section est entièrement nouvelle; elle renferme la théorie de la variation des constantes arbitraires, qui a fait l'objet de trois Mémoires imprimés parmi ceux de la première Classe de l'Institut, pour l'année 1808, mais présentée d'une manière plus simple et comme une méthode générale d'approximation pour tous les problèmes de mécanique, où il y a des forces perturbatrices peu considérables par rapport aux forces principales.

Nous observerons ici, pour donner à cette théorie toute l'étendue dont elle est susceptible, que la fonction V, qui dépend des forces principales, ne peut être qu'une fonction exacte des seules variables indépendantes ξ, ψ, φ, etc., et du temps t, mais qu'il n'est pas nécessaire que la fonction désignée par Ω, et qui dépend des forces perturbatrices, soit aussi de la même nature. Quelles que soient ces forces, si on les décompose, pour chaque corps m du système, en trois X, Y, Z, suivant les coordonnées x, y, z, et tendantes à les augmenter, il n'y aura qu'à réduire ces coordonnées en fonctions des variables indépendantes ξ, ψ, φ, etc., et on pourra substituer à la place des différences partielles $\frac{d\Omega}{d\xi}$, $\frac{d\Omega}{d\psi}$, etc.

les sommes respectives

$$Sm\left(X\frac{dx}{d\xi}+Y\frac{dy}{d\xi}+Z\frac{dz}{d\xi}\right),\ Sm\left(X\frac{dx}{d\psi}+Y\frac{dy}{d\psi}+Z\frac{dz}{d\psi}\right),\ \text{etc.}$$

et par conséquent à la place de $\Delta.\Omega$, la quantité

$$Sm(X\Delta x+Y\Delta y+Z\Delta z),$$

où la caractéristique Δ se rapporte aux constantes arbitraires; de sorte qu'on pourra changer $\frac{d\Omega}{d\alpha}$ en

$$Sm\left(X\frac{dx}{d\alpha}+Y\frac{dy}{d\alpha}+Z\frac{dz}{d\alpha}\right),$$

et ainsi des autres différences partielles de Ω. De cette manière, la méthode sera applicable à des forces perturbatrices représentées par des variables quelconques.

Enfin la sixième Section, qui est la dernière de ce volume, et qui répond au paragraphe premier de la cinquième Section de l'édition précédente, est augmentée de différentes remarques, et surtout de la solution de quelques problèmes sur les oscillations très-petites des corps; elle est terminée par la théorie des cordes vibrantes, que j'avais donnée dans le premier volume des Mémoires de Turin, et qui est présentée ici d'une manière plus simple et à l'abri des objections que d'Alembert avait faites contre cette théorie, dans le premier volume de ses Opuscules.

TABLE.

TABLE DES MATIÈRES

CONTENUES DANS CE VOLUME.

PREMIÈRE PARTIE DE LA MÉCANIQUE,

OU LA STATIQUE.

SECONDE PARTIE DE LA MÉCANIQUE,

OU LA DYNAMIQUE.

FIN DE LA TABLE DU PREMIER VOLUME.

MÉCANIQUE ANALYTIQUE.

PREMIÈRE PARTIE.

LA STATIQUE.

SECTION PREMIÈRE.

Sur les différens Principes de la Statique.

La Statique est la science de l'équilibre des forces. On entend en général par *force* ou *puissance* la cause, quelle qu'elle soit, qui imprime ou tend à imprimer du mouvement au corps auquel on la suppose appliquée; et c'est aussi par la quantité du mouvement imprimé, ou prêt à imprimer, que la force ou puissance doit s'estimer. Dans l'état d'équilibre la force n'a pas d'exercice actuel; elle ne produit qu'une simple tendance au mouvement; mais on doit toujours la mesurer par l'effet qu'elle produirait si elle n'était pas arrêtée. En prenant une force quelconque, ou son effet pour l'unité, l'expression de toute autre force n'est plus qu'un rapport, une quantité mathématique qui peut être représentée par des nombres ou des lignes; c'est sous ce point de vue que l'on doit considérer les forces dans la Mécanique.

L'équilibre résulte de la destruction de plusieurs forces qui se combattent et qui anéantissent réciproquement l'action qu'elles exercent les unes sur les autres; et le but de la Statique est de donner les lois suivant lesquelles cette destruction s'opère. Ces lois sont fondées sur des principes généraux qu'on peut réduire à trois; celui du *levier*, celui de la *composition des forces*, et celui des *vitesses virtuelles*.

1. Archimède, le seul parmi les Anciens qui nous ait laissé une théorie de l'équilibre, dans ses deux Livres *de Æquiponderantibus*, ou *de Planorum æquilibriis*, est l'auteur du principe du levier, lequel consiste, comme le savent tous les mécaniciens, en ce que si un levier droit est chargé de deux poids quelconques placés de part et d'autre du point d'appui, à des distances de ce point réciproquement proportionnelles aux mêmes poids, ce levier sera en équilibre, et son appui sera chargé de la somme des deux poids. Archimède prend ce principe, dans le cas des poids égaux placés à des distances égales du point d'appui, pour un axiome de Mécanique évident de soi-même, ou du moins pour un principe d'expérience; et il ramène à ce cas simple et primitif celui des poids inégaux, en imaginant ces poids lorsqu'ils sont commensurables, divisés en plusieurs parties toutes égales entre elles, et en supposant que les parties de chaque poids soient séparées et transportées de part et d'autre sur le même levier, à des distances égales, ensorte que le levier se trouve chargé de plusieurs petits poids égaux et placés à distances égales autour du point d'appui. Ensuite il démontre la vérité du même theorème pour les poids incommensurables, à l'aide de la méthode d'exhaustion, en faisant voir qu'il ne saurait y avoir équilibre entre ces poids, à moins qu'ils ne soient en raison inverse de leurs distances au point d'appui.

Quelques auteurs modernes, comme Stevin dans sa Statique, et Galilée dans ses Dialogues sur le mouvement, ont rendu la démonstration d'Archimède plus simple, en supposant que les poids attachés au levier soient deux parallélépipèdes horizontaux pendus par leur milieu, et dont les largeurs et les hauteurs soient égales, mais dont les longueurs soient doubles des bras de levier qui leur répondent inversement. Car de cette manière les deux parallélépipèdes sont en raison inverse de leurs bras de levier, et en même temps ils se trouvent placés bout-à-bout, ensorte qu'ils n'en forment plus qu'un seul dont le point du milieu répond précisément au point d'appui du levier. Archimède avait déjà employé une considération semblable pour déterminer le centre de gravité d'une grandeur composée de deux surfaces paraboliques, dans la première proposition du second Livre de l'Équilibre des plans.

D'autres auteurs, au contraire, ont cru trouver des défauts dans la démonstration d'Archimède, et ils l'ont tournée de différentes façons, pour la rendre plus rigoureuse; mais il faut convenir qu'en altérant la simplicité de cette démonstration, ils n'y ont presque rien ajouté du côté de l'exactitude.

Cependant parmi ceux qui ont cherché à suppléer à la démonstration d'Archimède, sur l'équilibre du levier, on doit distinguer Huyghens, dont on a un petit écrit intitulé *Demonstratio æquilibrii bilancis*, et imprimé en 1693, dans le Recueil des anciens Mémoires de l'Académie des Sciences.

Huyghens observe qu'Archimède suppose tacitement que si plusieurs poids égaux sont appliqués à un levier horizontal, à distances égales les uns des autres, ils exercent la même force pour incliner le levier, soit qu'ils se trouvent tous du même côté du point d'appui, soit qu'ils soient les uns d'un côté et les autres de l'autre côté du point d'appui; et pour éviter cette supposition précaire, au lieu de distribuer, comme Archimède, les parties aliquotes des deux poids commensurables sur le même levier, de part et d'autre des points où les poids entiers sont censés appliqués, il les distribue de la même manière, mais sur deux autres leviers horizontaux et placés perpendiculairement aux extrémités du levier principal, en forme de T; de cette manière, on a un plan horizontal chargé de plusieurs poids égaux, et qui est évidemment en équilibre sur la ligne du premier levier, parce que les poids se trouvent distribués également et symétriquement des deux côtés de cette ligne; mais Huyghens démontre que ce plan est aussi en équilibre sur une droite inclinée à celle-là, et passant par le point qui divise le levier primitif en parties réciproquement proportionnelles aux poids dont il est supposé chargé, parce qu'il fait voir que les petits poids se trouvent aussi placés à distances égales de part et d'autre de la même droite : d'où il conclut que le plan, et par conséquent le levier proposé doit être en équilibre sur le même point.

Cette démonstration est ingénieuse, mais elle ne supplée pas entièrement à ce qu'on peut en effet desirer dans celle d'Archimède.

2. L'équilibre d'un levier droit et horizontal, dont les extrémités sont chargées de poids égaux, et dont le point d'appui est au milieu du levier, est une vérité évidente par elle-même, parce qu'il n'y a pas de raison pour que l'un des poids l'emporte sur l'autre, tout étant égal de part et d'autre du point d'appui. Il n'en est pas de même de la supposition que la charge de l'appui soit égale à la somme des deux poids. Il paraît que tous les mécaniciens l'ont prise comme un résultat de l'expérience journalière, qui apprend que le poids d'un corps ne dépend que de sa masse totale, et nullement de sa figure (*). On peut néanmoins déduire cette vérité de la première, en considérant, comme Huyghens, l'équilibre d'un plan sur une ligne.

Pour cela, il n'y a qu'à imaginer un plan triangulaire chargé de deux poids égaux aux deux extrémités de sa base, et d'un poids

(*) D'Alembert est, je crois, le premier qui ait cherché à démontrer cette proposition; mais la démonstration qu'il en a donnée dans les Mémoires de l'Académie des Sciences de 1769, n'est pas entièrement satisfaisante. Celle que M. Fourier a donnée depuis dans le cinquième cahier du Journal de l'École Polytechnique, est rigoureuse et très-ingénieuse; mais elle n'est pas tirée de la nature du levier.

double à son sommet. Ce plan sera évidemment en équilibre, étant appuyé sur une ligne droite ou axe fixe, qui passe par le milieu des deux côtés du triangle; car on peut regarder chacun de ces côtés comme un levier chargé dans ses deux extrémités de deux poids égaux, et qui a son point d'appui sur l'axe qui passe par son milieu. Maintenant on peut envisager cet équilibre d'une autre manière, en regardant la base même du triangle comme un levier dont les extrémités sont chargées de deux poids égaux; et en imaginant un levier transversal qui joigne le sommet du triangle et le milieu de sa base en forme de T, et dont une des extrémités soit chargée du poids double placé au sommet, et l'autre serve de point d'appui au levier qui forme la base. Il est évident que ce dernier levier sera en équilibre sur le levier transversal qui le soutient dans son milieu, et que celui-ci sera par conséquent en équilibre sur l'axe sur lequel le plan est déjà en équilibre. Or comme l'axe passe par le milieu des deux côtés du triangle, il passera aussi nécessairement par le milieu de la droite menée du sommet du triangle au milieu de sa base; donc le levier transversal aura son point d'appui dans le point de milieu, et devra par conséquent être chargé également aux deux bouts. Donc la charge que supporte le point d'appui du levier qui fait la base du triangle, et qui est chargé à ses deux extrémités de poids égaux, sera égale au poids double du sommet, et par conséquent égale à la somme des deux poids.

Si, au lieu d'un triangle, on considérait un trapèze chargé à ses quatre angles de quatre poids égaux, on trouverait de la même manière, que les deux leviers de longueurs inégales, formant les côtés parallèles du trapèze, exercent sur leurs points d'appui des forces égales.

3. Cette proposition une fois établie, il est clair qu'on peut, ainsi qu'Archimède le fait, substituer à un poids en équilibre sur un levier, deux poids égaux chacun à la moitié de ce poids, et placés sur le même levier, à distances égales de part et d'autre du point

où le poids est attaché. Car l'action de ce poids est la même que celle d'un levier suspendu par son milieu au même point, et chargé à ses deux bouts, de deux poids égaux chacun à la moitié du même poids, et il est évident que rien n'empêche d'approcher ce dernier levier du premier, de manière qu'il en fasse partie; ou bien, ce qui est peut-être plus rigoureux, il n'y a qu'à regarder ce dernier levier comme étant tenu en équilibre par une force appliquée à son point de milieu, dirigée de bas en haut et égale au poids dont les deux moitiés sont censées appliquées à ses extrémités; alors en appliquant ce levier en équilibre, sur le premier levier qui est supposé en équilibre sur son point d'appui, l'équilibre total subsistera toujours, et si l'application se fait de manière que le milieu du second levier coïncide avec l'extrémité d'un des bras du premier levier, la force qui soutient le second levier pourra être censée appliquée au poids même dont ce bras est chargé, et qui, étant soutenu, n'aura plus d'action sur le levier, mais se trouvera ainsi remplacé par deux poids égaux chacun à sa moitié et placé de part et d'autre de ce poids sur le premier levier prolongé. Cette superposition d'équilibres est en Mécanique un principe aussi fécond que l'est en Géométrie la superposition des figures.

4. On peut donc regarder l'équilibre d'un levier droit et horizontal chargé de deux poids en raison inverse de leurs distances au point d'appui du levier, comme une vérité rigoureusement démontrée; et par le principe de la superposition, il est facile de l'étendre à un levier angulaire quelconque, dont le point d'appui serait dans l'angle, et dont les bras seraient tirés en sens contraire par des forces perpendiculaires à leurs directions. En effet, il est évident qu'un levier angulaire à bras égaux, et mobile autour du sommet de l'angle, sera tenu en équilibre par deux forces égales appliquées perpendiculairement aux extrémites des deux bras, et tendantes à les faire tourner en sens contraire. Si donc on a un levier droit en équilibre, dont l'un des bras soit égal à ceux du levier angulaire,

et soit chargé à son extrémité d'un poids équivalent à chacune des puissances appliquées au levier angulaire, l'autre bras étant chargé du poids nécessaire pour l'équilibre; et qu'on superpose ces leviers de manière que le sommet de l'angle de l'un tombe sur le point d'appui de l'autre, et que les bras égaux de l'un et de l'autre coïncident et n'en forment plus qu'un : la puissance appliquée au bras du levier angulaire soutiendra le poids suspendu au bras égal du levier droit, de manière qu'on pourra faire abstraction de l'un et de l'autre, et supposer le bras formé de la réunion de ces deux-ci anéanti. L'équilibre subsistera donc encore entre les deux autres bras formant un levier angulaire tiré à ses extrémités par des forces perpendiculaires, et en raison inverse de la longueur des bras comme dans le levier droit.

Or une force peut être censée appliquée à tel point que l'on veut de sa direction. Donc deux forces, appliquées à des points quelconques d'un plan retenu par un point fixe, et dirigées comme on voudra dans ce plan, sont en équilibre lorsqu'elles sont entre elles en raison inverse des perpendiculaires abaissées de ce point sur leurs directions; car on peut regarder ces perpendiculaires comme formant un levier angulaire dont le point d'appui est le point fixe du plan : c'est ce qu'on appelle maintenant le principe *des momens*, en entendant par moment le produit d'une force par le bras du levier par lequel elle agit.

Ce principe général suffit pour résoudre tous les problèmes de la Statique. La considération du treuil l'avait fait apercevoir dès les premiers pas que l'on a faits après Archimède, dans la théorie des machines simples, comme on le voit par l'ouvrage du Guide Ubaldi, intitulé *Mecanicorum liber*, qui a paru à Pesaro, en 1577; mais cet auteur n'a pas su l'appliquer au plan incliné, ni aux autres machines qui en dépendent, comme le coin et la vis dont il n'a donné qu'une théorie peu exacte.

5. Le rapport de la puissance au poids sur un plan incliné a été

long-temps un problème parmi les Mécaniciens modernes. Stevin l'a résolu le premier; mais sa solution est fondée sur une considération indirecte et indépendante de la théorie du levier.

Stevin considère un triangle solide posé sur sa base horizontale, ensorte que ses deux côtés forment deux plans inclinés; et il imagine qu'un chapelet formé de plusieurs poids égaux, enfilés à des distances égales, ou plutôt une chaîne d'égale grosseur soit placée sur les deux côtés de ce triangle, de manière que toute la partie supérieure se trouve appliquée aux deux côtés du triangle, et que la partie inférieure pende librement au-dessous de la base, comme si elle était attachée aux deux extrémités de cette base.

Or Stevin remarque qu'en supposant que la chaîne puisse glisser librement sur le triangle, elle doit cependant demeurer en repos; car si elle commençait à glisser d'elle-même dans un sens, elle devrait continuer à glisser toujours, puisque la même cause de mouvement subsisterait, la chaîne se trouvant, à cause de l'uniformité de ses parties, placée toujours de la même manière sur le triangle, d'où résulterait un mouvement perpétuel, ce qui est absurde.

Il y a donc nécessairement équilibre entre toutes les parties de la chaîne; or on peut regarder la portion qui pend au-dessous de la base, comme étant déjà en équilibre d'elle-même; donc il faut que l'effort de tous les poids appuyés sur l'un des côtés, contrebalance l'effort des poids appuyés sur l'autre côté; mais la somme des uns est à la somme des autres, dans le même rapport que les longueurs des côtés sur lesquels ils sont appuyés. Donc il faudra toujours la même puissance pour soutenir un ou plusieurs poids placés sur un plan incliné, lorsque le poids total sera proportionnel à la longueur du plan, en supposant la hauteur la même; mais quand le plan est vertical, la puissance est égale au poids; donc, dans tout plan incliné, la puissance est au poids comme la hauteur du plan à sa longueur.

J'ai rapporté cette démonstration de Stevin, parce qu'elle est très-ingénieuse, et qu'elle est d'ailleurs peu connue. Au reste, Stevin déduit

déduit de cette théorie celle de l'équilibre entre trois puissances qui agissent sur un même point, et il trouve que cet équilibre a lieu lorsque les puissances sont parallèles et proportionnelles aux trois côtés d'un triangle rectiligne quelconque. Voyez les Elémens de Statique et les Additions à la Statique de cet auteur, dans les *Hypomnemata Mathematica*, imprimés à Leyde, en 1605, et dans les Œuvres de Stevin, traduites en français, et imprimées en 1634, par les Elzevirs. Mais on doit observer que ce théorème fondamental de la Statique, quoiqu'il soit communément attribué à Stevin, n'a cependant été démontré par cet auteur, que dans le cas ou les directions de deux des puissances font entre elles un angle droit.

Stevin remarque avec raison qu'un poids appuyé sur un plan incliné et retenu par une puissance parallèle au plan, est dans le même cas que s'il était soutenu par deux fils, l'un perpendiculaire et l'autre parallèle au plan; et par sa théorie du plan incliné, il trouve que le rapport du poids à la puissance parallèle au plan, est comme l'hypoténuse à la base d'un triangle rectangle formé sur le plan par deux droites, l'une verticale et l'autre perpendiculaire au plan. Stevin se contente ensuite d'étendre cette proportion au cas où le fil qui retient le poids sur le plan incliné serait aussi incliné à ce plan, en construisant un triangle analogue avec les mêmes lignes, l'une verticale, l'autre perpendiculaire au plan, et en prenant la base dans la direction du fil; mais il faudrait pour cela qu'il eût démontré que la même proportion a lieu dans l'équilibre d'un poids soutenu sur un plan incliné par une puissance oblique au plan, ce qui ne peut pas se déduire de la considération de la chaîne imaginée par Stevin.

6. Dans les *Mécaniques* de Galilée, publiées d'abord en français par le père Mersenne en 1634, l'équilibre sur un plan incliné est réduit à celui d'un levier angulaire à deux bras égaux, dont l'un est supposé perpendiculaire au plan, et chargé du poids appuyé

sur le plan, et dont l'autre est horizontal et chargé d'un poids équivalant à la puissance nécessaire pour retenir le poids sur le plan; cet équilibre est ensuite réduit à celui d'un levier droit et horizontal, en regardant le poids attaché au bras incliné, comme suspendu à un bras horizontal formant un levier droit avec le bras horizontal du levier angulaire. Ainsi le poids est à la puissance qui le soutient sur le plan incliné, en raison inverse de ces deux bras du levier droit, et il est facile de prouver que ces bras sont entre eux comme la hauteur du plan à sa longueur.

On peut dire que c'est là la première démonstration directe qu'on ait eue de l'équilibre sur un plan incliné. Galilée s'en est servi depuis pour démontrer rigoureusement l'égalité des vîtesses acquises par les corps pesans, en descendant d'une même hauteur sur des plans diversement inclinés, égalité qu'il s'était contenté de supposer dans la première édition de ses Dialogues.

Il eût été facile à Galilée de résoudre aussi le cas où la puissance qui retient le poids a une direction oblique au plan; mais ce nouveau pas n'a été fait que quelque temps après, par Roberval, dans un Traité de Mécanique imprimé en 1636, dans l'*Harmonie universelle* de Mersenne.

7. Roberval regarde aussi le poids appuyé sur le plan incliné comme attaché au bras d'un levier perpendiculaire au plan, et il considère la puissance comme une force appliquée au même bras, suivant une direction donnée; il a ainsi un levier à un seul bras, dont une extrémité est fixe, et dont l'autre extrémité est tirée par deux forces, celle du poids et celle de la puissance qui le retient; il substitue ensuite à ce levier un levier angulaire à deux bras perpendiculaires aux directions des deux forces et ayant le même point fixe pour point d'appui, et il suppose les deux forces appliquées aux bras de ce levier suivant leurs propres directions, ce qui lui donne pour l'équilibre le rapport du poids à la puissance, en raison inverse des deux bras du levier angulaire, c'est-à-dire des perpendiculaires

menées du point fixe sur les directions du poids et de la puissance.

De là Roberval déduit l'équilibre d'un poids soutenu par deux cordes qui font entre elles un angle quelconque, en substituant au levier perpendiculaire au plan une corde attachée au point d'appui du levier, et à la puissance une autre corde tirée par une force dans la direction de cette puissance; et par différentes constructions et analogies un peu compliquées, il parvient à cette conclusion, que si de quelque point pris dans la verticale du poids, on mène une parallèle à l'une des cordes, jusqu'à la rencontre de l'autre corde, le triangle formé ainsi aura ses côtés proportionnels au poids et aux puissances qui agissent dans la direction des mêmes côtés, ce qui est, comme l'on voit, le théorème donné par Stevin.

J'ai cru devoir faire mention de cette démonstration de Roberval, non-seulement parce que c'est la première démonstration rigoureuse qu'on ait eue du théorème de Stevin, mais encore parce qu'elle est restée dans l'oubli dans un Traité d'Harmonie assez rare aujourd'hui, où personne ne s'avise de la chercher. Au reste, je ne suis entré dans ce détail sur ce qui regarde la théorie du levier, que pour faire plaisir à ceux qui aiment à suivre la marche de l'esprit dans les sciences, et à connaître les routes que les inventeurs ont tenues, et les routes plus directes qu'ils auraient pu tenir.

8. Les Traités de Statique qui ont paru après celui de Roberval, jusqu'à l'époque de la découverte de la composition des forces, n'ont rien ajouté à cette partie de la Mécanique; on n'y trouve que les propriétés déjà connues du levier et du plan incliné et leur application aux autres machines simples; encore y en a-t-il quelques-uns qui renferment des théories peu exactes, comme celui de Lami sur l'équilibre des solides, où il donne une proportion fausse du poids à la puissance qui le retient sur un plan incliné. Je ne parle pas ici de Descartes, de Torricelli et de Wallis, parce qu'ils ont adopté pour l'équilibre un principe qui se rapporte à celui des vîtesses virtuelles, et dont ils n'avaient pas la démonstration.

9. Le second principe fondamental de la Statique est celui de la composition des forces. Il est fondé sur cette supposition, que si deux forces agissent à la fois sur un corps suivant différentes directions, ces forces équivalent alors à une force unique, capable d'imprimer au corps le même mouvement que lui donneraient les deux forces agissant séparément. Or un corps qu'on fait mouvoir uniformément suivant deux directions différentes à la fois, parcourt nécessairement la diagonale du parallélogramme dont il eût parcouru séparément les côtés en vertu de chacun des deux mouvemens. D'où l'on conclut que deux puissances quelconques qui agissent ensemble sur un même corps, sont équivalentes à une seule représentée dans sa quantité et sa direction, par la diagonale du parallélogramme dont les côtés représentent en particulier les quantités et les directions des deux puissances données. C'est en quoi consiste le principe qu'on nomme *la composition des forces.*

Ce principe suffit seul pour déterminer les lois de l'équilibre dans tous les cas; car en composant ainsi successivement toutes les forces deux à deux, on doit parvenir à une force unique qui sera équivalente à toutes ces forces, et qui par conséquent devra être nulle dans le cas d'équilibre, s'il n'y a dans le système aucun point fixe; mais s'il y en a un, il faudra que la direction de cette force unique passe par le point fixe. C'est ce qu'on peut voir dans tous les livres de Statique, et particulièrement dans la nouvelle Mécanique de Varignon, où la théorie des machines est déduite uniquement du principe dont nous venons de parler.

Il est évident que le théorème de Stevin sur l'équilibre de trois forces parallèles et proportionnelles aux trois côtés d'un triangle quelconque, est une conséquence immédiate et nécessaire du principe de la composition des forces, ou plutôt qu'il n'est que ce même principe présenté sous une autre forme. Mais celui-ci a l'avantage d'être fondé sur des notions simples et naturelles, au lieu que le théorème de Stevin ne l'est que sur des considérations indirectes.

10. Les Anciens ont connu la composition des mouvemens, comme on le voit par quelques passages d'Aristote, dans ses Questions mécaniques; les géomètres surtout l'ont employée pour la description des courbes, comme Archimède pour le spirale, Nicomède pour la concoïde, etc.; et parmi les modernes, Roberval en a déduit une méthode ingénieuse de tirer les tangentes aux courbes qui peuvent être censées décrites par deux mouvemens dont la loi est donnée; mais Galilée est le premier qui ait employé la considération du mouvement composé dans la Mécanique, pour déterminer la courbe décrite par un corps pesant, en vertu de l'action de la gravité et de la force de projection.

Dans la seconde proposition de la quatrième Journée de ses Dialogues, Galilée démontre qu'un corps mu avec deux vîtesses uniformes, l'une horizontale, l'autre verticale, doit prendre une vîtesse représentée par l'hypoténuse du triangle dont les côtés représentent ces deux vîtesses; mais il paraît en même temps que Galilée n'a pas connu toute l'importance de ce théorème dans la théorie de l'équilibre; car dans le Dialogue troisième, où il traite du mouvement des corps pesans sur des plans inclinés, au lieu d'employer le Principe de la composition du mouvement pour déterminer directement la gravité relative d'un corps sur un plan incliné, il déduit plutôt cette détermination de la théorie de l'équilibre sur les plans inclinés, d'après ce qu'il avait établi auparavant dans son Traité *della Scienza Mecanica*, dans lequel il rappelle le plan incliné au levier.

On trouve ensuite la théorie des mouvemens composés dans les écrits de Descartes, de Roberval, de Mersenne, de Wallis, etc.: mais jusqu'à l'année 1687, dans laquelle ont paru les *Principes mathématiques* de Newton, et le *Projet de la nouvelle Mécanique* de Varignon, on n'avait point pensé à substituer dans la composition des mouvemens, les forces aux mouvemens qu'elles peuvent produire, et à déterminer la force composée résultante de deux forces données, comme on détermine le mouvement composé de deux mouvemens rectilignes et uniformes donnés.

Dans le second corollaire de la troisième loi du mouvement, Newton montre en peu de mots comment les lois de l'équilibre se déduisent facilement de la composition et décomposition des forces, en prenant la diagonale d'un parallélogramme pour la force composée de deux forces représentées par ses côtés; mais cet objet est traité plus en détail dans l'ouvrage de Varignon; et la *Nouvelle Mécanique* qui a paru après sa mort, en 1725, renferme une théorie complète sur l'équilibre des forces dans les différentes machines, déduite de la seule considération de la composition ou décomposition des forces.

11. Le principe de la composition des forces donne tout de suite les conditions de l'équilibre entre trois puissances qui agissent sur un point, qu'on n'avait pu déduire de l'équilibre du levier que par une suite de raisonnemens. Mais d'un autre côté, lorsqu'on veut, par ce principe, trouver les conditions de l'équilibre entre deux puissances parallèles appliquées aux extrémités d'un levier droit, on est obligé d'employer des considérations indirectes, en substituant un levier angulaire au levier droit, comme Newton et d'Alembert l'ont fait, ou en ajoutant deux forces étrangères qui se détruisent mutuellement, mais qui étant composées avec les puissances données, rendent leurs directions concurrentes, ou enfin en imaginant que les directions des puissances prolongées concourent à l'infini, et en prouvant que la puissance composée doit passer par le point d'appui; c'est la manière dont s'y est pris Varignon dans sa Mécanique. Ainsi, quoique à la rigueur les deux principes du levier et de la composition des forces conduisent toujours aux mêmes résultats, il est remarquable que le cas le plus simple pour l'un de ces principes, devient le plus compliqué pour l'autre.

12. Mais on peut établir une liaison immédiate entre ces deux principes, par le théorème que Varignon a donné dans sa nouvelle Mécanique (section Ire, lemme XVI.), et qui consiste en ce que si, d'un point quelconque pris dans le plan d'un parallélogramme, on

abaisse des perpendiculaires sur la diagonale et sur les deux côtés qui comprennent cette diagonale, le produit de la diagonale par sa perpendiculaire est égal à la somme des produits des deux côtés par leurs perpendiculaires respectives, si le point tombe hors du parallélogramme, ou à leur différence, s'il tombe dans le parallélogramme. Varignon fait voir, par une construction très-simple, qu'en formant des triangles qui aient la diagonale et les deux côtés pour bases, et le point donné pour sommet commun, le triangle formé sur la diagonale est, dans le premier cas, égal à la somme, et dans le second cas, à la différence des deux triangles formés sur les côtés; ce qui est en soi-même un beau théorème de Géométrie, indépendamment de son application à la Mécanique.

Ce théorème aurait lieu également et la démonstration serait la même, si sur le prolongement de la diagonale et des côtés on prenait partout où l'on voudrait des parties égales à ces lignes; de sorte que comme toute puissance peut être supposée appliquée à un point quelconque de sa direction, on peut conclure en général que deux puissances représentées en quantité et en direction par deux droites placées dans un plan, ont une composée ou résultante représentée en quantité et en direction par une droite placée dans le même plan, qui étant prolongée passe par le point de concours des deux droites et qui soit telle, qu'ayant pris dans ce plan un point quelconque, et abaissé de ce point des perpendiculaires sur ces trois droites prolongées, s'il est nécessaire, le produit de la résultante par sa perpendiculaire soit égal à la somme ou à la différence des produits respectifs des deux puissances composantes par leurs perpendiculaires, selon que le point d'où partent les trois perpendiculaires, sera pris au dehors ou au dedans des droites qui représentent les puissances composantes.

Lorsque ce point est supposé tomber sur la direction de la résultante, cette puissance n'entre plus dans l'équation, et l'on a l'égalité entre les deux produits des composantes par leurs perpendiculaires; c'est le cas de tout levier droit et angulaire, dont le point d'appui est le même que le point dont il s'agit, parce qu'alors l'action de la résultante est détruite par la résistance de l'appui.

Ce théorème, dû à Varignon, est le fondement de presque toutes les Statiques modernes, où il constitue le principe général appelé des *momens*. Son grand avantage consiste en ce que la composition et la résolution des forces y sont réduites à des additions et des soustractions; de sorte que, quel que soit le nombre des puissances à composer, on trouve facilement la puissance résultante, laquelle doit être nulle dans le cas d'équilibre.

13. J'ai rapporté l'époque de la découverte de Varignon à celle de la publication de son projet, quoique dans l'Avertissement qui est à la tête de la *Nouvelle Mécanique*, on ait avancé qu'il avait donné deux ans auparavant, dans l'*Histoire de la République des Lettres*, un Mémoire sur les poulies à moufles, dans lequel il se servait des mouvemens composés pour déterminer tout ce qui regarde cette machine; mais je dois observer que cet article manque d'exactitude. Le Mémoire dont il s'agit sur les poulies, ne se trouve que dans les Nouvelles de la République des Lettres du mois de mai 1687, sous le titre de *Nouvelle Démonstration générale de l'usage des Poulies à moufle*. L'auteur y considère l'équilibre d'un poids soutenu par une corde qui passe sur une poulie, et dont les deux parties ne sont pas parallèles. Il n'y fait point usage ni même mention du principe de la composition des forces, mais il emploie les théorèmes déjà connus sur les poids soutenus par des cordes, et il cite les Statiques de Pardis et de Dechales. Dans une seconde démonstration, il réduit la question au levier, en regardant la droite qui joint les deux points où la corde abandonne la poulie, comme un levier chargé du poids appliqué à la poulie, et dont les extrémités sont tirées par les deux portions de la corde qui soutient la poulie.

Pour ne rien omettre de ce qui regarde l'histoire de la découverte de la composition des forces, je dois dire un mot d'un petit écrit publié par Lami en 1687, sous le titre de *Nouvelle manière de dé-*

montrer

montrer les principaux Théorèmes des élémens des Mécaniques. L'auteur observe que si un corps est poussé par deux forces suivant deux directions différentes, il suivra nécessairement une direction moyenne, de sorte que si le chemin suivant cette direction lui était fermé, il demeurerait en repos, et les deux forces se feraient équilibre. Or il détermine la direction moyenne par la composition des deux mouvemens que le corps prendrait dans le premier instant en vertu de chacune des deux forces, si elles agissaient séparément, ce qui lui donne la diagonale du parallélogramme dont les deux côtés seraient les espaces parcourus en même temps par l'action des deux forces, et par conséquent proportionnels aux forces. De là il tire tout de suite le théorème que les deux forces sont entre elles en raison réciproque des sinus des angles que leurs directions font avec la direction moyenne que le corps prendrait s'il n'était pas arrêté ; et il en fait l'application au plan incliné, et au levier lorsque ses extrémités sont tirées par des puissances dont les directions font un angle; mais pour le cas où ces directions sont parallèles, il emploie un raisonnement vague et peu concluant.

La conformité du principe employé par Lami avec celui de Varignon, avait fait dire à l'auteur de l'*Histoire des Ouvrages des Savans* (avril 1688), qu'il y avait apparence que le premier devait au dernier la découverte de son principe. Lami s'est justifié de cette imputation, dans une Lettre publiée dans le Journal des Savans, du 13 septembre 1688, à laquelle le journaliste a répondu, au mois de décembre de la même année; mais cette contestation à laquelle Varignon n'a point pris part, n'a pas été plus loin, et l'écrit de Lami paraît être tombé dans l'oubli.

Au reste, la simplicité du principe de la composition des forces, et la facilité de l'appliquer à tous les problèmes sur l'équilibre, l'ont fait adopter des mécaniciens aussitôt après sa découverte, et on peut dire qu'il sert de base à presque tous les Traités de Statique qui ont paru depuis.

14. On ne peut cependant s'empêcher de reconnaître que le principe du levier a seul l'avantage d'être fondé sur la nature de l'équilibre considéré en lui-même, et comme un état indépendant du mouvement; d'ailleurs il y a une différence essentielle dans la manière d'estimer les puissances qui se font équilibre dans ces deux principes; de sorte que si l'on n'était pas parvenu à les lier par les résultats, on aurait pu douter avec raison s'il était permis de substituer au principe fondamental du levier, celui qui résulte de la considération étrangère des mouvemens composés.

En effet, dans l'équilibre du levier, les puissances sont des poids ou pouvent être regardés comme tels, et une puissance n'est censée double ou triple d'une autre, qu'autant qu'elle est formée par la réunion de deux ou trois puissances égales chacune à l'autre puissance; mais la tendance à se mouvoir est supposée la même dans chaque puissance, quelle que soit son intensité; au lieu que dans le principe de la composition des forces, on estime la valeur des forces par le degré de vîtesse qu'elles communiqueraient au corps auquel elles sont appliquées, si chacune était libre d'agir séparément; et c'est peut-être cette différence dans la manière de concevoir les forces, qui a empêché long-temps les mécaniciens d'employer les lois connues de la composition des mouvemens dans la théorie de l'équilibre, dont le cas le plus simple est celui de l'équilibre des corps pesans.

15. On a cherché depuis à rendre le principe de la composition des forces indépendant de la considération du mouvement, et à l'établir uniquement sur des vérités évidentes par elles-mêmes. Daniel Bernoulli a donné le premier, dans les Commentaires de l'Académie de Pétersbourg, tome I, une démonstration très-ingénieuse du parallélogramme des forces, mais longue et compliquée, que d'Alembert a ensuite rendue un peu plus simple dans le premier volume de ses Opuscules.

Cette démonstration est fondée sur ces deux principes :

1°. Que si deux forces agissent sur un même point dans des directions différentes, elles ont pour résultante une force unique qui divise en deux également l'angle compris entre leurs directions lorsque les deux forces sont égales, et qui est égale à leur somme lorsque cet angle est nul, ou à leur différence, lorsque l'angle est de deux droits ; 2° que des équi-multiples des mêmes forces, ou des forces quelconques qui leur soient proportionnelles ont une résultante équi-multiple de leur résultante ou proportionnelle à cette résultante, les angles demeurant les mêmes.

Ce second principe est évident en regardant les forces comme des quantités qui peuvent s'ajouter et se soustraire.

A l'égard du premier, on le démontre en considérant le mouvement qu'un corps poussé par deux forces qui ne se font pas équilibre, doit prendre, et qui étant nécessairement unique, peut être attribué à une force unique agissant sur lui dans la direction de son mouvement. Ainsi on peut dire que ce principe n'est pas tout à fait exempt de la considération du mouvement.

Quant à la direction de la résultante dans le cas de l'égalité des deux forces, il est clair qu'il n'y a pas plus de raison pour qu'elle soit plus inclinée à l'une qu'à l'autre de ces deux forces, et que par conséquent elle doit couper l'angle de leurs directions en deux parties égales.

On a ensuite traduit en analyse le fond de cette démonstration, et on lui a donné différentes formes plus ou moins simples, en considérant la résultante comme fonction des forces composantes et de l'angle compris entre leurs directions. *Voyez* le second tome des Mélanges de la Société de Turin, les Mémoires de l'Académie des Sciences de 1769, le sixième volume des Opuscules de d'Alembert, etc. Mais il faut avouer qu'en séparant ainsi le principe de la composition des forces de celui de la composition des mouvemens, on lui fait perdre ses principaux avantages, l'évidence et la simplicité, et on le réduit à n'être qu'un résultat de constructions géométriques ou d'analyse.

16. Je viens enfin au troisième principe, celui des vîtesses virtuelles. On doit entendre par *vîtesse virtuelle*, celle qu'un corps en équilibre est disposé à recevoir, en cas que l'équilibre vienne à être rompu, c'est-à-dire, la vîtesse que ce corps prendrait réellement dans le premier instant de son mouvement; et le principe dont il s'agit consiste en ce que des puissances sont en équilibre quand elles sont en raison inverse de leurs vîtesses virtuelles, estimées suivant les directions de ces puissances.

Pour peu qu'on examine les conditions de l'équilibre dans le levier et dans les autres machines, il est facile de reconnaître cette loi, que le poids et la puissance sont toujours en raison inverse des espaces que l'un et l'autre peuvent parcourir en même temps; cependant il ne paraît pas que les Anciens en aient eu connaissance. Guido Ubaldi est peut-être le premier qui l'ait aperçue dans le levier et dans les poulies mobiles ou moufles. Galilée l'a reconnue ensuite dans les plans inclinés et dans les machines qui en dépendent, et il l'a regardée comme une propriété générale de l'équilibre des machines. Voyez son Traité de Mécanique et le scholie de la seconde Proposition du troisième Dialogue, dans l'édition de Boulogne de 1655.

Galilée entend par *moment* d'un poids ou d'une puissance appliquée à une machine, l'effort, l'action, l'énergie, l'*impetus* de cette puissance pour mouvoir la machine, de manière qu'il y ait équilibre entre deux puissances, lorsque leurs momens pour mouvoir la machine en sens contraires sont égaux; et il fait voir que le moment est toujours proportionnel à la puissance multipliée par la vîtesse virtuelle, dépendante de la manière dont la puissance agit.

Cette notion des momens a aussi été adoptée par Wallis, dans sa Mécanique publiée en 1669. L'auteur y pose le principe de l'égalité des momens pour fondement de la Statique, et il en déduit au long la théorie de l'équilibre dans les principales machines.

Aujourd'hui on n'entend plus communément par *moment*, que le produit d'une puissance par la distance de sa direction à un point, ou à une ligne, ou à un plan, c'est-à-dire par le bras de levier par lequel elle agit ; mais il me semble que la notion du *moment* donnée par Galilée et par Wallis, est bien plus naturelle et plus générale, et je ne vois pas pourquoi on l'a abandonnée pour y en substituer une autre qui exprime seulement la valeur du moment dans certains cas, comme dans le levier, etc.

Descartes a réduit pareillement toute la Statique à un principe unique qui revient, pour le fond, à celui de Galilée, mais qui est présenté d'une manière moins générale. Ce principe est, qu'il ne faut ni plus ni moins de force pour élever un poids à une certaine hauteur, qu'il en faudrait pour élever un poids plus pesant à une hauteur d'autant moindre, ou un poids moindre à une hauteur d'autant plus grande. (*Voyez* la Lettre 73 du tome I, publié en 1657, et le Traité de Mécanique imprimé dans les Ouvrages posthumes.) D'où il résulte qu'il y aura équilibre entre deux poids, lorsqu'ils seront disposés de manière que les chemins perpendiculaires qu'ils peuvent parcourir ensemble, soient en raison réciproque des poids. Mais dans l'application de ce principe aux différentes machines, il ne faut considérer que les espaces parcourus dans le premier instant du mouvement, et qui sont proportionnels aux vîtesses virtuelles; autrement on n'aurait pas les véritables lois de l'équilibre.

Au reste, soit qu'on regarde le principe des vîtesses virtuelles comme une propriété générale de l'équilibre, ainsi que l'a fait Galilée; soit qu'on veuille le prendre avec Descartes et Wallis pour la vraie cause de l'équilibre, il faut avouer qu'il a toute la simplicité qu'on peut desirer dans un principe fondamental; et nous verrons plus bas combien ce principe est encore recommandable par sa généralité.

Torricelli, fameux disciple de Galilée, est l'auteur d'un autre principe, qui dépend aussi de celui des vîtesses virtuelles; c'est que, lorsque deux poids sont liés ensemble et placés de manière que leur centre de gravité ne puisse pas descendre, ils sont en équilibre dans cette situation. Torricelli ne l'applique qu'au plan incliné, mais il est facile de se convaincre qu'il n'a pas moins lieu dans les autres machines. *Voyez* son Traité *de motu gravium naturaliter descendentium*, qui a paru en 1644.

Le principe de Torricelli en a fait naître un autre, dont quelques auteurs ont fait usage pour résoudre avec plus de facilité différentes questions de Statique. C'est celui-ci : que dans un système de corps pesans en équilibre, le centre de gravité est le plus bas qu'il est possible. En effet, on sait par la théorie *de maximis et minimis*, que le centre de gravité est le plus bas lorsque la différentielle de sa descente est nulle, ou, ce qui revient au même, lorsque ce centre ne monte ni ne descend, tandis que le système change infiniment peu de place.

17. Le principe des vîtesses virtuelles peut être rendu très-général, de cette manière :

Si un système quelconque de tant de corps ou points que l'on veut, tirés chacun par des puissances quelconques, est en équilibre, et qu'on donne à ce système un petit mouvement quelconque, en vertu duquel chaque point parcoure un espace infiniment petit qui exprimera sa vîtesse virtuelle, la somme des puissances multipliées chacune par l'espace que le point où elle est appliquée, parcourt suivant la direction de cette même puissance, sera toujours égale à zéro, en regardant comme positifs les petits espaces parcourus dans le sens des puissances, et comme négatifs les espaces parcourus dans un sens opposé.

Jean Bernoulli est le premier, que je sache, qui ait aperçu cette grande généralité du principe des vîtesses virtuelles, et son utilité pour résoudre les problèmes de Statique. C'est ce qu'on voit dans une de ses Lettres à Varignon, datée de 1717, que ce dernier a placée à la tête de la section neuvième de sa nouvelle Mécanique, section employée toute entière à montrer par différentes applications la vérité et l'usage du principe dont il s'agit.

Ce même principe a donné lieu ensuite à celui que Maupertuis a proposé dans les Mémoires de l'Académie des Sciences de Paris pour l'année 1740, sous le nom de *Loi de repos*, et qu'Euler a développé davantage et rendu plus général dans les Mémoires de l'Académie de Berlin pour l'année 1751. Enfin c'est encore le même principe qui sert de base à celui que Courtivron a donné dans les Mémoires de l'Académie des Sciences de Paris pour 1748 et 1749.

Et en général je crois pouvoir avancer que tous les principes généraux qu'on pourrait peut-être encore découvrir dans la science de l'équilibre, ne seront que le même principe des vîtesses virtuelles, envisagé différemment, et dont ils ne différeront que dans l'expression.

Mais ce principe est non-seulement en lui-même très-simple et très-général; il a de plus l'avantage précieux et unique de pouvoir se traduire en une formule générale qui renferme tous les problèmes qu'on peut proposer sur l'équilibre des corps. Nous exposerons cette formule dans toute son étendue; nous tâcherons même de la présenter d'une manière encore plus générale qu'on ne l'a fait jusqu'à présent, et d'en donner des applications nouvelles.

18. Quant à la nature du principe des vîtesses virtuelles, il faut convenir qu'il n'est pas assez évident par lui-même pour pouvoir être érigé en principe primitif; mais on peut le regarder comme l'expression générale des lois de l'équilibre, déduites des deux principes que nous venons d'exposer. Aussi dans les démonstrations qu'on a données de ce principe, on l'a toujours fait dépendre de ceux-ci, par des moyens plus ou moins directs. Mais il y a en Statique un autre principe général et indépendant du levier et de la composition des forces, quoique les mécaniciens l'y rapportent communément, lequel paraît être le fondement naturel du principe des vîtesses virtuelles; on peut l'appeler le *principe des poulies*.

Si plusieurs poulies sont jointes ensemble sur une même chape, on appelle cet assemblage *polispaste*, ou *moufle*, et la combinaison de deux moufles, l'une fixe et l'autre mobile, embrassées par une même corde dont l'une des extrémités est fixement attachée, et l'autre est tirée par une puissance, forme une machine dans laquelle la puissance est au poids porté par la moufle mobile, comme l'unité est au nombre des cordons qui aboutissent à cette moufle, en les supposant tous parallèles et faisant abstraction du frottement et de la roideur de la corde; car il est évident qu'à cause de la tension uniforme de la corde dans toute sa longueur, le poids est soutenu par autant de puissances égales à celle qui tend la corde, qu'il y a de cordons qui soutiennent la moufle mobile, puisque ces cordons sont parallèles et qu'ils peuvent même être regardés comme n'en faisant qu'un, en diminuant si l'on veut à l'infini le diamètre des poulies.

En multipliant ainsi les moufles fixes et mobiles, et les faisant toutes embrasser par la même corde, au moyen de différentes poulies fixes de renvoi, la même puissance appliquée à son extrémité mobile pourra soutenir autant de poids qu'il y a de moufles mobiles, et dont chacun sera à cette puissance, comme le nombre des cordons de la moufle qui le soutient est à l'unité.

Substituons, pour plus de simplicité, un poids à la place de la puissance, après avoir fait passer sur une poulie fixe le dernier cordon qui soutient ce poids, que nous prendrons pour l'unité; et imaginons que les différentes moufles mobiles, au lieu de soutenir des poids, soient attachées à des corps regardés comme des points et disposés entre eux ensorte qu'ils forment un système quelconque donné. De cette manière, le même poids produira, par le moyen de la corde qui embrasse toutes les moufles, différentes puissances qui agiront sur les différens points du système, suivant la direction des cordons qui aboutissent aux moufles attachées à ces points, et qui seront au poids comme le nombre des cordons est à l'unité; ensorte que ces puissances seront représentées elles-mêmes par le nombre des cordons qui concourent à les produire par leur tension.

Or il est évident que, pour que le système tiré par ces différentes puissances demeure en équilibre, il faut que le poids ne puisse pas descendre par un déplacement quelconque infiniment petit des points du système; car le poids tendant toujours à descendre, s'il y a un

déplacement

déplacement du système qui lui permette de descendre, il descendra nécessairement et produira ce déplacement dans le système.

Désignons par α, β, γ, etc. les espaces infiniment petits que ce déplacement ferait parcourir aux différens points du système suivant la direction des puissances qui les tirent, et par P, Q, R, etc. le nombre des cordons des moufles appliquées à ces points, pour produire ces mêmes puissances; il est visible que les espaces α, β, γ, etc. seraient aussi ceux par lesquels les moufles mobiles se rapprocheraient des moufles fixes qui leur répondent, et que ces rapprochemens diminueraient la longueur de la corde qui les embrasse, des quantités $P\alpha$, $Q\beta$, $R\gamma$, etc; de sorte qu'à cause de la longueur invariable de la corde, le poids descendrait par l'espace $P\alpha + Q\beta + R\gamma +$ etc. Donc il faudra, pour l'équilibre des puissances représentées par les nombres P, Q, R, etc., que l'on ait l'équation

$$P\alpha + Q\beta + R\gamma + \text{etc.} = 0,$$

ce qui est l'expression analytique du principe général des vîtesses virtuelles.

19. Si la quantité $P\alpha + Q\beta + R\gamma +$ etc., au lieu d'être nulle, était négative, il semble que cette condition suffirait pour établir l'équilibre, parce qu'il est impossible que le poids monte de lui-même; mais il faut considérer que quelle que puisse être la liaison des points qui forment le système donné, les relations qui en résultent entre les quantités infiniment petites α, β, γ, etc., ne peuvent être exprimées que par des équations différentielles et par conséquent linéaires entre ces quantités; de sorte qu'il y en aura nécessairement une ou plusieurs d'entre elles qui resteront indéterminées et qui pourront être prises en plus ou en moins; par conséquent les valeurs de toutes ces quantités seront toujours telles, qu'elles pourront changer de signe à la fois. D'où il s'ensuit que si, dans un certain déplacement du système, la valeur de la quantité $P\alpha + Q\beta + R\gamma +$ etc. est négative, elle deviendra positive en prenant les quantités α, β, γ, etc. avec des signes contraires; ainsi

le déplacement opposé étant également possible, ferait descendre le poids et détruirait l'équilibre.

20. Réciproquement, on peut prouver que si l'équation

$$P\alpha + Q\beta + R\gamma + \text{etc} = 0$$

a lieu pour tous les déplacemens possibles infiniment petits du système, il sera nécessairement en équilibre ; car le poids demeurant immobile dans ces déplacemens, les puissances qui agissent sur le système restent dans le même état, et il n'y a pas plus de raison pour qu'elles produisent l'un plutôt que l'autre des deux déplacemens dans lesquels les quantités α, β, γ, etc. ont des signes contraires. C'est le cas de la balance qui demeure en équilibre, parce qu'il n'y a pas plus de raison pour qu'elle s'incline d'un côté plutôt que de l'autre.

Le principe des vîtesses virtuelles étant ainsi démontré pour des puissances commensurables entre elles, le sera aussi pour des puissances quelconques incommensurables, puisqu'on sait que toute proposition qu'on démontre pour des quantités commensurables peut se démontrer également par la *réduction à l'absurde*, lorsque ces quantités sont incommensurables.

SECONDE SECTION.

Formule générale de la Statique pour l'équilibre d'un système quelconque de forces; avec la manière de faire usage de cette formule.

1. La loi générale de l'équilibre dans les machines, est que les forces ou puissances soient entre elles réciproquement comme les vîtesses des points où elles sont appliquées, estimées suivant la direction de ces puissances.

C'est dans cette loi que consiste ce qu'on appelle communément le *principe des vîtesses virtuelles*, principe reconnu depuis long-temps pour le principe fondamental de l'équilibre, ainsi que nous l'avons montré dans la section précédente, et qu'on peut par conséquent regarder comme une espèce d'axiome de Mécanique.

Pour réduire ce principe en formule, supposons que des puissances P, Q, R, etc. dirigées suivant des lignes données, se fassent équilibre. Concevons que des points où ces puissances sont appliquées, on mène des lignes droites égales à p, q, r, etc, et placées dans les directions de ces puissances; et désignons en général, par dp, dq, dr, etc., les variations, ou différences de ces lignes, en tant qu'elles peuvent résulter d'un changement quelconque infiniment petit dans la position des différens corps ou points du système.

Il est clair que ces différences exprimeront les espaces parcourus dans un même instant par les puissances P, Q, R, etc., suivant leurs propres directions, en supposant que ces puissances tendent à augmenter les lignes respectives p, q, r, etc. Les différences dp, dq, dr, etc. seront ainsi proportionnelles aux vîtesses virtuelles des puissances P, Q, R, etc., et pourront, pour plus de simplicité, être prises pour ces vîtesses.

Cela posé, ne considérons d'abord que deux puissances P et Q en équilibre. Par la loi de l'équilibre entre deux puissances, il faudra que les quantités P et Q soient entre elles en raison inverse des différentielles dp, dq; mais il est aisé de concevoir qu'il ne saurait y avoir équilibre entre deux puissances, à moins qu'elles ne soient disposées de manière que quand l'une d'elles se meut suivant sa propre direction, l'autre ne soit contrainte de se mouvoir dans un sens contraire à la sienne; d'où il s'ensuit que les valeurs des différences dp et dq doivent être de signes contraires; donc les valeurs des forces P et Q étant supposées toutes deux positives, on aura pour l'équilibre $\frac{P}{Q} = -\frac{dq}{dp}$, ou bien $Pdp + Qdq = 0$; c'est la formule générale de l'équilibre de deux puissances.

Considérons maintenant l'équilibre de trois puissances P, Q, R dont les vîtesses virtuelles soient représentées par les différentielles dp, dq, dr. Faisons $Q = Q' + Q''$, et supposons, ce qui est permis, que la partie Q' de la force Q soit telle qu'on ait $Pdp + Q'dq = 0$; elle fera alors équilibre à la force P; et il faudra pour l'équilibre entier que l'autre partie Q'' de la même force Q, fasse seule équilibre à la troisième force R; ce qui donnera l'équation $Q''dq + Rdr = 0$, laquelle étant jointe à l'équation précédente, on aura, à cause de $Q' + Q'' = Q$, celle-ci :

$$Pdp + Qdq + Rdr = 0.$$

S'il y a une quatrième puissance S dont la vîtesse virtuelle soit représentée par la différentielle ds, on fera $Q = Q' + Q''$ et $Pdp + Q'dq = 0$, ensuite $R = R' + R''$ et $Q''dq + R'dr = 0$; alors la partie Q' de la force Q fera seule équilibre à la force P; la partie R' de la force R fera de même équilibre à l'autre partie Q'' de la même force Q, et pour l'équilibre total des quatre forces P, Q, R, S, il faudra que la partie restante R'' de la force R fasse équilibre à la dernière force S, et que par conséquent on ait $R''dr + Sds = 0$. Ces trois équations étant jointes ensemble, donneront

$$Pdp + Qdq + Rdr + Sds = 0.$$

Ainsi de suite, quel que soit le nombre des puissances en équilibre.

2. On a donc en général pour l'équilibre d'un nombre quelconque de puissances P, Q, R, etc., dirigées suivant les lignes p, q, r, etc. et appliquées à un système quelconque de corps ou points disposés entre eux d'une manière quelconque, une équation de cette forme:

$$Pdp + Qdq + Rdr + \text{etc.} = 0.$$

C'est la formule générale de la Statique pour l'équilibre d'un système quelconque de puissances.

Nous nommerons chaque terme de cette formule, tel que Pdp, le *moment* de la force P, en prenant le mot de moment dans le sens que Galilée lui a donné, c'est-à-dire, pour le produit de la force par sa vîtesse virtuelle. De sorte que la formule générale de la Statique consistera dans l'égalité à zéro, de la somme des momens de toutes les forces.

Pour faire usage de cette formule, la difficulté se réduira à déterminer, conformément à la nature du système donné, les valeurs des différentielles dp, dq, dr, etc.

On considérera donc le système dans deux positions différentes et infiniment voisines, et on cherchera les expressions les plus générales des différences dont il s'agit, en introduisant dans ces expressions autant de quantités indéterminées, qu'il y aura d'élémens arbitraires dans la variation de position du système. On substituera ensuite ces expressions de dp, dq, dr, etc., dans l'équation proposée, et il faudra que cette équation ait lieu, indépendamment de toutes les indéterminées, afin que l'équilibre du système subsiste en général et dans tous les sens. On égalera donc séparément à zéro, la somme des termes affectés de chacune des mêmes indéterminées; et l'on aura, par ce moyen, autant d'équations particulières qu'il y aura de ces indéterminées; or il n'est pas difficile de se convaincre que leur nombre doit toujours être égal à celui des quantités inconnues dans la position du système; donc on aura par cette méthode, autant d'équations qu'il en faudra pour déterminer l'état d'équilibre du système.

C'est ainsi qu'en ont usé tous les auteurs qui ont appliqué jusqu'ici le principe des vîtesses virtuelles à la solution des problèmes de Statique; mais cette manière d'employer ce principe exige souvent des constructions et des considérations géométriques qui rendent les solutions aussi longues que si on les déduisait des principes ordinaires de la Statique; c'est peut-être la raison qui a empêché qu'on n'ait fait de ce principe tout le cas et l'usage qu'il semble qu'on en aurait dû faire, vu sa simplicité et sa généralité.

3. L'objet de cet Ouvrage étant de réduire la Mécanique à des opérations purement analytiques, la formule que nous venons de trouver est très-propre à le remplir. Il ne s'agit que d'exprimer analytiquement, et de la manière la plus générale, les valeurs des lignes p, q, r, etc., prises dans les directions des forces P, Q, R, etc., et l'on aura, par la simple différentiation, les valeurs des vîtesses virtuelles dp, dq, dr, etc.

Il faudra seulement faire attention que dans le calcul différentiel, lorsque plusieurs quantités varient ensemble, on suppose qu'elles augmentent toutes en même temps de leurs différentielles; et si, par la nature de la question, quelques-unes d'entre elles doivent diminuer, tandis que les autres augmentent, on donne alors le signe moins aux différentielles de celles qui doivent diminuer.

Les différentielles dp, dq, dr, etc. qui représentent les vîtesses virtuelles des forces P, Q, R, etc., devront donc être prises positivement ou négativement, selon que ces forces tendront à augmenter ou à diminuer les lignes p, q, r, etc. qui déterminent leur direction. Mais comme la formule générale de l'équilibre ne change pas en changeant les signes de tous ses termes, il sera permis de regarder indifféremment comme positives les différentielles des lignes qui augmentent ou diminuent ensemble, et comme négatives les différentielles de celles qui varient en sens contraire. Ainsi en regardant les forces comme positives, leurs *momens* Pdp, Qdq, etc. seront positifs ou négatifs, selon que les vîtesses virtuelles dp, dq, etc. seront positives et négatives; et lorsqu'on voudra faire agir les forces en sens contraire, il n'y aura qu'à donner le signe moins aux quantités qui représentent ces forces, ou changer les signes de leurs *momens*.

Il résulte de là cette propriété générale de l'équilibre, qu'un système quelconque de forces en équilibre y demeure encore si chacune des forces vient à agir en sens contraire, pourvu que la constitution du système ne souffre aucun changement, par un changement de direction de toutes les forces.

4. Quelles que soient les forces qui agissent sur un système donné de corps ou de points, on peut toujours les regarder comme tendantes vers des points placés dans les lignes de leur direction.

Nous nommerons ces points les *centres des forces*; et on pourra prendre pour les lignes p, q, r, etc. les distances respectives de ces centres aux points du système auquel les forces P, Q, R, etc. sont appliquées. Dans ce cas, il est clair que ces forces tendront à diminuer les lignes p, q, r, etc.; il faudrait par conséquent donner le signe moins à leurs différentielles; mais en changeant tous les signes, la formule générale sera également

$$Pdp + Qdq + Rdr + \text{etc.} = 0.$$

Or les centres des forces peuvent être hors du système, ou bien dans le système et en faire partie; ce qui distingue les forces en *extérieures* et *intérieures*.

Dans le premier cas, il est visible que les différences dp, dq, dr, etc., expriment les variations entières des lignes p, q, r, etc., dues au changement de situation du système; elles sont par conséquent les différentielles complètes des quantités p, q, r, etc., en y regardant comme variables toutes les quantités relatives à la situation du système, et comme constantes celles qui se rapportent à la position des différens centres des forces.

Dans le second cas, quelques-uns des corps du système seront eux-mêmes les centres des forces qui agissent sur d'autres corps du même système, et à cause de l'égalité entre l'action et la réaction, ces derniers corps seront en même temps les centres des forces qui agissent sur les premiers.

Considérons donc deux corps qui agissent l'un sur l'autre avec une force quelconque P, soit que cette force vienne de l'attraction ou de la répulsion de ces corps, ou d'un ressort placé entre eux, ou d'une autre manière quelconque. Soit p la distance entre ces deux corps, et dp' la variation de cette distance, en tant qu'elle dépend du changement de situation de l'un des corps; il est clair qu'on aura, relativement à ce corps, Pdp' pour le moment virtuel de la force P; de même si on désigne par dp'' la variation de la même distance p, résultante du changement de situation de l'autre corps, on aura, relativement à ce second corps, le moment Pdp'' de la même force P; donc le moment total dû à cette force, sera représenté par $P(dp' + dp'')$; mais il est visible que $dp' + dp''$ est la différentielle complète de p, que nous désignerons par dp, puisque la distance p ne peut varier que par le déplacement des deux corps; donc le moment dont il s'agit sera exprimé simplement par Pdp. On peut étendre ce raisonnement à tant de corps qu'on voudra.

5. Il suit de là que pour avoir la somme des *momens* de toutes les forces d'un système donné, soit que ces forces soient extérieures ou intérieures, il n'y aura qu'à considérer en particulier chacune des forces qui agissent sur les différens corps ou points du système, et prendre la somme des produits de ces différentes forces multipliées chacune par la différentielle de la distance respective entre les deux termes de chaque force, c'est-à-dire entre le point sur

lequel

lequel agit cette force et celui où elle tend, en regardant, dans ces différentielles, comme variables toutes les quantités qui dépendent de la situation du système, et comme constantes celles qui se rapportent aux points ou centres extérieurs, c'est-à-dire en considérant ces points comme fixes, tandis qu'on fait varier la situation du système.

Cette somme étant égalée à zéro donnera la formule générale de la Statique.

6. Pour donner à l'expression analytique de cette formule toute la généralité ainsi que la simplicité dont elle est susceptible, on rapportera la position de tous les corps ou points du système donné, ainsi que celle des centres à des coordonnées rectangles et parallèles à trois axes fixes dans l'espace.

Nous nommerons en général x, y, z, les coordonnées des points auxquels les forces sont appliquées, et nous les distinguerons ensuite par un ou plusieurs traits, relativement aux différens points du système.

Nous désignerons de même par a, b, c, les coordonnées pour les centres des forces.

Il est visible que les distances p, q, r, etc. entre les points d'application et les centres des forces, seront exprimées en général par la formule

$$\sqrt{(x-a)^2+(y-b)^2+(z-c)^2},$$

dans laquelle les quantités a, b, c seront constantes ou du moins devront être regardées comme telles, pendant que x, y, z varient, dans le cas où elles se rapportent à des points placés hors du système, et où les forces sont extérieures; mais dans le cas où les forces sont intérieures et partent de quelques-uns des corps du système même, ces quantités a, b, c deviendront x''' etc., y'' etc., z''' etc. et seront par conséquent variables.

Ayant ainsi les expressions des quantités finies p, q, r, etc., en fonctions connues des coordonnées des différens corps du système, il n'y aura plus qu'à différentier à l'ordinaire, en regardant ces coordonnées comme seules variables, pour avoir les valeurs cherchées des différences dp, dq, dr, etc., qui entrent dans la formule générale de l'équilibre.

7. Mais quoiqu'on puisse toujours regarder les forces P, Q, R, etc. comme tendantes à des centres donnés; cependant comme la considération de ces centres est étrangère à la question, dans laquelle on ne considère ordinairement comme données, que la quantité et la direction de chaque force; voici des manières plus générales d'exprimer les différences dp, dq, dr, etc.

Et d'abord en supposant, ce qui est toujours permis, que la force P tende à un centre fixe, on a

$$p = \sqrt{(x-a)^2 + (y-b)^2 + (z-c)^2},$$

et de là, en différentiant sans que a, b, c varient, si la force P est extérieure,

$$dp = \frac{x-a}{p}dx + \frac{y-b}{p}dy + \frac{z-c}{p}dz.$$

Or il est facile de voir que $\frac{x-a}{p}$, $\frac{y-b}{p}$, $\frac{z-c}{p}$, sont les cosinus des angles que la ligne p fait avec les lignes $x-a$, $y-b$, $z-c$. Donc en général si on nomme α, β, γ les angles que la direction de la force P fait avec les axes des x, y, z, ou avec des parallèles à ces axes, on aura $\frac{x-a}{p} = \cos\alpha$, $\frac{y-b}{p} = \cos\beta$, $\frac{z-c}{p} = \cos\gamma$; par conséquent

$$dp = \cos\alpha dx + \cos\beta dy + \cos\gamma dz;$$

et ainsi des autres différences dq, dr, etc.

Mais si la même force P étant intérieure agit sur les deux points qui répondent aux coordonnées x, y, z et x', y', z' pour les rapprocher ou éloigner l'un de l'autre, on aura alors dans l'expression de p, $a = x'$, $b = y'$, $c = z'$, et par conséquent

$$dp = \cos\alpha(dx - dx') + \cos\beta(dy - dy') + \cos\gamma(dz - dz').$$

On remarquera par rapport aux angles α, β, γ, premièrement, que $\cos\alpha^2 + \cos\beta^2 + \cos\gamma^2 = 1$, ce qui est évident par les formules précédentes; en second lieu, que si on nomme ε l'angle que la projection de la ligne p sur le plan des x et y fait avec l'axe des x, on aura $\frac{x-a}{\pi} = \cos\varepsilon$, $\frac{y-b}{\pi} = \sin\varepsilon$, en supposant.... $\pi = \sqrt{(x-a)^2 + (y-b)^2}$; donc mettant pour $x-a$, $y-b$, leurs valeurs $p\cos\alpha$, $p\cos\beta$, on aura aussi

$$\pi = p\sqrt{(\cos\alpha^2 + \cos\beta^2)} = p\sqrt{(1-\cos\gamma^2)} = p\sin\gamma;$$

donc $\frac{x-a}{p} = \sin\gamma\cos\varepsilon$, $\frac{y-b}{p} = \sin\gamma\sin\varepsilon$; et par conséquent, $\cos\alpha = \sin\gamma\cos\varepsilon$, $\cos\beta = \sin\gamma\sin\varepsilon$.

8. Je considère ensuite que puisque dp représente le petit espace que le corps ou point auquel est appliquée la force P, peut parcourir suivant la direction de cette force, si on fait $dp = 0$, ce point ne pourra plus se mouvoir que dans des directions perpendiculaires à celle de la même force. Donc $dp = 0$ sera l'équation différentielle d'une surface à laquelle la direction de la force P sera perpendiculaire.

Cette surface sera une sphère si les quantités a, b, c sont constantes; mais elle pourra être une surface quelconque en supposant ces quantités variables.

Supposons maintenant en général que la force P agisse perpendiculairement à une surface représentée par l'équation.

$$Adx + Bdy + Cdz = 0.$$

Pour faire coïncider cette équation avec l'équation

$$(x-a)\,dx + (y-b)\,dy + (z-c)\,dz = 0$$

qui résulte de la supposition $dp = 0$, il n'y a qu'à faire

$$\frac{A}{C} = \frac{x-a}{z-c},\quad \frac{B}{C} = \frac{y-b}{z-c},$$

ce qui donne

$$x - a = \frac{A}{C}(z - c),\ y - b = \frac{B}{C}(z - c),$$

substituant ces valeurs dans l'expression de dp, on aura

$$dp = \frac{Adx + Bdy + Cdz}{\sqrt{(A^2 + B^2 + C^2)}}.$$

Ainsi ayant l'équation différentielle de la surface à laquelle la force P est perpendiculaire, on aura l'expression de sa vîtesse virtuelle dp.

On peut supposer

$$Adx + Bdy + Cdz = du,$$

u étant une fonction de x, y, z; car on sait qu'une équation différentielle du premier ordre à trois variables ne peut représenter une surface, à moins qu'elle ne soit intégrable ou ne le devienne par un multiplicateur. On aura ainsi par l'algorithme des différences partielles

$$A = \frac{du}{dx},\ B = \frac{du}{dy},\ C = \frac{du}{dz},$$

et l'expression de dp deviendra

$$dp = \frac{du}{\sqrt{\left[\left(\frac{du}{dx}\right)^2 + \left(\frac{du}{dy}\right)^2 + \left(\frac{du}{dz}\right)^2\right]}}$$

Donc le moment d'une force P perpendiculaire à une surface donnée par l'équation $du = 0$ sera

$$\frac{Pdu}{\sqrt{\left[\left(\frac{du}{dx}\right)^2 + \left(\frac{du}{dy}\right)^2 + \left(\frac{du}{dz}\right)^2\right]}}.$$

On déterminera de la même manière les valeurs des autres différences dq, dr, etc., d'après les équations différentielles des surfaces auxquelles les directions des forces Q, R, etc., sont perpendiculaires.

9. Mais sans considérer la surface à laquelle une force est perpen-

diculaire, comme on peut représenter une quantité quelconque par une ligne, on pourra regarder p comme une fonction quelconque des coordonnées, et la force P comme tendante à faire varier la valeur de p. Alors Pdp sera également le moment virtuel de la force P; et de même Qdq, Rdr, etc. seront les momens des forces Q, R, etc. en les regardant comme tendantes à faire varier les valeurs des quantités q, r, etc. supposées des fonctions quelconques des mêmes coordonnées. Cette manière d'envisager les momens, donne à la formule générale de l'équilibre une étendue beaucoup plus grande et la rend susceptible d'un plus grand nombre d'applications.

10. Les valeurs des différences dp, dq, dr, etc. étant connues en fonctions différentielles des coordonnées des différens corps du système, il n'y aura qu'à les substituer dans la formule générale

$$Pdp + Qdq + Rdr + \text{etc.} = 0,$$

et vérifier ensuite cette équation d'une manière indépendante des différentielles qu'elle renfermera.

Donc si le système est entièrement libre, ensorte qu'il n'y ait aucune relation donnée entre les coordonnées des differens corps, ni par conséquent entre leurs différentielles, il faudra satisfaire à l'équation précédente, indépendamment de ces différentielles, et pour cet effet, égaler séparément à zéro la somme de tous les termes qui se trouveront multipliés par chacune d'elles; ce qui donnera autant d'équations qu'il y aura de coordonnées variables, et par conséquent autant qu'il en faudra pour déterminer toutes ces variables, et connaître par leur moyen la position de tout le système dans l'état d'équilibre.

Mais si la nature du système est telle, que les corps soient assujétis dans leurs mouvemens à des conditions particulières, il faudra commencer par exprimer ces conditions par des équations analytiques que nous nommerons *équations de condition*; ce qui est toujours facile. Par exemple, si quelques-uns des corps étaient assujétis à se mouvoir sur des lignes ou des surfaces données, on aurait entre les coordonnées de ces corps, les équations mêmes des lignes ou des surfaces données; si deux corps étaient tellement joints ensemble, qu'ils dussent toujours se trouver à une même distance k l'un de l'autre, on aurait évidemment l'équation

$$k^2 = (x' - x'')^2 + (y' - y'')^2 + (z' - z'')^2,$$

et ainsi du reste.

Ayant trouvé les équations de condition, il faudra par leur moyen éliminer autant de différentielles qu'on pourra, dans les expressions de dp, dq, dr, etc., ensorte que les différentielles restantes soient absolument indépendantes les unes des autres, et n'expriment plus que ce qu'il y a d'arbitraire dans le changement de situation du système. Alors comme la formule génerale de la Statique doit avoir lieu, quel que puisse être ce changement, il faudra y égaler séparément à zéro, la somme de tous les termes qui se trouveront affectés de chacune des différentielles indéterminées; d'où il viendra autant d'équations particulières qu'il y aura de ces mêmes différentielles; et ces équations étant jointes aux équations de condition données, renfermeront toutes les conditions nécessaires par la détermination de l'état d'équilibre du système; car il est aisé de concevoir que toutes ces équations ensemble seront toujours en même nombre que les différentes variables qui servent de coordonnées à tous les corps du système, et suffiront par conséquent toujours pour déterminer chacune de ces variables.

11. Au reste si nous avons toujours déterminé les lieux des corps par des coordonnées rectangles, c'est que cette manière a l'avantage de la simplicité et de la facilité du calcul; mais ce n'est pas qu'on ne puisse en employer d'autres dans l'usage de la méthode précédente; car il est clair que rien n'oblige dans cette méthode à se servir de coordonnées rectangles, plutôt que d'autres lignes ou quan-

tités, relatives aux lieux des corps. Ainsi au lieu des deux coordonnées x, y, on pourra employer, lorsque les circonstances paraîtront l'exiger, un rayon vecteur $\rho = \sqrt{x^2+y^2}$, et un angle φ dont la tangente soit $\frac{y}{x}$, ce qui donnera $x=\rho\cos\varphi$, $y=\rho\sin\varphi$, en laissant subsister la troisième coordonnée z; ou bien on emploiera un rayon vecteur $\rho=\sqrt{x^2+y^2+z^2}$ avec deux angles φ et ψ, tels que $\text{tang}\,\varphi=\frac{y}{x}$, $\text{tang}\,\psi=\frac{z}{\sqrt{x^2+y^2}}$, ce qui donnera $x=\rho\cos\psi\cos\varphi$, $y=\rho\cos\psi\sin\varphi$, $z=\rho\sin\psi$; ou d'autres angles ou lignes quelconques.

Remarquons encore que comme il n'y a proprement que la considération des différences dx, dy, dz qui entre dans la méthode dont il s'agit, il est permis de placer l'origine des coordonnées où on voudra; ce qui peut servir à simplifier l'expression de ces différences.

Ainsi, en substituant $\rho\cos\varphi$ et $\rho\sin\varphi$, au lieu de x et y, on aura en général

$$dx = d\rho\cos\varphi - \rho\sin\varphi d\varphi, \qquad dy = d\rho\sin\varphi + \rho\cos\varphi d\varphi;$$

mais en faisant $\varphi = 0$, ce qui revient à placer l'origine de l'angle φ dans le rayon ρ, on aura plus simplement $dx = d\rho$, et $dy = \rho d\varphi$. Et ainsi des autres cas semblables.

12. En général, quel que soit le système de puissances dont on cherche l'équilibre, et de quelque manière que les points où elles sont appliquées soient liés entre eux, on peut toujours réduire les variables qui déterminent la position de ces points dans l'espace, à un petit nombre de variables indépendantes, en éliminant, au moyen des équations de condition données par la nature du système, autant de variables qu'il y a de conditions, c'est-à-dire en exprimant toutes les variables, qui sont au nombre de trois pour chaque point, par un petit nombre d'entre elles, ou par d'autres variables quel-

conques, qui, n'étant plus assujéties à aucune condition, seront indépendantes et indéterminées. Il faudra alors que l'équilibre ait lieu par rapport à chacune de ces variables indépendantes, parce qu'elles donnent lieu à autant de changemens différens dans la position du système.

13. En effet si on dénote par ξ, ψ, φ, etc. ces variables indépendantes, en regardant les valeurs de p, q, r, etc. comme fonctions de ces variables, on aura

$$dp = \frac{dp}{d\xi}d\xi + \frac{dp}{d\psi}d\psi + \frac{dp}{d\varphi}d\varphi + \text{etc.}$$

$$dq = \frac{dq}{d\xi}d\xi + \frac{dq}{d\psi}d\psi + \frac{dq}{d\varphi}d\varphi + \text{etc.}$$

$$dr = \frac{dr}{d\xi}d\xi + \frac{dr}{d\psi}d\psi + \frac{dr}{d\varphi}d\varphi + \text{etc.}$$

etc.

et l'équation de l'équilibre $Pdp + Qdq + Rdr + \text{etc.} = 0$ deviendra

$$\left.\begin{array}{l} \left(P\frac{dp}{d\xi} + Q\frac{dq}{d\xi} + R\frac{dr}{d\xi} + \text{etc.}\right)d\xi \\ + \left(P\frac{dp}{d\psi} + Q\frac{dq}{d\psi} + R\frac{dr}{d\psi} + \text{etc.}\right)d\psi \\ + \left(P\frac{dp}{d\varphi} + Q\frac{dq}{d\varphi} + R\frac{dr}{d\varphi} + \text{etc.}\right)d\varphi \\ \text{etc.} \end{array}\right\} = 0$$

dans laquelle les valeurs de $d\xi$, $d\psi$, $d\varphi$, etc. devant demeurer indéterminées, il faudra que l'on ait séparément les équations

$$P\frac{dp}{d\xi} + Q\frac{dq}{d\xi} + R\frac{dr}{d\xi} + \text{etc.} = 0$$

$$P\frac{dp}{d\psi} + Q\frac{dq}{d\psi} + R\frac{dr}{d\psi} + \text{etc.} = 0$$

$$P\frac{dp}{d\varphi} + Q\frac{dq}{d\varphi} + R\frac{dr}{d\varphi} + \text{etc.} = 0,$$

etc.

dont

dont le nombre sera égal à celui des variables ξ, ψ, φ, etc., et qui serviront par conséquent à déterminer toutes ces variables.

Chacune de ces équations représente, comme l'on voit, un équilibre particulier dans lequel les vîtesses virtuelles ont entre elles des rapports déterminés; et c'est de la réunion de tous ces équilibres partiels que se forme l'équilibre général du système.

On peut même remarquer que c'est proprement à ces équilibres partiels et déterminés que s'applique sans exception le raisonnement de l'article 1 de cette section; et comme dans le cas de deux puissances on peut toujours réduire leur équilibre à celui d'un levier droit dont les bras soient en raison des vîtesses virtuelles, on peut par ce moyen faire dépendre le principe général des vîtesses virtuelles du seul principe du levier.

14. Lorsque la quantité $Pdp + Qdq + Rdr +$ etc. ne sera pas nulle par rapport à toutes les variables indépendantes, les forces, P, Q, R, etc. ne se feront pas équilibre, et les corps sollicités par ces forces, prendront des mouvemens dépendans des mêmes forces et de leur action mutuelle.

Supposons que d'autres forces représentées par P', Q', R', etc. et dirigées suivant les lignes p', q', r', etc. agissant sur les corps du même système, leur impriment aussi les mêmes mouvemens; ces forces seront équivalentes aux premières, et pourront dans tous les cas être substituées à leur place, puisque leur effet est supposé exactement le même. Or si ces mêmes forces P', Q', R', etc., en conservant leurs valeurs, changeaient leurs directions et en prenaient de directement opposées, il est clair qu'elles imprimeraient aussi aux mêmes corps des mouvemens égaux, mais directement contraires. Par conséquent, si dans ce nouvel état elles agissaient sur les corps du même système, en même temps que les forces P, Q, R, etc., ces corps demeureraient en repos; les mouvemens imprimés dans un sens étant détruits par des mouvemens égaux et contraires. Il y aurait donc nécessairement équilibre entre toutes ces forces; ce qui donnerait l'équation (art. 2).

$$Pdp + Qdq + Rdr + \text{etc.} - P'dp' - Q'dq' - R'dr' - \text{etc.} = 0;$$

d'où l'on tire

$$Pdp + Qdq + Rdr + \text{etc.} = P'dp' + Q'dq' + R'dr' + \text{etc.}$$

C'est la condition nécessaire pour que les forces P', Q', R', etc., agissant suivant les lignes p', q', r', etc., soient équivalentes aux forces P, Q, R, etc., agissant suivant les lignes p, q, r, etc.; et comme deux systèmes de forces ne peuvent être entièrement équivalens que d'une seule manière, puisque le mouvement d'un corps est toujours unique et déterminé, il s'ensuit que si deux systèmes de forces P, Q, R, etc., P', Q', R', etc. sont tels, que l'on ait généralement et par rapport à toutes les variables indépendantes, l'équation

$$Pdp + Qdq + Rdr + \text{etc.} = P'dp' + Q'dq' + R'dr' + \text{etc.}$$

ces deux systèmes seront équivalens, et pourront dans tous les cas être substitués l'un à l'autre.

15. Il résulte de là ce théorème important de Statique, que deux systèmes de forces sont équivalens et peuvent être substitués l'un à l'autre dans un même système de corps liés entre eux d'une manière quelconque, lorsque les sommes des momens des forces sont toujours égales dans les deux systèmes; et réciproquement lorsque la somme des momens des forces d'un système est toujours égale à la somme des momens des forces d'un autre système, ces deux systèmes de forces sont équivalens, et peuvent être substitués l'un à l'autre dans le même système de corps.

Si on fait dépendre les lignes p, q, r, etc. des lignes ξ, ψ, φ, etc. la formule $Pdp + Qdq + Rdr +$ etc. se transforme comme dans l'article 13, en celle-ci $\Xi d\xi + \Psi d\psi + \Phi d\varphi +$ etc. dans laquelle

$$\Xi = P\frac{dp}{d\xi} + Q\frac{dq}{d\xi} + R\frac{dr}{d\xi} + \text{etc.}$$

$$\Psi = P\frac{dp}{d\psi} + Q\frac{dq}{d\psi} + R\frac{dr}{d\psi} + \text{etc.}$$

$$\Phi = P\frac{dp}{d\varphi} + Q\frac{dq}{d\varphi} + R\frac{dr}{d\varphi} + \text{etc.}$$

etc.

On a donc généralement

$$Pdp + Qdq + Rdr + \text{etc.} = \Xi d\xi + \Psi d\psi + \Phi d\varphi + \text{etc.}$$

Ainsi le système des forces P, Q, R, etc., dirigées suivant les lignes p, q, r, etc., est équivalent au système des forces Ξ, Ψ, Φ, etc. agissant suivant les lignes ξ, ψ, φ, etc., et peut être changé en celui-ci, dans le même système de corps tirés par ces forces.

SECTION TROISIÈME.

Propriétés générales de l'équilibre d'un système de corps, déduites de la formule précédente.

1. CONSIDÉRONS un système ou assemblage quelconque de corps ou points, qui étant tirés par des puissances quelconques, se fassent mutuellement équilibre. Si dans un instant l'action de ces puissances cessait d'être détruite, le système commencerait à se mouvoir, et quel que pût être son mouvement, on pourrait toujours le concevoir comme composé, 1°. d'un mouvement de translation commun à tous les corps; 2°. d'un mouvement de rotation autour d'un point quelconque; 3°. des mouvemens relatifs des corps entre eux, par lesquels ils changeraient leur position et leurs distances mutuelles. Il faut donc pour l'équilibre, que les corps ne puissent prendre aucun de ces différens mouvemens. Or il est clair que les mouvemens relatifs dépendent de la manière dont les corps sont disposés les uns par rapport aux autres; par conséquent les conditions nécessaires pour empêcher ces mouvemens, doivent être particulières à chaque système. Mais les mouvemens de translation et de rotation peuvent être indépendans de la forme du système, et s'exécuter sans que la disposition et la liaison mutuelle des corps en soit dérangée.

Ainsi la considération de ces deux espèces de mouvemens doit fournir des conditions ou propriétés générales de l'équilibre. C'est ce que nous allons examiner.

§ I.

Propriétés de l'équilibre d'un système libre, relatives au mouvement de translation.

2. Soient un nombre quelconque de corps regardés comme des points, et disposés ou liés entre eux comme l'on voudra, lesquels soient tirés par les puissances P, P', P'', etc., suivant les directions des lignes p, p', p'', etc. On aura (Sect. précéd.) pour l'équilibre de ces corps, la formule générale

$$Pdp + P'dp' + P''dp'' + \text{etc.} = 0.$$

En rapportant à des coordonnées rectangles les différens points tirés par les forces P, P', etc., ainsi que les centres de ces forces, comme dans l'article 6 de la section précédente, on aura pour les forces extérieures,

$$p = \sqrt{(x-a)^2 + (y-b)^2 + (z-c)^2},$$
$$p' = \sqrt{(x'-a')^2 + (y'-b')^2 + (z'-c')^2},$$
etc.

Mais si les corps qui répondent, par exemple, aux coordonnées x, y, z, et aux $\bar{x}, \bar{y}, \bar{z}$, agissent l'un sur l'autre par une force mutuelle que nous désignerons par $\bar{P}$, en nommant $\bar{p}$ la distance rectiligne de ces deux corps, on aurait

$$\bar{p} = \sqrt{(x-\bar{x})^2 + (y-\bar{y})^2 + (z-\bar{z})^2},$$

et il faudrait ajouter à la formule générale le terme $\bar{P}d\bar{p}$, provenant de la force intérieure $\bar{P}$, et ainsi de suite, si plusieurs forces agissent sur les mêmes corps.

3. Faisons, ce qui est permis,

$$x' = x + \xi, \quad y' = y + \eta, \quad z' = z + \zeta,$$
$$x'' = x + \xi', \quad y'' = y + \eta', \quad z'' = z + \zeta',$$
etc.

$$\bar{x} = x + \xi, \quad \bar{y} = y + \eta, \quad \bar{z} = z + \zeta,$$
etc.

et supposons qu'on ait substitué ces valeurs dans la formule précédente.

Puisque x, y, z sont les coordonnées absolues du corps tiré par la force P, il est clair que ξ, η, ζ, ξ', η', ζ', etc., ne seront autre chose que les coordonnées relatives des autres corps par rapport à celui-ci, pris pour leur origine commune; de sorte que la position mutuelle des corps ne dépendra que de ces dernières coordonnées, et nullement des premières. Donc si on suppose le système entièrement libre, c'est-à-dire, les corps simplement liés entre eux d'une manière quelconque, mais sans qu'ils soient retenus ou empêchés par des appuis fixes, ou des obstacles extérieurs quelconques, il est aisé de concevoir que les conditions résultantes de la nature du système, ne pourront regarder que les quantités ξ, η, ζ, ξ', η', ζ', etc., et nullement les quantités x, y, z, dont les différentielles demeureront par conséquent indépendantes et indéterminées.

Ainsi après les substitutions dont il s'agit, il faudra égaler séparément à zéro, chacun des membres affectés de dx, dy, dz, ce qui donnera ces trois équations (art. 2.)

$$P\frac{dp}{dx} + P'\frac{dp'}{dx} + P''\frac{dp''}{dx} + \text{etc.} + \bar{P}\frac{d\bar{p}}{dx} + \text{etc.} = 0,$$

$$P\frac{dp}{dy} + P'\frac{dp'}{dy} + P''\frac{dp''}{dy} + \text{etc.} + \bar{P}\frac{d\bar{p}}{dy} + \text{etc.} = 0,$$

$$P\frac{dp}{dz} + P'\frac{dp'}{dz} + P''\frac{dp''}{dz} + \text{etc.} + \bar{P}\frac{d\bar{p}}{dz} + \text{etc.} = 0.$$

On voit d'abord que les variables x, y, z n'entreront point dans l'expression de $\bar{p}$; ainsi on aura $\frac{d\bar{p}}{dx} = 0$, $\frac{d\bar{p}}{dy} = 0$, $\frac{d\bar{p}}{dz} = 0$, etc, ce qui fera disparaître les termes qui contiendront les forces intérieures $\bar{P}$, $\bar{P}'$, etc.

On voit ensuite que les valeurs de $\frac{dp'}{dx}$, $\frac{dp'}{dy}$, $\frac{dp'}{dz}$, $\frac{dp''}{dx}$, $\frac{dp''}{dy}$,

$\frac{dp''}{dz}$, etc., seront les mêmes que celles de $\frac{dp'}{dx'}$, $\frac{dp'}{dy'}$, $\frac{dp'}{dz'}$, $\frac{dp''}{dx''}$, $\frac{dp''}{dy''}$, $\frac{dp''}{dz''}$, etc.

Or si on nomme α, β, γ les angles que la ligne p fait avec les axes des x, y, z, ou avec des parallèles à ces axes, α', β', γ' les angles que la ligne p' fait avec les mêmes axes, etc., on a, comme on l'a vu plus haut (art. 7, sect. précéd.), $\frac{dp}{dx}=\cos\alpha$, $\frac{dp}{dy}=\cos\beta$, $\frac{dp}{dz}=\cos\gamma$, et de même, $\frac{dp'}{dx'}=\cos\alpha'$, $\frac{dp'}{dy'}=\cos\beta'$, $\frac{dp'}{dz'}=\cos\gamma'$, etc.

Donc les trois équations ci-dessus deviendront

$$P\cos\alpha + P'\cos\alpha' + P''\cos\alpha'' + \text{etc.} = 0,$$
$$P\cos\beta + P'\cos\beta' + P''\cos\beta'' + \text{etc.} = 0,$$
$$P\cos\gamma + P'\cos\gamma' + P''\cos\gamma'' + \text{etc.} = 0,$$

lesquelles devront nécessairement avoir lieu dans l'équilibre d'un système libre. Ce sont les équations nécessaires pour empêcher le mouvement de translation.

4. Si les puissances P, P', P'', etc., étaient parallèles, on aurait $\alpha=\alpha'=\alpha''$ etc., $\beta=\beta'=\beta''$ etc., $\gamma=\gamma'=\gamma''$ etc., et les trois équations précédentes se réduiraient à celle-ci,

$$P + P' + P'' + \text{etc.} = 0,$$

laquelle montre que la somme des forces parallèles doit être nulle.

En général il est facile de concevoir que P représentant l'action totale de la puissance P suivant sa propre direction, $P\cos.\alpha$ représentera son action relative, estimée suivant la direction de l'axe des x, lequel fait l'angle α avec la direction de la force P; de même $P\cos.\beta$ et $P\cos.\gamma$, seront les actions relatives de la même force, estimées suivant les directions des axes des y et z; et ainsi des autres forces P', P'', etc.

De là résulte ce théorème de Statique, que *la somme des puissances estimées suivant la direction de trois axes perpendiculaires entre eux, doit être nulle par rapport à chacun de ces axes, dans l'équilibre d'un système libre.*

§ II.

Propriétés de l'équilibre, relatives au mouvement de rotation.

5. Prenons maintenant, ce qui est permis, à la place des coordonnées x, y, x', y', x'', y'', etc., $\bar{x}, \bar{y}$, etc. les rayons vecteurs ρ, ρ', ρ'', etc., $\bar{\rho}$, etc. avec les angles $\varphi, \varphi', \varphi''$, etc., $\bar{\varphi}$, etc. que ces rayons font avec l'axe des x; on aura, comme l'on sait, $x=\rho \cos. \varphi$, $y=\rho \sin. \varphi$, et de même $x'=\rho' \cos. \varphi'$, $y'=\rho' \sin. \varphi'$, etc. $\bar{x}=\bar{\rho}\cos\bar{\varphi}$, $\bar{y}=\bar{\rho}\sin\bar{\varphi}$, etc.

Faisons ces substitutions dans la formule générale de l'article 2, et supposons $\varphi'=\varphi+\sigma$, $\varphi''=\varphi+\sigma'$, etc., $\bar{\varphi}=\varphi+\bar{\sigma}$, etc., il est visible que σ, σ', etc., $\bar{\sigma}$, etc., seront les angles que les rayons ρ', ρ'', etc. $\bar{\rho}$, etc., forment avec le rayon ρ; par conséquent les distances des corps, tant entre eux que par rapport au plan des x, y, et au point qui est pris pour l'origine des coordonnées, dépendront uniquement des quantités ρ, ρ', ρ'', etc., $\bar{\rho}$, etc., σ, σ', etc. $\bar{\sigma}$, etc., z, z', z'', etc., $\bar{z}$, etc.

Donc si le système a la liberté de tourner autour de ce point parallèlement au plan des x, y, c'est-à-dire autour de l'axe des z, qui est perpendiculaire à ce plan, l'angle φ sera indépendant des conditions du système, et sa différence $d\varphi$ demeurera par conséquent arbitraire. D'où il suit que les termes affectés de $d\varphi$ dans l'équation générale de l'équilibre devront être ensemble égaux à zéro.

Il est facile de voir que tous ces termes seront représentés par $Nd\varphi$, en faisant

$$N=P\frac{dp}{d\varphi}+P'\frac{dp'}{d\varphi}+P''\frac{dp''}{d\varphi}+\text{etc.}+\bar{P}\frac{d\bar{p}}{d\varphi}+\text{etc.},$$

de sorte que l'on aura pour l'équilibre l'équation $N=0$.

En

En substituant les valeurs de x, y, x', y', etc., $\bar{x}$, $\bar{y}$, etc. dans les expressions de p, p', etc., $\bar{p}$, etc. (art. 2), et faisant de plus $a=R\cos A$, $b=R\sin A$, $a'=R'\cos A'$, $b'=R'\sin B'$, etc., on aura

$$p=\sqrt{\rho^2-2\rho R\cos(\varphi-A)+R^2+(z-c)^2},$$
$$p'=\sqrt{\rho'^2-2\rho' R'\cos(\varphi'-A')+R'^2+(z'-c')^2},$$
etc.
$$\bar{p}=\sqrt{\rho^2-2\rho\bar{\rho}\cos(\varphi-\bar{\varphi})+\bar{\rho}^2+(z-\bar{z})^2},$$
etc.

où il faudra encore mettre $\varphi+\sigma$, $\varphi+\sigma'$, etc., $\varphi+\bar{\sigma}$, etc. à la place de φ', φ'', etc., $\bar{\varphi}$ etc.

Par ces dernières substitutions on voit d'abord que les quantités $\bar{p}$, etc. ne contiendront plus l'angle φ; ainsi on aura $\frac{d\bar{p}}{d\varphi}=0$, etc.; par conséquent les forces intérieures $\bar{P}$, etc. disparaîtront de l'équation, et il n'y restera que les forces extérieures P, P', etc.

Ensuite on aura

$$\frac{dp}{d\varphi}=\frac{\rho R\sin(\varphi-A)}{p},\quad \frac{dp'}{d\varphi}=\frac{\rho' R'\sin(\varphi'-A')}{p'},\quad \text{etc.};$$

et la quantité N deviendra

$$N=\frac{PR\rho\sin(\varphi-A)}{p}+\frac{P'R'\rho'\sin(\varphi'-A')}{p'}+\text{etc.}$$

Comme on peut prendre les centres des forces P, P', etc. partout où l'on veut dans la direction de ces forces, on peut supposer que ces forces soient représentées par les lignes mêmes p, p', etc. qui sont les distances rectilignes de leurs points d'application aux centres respectifs. De cette manière on aura plus simplement

$$N=R\rho\sin(\varphi-A)+R'\rho'\sin(\varphi'-A')+\text{etc.}$$

Dans cette formule, les rayons R et ρ, qui partent de l'origine des coordonnées et qui renferment l'angle $\varphi - A$, sont les côtés d'un triangle qui a pour base la projection de la ligne p sur le plan des x, y; par conséquent la quantité $R\rho \sin.(\varphi - A)$ exprime le double de l'aire de ce triangle, et ainsi des autres quantités semblables.

Or ayant nommé ci-dessus (art. 3) γ, γ', etc. les angles que les directions des forces P, P', etc. font avec l'axe des z ou avec des parallèles à cet axe, il est clair que les complémens de ces angles seront les inclinaisons des lignes p, p' etc. au plan des x, y; donc $p \sin\gamma$, $p' \sin\gamma'$, etc. seront les projections de ces lignes; et si de l'origine des coordonnées on abaisse sur ces projections des perpendiculaires que nous nommerons Π, Π', etc., on aura

$$R\rho \sin(\varphi - A) = \Pi p \sin\gamma, \quad R'\rho' \sin(\varphi' - A') = \Pi' p' \sin\gamma', \text{ etc.},$$

et la quantité N se réduira à la forme

$$N = \Pi P \sin\gamma + \Pi' P' \sin\gamma' + \Pi'' P'' \sin\gamma'' + \text{etc.},$$

en remettant P, P', P'', etc. à la place de p, p', p'', etc.

6. L'équation $N = 0$ donnera ainsi le théorème suivant :

Dans l'équilibre d'un système qui a la liberté de tourner autour d'un axe, et qui est composé de corps qui agissent les uns sur les autres d'une manière quelconque et sont en même temps tirés par des forces extérieures, la somme de ces forces, estimées parallèlement à un plan perpendiculaire à l'axe, et multipliées chacune par la perpendiculaire menée de l'axe à la direction de la force projetée sur le même plan, doit être nulle, en donnant des signes contraires aux forces dont les directions tendent à faire tourner le système dans des sens contraires.

On énonce ordinairement ce théorème d'une manière plus simple, en disant que *les momens des forces, par rapport à un axe, doivent se détruire pour qu'il y ait équilibre autour de cet axe.* Car on entend aujourd'hui en Mécanique, par *moment* d'une force ou puissance par rapport à une ligne, le produit de cette force estimée parallèlement à un plan perpendiculaire à cette ligne, et multipliée par son bras de levier, qui est la perpendiculaire menée de cette ligne sur la direction de la puissance rapportée au même plan. En effet, c'est uniquement de ce moment que dépend l'action de la force pour faire tourner le système autour de l'axe; puisque si on la décompose en deux, l'une parallèle à l'axe, l'autre dans un plan perpendiculaire à l'axe, il n'y aura évidemment que cette dernière qui puisse produire une rotation. Nous donnerons en conséquence à ce moment le nom particulier de *moment relatif à un axe de rotation.*

7. Le coefficient N du terme $Nd\varphi$ (art. 5) exprime, comme on le voit, la somme des momens de toutes les forces du système, relativement à l'axe de la rotation instantanée $d\varphi$; ainsi pour trouver la somme de ces momens relatifs à un axe quelconque, il n'y aura qu'à transformer la formule générale $Pdp + P'dp' + P''dp'' +$ etc., qui exprime la somme des *momens virtuels* de toutes les forces, en y introduisant, pour une des variables indépendantes, l'angle de rotation autour de l'axe donné; le coefficient de la différentielle de cet angle sera la somme de tous les momens relatifs à cet axe; ce qui peut être utile dans plusieurs occasions.

8. Lorsque le système peut tourner en tout sens autour du point que nous prenons pour l'origine des coordonnées, il faut considérer à la fois les rotations instantanées autour des trois axes des x, y, z; et l'on aura, par rapport à chacun de ces axes, une équation semblable à celle que nous venons de trouver, et qui renferme la propriété des momens; mais il ne sera pas inutile de résoudre le même problème par une analyse plus simple et plus générale.

Pour cela soit, comme dans l'article 5,

$$x = \rho \cos\varphi, \quad y = \rho \sin\varphi, \quad x' = \rho' \cos\varphi', \quad y' = \rho' \sin\varphi', \text{ etc.};$$

en faisant varier simplement les angles φ, φ', etc. de la même différence $d\varphi$, on aura

$$dx = -yd\varphi, \quad dy = xd\varphi, \quad dx' = -y'd\varphi, \quad dy' = x'd\varphi, \text{ etc.}$$

Ce sont les variations de x, y, x', y', etc. dues à la rotation élémentaire $d\varphi$ du système autour de l'axe des z.

On aura de même les variations de y, z, y', z', etc. dues à une rotation élémentaire $d\psi$ autour de l'axe des x, en changeant simplement dans les formules précédentes x, y, x', y', etc. en y, z, y', z', etc., et $d\varphi$ en $d\psi$, ce qui donnera

$$dy = -zd\psi, \quad dz = yd\psi, \quad dy' = -z'd\psi, \quad dz' = y'd\psi, \text{ etc.}$$

En changeant dans ces dernières formules y, z, y', z', etc. respectivement en z, x, z', x', etc., et $d\psi$ en $d\omega$, on aura les variations provenant de la rotation élémentaire $d\omega$ autour de l'axe des y, lesquelles seront

$$dz = -xd\omega, \quad dx = zd\omega, \quad dz' = -x'd\omega, \quad dx' = z'd\omega, \text{ etc.}$$

Si donc on suppose que les trois rotations aient lieu à la fois, les variations totales des coordonnées x, y, z, x', y', z', etc. seront, d'après les principes du calcul différentiel, égales aux sommes des variations partielles dues à chacune de ces rotations, de sorte qu'on aura alors ces expressions complètes,

$$dx = zd\omega - yd\varphi, \quad dy = xd\varphi - zd\psi, \quad dz = yd\psi - xd\omega;$$
$$dx' = z'd\omega - y'd\varphi, \quad dy' = x'd\varphi - z'd\psi, \quad dz' = y'd\psi - x'd\omega,$$
etc.

En substituant ces valeurs dans la formule générale de l'équilibre (art. 2), on aura les termes dus seulement aux rotations $d\varphi$, $d\omega$, $d\psi$ autour des trois axes des z, y, x, lesquels devront être séparément égaux à zéro lorsque le système a la liberté de tourner en tout sens autour du point qui fait l'origine des coordonnées.

Or on a, par la différentiation,

$$dp = \frac{(x-a)dx + (y-b)dy + (z-c)dz}{p},$$
$$dp' = \frac{(x'-a')dx + (y'-b')dy' + (z'-c')dz'}{p'},$$
etc.

$$d\bar{p} = \frac{(x-\bar{x})(dx-d\bar{x})+(y-\bar{y})(dy-d\bar{y})+(z-\bar{z})(dz-d\bar{z})}{\bar{p}},$$

etc.

On aura donc, par les substitutions dont il s'agit,

$$dp = \frac{(ay-bx)d\varphi+(bz-cy)d\psi+(cx-az)d\omega}{p},$$

$$dp' = \frac{(a'y'-b'x')d\varphi+(b'z'-c'y')d\psi+(c'x'-a'z')d\omega}{p'},$$

etc.

Et l'on trouvera $d\bar{p}=0$, $d\bar{p}'=0$, etc., en mettant pour $d\bar{x}$, $d\bar{y}$, $d\bar{z}$, etc. les valeurs analogues $\bar{z}d\omega-\bar{y}d\varphi$, $\bar{x}d\varphi-\bar{z}d\psi$, $\bar{y}d\psi-\bar{x}d\omega$, etc.; d'où l'on peut tout de suite conclure que les termes $\bar{P}d\bar{p}$, $\bar{P}'d\bar{p}'$, etc. de la même équation, qui résulteraient des forces intérieures du système, disparaîtront par ces substitutions.

On aura aussi $dp=0$, si on fait $a=0$, $b=0$, $c=0$, c'est-à-dire, si le centre des forces P tombe dans l'origine des coordonnées; ce qui fera aussi disparaître cette force.

9. Faisant donc abstraction des forces intérieures, s'il y en a, ainsi que de toute force qui serait dirigée vers le centre des coordonnées, on aura en général pour toutes les forces P, P', etc., dirigées suivant les lignes p, p', etc., l'équation

$$Ld\psi + Md\omega + Nd\varphi = 0,$$

en faisant

$$L = \frac{P(bz-cy)}{p} + \frac{P'(b'z'-c'y')}{p'} + \text{etc.},$$

$$M = \frac{P(cx-az)}{p} + \frac{P'(c'x'-a'z')}{p'} + \text{etc.},$$

$$N = \frac{P(ay-bx)}{p} + \frac{P'(a'y'-b'x')}{p'} + \text{etc.},$$

et l'on aura, pour tout système libre de tourner en tout sens autour de l'origine des coordonnées, les trois équations $L=0$, $M=0$, $N=0$, lesquelles répondent à celle de l'article 5, rapportée aux trois axes des coordonnées.

Car en employant, à la place des coordonnées a, b, c, a', etc. des centres de forces, les angles α, β, γ, α', etc., que les directions de ces forces font avec les trois axes des coordonnées ; et faisant par conséquent comme dans l'article 7 de la section précédente,

$$a = x - p\cos\alpha, \quad b = y - p\cos\beta, \quad c = z - p\cos\gamma,$$

et ainsi des autres quantités semblables, on a

$$L = P(y\cos\gamma - z\cos\beta) + P'(y'\cos\gamma' - z'\cos\beta') + \text{etc.},$$
$$M = P(z\cos\alpha - x\cos\gamma) + P'(z'\cos\alpha' - x'\cos\gamma') + \text{etc.},$$
$$N = P(x\cos\beta - y\cos\alpha) + P'(x'\cos\beta' - y'\cos\alpha') + \text{etc.},$$

Or $P\cos\alpha$, $P\cos\beta$, $P\cos\gamma$ étant les valeurs de la force P, estimée suivant les directions des trois axes des x, y, z, on voit tout de suite que $xP\cos\beta - yP\cos\alpha$ sont les momens relatifs à l'axe des z, le terme $yP\cos\alpha$ ayant le signe négatif à cause que la force $P\cos\alpha$ tend à faire tourner le système en sens contraire de la force $P\cos\beta$. De même $zP\cos\alpha - xP\cos\gamma$ seront les momens relatifs à l'axe des y, et $yP\cos\gamma - zP\cos\beta$, les momens relatifs à l'axe des x ; et ainsi des autres expressions semblables. De sorte que les trois équations $L = 0$, $M = 0$, $N = 0$ expriment que la somme de ces momens est nulle par rapport à chacun des trois axes.

On voit aussi que les coefficiens L, M, N des rotations instantanées $d\psi$, $d\omega$, $d\varphi$ ne sont autre chose que les momens relatifs aux axes des rotations instantanées $d\psi$, $d\omega$, $d\varphi$ (art. 7).

10. On pourrait douter si les rotations autour des trois axes des coordonnées suffisent pour représenter tous les petits mouvemens qu'un système de points peut avoir autour d'un point fixe, sans que leur disposition mutuelle en soit altérée. Pour lever ce doute, nous allons chercher tous ces mouvemens d'une manière plus directe.

Par le point donné, qui sert d'origine aux coordonnées x, y, z, et par un autre point du système, imaginons une ligne droite, et par cette ligne et par un troisième point du système, un plan ; rapportons à cette ligne et à ce plan les autres points du système, par de nouvelles coordonnées rectangles x', y', z' ayant la même origine que les premières x, y, z; il est clair que ces nouvelles coordonnées ne dépendront que de la situation mutuelle des points du système, et seront par conséquent constantes lorsque le système change de place, tandis que les premières varient seules par ce changement.

La théorie connue de la transformation des coordonnées donne d'abord ces relations entre les trois premières et les trois dernières,

$$x = \alpha x' + \beta y' + \gamma z',$$
$$y = \alpha' x' + \beta' y' + \gamma' z',$$
$$z = \alpha'' x'' + \beta'' y'' + \gamma'' z''.$$

Les neuf coefficiens α, β, γ, α', etc. ne dépendent que de la position respective des axes des deux systèmes de coordonnées, et doivent être tels que les coordonnées x, y, z se rapportent aux mêmes points que les coordonnées x', y', z', et que par conséquent les deux expressions $x^2+y^2+z^2$ et $x'^2+y'^2+z'^2$ soient identiques, ce qui donne ces six équations de condition,

$$\alpha^2+\alpha'^2+\alpha''^2=1, \quad \beta^2+\beta'^2+\beta''^2=1, \quad \gamma^2+\gamma'^2+\gamma''^2=1,$$
$$\alpha\beta+\alpha'\beta'+\alpha''\beta''=0, \quad \alpha\gamma+\alpha'\gamma'+\alpha''\gamma''=0, \quad \beta\gamma+\beta'\gamma'+\beta''\gamma''=0,$$

de sorte que parmi les neuf quantités α, β, γ, α', etc., il en restera trois d'indéterminées.

Lorsque les axes des x', y' z' coïncident avec ceux des x, y, z, on a $x=x'$, $y=y'$, $z=z'$, et par conséquent $\alpha=1$, $\beta=0$, $\gamma=0$, $\alpha'=0$, $\beta'=1$, $\beta''=0$, $\gamma=0$, $\gamma'=0$, $\gamma''=1$. Ainsi en différentiant les formules précédentes, et y faisant ensuite ces substitutions, on aura le résultat d'un déplacement quelconque infiniment petit du système dans l'espace autour du point donné.

On aura d'abord, en différentiant les expressions de x, y, z dans l'hypothèse de x', y', z' constantes, et substituant, après la différentiation, x, y, z à la place de ces quantités,

$$dx = xd\alpha + yd\beta + zd\gamma,$$
$$dy = xd\alpha' + yd\beta' + zd\gamma',$$
$$dz = xd\alpha'' + yd\beta'' + zd\gamma''.$$

Mais les six équations de condition étant différentiées donnent, par la substitution des valeurs $\alpha = 1$, $\beta = 0$, $\gamma = 0$, etc. trouvées ci-dessus, $d\alpha = 0$, $d\beta' = 0$, $d\gamma'' = 0$, $d\beta + d\alpha' = 0$, $d\gamma + d\alpha'' = 0$, $d\gamma' + d\beta'' = 0$, d'où $d\alpha' = -d\beta$, $d\alpha'' = -d\gamma$, $d\beta'' = -d\gamma'$.

Ces valeurs étant substituées dans les expressions de dx, dy, dz, on aura celles-ci:

$$dx = -yd\alpha' + zd\gamma, \quad dy = xd\alpha' - zd\beta'', \quad dz = -xd\gamma + yd\beta'',$$

qui coïncident avec celle de l'article 8, en faisant $d\alpha' = d\varphi$, $d\gamma = d\omega$, $d\beta'' = d\psi$.

Ces formules des variations de x, y, z ont donc toute la généralité que l'état de la question peut comporter; et les trois équations $L = 0$, $M = 0$, $N = 0$, qui résultent de l'évanouissement des termes affectés de $d\psi$, $d\omega$, $d\varphi$ dans l'équation générale de l'équilibre, sont par conséquent les seules nécessaires pour maintenir le système en équilibre autour du point donné, abstraction faite de ce qui dépend de la disposition mutuelle des points entre eux. De sorte que lorsque cette disposition est invariable, l'équilibre du système ne dépendra que des trois équations dont il s'agit.

D'Alembert est le premier qui ait trouvé les lois de l'équilibre de plusieurs forces appliquées à un système de points de forme invariable, dans ses *Recherches sur la Précession des équinoxes*. Il y est parvenu d'une manière très-compliquée par la composition et la décomposition des forces. Depuis elles ont été démontrées plus simplement par différens auteurs; mais nos formules ont l'avantage d'y conduire directement.

§ III.

§ III.

De la composition des mouvemens de rotation autour de différens axes, et des momens relatifs à ces axes.

11. Si on prend dans le système un point pour lequel les coordonnées x, y, z soient proportionnelles à $d\psi$, $d\omega$, $d\varphi$, les différentielles correspondantes dx, dy, dz seront nulles, comme on le voit par les formules de l'article 8. Ce point, et tous ceux qui auront la même propriété, seront donc immobiles pendant l'instant que le système décrit les trois angles $d\psi$, $d\omega$, $d\varphi$, en tournant à la fois autour des axes des x, y, z. Et il est facile de voir que tous ces points seront dans une ligne droite passant par l'origine des coordonnées et faisant avec les axes des x, y, z des angles λ, μ, ν, tels que

$$\cos\lambda = \frac{d\psi}{\sqrt{(d\psi^2+d\omega^2+d\varphi^2)}},\ \cos\mu = \frac{d\omega}{\sqrt{(d\psi^2+d\omega^2+d\varphi^2)}},\ \cos\nu = \frac{d\varphi}{\sqrt{(d\psi^2+d\omega^2+d\varphi^2)}}.$$

Cette droite sera l'*axe instantané* de la rotation composée.

En employant les angles λ, μ, ν, et faisant, pour abréger,

$$d\theta = \sqrt{(d\psi^2 + d\omega^2 + d\varphi^2)},$$

on aura

$$d\psi = d\theta \cos\lambda, \qquad d\omega = d\theta \cos\mu, \qquad d\varphi = d\theta \cos\nu,$$

et les expressions générales de dx, dy, dz (art. 8) deviendront

$$dx = (z\cos\mu - y\cos\nu)\, d\theta,$$
$$dy = (x\cos\nu - z\cos\lambda)\, d\theta,$$
$$dz = (y\cos\lambda - x\cos\mu)\, d\theta.$$

Le carré du petit espace parcouru par un point quelconque étant $dx^2 + dy^2 + dz^2$, il sera exprimé par

$$((z\cos\mu - y\cos\nu)^2 + (x\cos\nu - z\cos\lambda)^2 + (y\cos\lambda - x\cos\mu)^2)\, d\theta^2$$
$$= (x^2 + y^2 + z^2 - (x\cos\lambda + y\cos\mu + z\cos\nu)^2)\, d\theta^2,$$

à cause de $\cos\lambda^2 + \cos\mu^2 + \cos\nu^2 = 1$.

Or il est facile de prouver que $x\cos\lambda + y\cos\mu + z\cos\nu = 0$ est l'équation d'un plan passant par l'origine des coordonnées et perpendiculaire à la droite qui fait les angles λ, μ, ν avec les axes des x, y, z; donc le petit espace décrit par un point quelconque de ce plan sera

$$d\theta\sqrt{(x^2+y^2+z^2)},$$

et comme l'axe instantané de rotation est perpendiculaire à ce même plan, il s'ensuit que $d\theta$ sera l'angle de la rotation autour de cet axe, composée des trois rotations partielles $d\psi$, $d\omega$, $d\varphi$ autour des trois axes des coordonnées.

12. Il suit de là que des rotations quelconques instantanées $d\psi$, $d\omega$, $d\varphi$ autour de trois axes qui se coupent à angles droits dans un même point, se composent en une seule $d\theta = \sqrt{(d\psi^2 + d\omega^2 + d\varphi^2)}$, autour d'un axe passant par le même point d'intersection, et faisant avec ceux-là des angles λ, μ, ν, tels que

$$\cos\lambda = \frac{d\psi}{d\theta}, \quad \cos\mu = \frac{d\omega}{d\theta}, \quad \cos\nu = \frac{d\varphi}{d\theta};$$

et réciproquement, qu'une rotation quelconque $d\theta$ autour d'un axe donné, peut se décomposer en trois rotations partielles exprimées par $\cos\lambda d\theta$, $\cos\mu d\theta$, $\cos\nu d\theta$ autour de trois axes qui se coupent perpendiculairement dans un point de l'axe donné, et qui fassent avec cet axe les angles λ, μ, ν; ce qui fournit un moyen bien simple de composer et de décomposer les mouvemens instantanées ou les vîtesses de rotation.

Ainsi, si on prend trois autres axes rectangulaires entre eux, qui fassent avec l'axe de la rotation $d\psi$ les angles λ', λ'', λ'''; avec l'axe de la rotation $d\omega$ les angles μ', μ'', μ'''; et avec l'axe de la rotation $d\varphi$ les angles ν', ν'', ν'''; la rotation $d\psi$ pourra se résoudre en trois rotations $\cos\lambda' d\psi$, $\cos\lambda'' d\psi$, $\cos\lambda''' d\psi$ autour de ces nouveaux axes; la rotation $d\omega$ se résoudra de même en trois rotations $\cos\mu' d\omega$, $\cos\mu'' d\omega$, $\cos\mu''' d\omega$, et la rotation $d\varphi$ en trois rotations $\cos\nu' d\varphi$,

$\cos\nu'' d\varphi$, $\cos\nu''' d\varphi$ autour des mêmes axes. De sorte qu'en ajoutant ensemble les rotations autour d'un même axe, si on nomme $d\theta'$, $d\theta''$, $d\theta'''$ les rotations totales autour des trois nouveaux axes, on aura

$$\begin{aligned}
d\theta' &= \cos\lambda'\, d\psi + \cos\mu'\, d\omega + \cos\nu'\, d\varphi,\\
d\theta'' &= \cos\lambda''\, d\psi + \cos\mu''\, d\omega + \cos\nu''\, d\varphi,\\
d\theta''' &= \cos\lambda'''\, d\psi + \cos\mu'''\, d\omega + \cos\nu'''\, d\varphi.
\end{aligned}$$

13. Les rotations $d\psi$, $d\omega$, $d\varphi$ sont donc réduites de cette manière à trois rotations $d\theta'$, $d\theta''$, $d\theta'''$, autour de trois autres axes rectangulaires, lesquelles doivent par conséquent donner, par la composition, la même rotation $d\theta$ qui résulte des rotations $d\psi$, $d\omega$, $d\varphi$; de sorte qu'on aura (art. 11),

$$d\theta^2 = d\theta'^2 + d\theta''^2 + d\theta'''^2 = d\psi^2 + d\omega^2 + d\varphi^2;$$

et comme cette dernière équation doit être identique, il s'ensuit qu'on aura ces relations :

$$\begin{aligned}
\cos\lambda'^2 + \cos\lambda''^2 + \cos\lambda'''^2 &= 1,\\
\cos\mu'^2 + \cos\mu''^2 + \cos\mu'''^2 &= 1,\\
\cos\nu'^2 + \cos\nu''^2 + \cos\nu'''^2 &= 1;
\end{aligned}$$

$$\begin{aligned}
\cos\lambda'\cos\mu' + \cos\lambda''\cos\mu'' + \cos\lambda'''\cos\mu''' &= 0,\\
\cos\lambda'\cos\nu' + \cos\lambda''\cos\nu'' + \cos\lambda'''\cos\nu''' &= 0,\\
\cos\mu'\cos\nu' + \cos\mu''\cos\nu'' + \cos\mu'''\cos\nu''' &= 0,
\end{aligned}$$

qu'on peut aussi trouver par la Géométrie.

Par ces relations on peut avoir tout de suite les valeurs de $d\psi$, $d\omega$, $d\varphi$ en $d\theta'$, $d\theta''$, $d\theta'''$, en ajoutant ensemble les valeurs de $d\theta'$, $d\theta''$, $d\theta'''$, multipliées successivement par $\cos\lambda'$, $\cos\lambda''$, $\cos\lambda'''$, $\cos\mu'$, $\cos\mu''$, etc., on trouvera de cette manière :

$$\begin{aligned}
d\psi &= \cos\lambda' d\theta' + \cos\lambda'' d\theta'' + \cos\lambda''' d\theta''',\\
d\omega &= \cos\mu' d\theta' + \cos\mu'' d\theta'' + \cos\mu''' d\theta''',\\
d\varphi &= \cos\nu' d\theta' + \cos\nu'' d\theta'' + \cos\nu''' d\theta'''.
\end{aligned}$$

14. Si on nomme de plus π', π'', π''' les angles que l'axe de la

rotation composée $d\theta$ fait avec les axes des trois rotations partielles $d\theta'$, $d\theta''$, $d\theta'''$, on aura, comme dans l'article 11,

$$d\theta' = \cos\pi' d\theta, \quad d\theta'' = \cos\pi'' d\theta, \quad d\theta''' = \cos\pi''' d\theta,$$

et si dans les expressions données ci-dessus (art. 12) de $d\theta'$, $d\theta''$, $d\theta'''$, on met pour $d\psi$, $d\omega$, $d\varphi$ leurs valeurs en $d\theta$ de l'article 11, $\cos\lambda d\theta$, $\cos\mu d\theta$, $\cos\nu d\theta$, la comparaison de ces différentes expressions de $d\theta'$, $d\theta''$, $d\theta'''$ donnera, en divisant par $d\theta$, ces nouvelles relations

$$\cos\pi' = \cos\lambda\cos\lambda' + \cos\mu\cos\mu' + \cos\nu\cos\nu',$$
$$\cos\pi'' = \cos\lambda\cos\lambda'' + \cos\mu\cos\mu'' + \cos\nu\cos\nu'',$$
$$\cos\pi''' = \cos\lambda\cos\lambda''' + \cos\mu\cos\mu''' + \cos\nu\cos\nu''',$$

qu'on peut aussi vérifier par la Géométrie.

15. On voit par là que ces compositions et décompositions des mouvemens de rotation sont entièrement analogues à celles des mouvemens rectilignes.

En effet, si sur les trois axes des rotations $d\psi$, $d\omega$, $d\varphi$, on prend depuis leur point d'intersection des lignes proportionnelles respectivement à $d\psi$, $d\omega$, $d\varphi$, et qu'on construise sur ces trois lignes un parallélépipède rectangle, il est facile de voir que la diagonale de ce parallélépipède sera l'axe de la rotation composée $d\theta$, et sera en même temps proportionnelle à cette rotation $d\theta$. De là et de ce que les rotations autour d'un même axe s'ajoutent ou se retranchent suivant qu'elles sont dans le même sens ou dans des sens opposés, comme les mouvemens qui ont la même direction ou des directions opposées, on doit conclure en général que la composition et la décomposition des mouvemens de rotation se fait de la même manière et suit les mêmes lois que la composition ou décomposition des mouvemens rectilignes, en substituant, aux mouvemens de rotation, des mouvemens rectilignes, suivant la direction des axes de rotation.

16. Maintenant si dans la formule de l'article 9,

$$Ld\psi + Md\omega + Nd\varphi,$$

laquelle contient les termes dus aux rotations $d\psi$, $d\omega$, $d\varphi$ dans la formule générale $Pdp + P'dp' + P''dp'' +$ etc., on substitue pour $d\psi$, $d\omega$, $d\varphi$, les expressions trouvées dans l'article 15, elle devient

$$\begin{aligned}&(L\cos\lambda' + M\cos\mu' + N\cos\nu')d\theta'\\ + &(L\cos\lambda'' + M\cos\mu'' + N\cos\nu'')d\theta''\\ + &(L\cos\lambda''' + M\cos\mu''' + N\cos\nu''')d\theta'''.\end{aligned}$$

Donc par l'article 7, les coefficiens des angles élémentaires $d\theta'$, $d\theta''$, $d\theta'''$ exprimeront les sommes des momens relatifs aux axes des rotations $d\theta'$, $d\theta''$, $d\theta'''$. Ainsi des momens égaux à L, M, N et relatifs à trois axes rectangulaires, donnent les momens

$$\begin{aligned}&L\cos\lambda' + M\cos\mu' + N\cos\nu',\\ &L\cos\lambda'' + M\cos\mu'' + N\cos\nu'',\\ &L\cos\lambda''' + M\cos\mu''' + N\cos\nu''',\end{aligned}$$

relatifs à trois autres axes rectangulaires qui font respectivement avec ceux-là les angles λ', μ', ν'; λ'', μ'', ν''; λ''', μ''', ν'''.

On trouve une démonstration géométrique de ce théorème, dans le tome VII des *Nova acta* de l'Académie de Pétersbourg.

17. Si on suppose les rotations $d\psi$, $d\omega$, $d\varphi$ proportionnelles à L, M, N, et qu'on fasse

$$H = \sqrt{L^2 + M^2 + N^2},$$

on aura par l'article 11,

$$L = H\cos\lambda, \quad M = H\cos\mu, \quad N = H\cos\nu,$$

et les trois momens qu'on vient de trouver se réduiront, par les relations de l'article 14, à cette forme simple,

$$H\cos\pi', \quad H\cos\pi'', \quad H\cos\pi'''.$$

Or π', π'', π''' sont les angles que les axes des rotations $d\theta'$, $d\theta''$, $d\theta'''$ font avec l'axe de la rotation composée $d\theta$. Donc si on fait coïncider l'axe de la rotation $d\theta'$ avec l'axe de la rotation $d\theta$, on a $\pi' = 0$, et π'', π''' chacun égal à un angle droit; par conséquent le moment autour de cet axe sera simplement H, et les deux autres momens autour des axes perpendiculaires à celui-ci deviendront nuls.

D'où l'on conclut que des momens égaux à L, M, N et relatifs à trois axes rectangulaires, se composent en un moment unique H égal à $\sqrt{L^2 + M^2 + N^2}$, et relatif à un axe qui fait ceux-là les angles λ, μ, ν, tels que

$$\cos\lambda = \frac{L}{H}, \quad \cos\mu = \frac{M}{H}, \quad \cos\nu = \frac{N}{H}.$$

Ce sont les théorèmes connus sur la composition des momens; et il est évident que cette composition suit aussi les mêmes règles que celle des mouvemens rectilignes. On aurait pu la déduire immédiatement de la composition des rotations instantanees, en substituant les momens aux rotations qu'elles produisent, comme Varignon a substitué les forces aux mouvemens rectilignes.

§ IV.

Propriétés de l'équilibre, relatives au centre de gravité.

18. Si, dans les formules de l'article 9, on suppose que toutes les forces P, P', P'', etc. agissent dans des directions parallèles entre elles, on aura $\alpha = \alpha' = \alpha''$, etc., $\beta = \beta' = \beta''$, etc., $\gamma = \gamma' = \gamma''$, etc.; par conséquent si on fait, pour abréger,

$$X = Px + P'x' + P''x'' + \text{etc.},$$
$$Y = Py + P'y' + P''y'' + \text{etc.},$$
$$Z = Pz + P'z' + P''z'' + \text{etc.},$$

les quantités L, M, N deviendront

$$L = Y\cos\gamma - Z\cos\beta,$$
$$M = Z\cos\alpha - X\cos\gamma,$$
$$N = X\cos\beta - Y\cos\alpha.$$

Et les équations de l'équilibre seront $L = 0$, $M = 0$, $N = 0$, dont la troisième est ici une suite des deux premières. Mais comme on a d'ailleurs l'équation $\cos \alpha^2 + \cos \beta^2 + \cos \gamma^2 = 1$ (sect. II, art. 7), on pourra déterminer par ces équations les angles α, β, γ, et l'on trouvera

$$\cos \alpha = \frac{X}{\sqrt{(X^2 + Y^2 + Z^2)}},$$
$$\cos \beta = \frac{Y}{\sqrt{(X^2 + Y^2 + Z^2)}},$$
$$\cos \gamma = \frac{Z}{\sqrt{(X^2 + Y^2 + Z^2)}}.$$

Donc la position des corps étant donnée par rapport à trois axes, il faudra, pour que tout mouvement de rotation du système soit détruit, que le système soit placé relativement a la direction des forces, de manière que cette direction fasse avec les mêmes axes les angles α, β, γ qu'on vient de déterminer.

19. Si les quantités X, Y, Z étaient nulles, les angles α, β, γ demeureraient indéterminés, et la position du système, relativement à la direction des forces, pourrait être quelconque; d'où résulte ce théorème, *que si la somme des produits des forces parallèles, par leurs distances à trois plans perpendiculaires entre eux, est nulle par rapport à chacun de ces trois plans, l'effet des forces pour faire tourner le système autour du point commun d'intersection des mêmes plans, se trouvera détruit.*

On sait que la gravité agit verticalement et proportionnellement à la masse; ainsi dans un système de corps pesans, si on cherche un point tel, que la somme des masses multipliées par leurs distances à un plan passant par ce point, soit nulle relativement à trois plans perpendiculaires, ce point aura la propriété que la gravité ne pourra imprimer au système aucun mouvement de rotation autour du même point. C'est ce point qu'on appelle *centre de gravité*, et qui est d'un usage si étendu dans toute la Mécanique.

Pour le déterminer, il n'y a qu'a chercher sa distance a trois plans perpendiculaires donnés. Or, puisque la somme des produits des masses par leurs distances à un plan passant par le centre de gravité est nulle, la somme des produits des mêmes masses par leurs distances à un autre plan parallèle à celui-ci, sera nécessairement égale au produit de toutes les masses par la distance du centre de gravité au même plan; de sorte qu'on aura cette distance en divisant la somme des produits des masses et de leurs distances, par la somme même des masses; et de là résultent les formules connues pour les centres de gravité des lignes, des surfaces et des solides.

20. Mais il y a une propriété du centre de gravité qui est moins connue, et qui peut être utile dans quelques occasions, parce qu'elle est indépendante de la considération étrangère des plans auxquels on rapporte les différens corps du système, et qu'elle sert à déterminer leur centre de gravité par la simple position respective des corps. Voici en quoi elle consiste.

Soit A la somme des produits des masses prises deux à deux et multipliées de plus par le carré de leur distance respective, cette somme étant en même temps divisée par le carré de la somme des masses.

Soit B la somme des produits de chaque masse par le carré de sa distance à un point quelconque donné, cette somme étant divisée par la somme des masses.

On aura $\sqrt{B - A}$ pour la distance du centre de gravité de toutes les masses au point donné. Ainsi comme la quantité A est indépendante de ce point, si on détermine les valeurs de B par rapport à trois points différens pris dans le système ou hors du système, à volonté, on aura les distances du centre de gravité à ces trois points, et par conséquent sa position par rapport à ces points. Si les corps étaient tous dans le même plan, il suffirait de considérer deux points, et il n'en faudrait qu'un seul si tous les corps étaient dans une ligne donnée.

En prenant les points donnés dans les corps mêmes du système,

la

la position de son centre de gravité sera donnée uniquement par les masses et par leurs distances respectives. C'est en quoi consiste le principal avantage de cette manière de déterminer le centre de gravité.

Pour la démontrer, je reprends les expressions de X, Y, Z de l'article 18, et prenant de plus trois quantités arbitraires f, g, h, je forme ces trois équations identiques, faciles à vérifier,

$$(X-(P+P'+P''+\text{etc.})f)^2$$
$$=(P+P'+P''+\text{etc.})(P(x-f)^2+P'(x'-f)^2+P''(x''-f)^2+\text{etc.})$$
$$-PP'(x-x')^2-PP''(x-x'')^2-P'P''(x'-x'')^2-\text{etc.}$$

$$(Y-(P+P'+P''+\text{etc.})g)^2$$
$$=(P+P'+P''+\text{etc.})(P(y-g)+P'(y'-g)^2+P''(y''-g)^2+\text{etc.})$$
$$-PP'(y-y')^2-PP''(y-y'')^2-P'P''(y'-y'')-\text{etc.},$$

$$(Z-(P+P'+P''+\text{etc.})h)^2$$
$$=(P+P'+P''+\text{etc.})(P(z-h)^2+P'(z'-h)^2+P''(z''-h)^2+\text{etc.})$$
$$-PP'(z-z')^2-PP''(z-z'')^2-P'P''(z-z'')^2-\text{etc.}$$

Les quantités P, P', P'', etc. représentent les poids ou les masses des corps qui leur sont proportionnelles, et les quantités x, y, z, x', y', z', x'', etc. sont les coordonnées rectangles de ces corps. Or nous avons vu (art. 19) que lorsque l'origine des coordonnées est dans le centre de gravité, les trois quantités X, Y, Z sont nulles. Si donc on fait dans les trois équations précédentes $X=0$, $Y=0$, $Z=0$, qu'on les ajoute ensemble, et qu'on suppose, pour abréger,

$$f^2+g^2+h^2=r^2,$$
$$(x-f)^2+(y-g)^2+(z-h)^2=(0)^2,$$
$$(x'-f)^2+(y'-g)^2+(z'-h)^2=(1)^2,$$
$$(x''-f)^2+(y''-g)^2+(z''-h)^2=(2)^2;$$

etc.

$$(x-x')^2+(y-y')^2+(z-z')^2=(0,1)^2,$$
$$(x-x'')^2+(y-y'')^2+(z-z'')^2=(0,2)^2,$$
$$(x'-x'')^2+(y'-y'')^2+(z'-z'')^2=(1,2)^2,$$

etc.

on aura, après avoir divisé par $(P + P' + P'' + \text{etc.})^2$,

$$r^2 = \frac{P(0)^2 + P'(1)^2 + P''(2)^2 + \text{etc.}}{P + P' + P'' + \text{etc.}}$$
$$- \frac{PP'(0,1)^2 + PP''(0,2)^2 + P'P''(1,2)^2 + \text{etc.}}{(P + P' + P'' + \text{etc.})^2}$$

Si on prend maintenant les trois quantités f, g, h pour les coordonnées rectangles d'un point donné, il est visible que r sera la distance de ce point au centre de gravité qui est supposé dans l'origine des coordonnées, que (0), (1), (2), etc. seront les distances des poids P, P', P'', etc. à ce même point, et que (0,1), (0,2), (1,2), etc. seront les distances entre les corps ou poids P et P', P et P'', P' et P'', etc. Donc l'équation ci-dessus deviendra $r^2 = B - A$, d'où l'on tire $r = \sqrt{(B - A)}$.

§ V.

Propriétés de l'équilibre, relatives aux maxima *et* minima.

21. Nous allons considérer maintenant les *maxima* et *minima* qui peuvent avoir lieu dans l'équilibre; et pour cela nous reprendrons la formule générale

$$Pdp + Qdq + Rdr + \text{etc.} = 0$$

de l'équilibre entre les forces P, Q, R, etc., dirigées suivant les lignes p, q, r, etc., qui aboutissent aux centres de ces forces (Sect. II, art. 4).

On peut supposer que ces forces soient exprimées de manière que la quantité $Pdp + Qdq + Rdr + \text{etc.}$ soit une différentielle exacte d'une fonction de p, q, r, etc., laquelle soit représentée par Π, ensorte que l'on ait

$$d\Pi = Pdp + Qdq + Rdr + \text{etc.}$$

Alors on aura pour l'équilibre cette équation $d\Pi = 0$, laquelle fait voir que le système doit être disposé de manière que la fonction Π y soit, généralement parlant, un *maximum* ou un *minimum*.

Je dis *généralement parlant;* car on sait que l'égalité d'une différentielle à zéro n'indique pas toujours un *maximum* ou un *minimum*, comme on le voit par la théorie des courbes.

La supposition précédente a lieu en général lorsque les forces P, Q, R, etc. tendent réellement ou à des points fixes, ou à des corps du même système, et sont proportionnelles à des fonctions quelconques des distances; ce qui est proprement le cas de la nature.

Ainsi dans cette hypothèse de forces, le système sera en équilibre lorsque la fonction Π sera un *maximum* ou un *minimum;* c'est en quoi consiste le principe que Maupertuis avait proposé sous le nom de *loi de repos*.

Dans un système de corps pesans en équilibre, les forces P, Q, R, etc. provenant de la gravité, sont, comme l'on sait, proportionnelles aux masses des corps, et par conséquent constantes, et les distances p, q, r, etc. concourent au centre de la terre. On aura donc dans ce cas $\Pi = Pp + Qq + Rr +$ etc.; par conséquent, puisque les lignes p, q, r, etc. sont censées parallèles, la quantité $\frac{\Pi}{P+Q+R+\text{etc.}}$ exprimera la distance du centre de gravité de tout le système au centre de la terre; laquelle sera donc un *minimum* ou un *maximum*, lorsque le système sera en équilibre; elle sera, par exemple, un *minimum* dans le cas de la chaînette, et un *maximum* dans le cas de plusieurs globules qui se soutiendraient en forme de voûte. Ce principe est connu depuis long-temps.

22. Si maintenant on considère le même système en mouvement, et que u', u'', u''', etc. soient les vîtesses, et m', m'', m''', etc. les masses respectives des différens corps qui le composent; le principe si connu de *la conservation des forces vives*, dont nous donnerons une démonstration directe et générale dans la seconde partie, fournira cette équation,

$$m'u'^2 + m''u''^2 + m'''u'''^2 + \text{etc.} = \text{const.} - 2\Pi.$$

Donc, puisque dans l'état d'équilibre la quantité Π est un *mini-*

mum ou un *maximum*, il s'ensuit que la quantité $m'u'^2 + m''u''^2 + m'''u'''^2 +$ etc., qui exprime la force vive de tout le système, sera en même temps un *maximum* ou *minimum*; ce qui donne cet autre principe de Statique, que *de toutes les situations que prend successivement le système, celle où il a la plus grande ou la plus petite force vive, est aussi celle où il le faudrait placer d'abord pour qu'il restât en équilibre*. Voyez les Mémoires de l'Académie des Sciences de 1748 et 1749.

23. On vient de voir que la fonction Π est un *mimimum* ou un *maximum*, lorsque la position du système est celle de l'équilibre; nous allons maintenant démontrer que si cette fonction est un *minimum*, l'équilibre aura de la stabilité; ensorte que le système étant d'abord supposé dans l'état d'équilibre, et venant ensuite à être tant soit peu déplacé de cet état, il tendra de lui-même à s'y remettre, en faisant des oscillations infiniment petites; qu'au contraire, dans le cas où la même fonction sera un *maximum*, l'équilibre n'aura pas de stabilité, et qu'étant une fois troublé, le système pourra faire des oscillations qui ne seront pas très-petites, et qui pourront l'écarter de plus en plus de son premier état.

Pour démontrer cette proposition d'une manière générale, je considère que, quelle que puisse être la forme du système, sa position, c'est-à-dire celle des différens corps qui le composent, sera toujours déterminée par un certain nombre de variables, et que la quantité Π sera une fonction donnée de ces mêmes variables. Supposons que dans la situation d'équilibre les variables dont il s'agit soient égales à a, b, c, etc., et que dans une situation très-proche de celle-ci, elles soient $a+x$, $b+y$, $c+z$, etc., les quantités x, y, z, etc. étant très-petites; substituant ces dernières valeurs dans la fonction Π, et réduisant en série, suivant les dimensions des quantités très-petites x, y, z, etc., la fonction Π deviendra de cette forme,

$$\Pi = A + Bx + Cy + Dz + \text{etc.}$$
$$+ Fx^2 + Gxy + Hy^2 + Kxz + Lyz + Mz^2 + \text{etc.}$$

les quantités A, B, C, etc. étant données en a, b, c, etc. Mais dans l'état d'équilibre la valeur de $d\Pi$ doit être nulle, de quelque manière qu'on fasse varier la position du système; donc il faudra que la différentielle de Π soit nulle en général, lorsque x, y, z, etc. sont $=0$; donc $B=0$, $C=0$, $D=0$, etc.

On aura donc pour une situation quelconque très-proche de celle de l'équilibre, cette expression de Π,

$$\Pi = A + Fx^2 + Gxy + Hy^2 + Kxz + Lyz + Mz^2 + \text{etc.},$$

dans laquelle, tant que les variables x, y, z, etc. sont très-petites, il suffira de tenir compte des secondes dimensions de ces variables.

24. Maintenant il est clair que pour que la quantité Π soit toujours un *minimum*, lorsque x, y, z, etc. sont nulles, il faut que la fonction

$$Fx^2 + Gxy + Hy^2 + Kxz + Lyz + Mz^2 + \text{etc.},$$

que je nommerai X, soit constamment positive, quelles que soient les valeurs des variables x, y, z, etc.

Or cette fonction est réductible à la forme

$$X = f\xi^2 + g\eta^2 + h\zeta^2 + \text{etc.},$$

en faisant

$$f = F,$$
$$\xi = x + \frac{Gy}{2f} + \frac{Kz}{2f} + \text{etc.},$$
$$g = H - \frac{G^2}{4f},$$
$$\eta = y + \left(L - \frac{GK}{2f}\right)\frac{z}{2g} + \text{etc.},$$
$$h = M - \frac{K^2}{4f} - \frac{L^2}{4g},$$
$$\zeta = z + \text{etc.},$$
etc.

Donc, pour qu'elle soit toujours positive, il faudra que les coefficiens f, g, h, etc. soient positifs; et on voit en même temps que si ces coefficiens sont positifs, la valeur de X sera nécessairement positive, puisque les quantités ξ, η, ζ, etc. sont réelles lorsque les variables x, y, z, etc. le sont.

Si au contraire la quantité Π devait être toujours un *maximum* lorsque x, y, z, etc. sont nuls, il faudrait que la fonction X fût constamment négative, et par conséquent que les coefficiens f, g, h, etc. fussent négatifs; et réciproquement, si ces coefficiens sont négatifs, il s'ensuivra que la valeur de X sera nécessairement négative.

25. On aura donc, en ne tenant compte que des secondes dimensions des quantités très-petites x, y, z, etc.,

$$\Pi = A + f\xi^2 + g\eta^2 + h\zeta^2 + \text{etc.},$$

et l'équation de la conservation des forces vives (art. 22) deviendra

$$M'u'^2 + M''u''^2 + M'''u'''^2 + \text{etc.} = \text{const.} - 2A - 2f\xi^2 - 2g\eta^2 - 2h\zeta^2, \text{ etc.}$$

Or dans l'état d'équilibre on a (hyp.) $x=0$, $y=0$, $z=0$, etc.; donc aussi $\xi=0$, $\eta=0$, $\zeta=0$, etc. (art. 19); donc si on suppose qu'on dérange le système de cet état, en imprimant aux corps M', M'', M''', etc. les vîtesses très-petites V', V'', V''', etc., il faudra que l'on ait $u'=V'$, $u''=V''$, $u'''=V'''$, etc., lorsque $\xi=0$, $\eta=0$, $\zeta=0$, etc. On aura donc $M'V'^2 + M''V''^2 + M'''V'''^2 + \text{etc.} = \text{const.} - 2A$; ce qui servira à déterminer la constante arbitraire.

Ainsi l'équation précédente deviendra

$$M'u'^2 + M''u''^2 + M'''u'''^2 + \text{etc.} = M'V'^2 + M''V''^2 + M'''V'''^2 + \text{etc.} - 2f\xi^2 - 2g\eta^2 - 2h\zeta^2, \text{ etc.},$$

d'où il est aisé de tirer ces deux conclusions:

1°. Que dans le cas du *minimum* de Π, dans lequel les coefficiens f, g, h, etc. sont tous positifs, la quantité toujours positive $2f\xi^2 + 2g\eta^2 + 2h\zeta^2 + \text{etc.}$ devra nécessairement être moindre, ou du moins ne pourra pas être plus grande que la quantité donnée $M'V'^2 + M''V''^2 + M'''V'''^2 + \text{etc.}$, qui est elle-même très-petite;

par conséquent si on nomme cette quantité T, on aura pour chacune des variables ξ, η, ζ, etc. ces limites $\pm\sqrt{\frac{T}{2f}}$, $\pm\sqrt{\frac{T}{2g}}$, $\pm\sqrt{\frac{T}{2h}}$, etc., entre lesquelles elles seront nécessairement renfermées; d'où il suit que dans ce cas le système ne pourra que s'écarter très-peu de son état d'équilibre, et ne pourra faire que des oscillations très-petites et d'une étendue déterminée.

2°. Que dans le cas du *maximum* de Π, dans lequel les coefficiens f, g, h, etc. sont tous négatifs, la quantité toujours positive $-2f\xi^2 - 2g\eta^2 - 2h\zeta^2$, etc. pourra croître à l'infini, et qu'ainsi le système pourra s'écarter de plus en plus de son état d'équilibre. Du moins l'équation ci-dessus fait voir que dans ce cas rien n'empêche que les variables ξ, η, ζ, etc. n'aillent toujours en augmentant, mais il ne s'ensuit pas encore qu'elles doivent en effet aller en augmentant; nous démontrerons cette dernière proposition dans la section cinquième de la Dynamique.

Si tous les coefficiens f, g, h, etc. étaient nuls, on sait, par les méthodes *de maximis* et *minimis*, qu'il faudrait, pour l'existence d'un *minimum* ou d'un *maximum*, que les termes de trois dimensions disparussent, et que ceux de quatre dimensions fussent constamment positifs ou négatifs; et c'est aussi de cette manière qu'on pourra juger de la stabilité de l'équilibre donné par l'évanouissement des termes de la première dimension, lorsque ceux de deux dimensions s'évanouissent en même temps.

26. Au reste, ces propriétés des *maxima* et *minima*, qui ont lieu dans l'équilibre d'un système quelconque de forces, ne sont qu'une conséquence immédiate de la démonstration que nous avons donnée du principe des vîtesses virtuelles à la fin de la première section.

En effet, soit p la distance entre les deux premières moufles, l'une fixe, l'autre mobile, jointes par P cordons qui produisent une force proportionnelle à P, et qu'on peut représenter simplement par P, en prenant le poids qui tend la corde pour l'unité; soit de même q la distance entre les deux moufles qui produisent la force Q; r distance entre les moufles qui produisent la force R, etc. Il est évident que Pp sera la longueur de la portion de la corde qui embrasse les deux premières moufles; pareillement, Qq, Rr, etc. seront les longueurs des portions de la corde qui embrasse les autres moufles; de sorte que la longueur totale de la corde embrassée par les moufles fixes et mobiles sera $Pp + Qq + Rr +$ etc.

Ajoutons à cette longueur celle des différentes portions de la corde qui se trouveront entre des poulies fixes pour faire les renvois nécessaires au changement de direction, et que nous désignerons par a; ajoutons-y encore la portion de la corde qui se trouvera entre la dernière poulie de renvoi et le poids attaché à l'extrémité de la corde, et que nous désignerons par u; enfin soit l la longueur totale de la corde, dont la première extrémité est fixement attachée à un point immobile dans l'espace, et dont l'autre extrémité porte le poids; on aura évidemment l'équation

$$l = Pp + Qq + Rr + \text{etc.} + a + u,$$

d'où l'on tire

$$u = l - a - Pp - Qq - Rr - \text{etc.}$$

Or en supposant les forces P, Q, R, etc. constantes, c'est-à-dire indépendantes de p, q, r, etc., ce qui est toujours permis dans l'équilibre où l'on ne considère que des déplacemens infiniment petits, il est visible que la quantité $Pp + Qq + Rr +$ etc. sera la même que nous avons désignée par Π dans l'article 21; ainsi on aura en général $u = l - a - \Pi$, où l et a sont des quantités constantes.

27. Maintenant il est clair que comme le poids tend à descendre le plus qu'il est possible, l'équilibre n'aura lieu en général que lorsque la valeur de u, qui exprime la descente du poids depuis la poulie fixe, sera un *maximum*, et que par conséquent celle de Π

sera

sera un *minimum*; et l'on voit en même temps que dans ce cas l'équilibre sera *stable*, parce qu'un petit changement quelconque dans la position du système ne pourra que faire remonter le poids, lequel tendra à redescendre et à remettre le système dans l'état d'équilibre.

Mais nous avons vu que pour l'équilibre il suffit que l'on ait $d\Pi = 0$, et par conséquent $du = 0$; ce qui a lieu aussi lorsque la valeur de u est un *minimum*, auquel cas le poids, au lieu d'être le plus bas, sera au contraire le plus haut. Dans ce cas, il est visible qu'un petit changement dans la position du système ne pourra que faire descendre le poids, qui alors ne tendra plus à remonter, mais à descendre davantage, et à éloigner de plus en plus le système du premier état d'équilibre; d'où il suit que cet équilibre n'aura point de *stabilité*, et qu'étant une fois troublé, il ne tendra pas à se rétablir.

QUATRIÈME SECTION.

Manière plus simple et plus générale de faire usage de la formule de l'équilibre, donnée dans la seconde Section.

1. CEUX qui jusqu'à présent ont écrit sur le principe des vîtesses virtuelles, se sont plutôt attachés à prouver la vérité de ce principe par la conformité de ses résultats avec ceux des principes ordinaires de la Statique, qu'à montrer l'usage qu'on en peut faire pour résoudre directement les problèmes de cette Science. Nous nous sommes proposés de remplir ce dernier objet avec toute la généralité dont il est susceptible, et de déduire du principe dont il s'agit, des formules analytiques qui renferment la solution de tous les problèmes sur l'équilibre des corps, à peu près de la même manière que les formules des soutangentes, des rayons osculateurs, etc. renferment la détermination de ces lignes dans toutes les courbes.

La méthode exposée dans la seconde section, peut être employée dans tous les cas, et ne demande, comme on l'a vu, que des opérations purement analytiques; mais comme l'élimination immédiate des variables ou de leurs différences, par le moyen des équations de condition, peut conduire à des calculs trop compliqués, nous allons présenter la même méthode sous une forme plus simple, en réduisant en quelque manière tous les cas à celui d'un système entièrement libre.

§ I.

Méthode des Multiplicateurs.

2. Soient $L=0$, $M=0$, $N=0$, etc. les différentes équations de condition données par la nature du système, les quantités L,

M, N, etc. étant des fonctions finies des variables x, y, z, x', y', z', etc.; en différentiant ces équations, on aura celles-ci, $dL=0$, $dM=0$, $dN=0$, etc., lesquelles donneront la relation qui doit avoir lieu entre les différentielles des mêmes variables. En général, nous représenterons par $dL=0$, $dM=0$, $dN=0$, etc. les équations de condition entre ces différentielles, soit que ces équations soient elles-mêmes des différences exactes ou non, pourvu que les différentielles n'y soient que linéaires.

Maintenant, comme ces équations ne doivent servir qu'à éliminer un pareil nombre de différentielles dans la formule générale de l'équilibre, après quoi les coefficiens des différentielles restantes doivent être égalés chacun à zéro, il n'est pas difficile de prouver par la théorie de l'élimination des équations linéaires, qu'on aura les mêmes résultats si on ajoute simplement à la formule dont il s'agit, les différentes équations de condition $dL=0$, $dM=0$, $dN=0$, etc., multipliées chacune par un coefficient indéterminé; qu'ensuite on égale à zéro la somme de tous les termes qui se trouvent multipliés par une même différentielle, ce qui donnera autant d'équations particulières qu'il y a de différentielles; qu'enfin on élimine de ces dernières équations les coefficiens indéterminés par lesquels on a multiplié les équations de condition.

3. De là résulte donc cette règle extrêmement simple pour trouver les conditions de l'équilibre d'un système quelconque proposé.

On prendra la somme des *momens* de toutes les puissances qui doivent être en équilibre (sect. II, art. 5), et on y ajoutera les différentes fonctions différentielles qui doivent être nulles par les conditions du problème, après avoir multiplié chacune de ces fonctions par un coefficient indéterminé; on égalera le tout à zéro, et l'on aura ainsi une équation différentielle qu'on traitera comme une équation ordinaire *de maximis et minimis*, et d'où l'on tirera autant d'équations particulières finies qu'il y aura de variables; ces équations étant ensuite débarrassées, par l'élimination, des coefficiens indéterminés, donneront toutes les conditions nécessaires pour l'équilibre.

L'équation différentielle dont il s'agit sera donc de cette forme,

$$Pdp + Qdq + Rdr + \text{etc.} + \lambda dL + \mu dM + \nu dN + \text{etc.} = 0,$$

dans laquelle λ, μ, ν, etc. sont des quantités indéterminées; nous la nommerons dans la suite, *équation générale de l'équilibre*.

Cette équation donnera, relativement à chaque coordonnée, telle que x, de chacun des corps du système, une équation de la forme suivante :

$$P\frac{dp}{dx} + Q\frac{dq}{dx} + R\frac{dr}{dx} + \text{etc.} + \lambda\frac{dL}{dx} + \mu\frac{dM}{dx} + \nu\frac{dN}{dx} + \text{etc.} = 0;$$

ensorte que le nombre de ces équations sera égal à celui de toutes les coordonnées des corps. Nous les appellerons *équations particulières de l'équilibre*.

4. Toute la difficulté consistera donc à éliminer de ces dernières équations, les indéterminées λ, μ, ν, etc.; or c'est ce qu'on pourra toujours exécuter par les moyens connus; mais il conviendra dans chaque cas de choisir ceux qui pourront conduire aux résultats les plus simples. Les équations finales renfermeront toutes les conditions nécessaires pour l'équilibre proposé, et comme le nombre de ces équations sera égal à celui de toutes les coordonnées des corps du système moins celui des indéterminées λ, μ, ν, etc., qu'il a fallu éliminer, que d'ailleurs ces mêmes indéterminées sont en même nombre que les équations de condition finies $L = 0$, $M = 0$, $N = 0$, etc., il s'ensuit que les équations dont il s'agit, jointes à ces dernières, seront toujours en même nombre que les coordonnées de tous les corps; par conséquent, elles suffiront pour déterminer ces coordonnées, et faire connaître la position que chaque corps doit prendre pour être en équilibre.

5. Je remarque maintenant que les termes λdL, μdM, etc. de l'équation générale de l'équilibre, peuvent être aussi regardés comme

représentant les momens de différentes forces appliquées au même système.

En effet, supposant dL une fonction différentielle des variables x', y', z', x'', y'', etc. qui servent de coordonnées à différens corps du système, cette fonction sera composée de différentes parties que je désignerai par dL', dL'', etc., ensorte que $dL = dL' + dL'' +$ etc., dL' ne renfermant que les termes affectés de dx', dy', dz', dL'' ne renfermant que ceux qui contiennent dx'', dy'', dz'', et ainsi de suite.

De cette manière, le terme λdL de l'équation générale sera composé des termes $\lambda dL', \lambda dL''$, etc. Or si on donne au terme $\lambda dL'$ la forme suivante :

$$\lambda \sqrt{\left(\frac{dL'}{dx'}\right)^2 + \left(\frac{dL'}{dy'}\right)^2 + \left(\frac{dL'}{dz'}\right)^2} \times \frac{dL'}{\sqrt{\left(\frac{dL'}{dx'}\right)^2 + \left(\frac{dL'}{dy'}\right)^2 + \left(\frac{dL'}{dz'}\right)^2}},$$

il est clair, par ce qu'on a dit dans l'article 8 de la seconde section, que cette quantité peut représenter le moment d'une force $= \lambda \sqrt{\left(\frac{dL'}{dx'}\right)^2 + \left(\frac{dL'}{dy'}\right)^2 + \left(\frac{dL'}{dz'}\right)^2}$, appliquée au corps dont les coordonnées sont x', y', z', et dirigée perpendiculairement à la surface qui aura pour équation $dL' = 0$, en n'y regardant que x', y', z' comme variables. De même le terme $\lambda dL''$ pourra représenter le moment d'une force $= \lambda \sqrt{\left(\frac{dL''}{dx''}\right)^2 + \left(\frac{dL''}{dy''}\right)^2 + \left(\frac{dL''}{dz''}\right)^2}$, appliquée au corps qui a pour coordonnées x'', y'', z'', et dirigée perpendiculairement à la surface courbe, dont l'équation sera $dL'' = 0$, en n'y regardant que $x'', y''\ z''$ comme variables, et ainsi de suite.

Donc en général le terme λdL sera équivalent à l'effet de différentes forces exprimées par $\lambda \sqrt{\left(\frac{dL}{dx'}\right)^2 + \left(\frac{dL}{dy'}\right)^2 + \left(\frac{dL}{dz'}\right)^2}$, $\lambda \sqrt{\left(\frac{dL}{dx''}\right)^2 + \left(\frac{dL}{dy''}\right)^2 + \left(\frac{dL}{dz''}\right)^2}$, etc., et appliquées respectivement aux corps qui répondent aux coordonnées $x', y', z', x'', y'', z''$, etc., suivant des directions perpendiculaires aux différentes surfaces courbes représentées par l'équation $dL=0$, en y faisant varier premièrement x', y', z', ensuite x'', y'', z'', et ainsi du reste.

6. En général, on pourra regarder le terme λdL comme le moment d'une force λ tendante à faire varier la valeur de la fonction L, et comme $dL=dL'+dL''+$etc., le terme λdL exprimera les momens de plusieurs forces égales à λ, et tendantes à faire varier la fonction L, en ayant égard séparément à la variabilité des différentes coordonnées x', y', z', x'', y'', z'', etc. Il en sera de même des termes μdM, νdN, etc. (art. 9, sect. II).

Comme dans l'équation générale de l'équilibre (art. 3) les forces P, Q, R, etc. sont supposées dirigées vers des centres auxquels aboutissent les lignes p, q, r, etc., et par conséquent tendantes à diminuer ces lignes, il faudra également regarder les forces λ, μ, etc. comme tendantes à diminuer les valeurs des fonctions L, M, etc.

7. Il résulte de là que chaque équation de condition est équivalente à une ou plusieurs forces appliquées au système, suivant des directions données, ou en général tendantes à faire varier les valeurs de fonctions données, ensorte que l'état d'équilibre du système sera le même, soit qu'on emploie la considération de ces forces, ou qu'on ait égard aux équations de condition.

Réciproquement ces forces peuvent tenir lieu des équations de condition résultantes de la nature du système donné; de manière qu'en employant ces forces, on pourra regarder les corps comme entièrement libres et sans aucune liaison. Et de là on voit la raison métaphysique, pourquoi l'introduction des termes $\lambda dL+\mu dM+$etc. dans l'équation générale de l'équilibre, fait qu'on peut ensuite traiter cette équation comme si tous les corps du système étaient entièrement libres; c'est en quoi consiste l'esprit de la méthode de cette section.

A proprement parler, les forces en question tiennent lieu des résistances que les corps devraient éprouver en vertu de leur liaison mutuelle, ou de la part des obstacles qui, par la nature du système, pourraient s'opposer à leur mouvement; ou plutôt ces forces ne sont que les forces mêmes de ces résistances, lesquelles doivent être égales et directement opposées aux pressions exercées par les corps. Notre méthode donne, comme l'on voit, le moyen de déterminer ces forces et ces résistances; ce qui n'est pas un des moindres avantages de cette méthode.

8. Dans les cas où les forces P, Q, R, etc. ne sont pas en équilibre, et où l'on demande de les réduire à des forces équivalentes dont les directions soient données, il suffira d'ajouter à la somme des momens des forces P, Q, R, etc. les momens résultans des équations de condition $L=0$, $M=0$, etc., et l'on aura la somme des momens des forces équivalentes aux forces P, Q, R, etc. et à l'action que les corps exercent les uns sur les autres, en vertu de ces mêmes équations de condition.

En employant ainsi toutes les équations de condition données par la nature du système proposé, on pourra regarder comme indépendantes les coordonnées de chaque corps du système, et l'on aura pour chacune de ces coordonnées, telle que x, une quantité de la forme

$$P\frac{dp}{dx}+Q\frac{dq}{dx}+R\frac{dr}{dx}+\text{etc.}$$
$$+\lambda\frac{dL}{dx}+\mu\frac{dM}{dx}+\nu\frac{dN}{dx}+\text{etc.}$$

qui exprimera la force résultante suivant la direction de la ligne x, laquelle devra être nulle dans le cas d'équilibre, comme on l'a vu dans l'article 3.

§ II.

Application de la même méthode à la formule de l'équilibre des corps continus, dont tous les points sont tirés par des forces quelconques.

9. Jusqu'ici nous avons considéré les corps comme des points; et nous avons vu comment on détermine les lois de l'équilibre de

ces points, en quelque nombre qu'ils soient, et quelques forces qui agissent sur eux. Or un corps d'un volume et d'une figure quelconque, n'étant que l'assemblage d'une infinité de parties ou points matériels, il s'ensuit qu'on peut déterminer aussi les lois de l'équilibre des corps de figure quelconque, par l'application des principes précédens.

En effet, la manière ordinaire de résoudre les questions de Mécanique qui concernent les corps de masse finie, consiste à ne considérer d'abord qu'un certain nombre de points placés à des distances finies les uns des autres, et à chercher les lois de leur équilibre ou de leur mouvement; à étendre ensuite cette recherche à un nombre indéfini de points; enfin à supposer que le nombre des points devienne infini, et qu'en même temps leurs distances deviennent infiniment petites, et à faire aux formules trouvées pour un nombre fini de points, les réductions et les modifications que demande le passage du fini à l'infini.

Ce procédé est, comme l'on voit, analogue aux méthodes géométriques et analytiques qui ont précédé le calcul infinitésimal; et si ce calcul a l'avantage de faciliter et de simplifier d'une manière surprenante, les solutions des questions qui ont rapport aux courbes, il ne le doit qu'à ce qu'il considère ces lignes en elles-mêmes, et comme courbes, sans avoir besoin de les regarder, premièrement comme polygones, et ensuite comme courbes. Il y aura donc à peu près le même avantage à traiter les problèmes de Mécanique dont il est question par des voies directes, et en considérant immédiatement les corps de masses finies comme des assemblages d'une infinité de points ou corpuscules, animés chacun par des forces données. Or rien n'est plus facile que de modifier et simplifier par cette considération, la méthode générale que nous venons de donner.

10. Mais il est nécessaire de remarquer, avant tout, que dans l'application de cette méthode aux corps d'une masse finie, dont tous les points sont animés par des forces quelconques, il se présente naturellement

naturellement deux sortes de différentielles qu'il faut bien distinguer. Les unes se rapportent aux différens points qui composent le corps; les autres sont indépendantes de la position mutuelle de ces points, et représentent seulement les espaces infiniment petits que chaque point peut parcourir, en supposant que la situation du corps varie infiniment peu. Comme jusqu'ici nous n'avons eu que des différences de cette dernière espèce à considérer, nous les avons désignées par la caractéristique ordinaire d; mais puisque nous devons maintenant avoir égard aux deux espèces de différences à la fois, et qu'il est par conséquent nécessaire d'introduire une nouvelle caractéristique, il nous paraît à propos d'employer l'ancienne caractéristique d pour désigner les différences de la première espèce qui sont analogues à celles que l'on considère communément en Géométrie, et de dénoter les différences de la seconde espèce qui sont particulières à la matière que nous traitons, par la caractéristique δ, employée dans le *Calcul des variations*, avec lequel celui dont il s'agit ici a une liaison intime et nécessaire.

Nous nommerons même, par cette raison, *variations* les différences affectées de δ, et nous conserverons le nom de *différentielles*, à celles qui sont affectées de d. Du reste les mêmes formules qui donnent les différentielles ordinaires, donneront aussi les variations, en substituant δ à la place de d.

11. Je remarque ensuite qu'au lieu de considérer la masse donnée comme un assemblage d'une infinité de points contigus, il faudra, suivant l'esprit du calcul infinitésimal, la considérer plutôt comme composée d'élémens infiniment petits, qui soient du même ordre de dimension que la masse entière; qu'ainsi pour avoir les forces qui animent chacun de ces élémens, il faudra multiplier par ces mêmes élémens, les forces P, Q, R, etc., qu'on suppose appliquées à chaque point de ces élémens, et qu'on regardera comme des forces accélératrices, analogues à celles qui proviennent de l'action de la gravité.

Si donc on nomme m la masse totale, et dm un de ses élémens quelconque, on aura Pdm, Qdm, Rdm, etc. pour les forces qui tirent l'élément dm, suivant les directions des lignes p, q, r, etc. Donc multipliant respectivement ces forces par les variations δp, δq, δr, etc., on aura leurs momens, dont la somme, pour chaque élément dm, sera représentée par la formule $(P\delta p + Q\delta q + R\delta r + \text{etc.})d$m; et pour avoir la somme des momens de toutes les forces du système, il n'y aura qu'à prendre l'intégrale de cette formule par rapport à toute la masse donnée.

Nous dénoterons ces intégrales totales, c'est-à-dire relatives à l'étendue de toute la masse, par la caractéristique majuscule S, en conservant la caractéristique ordinaire $\int$ pour désigner les intégrales partielles ou indéfinies.

12. On aura ainsi pour la somme des momens de toutes les forces du système, la formule intégrale

$$S(P\delta p + Q\delta q + R\delta r + \text{etc.})d\text{m};$$

et cette quantité devra être nulle en général dans l'état d'équilibre du système.

Comme par la nature du système il y a nécessairement des rapports donnés entre les différentes variations δp, δq, δr, etc., relatives à chaque point de la masse, il faudra les réduire à un certain nombre de variations indépendantes et indéterminées; et les termes multipliés par ces dernières variations, étant égalés à zéro, donneront les équations particulières de l'équilibre. Mais ces réductions pouvant être embarrassantes, il conviendra de les éviter par le moyen de la méthode des multiplicateurs que nous venons de donner dans le paragraphe précédent.

13. Pour appliquer cette méthode au cas dont il s'agit ici, nous supposerons que $L = 0$, $M = 0$, etc. soient les équations de condition qui doivent avoir lieu par la nature du problème, par rapport à chaque point de la masse, et nous les nommerons *équations de condition indéterminées*.

Les quantités L, M, etc. seront ici des fonctions des coordonnées finies x, y, z qui répondent à chaque point de la masse donnée, et de leurs différentielles d'un ordre quelconque.

Ces équations étant différentiées suivant δ, on aura celle-ci : $\delta L = 0$, $\delta M = 0$, etc. On multipliera les quantités δL, δM, etc. par des quantités indéterminées λ, μ, etc. : on en prendra l'intégrale totale, qui sera par conséquent représentée par la formule $S(\lambda\delta L + \mu\delta M + \text{etc.})$, et ajoutant cette intégrale à celle de l'article précédent, on aura l'équation générale de l'équilibre.

On observera qu'il n'est pas nécessaire que δL, δM, etc. soient les variations exactes de fonctions de x, y, z, dx, dy, etc., mais qu'il suffit que $\delta L = 0$, $\delta M = 0$, etc. soient les équations de condition indéterminéee entre les variations de x, y, z, dx, dy, etc. (art. 3).

Mais il faut remarquer qu'outre les forces qui agissent en général sur tous les points de la masse, il peut y en avoir qui n'agissent que sur des points déterminés de cette masse, lesquels points sont ordinairement ceux qui répondent aux extrémités de la masse donnée, c'est-à-dire, au commencement et à la fin de l'intégrale désignée par S.

De même il pourra y avoir des équations de condition particulières à ces points, et que nous nommerons équations de condition *déterminées*, pour les distinguer de celles qui ont lieu en général dans toute l'étendue de la masse; nous les représenterons par $A = 0$, $B = 0$, $C = 0$, etc., ou plutôt par $\delta A = 0$, $\delta B = 0$, $\delta C = 0$, etc.

Nous marquerons d'un trait, de deux, de trois, etc. toutes les quantités qui se rapportent à des points déterminés de la masse, et en particulier nous marquerons d'un seul trait celles qui se rapportent au commencement de l'intégrale désignée par S, de deux traits celles qui se rapportent à la fin de cette intégrale, de trois ou davantage, celles qui se rapportent à des points intermédiaires quelconques.

Ainsi il faudra ajouter à l'intégrale $S(P\delta p + Q\delta q + R\delta r + \text{etc.})dm$, la quantité $P'\delta p' + Q'\delta q' + R'\delta r' +$ etc. $+ P''\delta p'' + Q''\delta q'' + R''\delta r'' +$ etc.; et à l'intégrale $S(\lambda\delta L + \mu\delta M +$ etc.$)$, la quantité $\alpha\delta A + \beta\delta B + \gamma\delta C +$ etc.

De sorte que l'équation générale de l'équilibre sera de cette forme :

$$S(P\delta p + Q\delta q + R\delta r + \text{etc.})dm + S(\lambda\delta L + \mu\delta M + \text{etc.})$$
$$+ P'\delta p' + Q'\delta q' + R'\delta r' + \text{etc.} + P''\delta p'' + Q''\delta q'' + R''\delta r'' + \text{etc.}$$
$$+ \alpha\delta A + \beta\delta B + \gamma\delta C + \text{etc.} = 0.$$

14. Comme les fonctions L, M, etc. peuvent contenir non-seulement les variables finies x, y, z, mais encore leurs différentielles, les variations δL, δM, etc. donneront des termes multipliés par δx, δy, δz, δdx, δdy, etc.; et l'équation précédente, lorsqu'on y aura substitué les valeurs de δp, δq, δr, etc., δL, δM, etc., en δx, δy, δz, δdx, δdy, δdz, etc., ainsi que celles de $\delta p'$, $\delta p''$, etc., $\delta q'$, $\delta q''$, etc., δA, δB, etc. en $\delta x'$, $\delta x''$, etc., $\delta y'$, $\delta y''$, etc., $\delta dx'$, etc. déduites des circonstances particulières de chaque problème, aura toujours une forme analogue à celles que le *Calcul des variations* fournit pour la détermination des *maxima* et *minima* des formules intégrales indéfinies; ainsi il n'y aura qu'à y appliquer les règles connues de ce calcul.

On considérera donc que, comme les caractéristiques d et δ marquent deux espèces de différences entièrement indépendantes entre elles, quand ces caractéristiques se trouvent ensemble, il doit être indifférent dans quel ordre elles soient placées, parce qu'en supposant qu'une quantité varie de deux manières différentes, on a toujours le même résultat, quel que soit l'ordre dans lequel se font ces variations. Ainsi δdx sera la même chose que $d\delta x$, et pareillement δd^2x sera la même chose que $d^2\delta x$, et ainsi de suite. On pourra donc toujours changer à volonté l'ordre des caractéristiques, sans altérer la valeur des différences; et pour notre objet il sera à propos de transporter la caractéristique d avant la δ, afin que l'équation proposée ne contienne que les variations des coordonnées, et les différentielles de ces mêmes variations.

Il en est de même des signes d'intégration $\int$ ou S, par rapport à la caractéristique des variations δ. Ainsi on pourra toujours changer les symboles $\delta\int$ ou δS en $\int\delta$ ou $S\delta$.

C'est en quoi consiste le premier principe fondamental du *Calcul des variations.*

15. Or les différentielles $d\delta x$, $d\delta y$, $d\delta z$, $d^2\delta x$, etc. qui se trouvent sous le signe S, peuvent être éliminées par l'opération connue des intégrations par parties. Car en général $\int\Omega d\delta x = \Omega\delta x - \int\delta x d\Omega$, $\int\Omega d^2\delta x = \Omega d\delta x - d\Omega\delta x + \int\delta x d^2\Omega$, et ainsi des autres, où il faut observer que les quantités hors du signe $\int$ se rapportent naturellement aux derniers points des intégrales, mais que pour rendre ces intégrales complètes, il faut nécessairement en retrancher les valeurs des mêmes quantités hors du signe, lesquelles répondent aux premiers points des intégrales, afin que tout s'évanouisse dans ces points; ce qui est évident par la théorie des intégrations.

Ainsi en marquant par un trait les quantités qui se rapportent au commencement des intégrales totales désignées par S, et par deux traits celles qui se rapportent à la fin de ces intégrales, on aura les réductions suivantes:

$$S\Omega d\delta x = \Omega''\delta x'' - \Omega'\delta x' - S\delta x d\Omega,$$

$$S\Omega d^2\delta x = \Omega'' d\delta x'' - d\Omega''\delta x'' - \Omega' d\delta x' + d\Omega'\delta x' + S\delta x d^2\Omega,$$

etc.

lesquelles serviront à faire disparaître toutes les différentielles des variations qui pourront se trouver sous le signe S. Ces réductions constituent le second principe fondamental du *Calcul des variations.*

16. De cette manière donc, l'équation générale de l'équilibre se réduira à la forme suivante :

$$S(\Xi\delta x + \Sigma\delta y + \Psi\delta z) + \Lambda = 0,$$

dans laquelle Ξ, Σ, Ψ seront des fonctions de x, y, z, et de leurs différentielles, et Λ contiendra les termes affectés des variations $\delta x'$, $\delta y'$, $\delta z'$, $\delta x''$, $\delta y''$, etc., et de leurs différentielles.

Donc pour que cette équation ait lieu, indépendamment des variations des différentes coordonnées; il faudra que l'on ait, 1°. Ξ, Σ, Ψ, nuls dans toute l'étendue de l'intégrale S, c'est-à-dire, dans chaque point de la masse; 2°. chaque terme de Λ aussi égal à zéro.

Les équations indéfinies $\Xi=0$, $\Sigma=0$, $\Psi=0$, donneront en général la relation qui doit se trouver entre les variables x, y, z; mais il faudra pour cela en éliminer les variables indéterminées λ, μ, etc., lesquelles sont en même nombre que les équations de condition indéterminées $L=0$, $M=0$, etc. (art. 13).

Or je remarque que ces équations ne sauraient être au-delà de trois; car puisque ce sont des équations indéfinies entre les trois variables x, y, z, et leurs différentielles, il est clair que s'il y en avait plus de trois, on aurait plus d'équations que de variables; ensorte qu'il faudrait que la quatrième fût une suite nécessaire des trois premières, et ainsi des autres. Donc il n'y aura jamais plus de trois indéterminées λ, μ, ν, à éliminer; ensorte qu'on pourra toujours trouver les valeurs de ces indéterminées en fonctions de x, y, z. Mais les équations qui disparaîtront par ces éliminations, seront remplacées par les équations mêmes de condition, de sorte qu'on pourra toujours connaître les valeurs de x, y, z, qui doivent avoir lieu dans l'état d'équilibre de tout le système.

Au reste, les équations de condition $L=0$, $M=0$, etc. pourraient contenir encore d'autres variables u, v, etc., avec leurs différentielles, qui devraient être éliminées par le moyen d'autres équations telles que $U=0$, $V=0$, etc.; dans ce cas on pourrait traiter ces nouvelles équations de condition comme celles qui sont données par la nature du problème, et prenant des coefficiens indéterminés σ, υ, etc. il n'y aurait qu'à ajouter aux termes $\lambda\delta L+\mu\delta M+$etc., qui sont sous le signe d'intégration dans l'équation générale de l'article 13, les termes $\sigma\delta U+\upsilon\delta V+$ etc.; et après avoir fait disparaître toutes les différentielles des variations δx, δy, δz, δu, δv, etc., l'équation finale de l'article 16 contiendra sous le signe des termes affectés des variations δu, δv, etc., qui devront par conséquent être égalés séparément à zéro. On aura ainsi autant de nouvelles équations que d'indéterminées σ, ν, etc., par lesquelles il faudra les éliminer; ensuite on éliminera les nouvelles variables u, v, etc. par les équations données $U=0$, $V=0$, etc. Cette méthode sera surtout utile lorsque, dans les fonctions L, M, etc., il se trouvera des quantités intégrales; car en substituant à leur place de nouvelles indéterminées, on pourra faire disparaître tous les signes d'intégration, ce qui rendra le calcul plus facile.

17. A l'égard des autres équations résultantes des différens termes de la quantité Λ qui est hors du signe, ce ne seront que des équations particulières qui ne devront avoir lieu que par rapport à des points déterminés de la masse, et qui serviront principalement à déterminer les constantes arbitraires que les expressions de x, y, z, déduites des équations précédentes, pourront contenir. Pour faire usage de ces équations, on y substituera donc les valeurs déjà trouvées de λ, μ, etc., ensuite on en éliminera les indéterminées α, β, etc., et on y joindra les équations de condition $A=0$, $B=0$, etc., qui serviront à remplacer celles que l'élimination dont il s'agit fera disparaître.

18. Quoique les termes $P\delta p$, $Q\delta q$, etc., dus aux forces accélératrices P, Q, etc., ne demandent aucune réduction tant que ces forces agissent suivant les lignes p, q, etc., parce que les quantités p, q, etc. ne sont fonctions que des variables finies x, y, z; il n'en sera pas de même lorsqu'on emploiera des forces dont l'action consistera à faire varier une fonction donnée (art. 9, sect. II); il faudra alors, si cette fonction contient des différentielles, employer pour ces termes les mêmes réductions que pour les termes $\lambda\delta L$, etc., et on parviendra toujours à une équation finale de la même forme.

Ce cas a lieu lorsqu'on considère des corps élastiques, soit solides ou fluides.

§ III.

Analogie des problèmes de ce genre avec ceux de maximis et minimis.

19. Non-seulement le calcul des variations s'applique de la même manière aux problèmes sur l'équilibre des corps continus et aux problèmes *de maximis et minimis* relatifs aux formules intégrales, mais il fait naître entre ces deux sortes de questions une analogie remarquable que nous allons développer.

Nous commencerons par donner une formule générale pour la variation d'une fonction différentielle quelconque à plusieurs variables.

On sait que dans les fonctions de plusieurs variables et de leurs différentielles des ordres supérieurs au premier, on peut toujours prendre une des différentielles premières pour constante, ce qui simplifie la fonction sans rien ôter à sa généralité; mais alors dans les différentiations par δ, il faut aussi regarder comme constante la variable dont la différentielle a été supposée constante; et si on veut attribuer des variations à toutes les variables, il faudra rétablir la variabilité de la différentielle supposée constante.

20. Soit U une fonction de x, y, $\frac{dy}{dx}$, $\frac{d^2y}{dx^2}$, etc., où dx est supposé constant; si on fait, comme dans la Théorie des fonctions, $\frac{dy}{dx}=y'$, $\frac{dy'}{dx}=y''$, $\frac{dy''}{dx}=y'''$, etc., la quantité U deviendra fonction de x, y, y', y'', etc., et la variation δU sera, en employant la notation des différentielles partielles, de la forme

$$\delta U=\frac{dU}{dx}\,\delta x+\frac{dU}{dy}\,\delta y+\frac{dU}{dy'}\,\delta y'+\frac{dU}{dy''}\,\delta y''+\text{etc.}$$

Maintenant en faisant tout varier, on aura

$$\delta y' = \delta \, . \frac{dy}{dx} = \frac{\delta dy}{dx} - \frac{dy}{dx} \times \frac{\delta dx}{dx} = \frac{d\delta y}{dx} - y' \frac{d\delta x}{dx}$$

$$= \frac{d.(\delta y - y'\delta x)}{dx} + y''\delta x,$$

$$\delta y'' = \frac{d.(\delta y' - y''\delta x)}{dx} + y'''\delta x$$

$$= \frac{d^2.(\delta y - y'\delta x)}{dx^2} + y'''\delta x,$$

$$\delta y''' = \frac{d^3.(\delta y - y'\delta x)}{dx^3} + y^{\text{IV}}\delta x,$$

etc.

Substituant ces valeurs et faisant, pour abréger,

$$\delta y - y'\delta x = \delta u,$$

et par conséquent $\delta y = \delta u + y'\delta x$, on aura

$$\delta U = \left(\frac{dU}{dx} + \frac{dU}{dy} y' + \frac{dU}{dy'} y'' + \frac{dU}{dy''} y''' + \text{etc.}\right)\delta x$$

$$+ \frac{dU}{dy}\delta u + \frac{dU}{dy'} \times \frac{d\delta u}{dx} + \frac{dU}{dy''} \times \frac{d^2\delta u}{dx^2} + \text{etc.}$$

Mais en différentiant par d la fonction U et substituant $y'dx$ pour dy, $y''dx$ pour dy', on a

$$dU = \left(\frac{dU}{dx} + \frac{dU}{dy} y' + \frac{dU}{dy'} y'' + \frac{dU}{dy''} y''' + \text{etc.}\right) dx;$$

d'où l'on tire

$$\frac{dU}{dx} + \frac{dU}{dy} y' + \frac{dU}{dy'} y'' + \text{etc.} = \frac{1}{dx} \times dU.$$

Donc enfin

$$\delta U = \frac{1}{dx} \times dU\delta x + \frac{dU}{dy}\delta u + \frac{dU}{dy'} \times \frac{d\delta u}{dx}$$

$$+ \frac{dU}{dy''} \times \frac{d^2\delta u}{dx^2} + \text{etc.}$$

Si la quantité U contenait une autre variable z avec ses différentielles $\frac{dz}{dx}$, $\frac{d^2z}{dx^2}$, etc., en faisant $\frac{dz}{dx} = z'$, $\frac{dz'}{dx} = z''$, etc., et opérant de la même manière, on trouverait les termes suivans :

$$\frac{dU}{dz}\delta v + \frac{dU}{dz'}\times\frac{d\delta v}{dx} + \frac{dU}{dz''}\times\frac{d^2\delta v}{dx^2} + \text{etc.},$$

dans lesquels

$$dv = \delta z - z'\delta x$$

à ajouter à la valeur précédente de δU, et ainsi de suite.

21. Donc si on a la fonction intégrale $\int Udx$ à rendre un *maximum* ou un *minimum*, par les principes du calcul des variations, on fera

$$\delta.\int Udx = \int\delta(Udx) = \int(\delta Udx + U\delta dx) = 0.$$

Substituant la valeur de δU, changeant δdx en $d\delta x$, et faisant disparaître, par des intégrations par parties, les différences de δx, δu, δv, il ne restera sous le signe que des termes de la forme

$$(\Xi\delta x + \Upsilon\delta u + \Psi\delta v)dx,$$

dans lesquels

$$\Xi = dU - dU = 0,$$

$$\Upsilon = \frac{dU}{dy} - \frac{1}{dx}d.\frac{dU}{dy'} + \frac{1}{dx^2}d^2.\frac{dU}{dy''} - \text{etc.},$$

$$\Psi = \frac{dU}{dz} - \frac{1}{dx}d.\frac{dU}{dz'} + \frac{1}{dx^2}d^2.\frac{dU}{dy''} - \text{etc.}$$

Ces termes doivent être nuls, quelles que soient les variations δx, δy, δz; or en remettant pour δu et δv leurs valeurs $\delta y - y'\delta x$, $\delta z - z'\delta x$, les termes dont il s'agit deviennent, à cause de $\Xi = 0$,

$$(\Upsilon\delta y + \Psi\delta z - (\Upsilon y' + \Psi z')\delta x)dx,$$

d'où l'on ne tire que les deux équations $\Upsilon = 0$, $\Psi = 0$; la troisième, dépendante de δx, étant contenue dans ces deux-ci.

On voit par là qu'on peut se dispenser d'attribuer aussi une variation à la variable x, dont l'élément est supposé constant dans la fonction U, puisque les équations nécessaires à la solution du problème résultent uniquement des variations des autres variables. C'est une remarque qui a été faite dès la naissance du calcul des variations, et qui est une suite nécessaire de ce calcul.

Cependant il peut être utile de considérer toutes les variations à la fois, par rapport aux limites de l'intégrale, parce qu'il peut résulter de chacune d'elles des conditions particulières dans les points qui répondent à ces limites, comme nous l'avons fait voir dans la dernière leçon sur le Calcul des fonctions.

22. La fonction intégrale dont on demande le *maximum* ou le *minimum*, peut contenir aussi d'autres intégrales; mais quelle qu'elle soit, on peut toujours la réduire à ne contenir que des variables finies avec leurs différentielles, et à dépendre d'une ou de plusieurs équations de condition entre ces mêmes variables, auxquelles on pourra toujours satisfaire par la méthode des multiplicateurs.

Supposons, par exemple, que U soit une fonction de x, y, z et de leurs différentielles, et qu'en même temps la variable z dépende de l'équation de condition $L=0$; cette équation étant différentiée par δ donnera $\delta L=0$; il n'y aura donc qu'à multiplier celle-ci par un coefficient indéterminé λ, ou par λdx, pour l'homogénéité, lorsque L est une fonction finie, ajouter l'équation intégrale $\int \lambda\delta L dx=0$ à l'équation du *maximum* ou *minimum* $\delta.\int U dx=0$, et considérer ensuite les variations δx, δy, δz comme indépendantes. Or on a, en regardant L comme fonction de x, y, y', y'', etc., z, z', z'', etc.,

$$\delta L = \frac{dL}{dx}\delta x + \frac{dL}{dy}\delta y + \frac{dL}{dy'}\delta y' + \text{etc.}$$
$$+ \frac{dL}{dz}\delta z + \frac{dL}{dz'}\delta z' + \frac{dL}{dz''}\delta z'' + \text{etc.}$$

Donc si on fait les mêmes substitutions que ci-dessus pour $\delta y'$, $\delta z'$, $\delta y''$, etc., on aura aussi

$$\delta L = \frac{1}{dx} dL\delta x + \frac{dL}{dy}\delta u + \frac{dL}{dy'} \times \frac{d\delta u}{dx} + \text{etc.}$$
$$+ \frac{dL}{dz}\delta v + \frac{dL}{dz'} \times \frac{d\delta v}{dx} + \text{etc.},$$

et les termes sous le signe provenant de l'équation $\int(\delta.U dx + \lambda\delta L dx)=0$ seront de la forme

$$(\Xi\delta x + \Upsilon\delta u + \Psi\delta v)dx,$$

dans lesquels on aura

$$\Xi = \lambda dL,$$

$$\Upsilon = \left(\frac{dU}{dy} + \lambda\frac{dL}{dy} - \frac{1}{dx}d.\left(\frac{dU}{dy'} + \lambda\frac{dL}{dy'}\right)\right.$$
$$\left. + \frac{1}{dx^2}d^2.\left(\frac{dU}{dy''} + \lambda\frac{dL}{dy''}\right) - \text{etc.}\right)dx,$$

$$\Psi = \left(\frac{dU}{dz} + \lambda\frac{dL}{dz} - \frac{1}{dx}d.\left(\frac{dU}{dz'} + \lambda\frac{dL}{dz'}\right)\right.$$
$$\left. + \frac{1}{dx^2}d^2.\left(\frac{dU}{dz''} + \lambda\frac{dL}{dz''}\right) - \text{etc.}\right)dx.$$

Or $L = o$ étant l'équation de condition, on aura aussi $dL = o$, ce qui donnera $\Xi = o$. Ainsi en égalant à zéro les coefficiens des trois variations δx, δy, δz, on n'aura que les deux équations $\Upsilon = o$, $\Psi = o$, dont l'une servira à éliminer l'indéterminée λ; de sorte qu'il ne restera pour la solution du problème qu'une seule équation en x, y, z, qu'il faudra combiner avec l'équation donnée $L = o$.

23. Comme, en supposant dx constant, on a $y' = \frac{dy}{dx}$, $y'' = \frac{d^2y}{dx^2}$, etc., $z' = \frac{dz}{dx}$, $z'' = \frac{d^2z}{dx^2}$, etc., on voit qu'il suffit de faire varier dans les fonctions U, L, etc. les variables y, z, etc. avec leurs différentielles; on aura ainsi, en employant, avec la caractéristique δ, la notation des différences partielles,

$$\delta U = \frac{\delta U}{\delta y}\delta y + \frac{\delta U}{\delta dy}d\delta y + \frac{\delta U}{\delta d^2y}d^2\delta y + \text{etc.}$$
$$+ \frac{\delta U}{\delta z}\delta z + \frac{\delta U}{\delta dz}d\delta z + \frac{\delta U}{\delta d^2z}d^2\delta z + \text{etc.},$$

et si on veut avoir égard en même temps à la variation de x, il n'y aura qu'à ajouter à l'expression de δU le terme $\frac{1}{dx}dU\delta x$, et changer δy en $\delta y - \frac{dy}{dx}\delta x$, δz en $\delta z - \frac{dz}{dx}\delta x$, etc.

De cette manière, on aura d'abord, après les réductions,

$$\delta.\int Udx = \int(\Upsilon\delta y + \Psi\delta z + \text{etc.})dx$$
$$+ \Upsilon'\delta y + \Upsilon''d\delta y + \text{etc.} + \Psi'\delta z + \Psi''d\delta z + \text{etc.},$$

en faisant

$$\Upsilon = \frac{\delta U}{\delta y} - d.\frac{\delta U}{\delta dy} + d^2.\frac{\delta U}{\delta d^2 y} - \text{etc.},$$

$$\Upsilon' = \frac{\delta U}{\delta dy} - d.\frac{\delta U}{\delta d^2 y} + \text{etc.}, \quad \Upsilon'' = \frac{\delta U}{\delta d^2 y} - \text{etc.}, \text{ etc.},$$

$$\Psi = \frac{\delta U}{\delta z} - d.\frac{\delta U}{\delta dz} + d^2.\frac{\delta U}{\delta d^2 z} - \text{etc.},$$

$$\Psi' = \frac{\delta U}{\delta dz} - d.\frac{\delta U}{d\delta^2 z} + \text{etc.}, \quad \Psi'' = \frac{\delta U}{\delta d^2 z} - \text{etc.}, \text{ etc.},$$

et pour avoir égard ensuite à la variation de x, on ajoutera, dans tous les termes, $-\frac{dy}{dx}\delta x$ à δy, et $-\frac{dz}{dx}\delta x$ à δz.

24. Telle est la méthode générale pour les problèmes *de maximis et minimis*, relatifs aux formules intégrales indéfinies auxquels le calcul des variations a été d'abord destiné; et l'on voit qu'en faisant même varier toutes les variables, elle ne donne cependant qu'autant d'équations moins une, qu'il y a de variables; ce qui est d'ailleurs conforme à la nature de la chose, puisque ce n'est pas la valeur individuelle de chacune des variables qu'on cherche, comme dans les questions ordinaires *de maximis et minimis*, mais des relations indéfinies entre ces variables, par lesquelles elles deviennent fonctions les unes des autres, et peuvent être représentées par des courbes à simple ou à double courbure.

25. Appliquons maintenant la même méthode aux problèmes de la Mécanique, et supposons, pour plus de simplicité, que la formule $Pdp + Qdq + Rdr + \text{etc.}$ soit intégrable, et que son intégrale soit Π, comme dans l'article 21 de la section III, on aura aussi

$$P\delta p + Q\delta q + R\delta r + \text{etc.} = \delta\Pi,$$

et l'équation générale de l'équilibre (art. 13) deviendra

$$S(\delta\Pi dm + \lambda\delta L + \mu\delta M + \text{etc.}) = 0,$$

en faisant ici abstraction des équations de condition relatives à des points déterminés.

Comme la masse de chaque particule dm du système ne doit pas varier pendant que la position du système varie, il faudra supposer $\delta dm = 0$, et par conséquent $\delta L = \delta dm$.

Lorsque le système est linéaire, on a en général $dm = Udx$, U étant une fonction comme dans l'article 20; on aura donc $\delta L = \delta U dx + U\delta dx$, et la formule $S\lambda\delta L$ donnera sous le signe les termes

$$(\Xi\delta x + \Upsilon\delta u + \Psi\delta v)dx,$$

dans lesquels on aura (art. 22),

$$\Xi = (\lambda dU - d.\lambda U)\frac{1}{dx},$$

$$\Upsilon = \lambda\frac{dU}{dy} - \frac{1}{dx}d.\lambda\frac{dU}{dy'} + \frac{1}{dx^2}d^2.\lambda\frac{dU}{dy''} - \text{etc.},$$

$$\Psi = \lambda\frac{dU}{dz} - \frac{1}{dx}d.\lambda\frac{dU}{dz'} + \frac{1}{dx^2}d^2.\lambda\frac{dU}{dz''} - \text{etc.}$$

26. Donc s'il n'y a point d'autre condition, l'équation provenant des termes sous le signe S sera

$$\delta\Pi dm + (\Xi\delta x + \Upsilon\delta u + \Psi\delta v)dx = 0,$$

qu'on devra vérifier séparément par rapport à chacune des variations δx, δy, δz.

Or Π étant une fonction de x, y, z, on a

$$\delta\Pi = \frac{d\Pi}{dx}\delta x + \frac{d\Pi}{dy}\delta y + \frac{d\Pi}{dz}\delta z;$$

et comme $\delta u = \delta y - \frac{dy}{dx}\delta x$, $\delta v = \delta z - \frac{dz}{dx}\delta x$, l'équation précédente devient

$$\left(\frac{d\Pi}{dx}dm + \Xi dx - \Upsilon dy - \Psi dz\right)\delta x$$
$$+ \left(\frac{d\Pi}{dy}dm + \Upsilon dx\right)\delta y + \left(\frac{d\Pi}{dz}dm + \Psi dx\right)\delta z = 0,$$

laquelle donne ces trois-ci:

$$\frac{d\Pi}{dx}\,dm + \Xi dx - \Upsilon dy - \Psi dz = 0,$$

$$\frac{d\Pi}{dy}\,dm + \Upsilon dx = 0, \quad \frac{d\Pi}{dz}\,dm + \Psi dx = 0.$$

Ainsi on a ici autant d'équations que de variables, ce qui paraît mettre une différence entre les problèmes de ce genre relatifs à la Mécanique, et les problèmes *de maximis et minimis*.

27. Mais j'observe d'abord qu'à cause de l'indéterminée λ, les trois équations se réduisent à deux, par l'élimination de cette indéterminée; et quoiqu'en général les équations de condition remplacent toujours celles qui disparaissent par l'élimination des indéterminées, la condition introduite ici $\delta dm = 0$, c'est-à-dire dm constant, ne peut pas fournir une équation particulière pour la solution du problème, parce que, suivant l'esprit du calcul différentiel, il est toujours permis de prendre un élément quelconque pour constant, puisqu'il n'y a, à proprement parler, que les rapports des différentielles entre elles, et non les différentielles elles-mêmes, qui entrent dans le calcul. Ainsi les trois équations seront réduites à deux, et ne serviront qu'à déterminer la nature de la courbe, comme dans les problèmes *de maximis et minimis*.

28. J'observe ensuite qu'on peut aussi rappeler les problèmes de Statique dont il s'agit ici, à de simples problèmes *de maximis et minimis*.

Car si on ajoute ensemble les trois équations trouvées ci-dessus, après avoir multiplié la première par dx, la seconde par dy et la troisième par dz, on aura, à cause de

$$\frac{d\Pi}{dx}\,dx + \frac{d\Pi}{dy}\,dy + \frac{d\Pi}{dz}\,dz = d\Pi,$$

l'équation $d\Pi dm + \Xi dx^2 = 0$; mais on a $\Xi dx = \lambda dU - d.\lambda U = -Ud\lambda$, et comme $dm = Udx$, on aura, en divisant par dm, $d\Pi - d\lambda = 0$; d'où l'on tire $\lambda = \Pi + a$, a étant une constante arbitraire.

Ainsi, à cause de $\delta L = \delta dm$, le terme $\lambda\delta L$ dans l'équation de l'article 25, deviendra $\Pi\delta dm + a\delta dm$, et puisque $\delta\Pi dm + \Pi\delta dm = \delta.\Pi dm$, cette équation deviendra $S\delta.\Pi dm + aS\delta dm = 0$, c'est-à-dire,

$$\delta.S\Pi dm + a\delta.Sdm = 0;$$

c'est l'équation nécessaire pour que la formule intégrale $S\Pi dm$ devienne un *maximum* ou un *minimum* parmi toutes celles où la formule Sdm aura une même valeur.

De cette manière on pourra, comme dans les questions *de maximis et minimis*, regarder une des variables comme constante, relativement aux variations par δ, ce qui simplifie l'analyse; mais la méthode générale a l'avantage de donner la valeur du coefficient λ, qui, par la théorie exposée dans la section précédente, exprimera la force avec laquelle l'élément dm résiste à l'action des forces P, Q, R, etc. qui agissent sur le système.

29. Nous avons supposé, pour plus de simplicité, qu'il n'y avait point d'autre équation de condition, mais s'il y avait de plus l'équation $M = 0$, M étant une fonction de x, y, z, y', y'', etc. z', z'', etc., il faudrait ajouter au terme $\lambda\delta L$ sous le signe, dans l'équation de l'équilibre, le terme $\mu\delta M$, ou plutôt, pour l'homogénéité, le terme $\mu\delta Mdx$, ce qui donnerait à ajouter aux valeurs de Ξ, Υ, Ψ de l'article 25 les quantités respectives

$$\frac{1}{dx}\mu dM,$$

$$\mu\frac{dM}{dy} - \frac{1}{dx}d.\mu\frac{dM}{dy'} + \frac{1}{dx^2}d^2.\mu\frac{dM}{dy''} - \text{etc.},$$

$$\mu\frac{dM}{dz} - \frac{1}{dx}d.\mu\frac{dM}{dz'} + \frac{1}{dx^2}d^2.\mu\frac{dM}{dz''} - \text{etc.}$$

Ainsi on aurait trois équations de la même forme que celles de l'article 26, lesquelles, par l'élimination des deux indéterminées λ et μ se réduiraient à une seule, mais en y joignant l'équation de condition $M = 0$, on aurait, comme auparavant, denx équations entre les trois variables x, y, z.

Ces

Ces trois équations donnent, comme dans l'article 28, l'équation $d\Pi dm + \Xi dx^2 = o$. Ici l'on a $\Xi dx = - Ud\lambda + \mu dM$; mais l'équation $M = o$ donne aussi $dM = o$; donc on aura simplement, comme dans l'article cité, $\Xi dx = - Ud\lambda$, et de là on trouvera le même résultat $\delta . S\Pi dm = o$.

30. Donc en général le problème de l'équilibre d'un système de dm particules animées des forces P, Q, R, etc. qui agissent suivant les directions des lignes p, q, r, etc., et qu'on suppose telles que l'on ait

$$Pdp + Qdq + Rdr + \text{etc.} = d\Pi,$$

se réduit simplement à rendre la formule intégrale $S\Pi dm$ un *maximum* ou un *minimum*, en ayant d'ailleurs égard aux conditions particulières du système; ce qui, comme l'on voit, fait rentrer tous les problèmes de l'équilibre dans la classe des problèmes *de maximis et minimis*, connus sous le nom de *problèmes des isopérimètres*.

Dans le cas de la chaînette, en prenant les ordonnées y verticales, on a $\Pi = gy$, g étant la force constante de la gravité. Donc il faut que la formule $Sydm$ soit un *maximum* ou un *minimum* parmi toutes celles où la valeur de Sdm est la même; mais $\frac{Sydm}{Sdm}$ est la distance du centre de gravité à l'horizontale; donc puisque la masse entière est supposée donnée, il faudra que cette distance soit la plus grande ou la plus petite; ce qu'on sait d'ailleurs.

31. Jusqu'à présent nous n'avons considéré que des fonctions de variables regardées comme indépendantes; mais si la variable z était censée fonction de x, y, et que l'on eût une fonction U qui contînt x, y, z avec les différences partielles de z relatives à x et y, on pourrait demander la variation δU, en ayant égard aux variations simultanées de x, y, z.

Soit, pour plus de simplicité,

$$\frac{dz}{dx}=z', \quad \frac{dz}{dy}=z_{,}, \quad \frac{d^2z}{dx^2}=z'', \quad \frac{d^2z}{dxdy}=z'_{,}, \quad \frac{d^2z}{dy^2}=z_{,,},$$
$$\frac{d^3z}{dx^3}=z''', \quad \frac{d^3z}{dx^2dy}=z''_{,}, \quad \frac{d^3z}{dxdy^2}=z'_{,,}, \text{ etc.}$$

la quantité U sera fonction de $x, y, z, z', z_{,}, z'', z'_{,}, z_{,,}$, etc., et l'on aura

$$\delta U=\frac{dU}{dx}\delta x+\frac{dU}{dy}\delta y+\frac{dU}{dz}\delta z$$
$$+\frac{dU}{dz'}\delta z'+\frac{dU}{dz_{,}}\delta z_{,}+\frac{dU}{dz''}\delta z''+\frac{dU}{dz'_{,}}\delta z'_{,}+\text{etc.},$$

et la difficulté se réduira à trouver les valeurs des variations $\delta z'$, $\delta z_{,}$, $\delta z''$, etc., en faisant varier à la fois les élémens dx, dy, dans les différences partielles.

Nous pouvons supposer, pour rendre le calcul plus simple, que la variation δx est une fonction de x indépendante de y, et la variation δy une fonction de y indépendante de x. Nous verrons par la suite que cette supposition a toute la généralité que l'on peut desirer.

32. Cela posé, on aura, en différentiant,

$$\delta z'=\delta\frac{dz}{dx}=\frac{\delta dz}{dx}-\frac{dz}{dx}\times\frac{\delta dx}{dx}.$$

Il est clair que $\frac{\delta dz}{dx}=\frac{d\delta z}{dx}$, et $\frac{\delta dx}{dx}=\frac{d\delta x}{dx}$, ainsi on aura

$$\delta z'=\frac{d\delta z}{dx}-z'\frac{d\delta x}{dx}=\frac{d.(\delta z-z'\delta x)}{dx}+\frac{dz'}{dx}\delta x,$$

ou bien

$$\delta z'=\frac{d.(\delta z-z'\delta x-z_{,}\delta y)}{dx}+\frac{dz'}{dx}\delta x+\frac{dz_{,}}{dx}\delta y.$$

On aura de même

$$\delta z_{,}=\frac{d.(\delta z-z'\delta x-z_{,}\delta y)}{dy}+\frac{dz'}{dy}\delta x+\frac{dz_{,}}{dy}\delta y,$$

à cause de $\frac{d\delta x}{dy}=0$ et $\frac{d\delta y}{dx}=0$.

On aura ensuite

$$\delta z'' = \delta . \frac{dz'}{dx} = \frac{d\delta z'}{dx} - \frac{dz'}{dx} \times \frac{d\delta x}{dx}.$$

Substituant la valeur de $\delta z'$, on aura

$$\delta z'' = \frac{d^2.(\delta z - z'\delta x - z_{,}\delta y)}{dx^2} + \frac{d^2 z'}{dx^2}\delta x + \frac{d^2 z_{,}}{dx^2}\delta y.$$

On aura de même

$$\delta z'_{,} = \delta . \frac{dz'}{dy} = \frac{d\delta z'}{dy} - \frac{dz'}{dy} \times \frac{d\delta y}{dy}.$$

Substituant aussi la valeur de $\delta z'$, on aura, à cause de $\frac{dz_{,}}{dx} = \frac{dz'}{dy}$,

$$\delta z'_{,} = \frac{d^2.(\delta z - z'\delta x - z_{,}\delta y)}{dxdy} + \frac{d^2 z'}{dxdy}\delta x + \frac{d^2 z_{,}}{dxdy}\delta y.$$

On trouvera pareillement

$$\delta z_{,,} = \frac{d^2.(\delta z - z'\delta x - z_{,}\delta y)}{dy^2} + \frac{d^2 z'}{dy^2}\delta x + \frac{d^2 z_{,}}{dy^2}\delta y,$$

et ainsi de suite.

33. Donc si on fait, pour abréger,

$$\delta z - \frac{dz}{dx}\delta x - \frac{dz}{dy}\delta y = \delta u,$$

et qu'on observe que $\frac{dz_{,}}{dx} = \frac{dz'}{dy}$, $\frac{dz'}{dy} = \frac{dz_{,}}{dx}$, $\frac{d^2 z'}{dx^2} = \frac{dz''}{dx}$, $\frac{d^2 z_{,}}{dx^2} = \frac{dz''}{dy}$, $\frac{d^2 z'}{dxdy} = \frac{dz'_{,}}{dx}$, $\frac{d^2 z_{,}}{dxdy} = \frac{dz'_{,}}{dy}$, $\frac{d^2 z'}{dy^2} = \frac{dz_{,,}}{dx}$, etc., on aura plus simplement

$$\delta z' = \frac{d\delta u}{dx} + \frac{dz'}{dx}\delta x + \frac{dz'}{dy}\delta y,$$

$$\delta z_{,} = \frac{d\delta u}{dy} + \frac{dz_{,}}{dx}\delta x + \frac{dz_{,}}{dy}\delta y,$$

$$\delta z'' = \frac{d^2\delta u}{dx^2} + \frac{dz''}{dx}\delta x + \frac{dz''}{dy}\delta y,$$

$$\delta z'_{,} = \frac{d^2\delta u}{dxdy} + \frac{dz'_{,}}{dx}\delta x + \frac{dz'_{,}}{dy}\delta y,$$

$$\delta z_{,,} = \frac{d^2\delta u}{dy^2} + \frac{dz_{,,}}{dx}\delta x + \frac{dz_{,,}}{dy}\delta y,$$

etc.

Faisant ces substitutions dans l'expression de δU, mettant $\delta u + \frac{dz}{dx}\delta x + \frac{dz}{dy}\delta y$ à la place de δz, et ordonnant les termes par rapport à δx, δy, δu, on aura

$$\begin{aligned}\delta U = \Big(&\frac{dU}{dx} + \frac{dU}{dz}\times\frac{dz}{dx} + \frac{dU}{dz'}\times\frac{dz'}{dx} + \frac{dU}{dz'}\times\frac{dz_{,}}{dx} \\ &+ \frac{dU}{dz''}\times\frac{dz''}{dx} + \frac{dU}{dz'_{,}}\times\frac{dz'_{,}}{dx} + \text{etc.}\Big)\delta x \\ &+ \Big(\frac{dU}{dy} + \frac{dU}{dz}\times\frac{dz}{dy} + \frac{dU}{dz'}\times\frac{dz'}{dy} + \frac{dU}{dz_{,}}\times\frac{dz_{,}}{dy} \\ &+ \frac{dU}{dz''}\times\frac{dz''}{dy} + \frac{dU}{dz'_{,}}\times\frac{dz'_{,}}{dy} + \text{etc.}\Big)\delta y \\ &+ \frac{dU}{dz}\delta u + \frac{dU}{dz'}\times\frac{d\delta u}{dx} + \frac{dU}{dz_{,}}\times\frac{d\delta u}{dy} \\ &+ \frac{dU}{dz''}\times\frac{d^2.\delta u}{dx^2} + \frac{dU}{dz'_{,}}\times\frac{d^2\delta u}{dx\,dy} + \text{etc.}\end{aligned}$$

Désignons par $\left(\frac{dU}{dx}\right)$, $\left(\frac{dU}{dy}\right)$ les différences partielles de U, relatives à x et y; en regardant z comme fonction de ces deux variables, il est clair qu'on aura

$$\left(\frac{dU}{dx}\right) = \frac{dU}{dx} + \frac{dU}{dz}\times\frac{dz}{dx} + \frac{dU}{dz'}\times\frac{dz'}{dx} + \frac{dU}{dz_{,}}\times\frac{dz_{,}}{dx} + \text{etc.},$$
$$\left(\frac{dU}{dy}\right) = \frac{dU}{dy} + \frac{dU}{dz}\times\frac{dz}{dy} + \frac{dU}{dz'}\times\frac{dz'}{dy} + \frac{dU}{dz_{,}}\times\frac{dz_{,}}{dy} + \text{etc.}$$

Ainsi la variation complète de U se réduira à cette forme simple,

$$\begin{aligned}\delta U = &\left(\frac{dU}{dx}\right)\delta x + \left(\frac{dU}{dy}\right)\delta y + \frac{dU}{dz}\delta u, \\ &+ \frac{dU}{dz'}\times\frac{d\delta u}{dx} + \frac{dU}{dz_{,}}\times\frac{d\delta u}{dy} + \frac{dU}{dz''}\times\frac{d^2\delta u}{dx^2} \\ &+ \frac{dU}{dz'_{,}}\times\frac{d^2\delta u}{dxdy} + \frac{dU}{dz_{,,}}\times\frac{d^2\delta u}{dy^2} + \text{etc.}\end{aligned}$$

34. Donc si l'on a une fonction intégrale double $SSUdxdy$ à rendre un *maximum* ou un *minimum*, on aura l'équation

$$\delta.SSUdxdy = SS\delta.Udxdy = 0.$$

Or en faisant tout varier, on a $\delta . Udxdy = \delta Udxdy + U\delta . dxdy$; où il faut remarquer que $dxdy$ représentant un rectangle qui est l'élément du plan des x, y, ce rectangle demeurera rectangle après les variations δx, δy des coordonnées x, y, dans la supposition adoptée que δx ne dépende point de y, ni δy de x; de sorte que la variation de $dxdy$ sera simplement $dy\delta dx + dx\delta dy$; donc, comme $\delta dx = d\delta x = \frac{d\delta x}{dx} dx$, $\delta dy = d\delta y = \frac{d\delta y}{dy} dy$, puisque δx et δy sont censées fonctions de x seul et de y seul, on aura

$$\delta . Udxdy = \left(\delta U + U \times \frac{d\delta x}{dx} + U \times \frac{d\delta y}{dy}\right) dxdy.$$

Substituant la valeur de δU, et faisant disparaître, par des intégrations partielles, les différentielles des variations δx, δy, δu, il restera sous le double SS les termes

$$(\Xi\delta x + \Upsilon\delta y + \Psi\delta u)dxdy,$$

dans lesquels

$$\Xi = \left(\frac{dU}{dx}\right) - \left(\frac{dU}{dx}\right) = 0,$$

$$\Upsilon = \left(\frac{dU}{dy}\right) - \left(\frac{dU}{dy}\right) = 0,$$

$$\Psi = \frac{dU}{dz} - \left(\frac{dU'}{dx}\right) - \left(\frac{dU_{,}}{dy}\right) + \left(\frac{d^2U''}{dx^2}\right) + \left(\frac{d^2U'_{,}}{dxdy}\right) + \left(\frac{d^2U_{,,}}{dy^2}\right) + \text{etc.};$$

en faisant, pour abréger,

$$U' = \frac{dU}{dz'},\quad U_{,} = \frac{dU}{dz_{,}},\quad U'' = \frac{dU}{dz''},$$

$$U'_{,} = \frac{dU}{dz'_{,}},\quad U_{,,} = \frac{dU}{dz_{,,}},\quad \text{etc.},$$

et supposant que les différentielles partielles renfermées entre deux crochets représentent les valeurs complètes de ces différences, en y regardant z comme fonction de x, y.

35. Ainsi à cause de $\delta u = \delta z - \frac{dz}{dx}\delta x - \frac{dz}{dy}\delta y$, les termes sous

le double signe donneront simplement l'équation

$$\Psi\left(\delta z - \frac{dz}{dx}\delta x - \frac{dz}{dy}\delta y\right) = 0,$$

d'où, en égalant séparément à zéro les coefficiens de δz, δx, δy, on n'aura que l'équation $\Psi = 0$, comme si on n'avait fait varier que la seule variable z.

On voit donc que dans les questions *de maximis et minimis*, relatives à des intégrables doubles, dans lesquelles une des trois variables est fonction des deux autres, il n'y a rigoureusement qu'une seule équation qu'on peut trouver directement, en ne faisant varier par δ que la seule variable qui est censée fonction des deux autres; et cette équation est celle de la surface qui satisfait à la question. C'est ainsi qu'on a trouvé l'équation aux différences partielles de la moindre surface, en faisant $U = \sqrt{(1 + (z')^2 + (z_,)^2)}$; et ce que nous venons de démontrer prouve que cette équation remplit complètement les conditions du problème, quelques variations qu'on attribue aux trois coordonnées de la surface.

36. On peut appliquer les formules des variations que nous venons de trouver, à l'équation d'un système superficiel de particules dm tirées par des forces quelconques.

En n'ayant égard qu'à la condition de l'invariabilité de dm, on aura d'abord, comme dans l'article 25, l'équation générale de l'équilibre

$$SS(\delta\Pi dm + \lambda\delta dm) = 0.$$

Ici la valeur de dm sera de la forme $Udxdy$, et l'on aura par conséquent (art. 34),

$$\delta dm = \left(\delta U + \lambda U\frac{d\delta x}{dx} + \lambda U\frac{d\delta y}{dy}\right)dxdy.$$

Substituant cette valeur, ainsi que celle de δU de l'article 35, dans la formule intégrale $SS\lambda\delta dm$, et faisant disparaître, par des intégrations par parties, les différences des variations δx, δy, δu, il ne restera sous le double signe que les termes

$$(\Xi\delta x + \Upsilon\delta y + \Psi\delta u)dxdy,$$

dans lesquels

$$\Xi = \lambda\left(\frac{dU}{dx}\right) - \left(\frac{d.\lambda U}{dx}\right) = -U\left(\frac{d\lambda}{dx}\right),$$

$$\Upsilon = \lambda\left(\frac{dU}{dy}\right) - \left(\frac{d.\lambda U}{dy}\right) = -U\left(\frac{d\lambda}{dy}\right),$$

$$\Psi = \frac{dU}{dz} - \left(\frac{dU'}{dx}\right) - \left(\frac{dU_{,}}{dy}\right) + \left(\frac{d^2U''}{dx^2}\right)$$
$$+ \left(\frac{d^2U'_{,}}{dxdy}\right) - \left(\frac{d^2U_{,,}}{dy^2}\right) + \text{etc.},$$

en conservant les valeurs de U', $U_{,}$, U'', $U'_{,}$, etc. de l'article 34.

Ajoutons à ces termes ceux qui proviennent de l'intégrale $SS\delta\Pi dm$, savoir, en substituant les valeurs de $\delta\Pi$ et dm,

$$\left(\frac{d\Pi}{dx}\delta x + \frac{d\Pi}{dy}\delta y + \frac{d\Pi}{dz}\delta z\right)Udxdy,$$

et remettons pour δu sa valeur $\delta z - \frac{dz}{dx}\delta x - \frac{dz}{dy}\delta y$ (art. 33), l'équation générale de l'équilibre contiendra sous le double signe SS les termes suivans, ordonnés par rapport aux variations δx, δy, δz,

$$\left.\begin{array}{l}\left(\left(\frac{d\Pi}{dx} - \left(\frac{d\lambda}{dx}\right)\right)U - \Psi\frac{dz}{dx}\right)\delta x \\ + \left(\left(\frac{d\Pi}{dy} - \left(\frac{d\lambda}{dy}\right)\right)U - \Psi\frac{dz}{dy}\right)\delta y \\ + \left(\frac{d\Pi}{dz}U + \Psi\right)\delta z\end{array}\right\} dxdy;$$

d'où l'on tire les trois équations

$$\left(\frac{d\Pi}{dx} - \left(\frac{d\lambda}{dx}\right)\right)U - \Psi\frac{dz}{dx} = 0,$$

$$\left(\frac{d\Pi}{dy} - \left(\frac{d\lambda}{dy}\right)\right)U - \Psi\frac{dz}{dy} = 0,$$

$$\frac{d\Pi}{dz}U + \Psi = 0.$$

La dernière donne $\Psi = -U\frac{d\Pi}{dz}$, et cette valeur étant substituée dans les deux autres, on a, après avoir divisé par U,

$$\frac{d\Pi}{dx} + \frac{d\Pi}{dz} \times \frac{dz}{dy} - \left(\frac{d\lambda}{dx}\right) = 0,$$

$$\frac{d\Pi}{dy} + \frac{d\Pi}{dz} \times \frac{dz}{dy} - \left(\frac{d\lambda}{dy}\right) = 0.$$

La première donne $\lambda = \Pi + \text{fonct.} y$; la seconde donne $\lambda = \Pi + \text{fonct.} x$; donc on aura $\lambda = \Pi + a$, a étant une constante. Substituant cette valeur dans l'équation générale de l'équilibre, elle deviendra $SS(\delta . \Pi dm + a\delta dm) = 0$, savoir,

$$\delta . SS\Pi dm + a\delta . SSdm = 0,$$

équation du *maximum* ou *minimum* de la formule intégrale $SS\Pi dm$, parmi toutes celles dans lesquelles la valeur de la formule $SSdm$ est la même.

Ainsi voilà le problème de Mécanique réduit à une simple question *de maximis et minimis*, dont la solution ne dépend que de la variation de la seule coordonnée z, qui est supposée fonction de x, y (art. 35).

On pourra étendre cette théorie aux formules intégrales triples, et en déduire des conclusions semblables.

CINQUIEME

CINQUIÈME SECTION.

Solution de différens Problèmes de Statique.

Nous allons présentement montrer l'usage de nos méthodes dans différens problèmes sur l'équilibre des corps; on verra par l'uniformité et la rapidité des solutions, combien ces méthodes sont supérieures à celles que l'on avait employées jusqu'ici dans la Statique.

CHAPITRE PREMIER.

De l'équilibre de plusieurs forces appliquées à un même point; de la composition, et de la décomposition des forces.

1. Soit proposé de trouver les lois de l'équilibre d'autant de forces qu'on voudra, P, Q, R, etc., toutes appliquées à un même point, et dirigées vers des points donnés.

Nommant p, q, r, etc. les distances rectilignes entre le point commun d'application de ces forces, et leurs points de tendance, on aura la formule

$$Pdp + Qdq + Rdr + \text{etc.}$$

pour la somme des momens de toutes les forces, laquelle doit être nulle dans l'état d'équilibre.

Soient x, y, z les trois coordonnées rectangles du point auquel toutes les forces sont appliquées; et soient de même a, b, c les coordonnées rectangles du point auquel tend la force P; f, g, h, celles du point auquel tend la force Q; l, m, n, celles du point auquel tend la force R, et ainsi des autres; ces coordonnées étant toutes rapportées aux mêmes axes fixes dans l'espace. On aura évidemment

$$p=\sqrt{(x-a)^2+(y-b)^2+(z-c)^2},$$
$$q=\sqrt{(x-f)^2+(y-g)^2+(z-h)^2},$$
$$r=\sqrt{(x-l)^2+(y-m)^2+(z-n)^2},$$
etc.

Et la quantité $Pdp+Qdq+Rdr+$ etc. se transformera en celle-ci :

$$Xdx+Ydy+Zdz,$$

dans laquelle on aura

$$X=\frac{x-a}{p}P+\frac{x-f}{q}Q+\frac{x-l}{r}R+\text{etc.},$$
$$Y=\frac{y-b}{p}P+\frac{y-g}{q}Q+\frac{y-m}{r}R+\text{etc.},$$
$$Z=\frac{z-c}{p}P+\frac{z-h}{q}Q+\frac{z-n}{r}R+\text{etc.}$$

Il n'est pas inutile de remarquer dans ces expressions que les quantités $\frac{x-a}{p}$, $\frac{y-b}{p}$, $\frac{z-c}{p}$ sont égales aux cosinus des angles que la ligne p, c'est-à-dire la direction de la force P, fait avec les axes des x, y, z; que de même $\frac{x-f}{q}$, $\frac{y-g}{q}$, $\frac{z-h}{q}$ sont les cosinus des angles que la direction de la force Q fait avec les mêmes axes; et ainsi de suite (sect. II, art. 7).

§ I.

De l'équilibre d'un corps ou point tiré par plusieurs forces.

2. Cela posé, supposons en premier lieu que le corps ou point auquel les forces P, Q, R, etc. sont appliquées, soit entièrement libre ; il n'y aura alors aucune équation de condition entre les coordonnées x, y, z; et la quantité $Xdx+Ydy+Zdz$ devra être

nulle, indépendamment des valeurs de dx, dy, dz (sect. II, art. 10); ce qui donnera sur-le-champ ces trois équations particulières,

$$X = 0, \quad Y = 0, \quad Z = 0,$$

Ce sont les équations qui renferment les lois de l'équilibre de tant de forces qu'on voudra, concourantes à un même point.

3. Si dans les expressions de X, Y, Z, on fait $P = p$, $Q = q$, $R = r$, etc., ce qui est permis, puisqu'il est indifférent à quels points pris dans les directions des forces, elles soient supposées tendre, on aura ces équations

$$x - a + x - f + x - l + \text{etc.} = 0,$$
$$y - b + y - g + y - m + \text{etc.} = 0,$$
$$z - c + z - h + z - n + \text{etc.} = 0;$$

d'où l'on tire, en supposant que le nombre des forces P, Q, R, etc. soit μ,

$$x = \frac{a + f + l + \text{etc.}}{\mu},$$
$$y = \frac{b + g + m + \text{etc.}}{\mu},$$
$$z = \frac{c + h + n + \text{etc.}}{\mu},$$

et ces expressions de x, y, z font voir que le point auquel sont appliquées les forces, est dans le centre de gravité des points auxquels ces forces tendent.

De là résulte le théorème de Leibnitz, que si tant de puissances qu'on voudra sont en équilibre sur un point, et qu'on tire de ce point des droites qui représentent tant la quantité que la direction de chaque puissance, le point dont il s'agit sera le centre de gravité de tous les points auxquels ces lignes seront terminées.

Si donc il n'y a que quatre puissances, et qu'on imagine une pyramide dont les quatre angles soient aux extrémités des droites qui représentent les puissances; il y aura équilibre entre ces quatre puissances, lorsque le point sur lequel elles agissent, sera dans le centre de gravité de la pyramide; car on sait par la Géométrie, que le centre de gravité de toute la pyramide est le même que celui de quatre corps égaux qui seraient placés aux quatre coins de la pyramide. Ce dernier théorème est dû à Roberval.

4. Supposons en second lieu, que le corps ou point sur lequel agissent les forces P, Q, R, etc. ne soit pas tout-à-fait libre, mais qu'il soit contraint de se mouvoir sur une surface, ou sur une ligne donnée; on aura alors entre les coordonnées x, y, z une ou deux équations de condition, qui ne seront autre chose que les équations mêmes de la surface ou de la ligne dont il s'agit.

Soit donc $L=0$ l'équation de la surface sur laquelle le corps ne peut que glisser, on ajoutera à la somme des momens des forces $Xdx+Ydy+Zdz$ le terme λdL (sect. IV, art. 3), et l'on aura pour l'équation générale de l'équilibre

$$Xdx+Ydy+Zdz+\lambda dL=0,$$

λ étant une quantité indéterminée.

Or L étant une fonction connue de x, y, z, on aura, par la différentiation,

$$dL=\frac{dL}{dx}dx+\frac{dL}{dy}dy+\frac{dL}{dz}dz;$$

donc substituant et égalant ensuite séparément à zéro la somme des termes multipliés par chacune des différences dx, dy, dz, on aura ces trois équations particulières de l'équilibre,

$$X+\lambda\frac{dL}{dx}=0,$$

$$Y+\lambda\frac{dL}{dy}=0,$$

$$Z+\lambda\frac{dL}{dz}=0,$$

d'ou chassant l'indéterminée λ, on aura ces deux-ci :

$$Y\frac{dL}{dx} - X\frac{dL}{dy} = 0,$$

$$Z\frac{dL}{dx} - X\frac{dL}{dz} = 0,$$

lesquelles renferment par conséquent les conditions cherchées de l'équilibre du corps sur la surface proposée.

5. Si on applique maintenant ici la théorie donnée dans l'article 5 de la section quatrième, on en conclura que la surface doit opposer au corps une résistance égale à

$$\lambda\sqrt{\left(\frac{dL}{dx}\right)^2 + \left(\frac{dL}{dy}\right)^2 + \left(\frac{dL}{dz}\right)^2},$$

et dirigée suivant la perpendiculaire à la surface qui aurait pour équation $dL = 0$, c'est-à-dire, perpendiculairement à la même surface sur laquelle le corps est posé; et comme on a

$$\lambda\frac{dL}{dx} = -X, \quad \lambda\frac{dL}{dy} = -Y, \quad \lambda\frac{dL}{dz} = -Z,$$

il s'ensuit que la pression du corps sur la surface (pression qui doit être égale et directement contraire à la résistance de la surface) sera exprimée par $\sqrt{(X^2 + Y^2 + Z^2)}$, et agira perpendiculairement à la même surface; c'est uniquement à cette condition que se réduisent les deux équations trouvées ci-dessus pour l'équilibre du corps, comme on peut s'en assurer par la méthode de la composition des forces.

6. Au reste, dans le cas d'un seul corps tiré par des puissances données, on peut trouver encore plus simplement les conditions de l'équilibre, en substituant immédiatement dans l'équation $Xdx + Ydy + Zdz = 0$, à la place de la différentielle dz, sa valeur $-\frac{\frac{dL}{dx}dx + \frac{dL}{dy}dy}{\frac{dL}{dz}}$, tirée de l'équation différentielle de la sur-

face donnée sur laquelle le corps peut glisser, et égalant ensuite séparément à zéro les coefficiens des différentielles dx et dy qui demeurent indéterminées, suivant la méthode générale de l'article 10 de la seconde section.

On aura ainsi sur-le-champ les deux équations

$$X - Z\,\frac{\frac{dL}{dx}}{\frac{dL}{dz}} = 0, \qquad Y - Z\,\frac{\frac{dL}{dy}}{\frac{dL}{dz}} = 0,$$

qui reviennent à celles que l'on a trouvées plus haut.

Pareillement, si le corps était assujéti à se mouvoir sur une ligne de figure donnée, et déterminée par les deux équations différentielles $dy = pdx$, $dz = qdx$, il n'y aurait qu'à substituer ces valeurs de dy et dz dans $Xdx + Ydy + Zdz = 0$, et l'on aurait, en divisant par dx,

$$X + Yp + Zq = 0,$$

pour la condition de l'équilibre.

Mais dans tous les cas où il y aura plusieurs corps en équilibre, la méthode des coefficiens indéterminés, exposée dans la section précédente, aura toujours l'avantage, tant du côté de la facilité que de celui de la simplicité et de l'uniformité du calcul.

§ II.

De la composition et décomposition des forces.

7. L'équation identique

$$Pdp + Qdq + Rdr + \text{etc.} = Xdx + Ydy + Zdz,$$

trouvée dans l'article 2, montre que le système des forces P, Q, R, etc. dirigées suivant les lignes p, q, r, etc., est équivalent au système des trois forces X, Y, Z dirigées suivant les lignes x, y, z (sect. II, art. 15). Ainsi les quantités X, Y, Z donnent les valeurs des forces P, Q, R, etc., décomposées suivant les trois coordonnées rectangles x, y, z, et tendantes à diminuer ces coordonnées, comme les forces P, Q, R, etc. sont supposées tendre à diminuer les lignes p, q, r, etc.

8. En général si des forces quelconques P, Q, R, etc., dirigées suivant les lignes p, q, r, etc., agissent sur un même point, on peut toujours réduire toutes ces forces à trois autres dirigées suivant les lignes ξ, ψ, φ, pourvu que ces trois lignes ne soient pas toutes dans le même plan. Car comme trois lignes placées dans différens plans suffisent pour déterminer la position d'un point quelconque dans l'espace, on pourra toujours exprimer les valeurs des lignes p, q, r, etc. en fonctions des trois quantités ξ, ψ, φ, et par le théorème de l'article 15 de la seconde section, les forces P, Q, R, etc. seront équivalentes aux trois forces Ξ, Ψ, Φ exprimées par les formules

$$\Xi = P\frac{dp}{d\xi} + Q\frac{dq}{d\xi} + R\frac{dr}{d\xi} + \text{etc.},$$

$$\Psi = P\frac{dp}{d\psi} + Q\frac{dq}{d\psi} + R\frac{dr}{d\psi} + \text{etc.},$$

$$\Phi = P\frac{dp}{d\varphi} + Q\frac{dq}{d\varphi} + R\frac{dr}{d\varphi} + \text{etc.},$$

et dirigées suivant les lignes ξ, ψ, φ, ou seulement suivant les élémens $d\xi$, $d\psi$, $d\varphi$, si quelques-unes de ces lignes étaient circulaires.

Ces formules peuvent être d'une grande utilité dans plusieurs occasions, et surtout lorsqu'il s'agit de trouver les résultats d'une infinité de forces qui agissent sur un même point, comme l'attraction d'un corps de figure quelconque.

9. Soit m la masse d'un corps dont chacun des élémens dm soit regardé comme le centre d'une force P proportionnelle à dm et à une fonction fp de la distance p; en faisant $\int fpdp = Fp$, l'élément dm donnera, dans l'expression de Ξ, le terme $\frac{d.Fp}{d\xi}dm$,

dont l'intégrale relative à toute la masse m sera le résultat de l'attraction de cette masse; et comme cette intégration est indépendante de la différentiation relative à ξ, on pourra donner à l'intégrale dont il s'agit la forme $\frac{d.SFpd\text{m}}{d\xi}$, de sorte qu'en faisant

$$S.Fpd\text{m} = \Sigma,$$

on aura

$$\Xi = \frac{d\Sigma}{d\xi}, \quad \Psi = \frac{d\Sigma}{d\psi}, \quad \Phi = \frac{d\Sigma}{d\varphi},$$

et il ne s'agira plus que de substituer au lieu de p, dans la fonction Fp, sa valeur exprimée en fonctions des coordonnées qui déterminent la position de chaque particule dm dans l'espace, et des coordonnées ξ, ψ, φ du point attiré, et d'exécuter ensuite séparément l'intégration relative aux premières, et les différentiations relatives aux dernières.

Dans le cas de la nature on a $fp = \frac{1}{p^2}$; donc $Fp = -\frac{1}{p}$; et par conséquent $\Sigma = -S\frac{d\text{m}}{p}$.

Soient a, b, c les coordonnées de chaque particule dm du corps, on aura, en supposant la densité de cette particule exprimée par Γ fonction de a, b, c, $d\text{m} = \Gamma dadbdc$; donc $\Sigma = -S\frac{\Gamma dadbdc}{p}$.

Or x, y, z étant les coordonnées du point attiré, on a (art. 1),

$$p = \sqrt{(x-a)^2 + (y-b)^2 + (z-c)^2}.$$

Donc

$$\Sigma = -S\frac{\Gamma dadbdc}{\sqrt{(x-a)^2 + (y-b)^2 + (z-c)^2}}.$$

10. Le cas le plus simple est celui où le corps attirant est une sphère. Dans ce cas, en faisant $\Gamma = 1$, et supposant le centre de la sphère dans l'origine des coordonnées x, y, z du point attiré, on a

$$\Sigma = -\frac{\text{m}}{\sqrt{x^2+y^2+z^2}},$$

m étant la solidité de la sphère, qu'on sait être $= \frac{4\pi}{3}\alpha^3$, en pre-

nant

nant α pour le rayon, et π pour le rapport du diamètre à la circonférence.

Si la densité Γ était variable dans l'intérieur de la sphère, en la supposant fonction de α, on ferait $m=\frac{4\pi}{3}S\Gamma d.\alpha^3$.

On peut encore avoir la valeur de Σ lorsque le corps attirant est un sphéroïde elliptique, dont la surface est représentée par l'équation

$$\frac{a^2}{A^2}+\frac{b^2}{B^2}+\frac{c^2}{C^2}=1,$$

A, *B*, *C* étant les demi-axes des trois sections principales, et *a*, *b*, *c* les coordonnées rectangles de la surface, prises sur les trois axes, et ayant leur origine dans l'intersection commune des axes qui est le centre du sphéroïde. Mais l'expression générale de cette valeur dépend d'une formule intégrale assez compliquée, et par laquelle il est impossible d'avoir Σ en fonction de x, y, z.

Cependant si on suppose que le sphéroïde soit peu différent de la sphère, ou que la distance du point attiré au centre du sphéroïde soit fort grande par rapport à ses axes, on peut exprimer la valeur générale de Σ par une série convergente délivrée de toute intégration. M. Laplace a donné, dans sa *Théorie des attractions des sphéroïdes*, une très-belle formule par laquelle on peut former successivement tous les termes de la série, et qui montre en même temps que la valeur de $\frac{\Sigma}{m}$, m étant la solidité du sphéroïde, ne dépend que des quantités B^2-A^2 et C^2-A^2, qui sont les carrés des excentricités des deux sections qui passent par le même demi-axe *A*.

J'ai trouvé qu'en partant de ce résultat et faisant usage du théorème que j'ai donné dans les Mémoires de Berlin de 1792—3, on pouvait construire tout d'un coup la série dont il s'agit, par le seul développement du radical

$$\frac{1}{\sqrt{x^2+y^2+z^2-2by-2cz+b^2+c^2}},$$

suivant les puissances de b et c, en ne conservant que les termes qui contiennent des puissances paires de b et c, et transformant chacun de ces termes, comme $Hb^{2m}c^{2n}$, en

$$\frac{(1.3.5\ldots 2m-1)(1.3.5\ldots 2n-1)H(B^2-A^2)^m(C^2-A^2)^n}{5.7.9\ldots 2m+2n+3}\times \mathrm{m},$$

m étant la solidité du sphéroïde qui est exprimée par $\frac{4\pi}{3}ABC$.

Ainsi pour avoir tout de suite la série ordonnée suivant les puissances de y et z, on fera

$$r=\sqrt{x^2+y^2+z^2},$$

et on développera d'abord le radical $(r^2-2by-2cz+b^2+c^2)^{-\frac{1}{2}}$, suivant les puissances de y, z; en ne retenant que les puissances paires, on aura

$$\frac{1}{\sqrt{r^2+b^2+c^2}}+\frac{3}{2}\cdot\frac{b^2y^2+c^2z^2}{(r^2+b^2+c^2)^{\frac{5}{2}}}+\frac{5.7}{8}\cdot\frac{b^4y^4+6b^2c^2y^2z^2+c^4z^4}{(r^2+b^2+c^2)^{\frac{9}{2}}}+\text{etc.}$$

On développera ensuite les radicaux $(r^2+b^2+c^2)^{-\frac{1}{2}}$, etc., suivant les puissances de b^2, c^2, et on transformera ces puissances en puissances de B^2-A^2, C^2-A^2 par la formule donnée ci-dessus. De cette manière, si on fait, pour plus de simplicité,

$$B^2-A^2=e^2,\qquad C^2-A^2=i^2,$$

e et i étant les excentricités des deux ellipses formées par les sections qui passent par les demi-axes A, B et A, C, on aura pour Σ une expression en série de cette forme :

$$-\mathrm{m}(R+Ty^2+Vz^2+Xy^4+Yy^2z^2+Zz^4+\text{etc.}),$$

dans laquelle

$$R=\frac{1}{r}-\frac{e^2+i^2}{2.5r^3}+\frac{9(e^4+i^4)+6e^2i^2}{8.5.7r^5}+\text{etc.},$$

$$T=\frac{3e^2}{2.5r^5}-\frac{9e^4+3e^2i^2}{4.7r^7}+\text{etc.},$$

$$U=\frac{3i^2}{2.5r^5}-\frac{9i^4+3e^2i^2}{4.7r^7}+\text{etc.},$$

$$X = \frac{3e^4}{8r^9} + \text{etc.},$$

$$Y = \frac{6e^2i^2}{8r^9} + \text{etc.},$$

$$Z = \frac{3i^4}{8r^9} + \text{etc.},$$

etc.

On n'a poussé l'approximation que jusqu'aux quatrièmes dimensions de e et de i; mais il est facile de la porter aussi loin qu'on voudra.

Si le sphéroïde était composé de couches elliptiques de différentes densités, alors en faisant varier dans l'expression de Σ les quantités A, B, C, et par conséquent aussi e et i, on aurait $ST d\Sigma$ pour la valeur de Σ relative à ce sphéroïde.

Ayant ainsi la valeur de Σ en fonction des coordonnées rectangles x, y, z du point attiré, on aura immédiatement, par la différentiation, les forces $\frac{d\Sigma}{dx}$, $\frac{d\Sigma}{dy}$, $\frac{d\Sigma}{dz}$ suivant ces coordonnées, dues à l'attraction totale du sphéroïde.

Et si au lieu des coordonnées x, y et z, on prend le rayon r avec deux angles μ et ν, tels que l'on ait

$$x = r\cos\mu, \qquad y = r\sin\mu\sin\nu, \qquad z = r\sin\mu\cos\nu,$$

on aura l'attraction du sphéroïde décomposée, dans le sens du rayon r qui joint le point attiré et le centre du sphéroïde, perpendiculairement à ce rayon dans le plan qui passe par le demi-axe A, et perpendiculairement au même rayon dans un plan parallèle à celui qui passe par les demi-axes B et C, par les trois différentielles partielles

$$\frac{d\Sigma}{dr}, \quad \frac{d\Sigma}{rd\mu}, \quad \frac{d\Sigma}{r\sin\mu\, d\nu}.$$

Ces formules sont surtout utiles dans la théorie de la figure de la terre.

CHAPITRE II.

De l'équilibre de plusieurs forces appliquées à un système de corps, considérés comme des points, et liés entre eux par des fils ou par des verges.

11. Quelles que soient les forces qui agissent sur chaque corps, nous avons vu ci-dessus (art. 7) comment on peut toujours les réduire à trois, X, Y, Z, dirigées suivant les trois coordonnées rectangles x, y, z du même corps, et tendantes à diminuer ces coordonnées.

Nous supposerons donc, pour plus de simplicité, ici et dans la suite, que toutes les forces extérieures qui agissent sur un même point, soient réduites à ces trois, X, Y, Z. Ainsi la somme des momens de ces forces sera exprimée en général par la formule $Xdx + Ydy + Zdz$; par conséquent la somme totale des momens de toutes les forces du système, sera exprimée par la somme d'autant de formules semblables, qu'il y aura de corps ou points mobiles, en marquant par un, deux, trois, etc. traits, les quantités qui se rapportent aux différens corps que nous nommerons premier, second, troisième, etc.

De cette maniere on aura donc pour la somme des momens des forces qui agissent sur trois ou sur un plus grand nombre de corps, la quantité

$$X'dx' + Y'dy' + Z'dz' + X''dx'' + Y''dy'' + Z''dz'' + X'''dx''' + Y'''dy''' + Z'''dz''' + \text{etc.}$$

Et il ne s'agira plus que de chercher les équations de condition $L = 0$, $M = 0$, $N = 0$, etc., résultantes de la nature du problème.

Ayant L, M, N, etc., ou seulement leurs différentielles en fonctions de x', y', z', x'', etc., et prenant des coefficiens indéterminés λ, μ, ν, etc., on ajoutera à la quantité précédente les termes $\lambda dL + \mu dM + \nu dN + \text{etc.}$, et on égalera ensuite séparément à zéro les membres affectés de chacune des différences dx', dy', dz', dx'', etc. (sect. précéd., art. 5).

§ I.

De l'équilibre de trois ou de plusieurs corps attachés à un fil inextensible, ou extensible et susceptible de contraction.

12. Considérons premièrement trois corps attachés fixement à un fil inextensible; les conditions du problème sont que les distances entre le premier et le second corps, et entre le second et le troisième, soient invariables; ces distances étant les longueurs des portions de fil interceptées entre les corps.

Nommant f la première de ces distances, et g la seconde, on aura $df=0$, $dg=0$ pour les équations de condition; donc $dL=df$, $dM=dg$, et l'équation générale de l'équilibre des trois corps sera

$$X'dx'+Y'dy'+Z'dz'+X''dx''+Y''dy''+Z''dz''+X'''dx''' \\ +Y'''dy'''+Z'''dz'''+\lambda df+\mu dg=0.$$

Or il est visible qu'on aura

$$f=\sqrt{(x''-x')^2+(y''-y')^2+(z''-z')^2},$$
$$g=\sqrt{(x'''-x'')^2+(y'''-y'')^2+(z'''-z'')^2};$$

donc en différentiant

$$df=\frac{(x''-x')(dx''-dx')+(y''-y')(dy''-dy')+(z''-z')(dz''-dz')}{f},$$
$$dg=\frac{(x'''-x'')(dx'''-dx'')+(y'''-y'')(dy'''-dy'')+(z'''-z'')(dz'''-dz'')}{g},$$

ces valeurs étant substituées, on aura les neuf équations suivantes pour les conditions de l'équilibre du fil,

$$X'-\lambda\frac{x''-x'}{f}=0,$$
$$Y'-\lambda\frac{y''-y'}{f}=0,$$
$$Z'-\lambda\frac{z''-z'}{f}=0,$$

$$X'' + \lambda \frac{x''-x'}{f} - \mu \frac{x'''-x''}{g} = 0,$$
$$Y'' + \lambda \frac{y''-y'}{f} - \mu \frac{y'''-y''}{g} = 0,$$
$$Z'' + \lambda \frac{z''-z'}{f} - \mu \frac{z'''-z''}{g} = 0,$$
$$X''' + \mu \frac{x'''-x''}{g} = 0,$$
$$Y''' + \mu \frac{y'''-y''}{g} = 0,$$
$$Z''' + \mu \frac{z'''-z''}{g} = 0,$$

et il n'y aura plus qu'à éliminer de ces équations les deux inconnues λ et μ ; ce qui peut se faire de plusieurs manières, lesquelles fourniront aussi des équations différentes, ou présentées différemment pour l'équilibre des trois corps attachés au fil ; nous choisirons celle qui paraîtra la plus simple.

On voit d'abord que si on ajoute respectivement les trois premières équations aux trois suivantes et aux trois dernières, on obtient ces trois-ci, délivrées des inconnues λ et μ.

$$X' + X'' + X''' = 0,$$
$$Y' + Y'' + Y''' = 0,$$
$$Z' + Z'' + Z''' = 0,$$

lesquelles montrent que la somme de toutes les forces parallèles à chacun des trois axes des coordonnées doit être nulle, et ne sont qu'un cas particulier des équations générales trouvées dans la troisième section (§ I).

Il ne reste donc plus qu'à trouver quatre autres équations ; pour cela, faisant abstraction des trois premières, j'ajoute respectivement les trois du milieu aux trois dernières, j'ai celles-ci où μ ne se trouve plus ;

$$X'' + X''' + \frac{\lambda}{f}(x''-x') = 0,$$
$$Y'' + Y''' + \frac{\lambda}{f}(y''-y') = 0,$$
$$Z'' + Z''' + \frac{\lambda}{f}(z''-z') = 0;$$

et qui, par l'élimination de λ, donnent les deux suivantes :

$$Y'' + Y''' - \frac{y''-y'}{x''-x'}(X'' + X''') = 0,$$

$$Z'' + Z''' - \frac{z''-z'}{x''-x'}(X'' + X''') = 0.$$

Enfin considérant séparément les trois dernières équations qui contiennent μ seul, et éliminant μ, on aura ces deux autres-ci :

$$Y''' - \frac{y'''-y''}{x'''-x''}X''' = 0,$$

$$Z''' - \frac{z'''-z''}{x'''-x''}X''' = 0.$$

Ces sept équations renferment les conditions nécessaires pour l'équilibre des trois corps, et étant jointes aux équations de condition f et g égales à des quantités données, suffisent pour déterminer la position de chacun d'eux dans l'espace.

13. Si le fil, supposé toujours inextensible, était chargé de quatre corps, tirés respectivement par les forces X', Y', Z', X'', Y'', Z'', X''', etc., suivant les directions des trois axes des coordonnées rectangles, on trouverait par des procédés semblables, qu'il me paraît inutile de répéter, les neuf équations suivantes pour l'équilibre de ces quatre corps,

$$X' + X'' + X''' + X^{\text{IV}} = 0,$$
$$Y' + Y'' + Y''' + Y^{\text{IV}} = 0,$$
$$Z' + Z'' + Z''' + Z^{\text{IV}} = 0,$$
$$Y'' + Y''' + Y^{\text{IV}} - \frac{y''-y'}{x''-x'}(X'' + X''' + X^{\text{IV}}) = 0,$$
$$Z'' + Z''' + Z^{\text{IV}} - \frac{z''-z'}{x''-x'}(X'' + X''' + X^{\text{IV}}) = 0,$$
$$Y''' + Y^{\text{IV}} - \frac{y'''-y''}{x'''-x''}(X''' + X^{\text{IV}}) = 0,$$
$$Z''' + Z^{\text{IV}} - \frac{z'''-z''}{x'''-x''}(X''' + X^{\text{IV}}) = 0,$$

$$Y^{\text{IV}} - \frac{y^{\text{IV}} - y'''}{x^{\text{IV}} - x'''} X^{\text{IV}} = 0,$$

$$Z^{\text{IV}} - \frac{z^{\text{IV}} - z'''}{x^{\text{IV}} - x'''} X^{\text{IV}} = 0.$$

Il est facile maintenant d'étendre cette solution à tel nombre de corps qu'on voudra, et même au cas de la funiculaire ou chaînette; mais nous traiterons ce cas en particulier, par la méthode exposée dans le § II de la section précédente.

14. On aurait une solution plus simple, à quelques égards, si on introduisait d'abord dans le calcul l'invariabilité des distances f, g, etc.

Ainsi en se bornant au cas de trois corps, et nommant ψ, ψ', les angles que les lignes f, g font avec le plan des x, y, et φ, φ' les angles que les projections de ces lignes sur le même plan, font avec l'axe des x, on aura

$$x'' - x' = f\cos\varphi\cos\psi,\ y'' - y' = f\sin\varphi\cos\psi,\ z'' - z' = f\sin\psi,$$
$$x''' - x'' = g\cos\varphi'\cos\psi',\ y''' - y'' = g\sin\varphi'\cos\psi',\ z''' - z'' = g\sin\psi'.$$

Substituant les valeurs de x'', y'', z'', x''', y''', z''' tirées de ces équations dans la formule générale de l'équilibre de trois corps,

$$X'dx' + Y'dx' + Z'dz' + X''dx'' + Y''dy'' + Z''dz''$$
$$+ X'''dx''' + Y'''dy''' + Z'''dz''' = 0,$$

en faisant varier simplement les quantités x', y' z', φ, φ', ψ, ψ', dont les variations demeurent indéterminées, et égalant séparément à zéro les quantités multipliées par chacune de ces variations, on aura les sept équations :

$$X' + X'' + X''' = 0,$$
$$Y' + Y'' + Y''' = 0,$$
$$Z' + Z'' + Z''' = 0,$$
$$(X'' + X''')\sin\varphi - (Y'' + Y''')\cos\varphi = 0,$$
$$X'''\sin\varphi' - Y'''\cos\varphi' = 0,$$

(X'+

$$(X''+X''')\cos\varphi\sin\psi+(Y''+Y''')\sin\varphi\sin\psi-(Z''+Z''')\cos\psi=0,$$
$$X'''\cos\varphi'\sin\psi'+Y'''\sin\varphi'\sin\psi'-Z'''\cos\psi'=0,$$

dont les cinq premières coïncident immédiatement avec celles qu'on a trouvées dans l'article 12, par l'élimination des indéterminées λ et μ, et dont les deux dernières s'y réduisent facilement, en éliminant les Y'', Y''' par le moyen de la quatrième et de la cinquième.

Mais si de cette manière on parvient plus directement aux équations finales, c'est qu'on a employé une transformation préliminaire des variables, laquelle renferme les équations de condition; au lieu qu'en employant immédiatement les équations avec des coefficiens indéterminés, comme dans l'article 12, la solution du problème est réduite à un pur mécanisme de calcul. De plus on a, par ces coefficiens, la valeur des forces que les verges f et g doivent soutenir par leur résistance à s'alonger, comme on le verra ci-après.

15. Si on voulait que le premier corps fût fixe, alors les différences dx', dy', dz' seraient nulles, et les termes affectés de ces différences disparaîtraient d'eux-mêmes dans l'équation générale de l'équilibre. Ainsi les trois équations de l'article 12, savoir,

$$X'-\frac{\lambda}{f}(x''-x')=0,\quad Y'-\frac{\lambda}{f}(y''-y')=0,\quad Z'-\frac{\lambda}{f}(z''-z')=0,$$

n'auraient point lieu; donc les équations $X'+X''+X'''+\text{etc.}=0$, $Y'+Y''+Y'''+\text{etc.}=0$, $Z'+Z''+Z'''+\text{etc.}=0$, n'auraient pas lieu non plus, mais toutes les autres demeureraient les mêmes. Ce cas est, comme l'on voit, celui où le fil serait attaché fixement par une de ses extrémités.

Et si le fil était attaché par ses deux extrémités, alors on aurait non-seulement $dx'=0$, $dy'=0$, $dz'=0$, mais aussi $dx'''^{\text{etc.}}=0$, $dy'''^{\text{etc.}}=0$, $dz'''^{\text{etc.}}=0$; et les termes affectés de ces six différences dans l'équation générale de l'équilibre, disparaîtraient, et feraient par conséquent disparaître aussi les six équations particulières qui en dépendent.

En général si les deux extrémités du fil n'étaient pas tout-à-fait libres, mais qu'elles fussent attachées à des points mobiles suivant une loi donnée; cette loi exprimée analytiquement, donnerait une ou plusieurs équations entre les différences dx', dy', dz' qui se rapportent au premier corps, et les différences $dx^{\text{m etc.}}$, $dy^{\text{m etc.}}$, $dz^{\text{m etc.}}$, qui se rapportent au dernier; et il faudrait ajouter ces équations multipliées chacune par un nouveau coefficient indéterminé, à l'équation générale de l'équilibre trouvée plus haut; ou bien on substituerait dans cette équation générale, la valeur d'une ou de plusieurs de ces différences, tirée des équations dont il s'agit, et on égalerait ensuite à zéro le coefficient de chacune de celles qui restent, ainsi qu'on l'a fait ci-dessus (art. 14). Comme cela n'a aucune difficulté, nous ne nous y arrêterons pas.

16. Pour connaître les forces qui proviennent de la réaction du fil sur les différens corps, il n'y aura qu'à faire usage de la méthode donnée pour cet objet dans la section précédente (art. 5).

On considérera donc que l'on a dans le cas présent,

$$dL = df = \frac{(x''-x')(dx''-dx') + (y''-y')(dy''-dy') + (z''-z')(dz''-dz')}{f},$$

$$dM = dg = \frac{(x'''-x'')(dx'''-dx'') + (y'''-y'')(dy'''-dy'') + (z'''-z'')(dz'''-dz'')}{g},$$

etc.

Donc 1°, on aura, par rapport au premier corps dont les coordonnées sont x', y', z',

$$\frac{dL}{dx'} = -\frac{x''-x'}{f}, \quad \frac{dL}{dy'} = -\frac{y''-y'}{f}, \quad \frac{dL}{dz'} = -\frac{z''-z'}{f};$$

donc

$$\sqrt{\left(\frac{dL}{dx'}\right)^2 + \left(\frac{dL}{dy'}\right)^2 + \left(\frac{dL}{dz'}\right)^2} = \frac{\sqrt{(x''-x')^2 + (y''-y')^2 + (z''-z')^2}}{f} = 1.$$

Ainsi le premier corps recevra par l'action des autres une force

$=\lambda$, et dont la direction sera perpendiculaire à la surface représentée par l'équation $dL=df=0$, en y faisant varier simplement x', y', z'; or il est visible que cette surface n'est autre chose qu'une sphère dont le rayon est f, et dont le centre répond aux coordonnées x'', y'', z''; par conséquent la force λ sera dirigée suivant ce même rayon, c'est-à-dire le long du fil qui joint le premier et le second corps.

2°. On aura de même, par rapport au second corps dont les coordonnées sont x'', y'', z'',

$$\frac{dL}{dx''}=\frac{x''-x'}{df},\quad \frac{dL}{dy''}=\frac{y''-y'}{f},\quad \frac{dL}{dz''}=\frac{z''-z'}{f};$$

donc

$$\sqrt{\left(\frac{dL}{dx''}\right)^2+\left(\frac{dL}{dy''}\right)^2+\left(\frac{dL}{dz''}\right)^2}=\frac{\sqrt{(x''-x')^2+(y''-y')^2+(z''-z')^2}}{f}=1;$$

d'où il s'ensuit que le second corps recevra aussi une force λ dirigée perpendiculairement à la surface dont l'équation est $dL=df=0$, en faisant varier x'', y'', z''; cette surface est de nouveau une sphère dont le rayon est f, mais dont le centre répondra aux coordonnées x', y', z' du premier corps; par conséquent la force λ qui agit sur le second corps, sera aussi dirigée suivant le fil f qui joint ce corps au premier.

3°. On aura encore, par rapport au second corps,

$$\frac{dM}{dx''}=-\frac{x'''-x''}{g},\quad \frac{dM}{dy''}=-\frac{y'''-y''}{g},\quad \frac{dM}{dz''}=-\frac{z'''-z''}{g},$$

donc

$$\sqrt{\left(\frac{dM}{dx''}\right)^2+\left(\frac{dM}{dy''}\right)^2+\left(\frac{dM}{dz''}\right)^2}=1.$$

De sorte que le second corps sera poussé de plus par une force $=\mu$, dont la direction sera perpendiculaire à la surface représentée par l'équation $dg=0$, en faisant varier x'', y'', z''; cette surface n'étant autre chose qu'une sphère dont le rayon est g, il s'ensuit que la direction de la force μ sera suivant ce rayon, c'est-à-dire, suivant le fil qui joint le second corps au troisième.

On fera le même raisonnement par rapport aux autres corps, et on en tirera des conclusions semblables.

17. Il est évident que la force λ produite dans le premier corps, suivant la direction du fil qui joint ce corps au suivant, et la force égale λ, mais directement contraire, qui agit sur le second corps, suivant la direction du même fil, ne peuvent être que les forces qui résultent de la réaction de ce fil sur les deux corps, c'est-à-dire, de la tension que souffre la portion du fil interceptée entre le premier et le second corps; de sorte que le coefficient λ exprimera la quantité de cette tension. De même le coefficient μ exprimera la tension de la portion du fil interceptée entre le second et le troisième corps, et ainsi de suite.

Au reste, on a supposé tacitement dans la solution du problème dont il s'agit, que chaque portion du fil était non-seulement inextensible, mais aussi roide, ensorte qu'elle conservait toujours la même longueur; par conséquent les forces λ, μ, etc. n'exprimeront les tensions qu'autant qu'elles seront positives et tendront à rapprocher les corps; mais si elles étaient négatives et tendaient à les éloigner l'un de l'autre, alors elles exprimeraient plutôt les résistances que le fil doit opposer au corps par le moyen de sa roideur, ou incompressibilité.

18. Pour confirmer ce que nous venons de démontrer, et pour donner en même temps une nouvelle application de nos méthodes, nous supposerons que le fil auquel les corps sont attachés soit élastique dans le sens de sa longueur, et susceptible d'extension et de contraction; et que F, G, etc. soient les forces de contraction des portions du fil f, g, etc., interceptées entre le premier et le second corps, entre le second et le troisième, etc.

Il est clair, par ce qu'on a dit dans l'article 9 de la section seconde, que les forces F, G, etc. donneront les momens $Fdf+Gdg$, etc.

Il faudra donc ajouter ces momens à ceux qui viennent de l'action des forces étrangères, et que nous avons vu plus haut (art. 11) être représentés par la formule $X'dx' + Y'dy' + Z'dz' + X''dx'' + Y''dy'' + Z''dz'' + X'''dx''' + Y'''dy''' + Z'''dz''' +$ etc., pour avoir la somme totale des momens du système; et comme il n'y a d'ailleurs aucune condition particulière à remplir, relativement à la disposition des corps, on aura l'équation générale de l'équilibre en égalant simplement à zéro la somme dont il s'agit; cette équation sera donc

$$X'dx' + Y'dy' + Z'dz' + X''dx'' + Y''dy'' + Z''dz'' + X'''dx''' + Y'''dy''' + Z'''dz''' + \text{etc.} + Fdf + Gdg + \text{etc.} = 0.$$

Substituant les valeurs de df, dg, etc. trouvées ci-dessus (art. 12), et égalant à zéro la somme des termes affectés de chacune des différences dx', dy', etc., on aura les équations suivantes pour l'équilibre du fil, dans le cas dont il s'agit,

$$X' - \frac{F(x''-x')}{f} = 0,$$
$$Y' - \frac{F(y''-y')}{f} = 0;$$
$$Z' - \frac{F(z''-z')}{f} = 0,$$
$$X'' + \frac{F(x''-x')}{f} - \frac{G(x'''-x'')}{g} = 0,$$
$$Y'' + \frac{F(y''-y')}{f} - \frac{G(y'''-y'')}{g} = 0,$$
$$Z'' + \frac{F(z''-z')}{f} - \frac{G(z'''-z'')}{g} = 0,$$
$$X''' + \frac{G(x'''-x'')}{g} = 0,$$
$$Y''' + \frac{G(y'''-y'')}{g} = 0,$$
$$Z''' + \frac{G(z'''-z'')}{g} = 0,$$

lesquelles sont analogues à celles du même article, pour le cas où le fil est inextensible, et donnent par la comparaison, $\lambda = F$, $\mu = G$, etc.

D'où l'on voit que les quantités F, G, etc. qui expriment ici les forces des fils supposés élastiques, sont les mêmes que celles que nous avons trouvées ci-dessus (art. 16), pour exprimer les forces des mêmes fils, dans la supposition qu'ils soient inextensibles.

19. Reprenons encore le cas d'un fil inextensible chargé de trois corps, mais supposons en même temps que le corps du milieu puisse couler le long du fil; dans ce cas la condition du problème sera que la somme des distances entre le premier et le second corps, et entre le second et le troisième soit constante; ainsi nommant, comme ci-dessus, f et g ces distances, on aura $f + g =$ const., et par conséquent $df + dg = 0$.

On multipliera donc la quantité différentielle $df + dg$ par un coefficient indéterminé λ, et on l'ajoutera à la somme des momens des différentes forces qu'on suppose agir sur les corps, ce qui donnera cette équation générale de l'équilibre,

$$X'dx' + Y'dy' + Z'dz' + X''dx'' + Y''dy'' + Z''dz'' + X'''dx''' \\ + Y'''dy''' + Z'''dz''' + \lambda(df + dg) = 0;$$

d'où (en substituant les valeurs de df et dg, et égalant à zéro la somme des termes affectés de chacune des différences dx', dy', etc.) on tirera les équations suivantes pour l'équilibre du fil,

$$X' - \lambda \frac{x'' - x'}{f} = 0,$$

$$Y' - \lambda \frac{y'' - y'}{f} = 0,$$

$$Z' - \lambda \frac{z'' - z'}{f} = 0,$$

$$X'' + \lambda \left(\frac{x'' - x'}{f} - \frac{x''' - x''}{g} \right) = 0,$$

$$Y'' + \lambda \left(\frac{y'' - y'}{f} - \frac{y''' - y''}{g} \right) = 0,$$

$$Z'' + \lambda \left(\frac{z'' - z'}{f} - \frac{z''' - z''}{g} \right) = 0,$$

$$X''' + \lambda \frac{x'''-x''}{g} = 0,$$

$$Y''' + \lambda \frac{y'''-y''}{g} = 0,$$

$$Z''' + \lambda \frac{z'''-z''}{g} = 0,$$

dans lesquelles il n'y aura plus qu'à éliminer l'inconnue λ.

On voit par là comment il faudrait s'y prendre, s'il y avait un plus grand nombre de corps dont les uns fussent attachés fixement au fil, et dont les autres y pussent couler librement.

§ II.

De l'équilibre de trois ou plusieurs corps attachés à une verge inflexible et roide.

20. Supposons maintenant que les trois corps soient unis par une verge inflexible, ensorte qu'ils soient obligés de garder toujours entre eux les mêmes distances; il faudra dans ce cas que l'on ait non-seulement $df=0$ et $dg=0$, mais que la différentielle de la distance entre le premier et le troisième corps, que nous désignerons par h, soit aussi nulle; par conséquent en prenant trois coefficiens indéterminés, λ, μ, ν, on aura cette équation générale de l'équilibre,

$$X'dx' + Y'dy' + Z'dz' + X''dx'' + Y''dy'' + Z''dz'' + X'''dx''' \\ + Y'''dy''' + Z'''dz''' + \lambda df + \mu dg + \nu dh = 0.$$

Les valeurs de df et dg ont déjà été données ci-dessus; à l'égard de celle de dh, il est clair qu'on aura

$$h = \sqrt{(x'''-x')^2 + (y'''-y')^2 + (z'''-z')^2},$$

et par conséquent

$$dh = \frac{(x'''-x')(dx'''-dx') + (y'''-y')(dy'''-dy') + (z'''-z')(dz'''-dz')}{h}.$$

Faisant ces substitutions, et égalant à zéro la somme des termes affectés de chacune des différences dx', dy', etc., on aura ces neuf équations particulières

$$X' - \lambda \frac{x'' - x'}{f} - \nu \frac{x''' - x'}{h} = 0,$$
$$Y' - \lambda \frac{y'' - y'}{f} - \nu \frac{y''' - y'}{h} = 0,$$
$$Z' - \lambda \frac{z'' - z'}{f} - \nu \frac{z''' - z'}{h} = 0,$$
$$X'' + \lambda \frac{x'' - x'}{f} - \mu \frac{x''' - x''}{g} = 0,$$
$$Y'' + \lambda \frac{y'' - y'}{f} - \mu \frac{y''' - y''}{g} = 0,$$
$$Z'' + \lambda \frac{z'' - z'}{f} - \mu \frac{z''' - z''}{g} = 0,$$
$$X''' + \mu \frac{x''' - x''}{g} + \nu \frac{x''' - x'}{h} = 0,$$
$$Y''' + \mu \frac{y''' - y''}{g} + \nu \frac{y''' - y'}{h} = 0,$$
$$Z''' + \mu \frac{z''' - z''}{g} + \nu \frac{z''' - z'}{h} = 0,$$

d'où il faudra éliminer les trois inconnues indéterminées λ, μ, ν, ensorte qu'il ne restera que six équations pour les conditions de l'équilibre.

21. D'abord il est clair, par la forme même de ces équations, qu'en ajoutant respectivement les trois premières aux trois suivantes et ensuite aux trois dernières, on obtient sur-le-champ ces trois équations délivrées de λ, μ, ν,

$$X' + X'' + X''' = 0,$$
$$Y' + Y'' + Y''' = 0,$$
$$Z' + Z'' + Z''' = 0.$$

Rien n'est plus facile que de trouver encore trois autres équations par l'élimination de λ, μ, ν; mais pour y parvenir de la manière la plus simple et la plus générale, je commence par déduire des

des équations de l'article précédent, ces neuf transformées,

$$X'y' - Y'x' - \lambda\frac{y'x'' - x'y''}{f} - \nu\frac{y'x''' - x'y'''}{h} = 0,$$

$$X'z' - Z'x' - \lambda\frac{z'x'' - x'z''}{f} - \nu\frac{z'x''' - x'z'''}{h} = 0,$$

$$Y'z' - Z'y' - \lambda\frac{z'y'' - y'z''}{f} - \nu\frac{z'y''' - y'z'''}{h} = 0,$$

$$X''y'' - Y''x'' + \lambda\frac{y'x'' - x'y''}{f} - \mu\frac{y''x''' - x''y'''}{g} = 0,$$

$$X''z'' - Z''x'' + \lambda\frac{z'x'' - x'z''}{f} - \mu\frac{z''x''' - x''z'''}{g} = 0,$$

$$Y''z'' - Z''y'' + \lambda\frac{z'y'' - y'z''}{f} - \mu\frac{z''y''' - y''z'''}{g} = 0,$$

$$X'''y''' - Y'''x''' + \mu\frac{y''x''' - x''y'''}{g} + \nu\frac{y'x''' - x'y'''}{h} = 0,$$

$$X'''z''' - Z'''x''' + \mu\frac{z''x''' - x''z'''}{g} + \nu\frac{z'x''' - x'z'''}{h} = 0,$$

$$Y'''z''' - Z'''y''' + \mu\frac{z''y''' - y''z'''}{g} + \nu\frac{z'y''' - y'z'''}{h} = 0,$$

lesquelles étant, comme l'on voit, analogues aux équations primitives, donneront de la même manière, par la simple addition, ces trois-ci :

$$X'y' - Y'x' + X''y'' - Y''x'' + X'''y''' - Y'''x''' = 0,$$
$$X'z' - Z'x' + X''z'' - Z''x'' + X'''z''' - Z'''x''' = 0,$$
$$Y'z' - Z'y' + Y''z'' - Z''y'' + Y'''z''' - Z'''y''' = 0.$$

Les trois équations trouvées ci-dessus montrent que la somme des forces parallèles à chacun des trois axes des coordonnées, doit être nulle; les trois que nous venons de trouver renferment le principe connu des momens (en entendant par moment le produit de la puissance par son bras de levier), par lequel il faut que la somme des momens de toutes les forces, pour faire tourner le système autour de chacun des trois axes, soit aussi nulle. Ainsi ces six équations ne sont que des cas particuliers des équations générales données dans la troisième section (§ I et II).

22. Si le premier corps était fixe, alors les différences dx', dy', dz' seraient nulles, et les trois premières des neuf équations de l'article 20 n'existeraient pas; il n'y aurait donc alors que six équations, qui, par l'élimination des trois inconnues λ, μ, ν, se réduiraient à trois.

Pour arriver à ces trois équations, on peut s'y prendre d'une manière analogue à celle dont on s'est servi pour trouver les trois dernières équations de l'article précédent, pourvu qu'on ait soin de faire ensorte que les transformées ne renferment point les indéterminées λ et ν qui entrent dans les trois premières dont il faut maintenant faire abstraction; or c'est ce que l'on obtiendra par ces combinaisons,

$$X''(y''-y')-Y''(x''-x')-\mu\frac{(y''-y')(x'''-x'')-(x''-x')(y'''-y'')}{g}=0,$$
$$X''(z''-z')-Z''(x''-x')-\mu\frac{(z''-z')(x'''-x'')-(x''-x')(z'''-z')}{g}=0,$$
$$Y''(z''-z')-Z''(y''-y')-\mu\frac{(z''-z')(y'''-y'')-(y''-y')(z'''-z')}{g}=0,$$
$$X'''(y'''-y')-Y'''(x'''-x')+\mu\frac{(y'''-y')(x'''-x'')-(x'''-x')(y'''-y'')}{g}=0,$$
$$X'''(z'''-z')-Z'''(x'''-x')+\mu\frac{(z'''-z')(x'''-x'')-(x'''-x')(z'''-z'')}{g}=0,$$
$$Y'''(z'''-z')-Z'''(y'''-y')+\mu\frac{(z'''-z')(y'''-y'')-(y'''-y')(z'''-z'')}{g}=0;$$

et si l'on ajoute maintenant les trois premières de ces transformées aux trois dernières, on aura sur-le-champ ces trois-ci,

$$X''(y''-y')-Y''(x''-x')+X'''(y'''-y')-Y'''(x'''-x')=0,$$
$$X''(z''-z')-Z''(x''-x')+X'''(z'''-z')-Z'''(x'''-x')=0,$$
$$Y''(z''-z')-Z''(y''-y')+Y'''(z'''-z')-Z'''(y'''-y')=0,$$

lesquelles auront toujours lieu, quel que soit l'état du premier corps, puisqu'elles sont indépendantes des équations relatives à ce corps. Ces équations renferment, comme l'on voit, le même principe des momens, mais par rapport à des axes qui passeraient par le premier corps.

23. Supposons qu'il y ait un quatrième corps attaché à la même verge inflexible, pour lequel les coordonnées rectangles soient x^{iv}, y^{iv}, z^{iv}, et les forces parallèles à ces coordonnées X^{iv}, Y^{iv}, Z^{iv}.

Il faudra donc ajouter à la somme des momens des forces, la quantité

$$X^{\text{iv}}dx^{\text{iv}} + Y^{\text{iv}}dy^{\text{iv}} + Z^{\text{iv}}dz^{\text{iv}};$$

ensuite, comme les distances entre tous les corps doivent demeurer constantes, on aura par les conditions du problème, non-seulement $df=0$, $dg=0$, $dh=0$, comme dans le cas précédent; mais aussi $dl=0$, $dm=0$, $dn=0$, en nommant l, m, n les distances du quatrième corps aux trois précédens. Ainsi l'équation générale de l'équilibre sera dans ce cas

$$\begin{aligned}X'dx' + Y'dy' + Z'dz' + X''dx'' + Y''dy'' + Z''dz'' + X'''dx'''\\ + Y'''dy''' + Z'''dz''' + X^{\text{iv}}dx^{\text{iv}} + Y^{\text{iv}}dy^{\text{iv}} + Z^{\text{iv}}dz^{\text{iv}}\\ + \lambda df + \mu dg + \nu dh + \pi dl + \rho dm + \sigma dn = 0.\end{aligned}$$

Les valeurs de df, dg, dh sont les mêmes que ci-dessus; quant à celles de dl, dm, dn, il est visible qu'on aura

$$\begin{aligned}l &= \sqrt{(x^{\text{iv}}-x')^2 + (y^{\text{iv}}-y')^2 + (z^{\text{iv}}-z')^2},\\ m &= \sqrt{(x^{\text{iv}}-x'')^2 + (y^{\text{iv}}-y'')^2 + (z^{\text{iv}}-z'')^2},\\ n &= \sqrt{(x^{\text{iv}}-x''')^2 + (y^{\text{iv}}-y''')^2 + (z^{\text{iv}}-z''')^2},\end{aligned}$$

et par conséquent,

$$\begin{aligned}dl &= \frac{(x^{\text{iv}}-x')(dx^{\text{iv}}-dx') + (y^{\text{iv}}-y')(dy^{\text{iv}}-dy') + (z^{\text{iv}}-z')(dz^{\text{iv}}-dz')}{l},\\ dm &= \frac{(x^{\text{iv}}-x'')(dx^{\text{iv}}-dx'') + (y^{\text{iv}}-y'')(dy^{\text{iv}}-dy'') + (z^{\text{iv}}-z'')(dz^{\text{iv}}-dz'')}{m},\\ dn &= \frac{(x^{\text{iv}}-x''')(dx^{\text{iv}}-dx''') + (y^{\text{iv}}-y''')(dy^{\text{iv}}-dy''') + (z^{\text{iv}}-z''')(dz^{\text{iv}}-dz''')}{n}.\end{aligned}$$

Faisant ces substitutions, et égalant à zéro la somme des termes affectés de chacune des différences dx', dy', etc., on trouvera douze équations particulières, dont les neuf premières seront les mêmes que celles de l'article 20, en ajoutant respectivement à leurs premiers membres les quantités suivantes:

$$-\pi\frac{x^{\text{IV}}-x'}{l},\quad -\pi\frac{y^{\text{IV}}-y'}{l},\quad -\pi\frac{z^{\text{IV}}-z'}{l},$$
$$-\rho\frac{x^{\text{IV}}-x''}{m},\quad -\rho\frac{y^{\text{IV}}-y''}{m},\quad -\rho\frac{z^{\text{IV}}-z''}{m},$$
$$-\sigma\frac{x^{\text{IV}}-x'''}{n},\quad -\sigma\frac{y^{\text{IV}}-y'''}{n},\quad -\sigma\frac{z^{\text{IV}}-z'''}{n};$$

et dont les trois dernières seront

$$X^{\text{IV}}+\pi\frac{x^{\text{IV}}-x'}{l}+\rho\frac{x^{\text{IV}}-x''}{m}+\sigma\frac{x^{\text{IV}}-x'''}{n}=0,$$
$$Y^{\text{IV}}+\pi\frac{y^{\text{IV}}-y'}{l}+\rho\frac{y^{\text{IV}}-y''}{m}+\sigma\frac{y^{\text{IV}}-y'''}{n}=0,$$
$$Z^{\text{IV}}+\pi\frac{z^{\text{IV}}-z'}{l}+\rho\frac{z^{\text{IV}}-z''}{m}+\sigma\frac{z^{\text{IV}}-z'''}{n}=0.$$

24. Comme il y a en tout douze équations, et qu'il y a six indéterminées, λ, μ, ν, π, ρ, σ à éliminer, il ne restera pour les conditions de l'équilibre, que six équations finales, comme dans le cas de trois corps; et on trouvera par une méthode semblable à celle de l'article 21, ces six équations analogues à celles de cet article,

$$X'+X''+X'''+X^{\text{IV}}=0,$$
$$Y'+Y''+Y'''+Y^{\text{IV}}=0,$$
$$Z'+Z''+Z'''+Z^{\text{IV}}=0,$$
$$X'y'-Y'x'+X''y''-Y''x''+X'''y'''-Y'''x'''+X^{\text{IV}}y^{\text{IV}}-Y^{\text{IV}}x^{\text{IV}}=0,$$
$$X'z'-Z'x'+X''z''-Z''x''+X'''z'''-Z'''x'''+X^{\text{IV}}z^{\text{IV}}-Z^{\text{IV}}x^{\text{IV}}=0,$$
$$Y'z'-Z'y'+Y''z''-Z''y''+Y'''z'''-Z'''y'''+Y^{\text{IV}}z^{\text{IV}}-Z^{\text{IV}}y^{\text{IV}}=0.$$

Au lieu des trois dernières, on pourra aussi substituer les trois suivantes, qu'on trouvera par la méthode de l'article 22, et qui, étant indépendantes des équations relatives au premier corps, ont l'avantage d'avoir toujours lieu, quel que soit l'état de ce corps,

$$X''(y''-y')-Y''(x''-x')+X'''(y'''-y')-Y'''(x'''-x')$$
$$+X^{\text{IV}}(y^{\text{IV}}-y')-Y^{\text{IV}}(x^{\text{IV}}-x')=0,$$

$$X''(z''-z')-Z''(x''-x')+X'''(z'''-z')-Z'''(x'''-x')$$
$$+X^{\text{iv}}(z^{\text{iv}}-z')-Z^{\text{iv}}(x^{\text{iv}}-x')=0,$$
$$Y''(z''-z')-Z''(y''-y')+Y'''(z'''-z')-Z'''(y'''-y')$$
$$+Y^{\text{iv}}(z^{\text{iv}}-z')-Z^{\text{iv}}(y^{\text{iv}}-y')=0.$$

25. On voit maintenant comment il faudrait s'y prendre pour trouver les conditions de l'équilibre d'un nombre quelconque de corps attachés à une verge ou à un levier inflexible. En général il est visible que pour que la position respective des corps demeure la même, il suffit que les distances des trois premiers corps entre eux soient constantes, et que les distances de chacun des autres corps à ces trois-ci le soient aussi; puisque la position d'un point quelconque est toujours déterminée par les distances de ce point à trois points donnés. On fera donc pour chaque nouveau corps qu'on ajoutera au levier, les mêmes raisonnemens et les mêmes opérations qu'on a faites dans l'article 23, relativement au quatrième corps; et chacun d'eux fournira trois nouvelles équations particulières, avec trois nouvelles indéterminées à éliminer; ensorte que les équations finales seront toujours en même nombre que dans le cas de trois corps; et elles seront de la même forme que celles que nous venons de trouver dans l'article précédent.

Au reste, il est visible que ces équations rentrent dans celles que nous avons trouvées en général pour l'équilibre d'un système quelconque libre, dans les articles 3 et 9 de la section troisième. En effet, puisque, à cause de l'inflexibilité de la verge, les distances des corps entre eux sont inaltérables, il s'ensuit que l'équilibre doit avoir lieu si les mouvemens de translation et de rotation sont détruits; on aurait donc pu, par cette seule considération, résoudre le problème précédent, d'après les formules des articles cités; mais nous avons cru qu'il n'était pas inutile d'en donner une solution directe, et tirée des conditions particulières de la question.

§ III.

De l'équilibre de trois ou plusieurs corps attachés à une verge à ressort.

26. Considérons de nouveau le cas de trois corps joints par une verge, et supposons de plus que la verge soit élastique dans le point où est le second corps, ensorte que les distances de celui-ci au premier et au dernier soient constantes, mais que l'angle formé par les lignes de ces distances soit variable, et que l'effet de l'élasticité consiste à augmenter cet angle, et par conséquent à diminuer l'angle extérieur formé par un des côtés, et par le prolongement de l'autre.

Nommons la force de l'élasticité E, et e l'angle extérieur qu'elle tend à diminuer; le moment de cette force sera exprimé par Ede (sect. II, art. 9); de sorte que la somme des momens de toutes les forces du système sera

$$X'dx' + Y'dy' + Z'dz' + X''dx'' + Y''dy'' + Z''dz'' + X'''dx''' \\ + Y'''dy''' + Z'''dz''' + Ede.$$

Or les conditions du problème sont les mêmes ici que dans l'article 12, c'est-à-dire, $df = 0$ et $dg = 0$. Donc on aura cette équation générale de l'équilibre,

$$X'dx' + Y'dy' + Z'dz' + X''dx'' + Y''dy'' + Z''dz'' + X'''dx''' \\ + Y'''dy''' + Z'''dz''' + Ede + \lambda df + \mu dg = 0\,;$$

et il ne s'agira que d'y substituer les valeurs de de, df, dg; celles de df et dg sont les mêmes que dans l'article cité.

Pour trouver la valeur de de, on remarquera qu'en nommant, comme dans l'article 20, h la distance rectiligne entre le premier corps et le troisième, dans le triangle dont les trois côtés sont f, g, h, l'angle opposé au côté h est $180° - e$; ensorte que par le théorème connu, on aura $-\cos e = \frac{f^2 + g^2 - h^2}{2fg}$; d'où l'on tirera par la différentiation la valeur de de; et comme, par les conditions du problème, on a $df = 0$ et $dg = 0$, il suffira de faire varier e et h, ce qui donnera $de = -\frac{hdh}{fg \sin e}$; cette valeur étant substituée dans l'équation précédente, il est facile de voir qu'elle deviendra de la même forme que l'équation générale de l'équilibre dans le cas de l'article 20, en supposant dans celle-ci $\nu = -\frac{Eh}{fg \sin e}$; par conséquent les équations particulières seront encore les mêmes dans les deux cas, avec cette seule différence, que dans celui de l'article cité, la quantité ν est indéterminée et doit par conséquent être éliminée; au lieu que dans le cas présent, cette quantité est toute connue, et qu'il n'y a que les deux indéterminées λ, μ à éliminer; ensorte qu'il doit rester une équation finale de plus que dans le cas cité, c'est-à-dire, sept équations finales au lieu de six. Or comme, soit que la quantité ν soit connue ou non, rien n'empêche de l'éliminer avec les deux autres λ, μ, il est clair qu'on aura aussi dans le cas présent les mêmes équations qu'on a trouvées dans les articles 21 et 22; et pour trouver la septième équation, il n'y aura qu'à éliminer λ dans les trois premières, ou μ dans les trois dernières des neuf équations particulières de l'article 20, et substituer pour ν sa valeur $-\frac{Eh}{fg \sin e}$.

27. Au reste, si dans la valeur de de on n'avait pas voulu supposer df et dg nuls, on aurait eu une expression de cette forme $de = -\frac{hdh}{fg \sin e} + Adf + Bdg$, A et B étant des fonctions de f, g, h, $\sin e$; alors les trois termes $Ede + \lambda df + \mu dg$ de l'équation générale, seraient devenus

$$-\frac{Eh}{fg \sin e}\, dh + (EA + \lambda)\, df + (EB + \mu)\, dg;$$

mais λ et μ étant deux quantités indéterminées, il est visible qu'on peut mettre à leur place $\lambda - EA$, $\mu - EB$; moyennant quoi la quantité dont il s'agit deviendra

$$-\frac{Eh}{fg\sin e}dh+\lambda df+\mu dg,$$

comme si f et g n'eussent point varié dans l'expression de de.

Si plusieurs corps étaient joints ensemble par des verges élastiques, on trouverait de la même manière les équations nécessaires pour l'équilibre de ces corps, et en général notre méthode donnera toujours, avec la même facilité, les conditions de l'équilibre d'un système de corps liés entre eux d'une manière quelconque, et animés de telles forces extérieures qu'on voudra. La marche du calcul est, comme l'on voit, toujours uniforme, ce qu'on doit regarder comme un des principaux avantages de cette méthode.

CHAPITRE III.

De l'équilibre d'un fil dont tous les points sont tirés par des forces quelconques, et qui est supposé flexible, ou inflexible, ou élastique, et en même temps extensible ou non.

28. C'est ici le lieu d'employer la méthode que nous avons exposée dans le § II de la section quatrième.

Nous supposerons toujours, pour plus de simplicité, que toutes les forces extérieures qui agissent sur chaque point du fil soient réduites à trois, X, Y, Z, dirigées suivant les coordonnées rectangles x, y, z de ce point. Ainsi en nommant dm l'élément du fil, lequel est proportionnel à l'élément ds de la courbe, multiplié par l'épaisseur du fil, on aura pour la somme des momens de toutes ces forces, relativement à la longueur totale du fil, cette formule intégrale (art. 12, section IV),

$$S(X\delta x+Y\delta y+Z\delta z)dm;$$

et comme la quantité $Xdx+Ydy+Zdz$ n'est qu'une transformée de $Pdp+Qdq+Rdr+$ etc. (art. 1), si les forces P,

Q,

Q, R, etc. sont telles que cette quantité soit intégrable, en nommant Π son intégrale, on aura, comme dans l'article 25 de la section IV,

$$X\delta x + Y\delta y + Z\delta z = \delta\Pi,$$

et la somme des momens sera exprimée par $S\delta\Pi dm$.

§ I.

De l'équilibre d'un fil flexible et inextensible.

29. Considérons d'abord le cas d'un fil parfaitement flexible et inextensible; l'élément ds de la courbe de ce fil étant exprimée par $\sqrt{dx^2 + dy^2 + dz^2}$, il faudra, par la condition de l'inextensibilité, que ds soit une quantité invariable, et qu'ainsi l'on ait, par rapport à chaque élément du fil, cette équation de condition indéfinie $\delta ds = 0$. Multipliant donc δds par une quantité indéterminée λ, et prenant l'intégrale totale, on aura $S\lambda\delta ds$; et si l'on n'a point d'autre équation de condition, on aura l'équation générale de l'équilibre, en égalant à zéro la somme des deux intégrales $S\delta\Pi dm$, et $S\lambda\delta ds$.

Or ayant $ds = \sqrt{dx^2 + dy^2 + dz^2}$, on aura, en différentiant suivant δ,

$$\delta ds = \frac{dx\delta dx + dy\delta dy + dz\delta dz}{ds};$$

donc

$$S\lambda\delta ds = S\frac{\lambda dx}{ds}\delta dx + S\frac{\lambda dy}{ds}\delta dy + S\frac{\lambda dz}{ds}\delta dz;$$

changeant δd en $d\delta$, et intégrant par parties pour faire disparaître le d avant δ, suivant les règles données dans l'article 15 de la section quatrième, on aura ces transformées,

$$S\frac{\lambda dx}{ds}\delta dx = \frac{\lambda'' dx''}{ds''}\delta x'' - \frac{\lambda' dx'}{ds'}\delta x' - Sd.\frac{\lambda dx}{ds}\times\delta x,$$

$$S\frac{\lambda dy}{ds}\delta dy = \frac{\lambda'' dy''}{ds''}\delta y'' - \frac{\lambda' dy'}{ds'}\delta y' - Sd.\frac{\lambda dy}{ds}\times\delta y,$$

$$S\frac{\lambda dz}{ds}\delta dz = \frac{\lambda'' dz''}{ds''}\delta z'' - \frac{\lambda' dz'}{ds'}\delta z' - Sd.\frac{\lambda dz}{ds}\times\delta z.$$

Ainsi l'équation générale de l'équilibre deviendra

$$S\left(\left(Xdm - d.\frac{\lambda dx}{ds}\right)\delta x + \left(Ydm - d.\frac{\lambda dy}{ds}\right)\delta y + \left(Zdm - d.\frac{\lambda dz}{ds}\right)\delta z\right)$$
$$+ \frac{\lambda'' dx''}{ds''}\delta x'' + \frac{\lambda'' dy''}{ds''}\delta y'' + \frac{\lambda'' dz''}{ds''}\delta z'' - \frac{\lambda' dx'}{ds'}\delta x' - \frac{\lambda' dy'}{ds'}\delta y' - \frac{\lambda' dz'}{ds'}\delta z'$$
$$= 0.$$

30. On égalera d'abord à zéro (art. 16, sect. citée), les coefficiens de δx, δy, δz sous le signe S, et l'on aura ces trois équations particulières et indéfinies,

$$Xdm - d.\frac{\lambda dx}{ds} = 0,$$
$$Ydm - d.\frac{\lambda dy}{ds} = 0,$$
$$Zdm - d.\frac{\lambda dz}{ds} = 0,$$

d'où éliminant l'indéterminée λ, il restera deux équations qui serviront à déterminer la courbe du fil.

Cette élimination est très-facile, car on n'a qu'à intégrer les équations précédentes, ce qui donnera celles-ci :

$$\frac{\lambda dx}{ds} = A + \int Xdm,$$
$$\frac{\lambda dy}{ds} = B + \int Ydm,$$
$$\frac{\lambda dz}{ds} = C + \int Zdm,$$

A, B, C étant les constantes arbitraires; ensuite on aura, en chassant λ,

$$\frac{dy}{dx} = \frac{B + \int Ydm}{A + \int Xdm},$$
$$\frac{dz}{dx} = \frac{C + \int Zdm}{A + \int Xdm},$$

équations qui s'accordent avec les formules connues de la chaînette.

Si on veut parvenir directement à des équations purement différentielles et sans signe $\int$, on mettra les équations trouvées sous cette forme,

$$Xdm - \lambda d.\frac{dx}{ds} - d\lambda\frac{dx}{ds} = 0,$$

$$Ydm - \lambda d.\frac{dy}{ds} - d\lambda\frac{dy}{ds} = 0,$$

$$Zdm - \lambda d.\frac{dz}{ds} - d\lambda\frac{dz}{ds} = 0,$$

d'où éliminant $d\lambda$, on aura d'abord ces deux-ci :

$$\frac{Xdy - Ydx}{ds}dm = \lambda\left(\frac{dy}{ds}d.\frac{dx}{ds} - \frac{dx}{ds}d.\frac{dy}{ds}\right),$$

$$\frac{Xdz - Zdx}{ds}dm = \lambda\left(\frac{dz}{ds}d.\frac{dx}{ds} - \frac{dx}{ds}d.\frac{dz}{ds}\right).$$

Ensuite si on multiplie les mêmes équations respectivement par $\frac{dx}{ds}$, $\frac{dy}{ds}$, $\frac{dz}{ds}$, on aura, à cause de $\frac{dx}{ds}d.\frac{dx}{ds} + \frac{dy}{ds}d.\frac{dy}{ds} + \frac{dz}{ds}d.\frac{dz}{ds} = \frac{1}{2}d.\left(\frac{dx^2 + dy^2 + dz^2}{ds^2}\right) = 0$, l'équation

$$\frac{Xdx + Ydy + Zdz}{ds}dm = d\lambda;$$

et il n'y aura plus qu'à substituer successivement dans cette dernière équation les valeurs de λ tirées des deux précédentes.

31. Comme la quantité $\lambda\delta ds$ peut représenter le moment d'une force λ tendante à diminuer la longueur de l'élément ds (sect. IV, art. 6), le terme $S\lambda\delta ds$ de l'équation générale de l'équilibre du fil (art. 29), représentera la somme des momens de toutes ces forces λ qu'on peut supposer agir sur tous les élémens du fil ; en effet, chaque élément résiste, par son inextensibilité, à l'action des forces extérieures, et on regarde communément cette résistance comme une force active qu'on nomme *tension*. Ainsi la quantité λ exprimera la tension du fil.

32. A l'égard de la condition de l'inextensibilité du fil, représen-

tée par l'invariabilité de chaque élément de la courbe ds, on ne peut pas l'introduire dans l'équation de la courbe, en remplacement de l'indéterminée λ, comme dans le cas où le fil forme un polygone, parce que, par la nature du calcul différentiel, la valeur absolue des élémens de la courbe, et en général de tous les élémens infiniment petits demeure indéterminée. Mais aussi, par la même raison, il n'est pas nécessaire qu'il y ait autant d'équations que de variables, et il suffit d'une équation de moins pour déterminer une ligne, soit à simple ou à double courbure. Ainsi la solution que nous venons de trouver par notre méthode, est complète à l'égard des équations différentielles, et ne demande plus que des intégrations qui dépendent des expressions des forces X, Y, Z.

53. Considérons maintenant les termes de l'équation générale de l'article 29, qui sont hors du signe S; et supposons premièrement que le fil soit entièrement libre. Dans ce cas les variations $\delta x'$, $\delta y'$, $\delta z'$ et $\delta x''$, $\delta y''$, $\delta z''$ qui répondent aux deux points extrêmes du fil, seront toutes indéterminées et arbitraires; par conséquent il faudra que chaque terme affecté de ces variations soit nul de lui-même. Donc il faudra que l'on ait $\lambda' = 0$ et $\lambda'' = 0$, c'est-à-dire que la valeur de λ devra être nulle au commencement et à la fin du fil. On remplira cette condition par le moyen des constantes. Ainsi, comme les trois premières équations intégrales de l'article 50 donnent, pour le premier point du fil où les quantités affectées de $\int$ deviennent nulles,

$$\frac{\lambda' dx'}{ds'} = A, \quad \frac{\lambda' dy'}{ds'} = B, \quad \frac{\lambda' dz'}{ds'} = C,$$

et pour le dernier point du fil où $\int$ se change en S,

$$\frac{\lambda'' dx''}{ds''} = A + SXdm, \quad \frac{\lambda'' dy''}{ds''} = B + SYdm, \quad \frac{\lambda'' dz''}{ds''} = C + Zdm,$$

on aura dans le cas dont il s'agit, $A = 0$, $B = 0$, $C = 0$, et

$$SXdm = 0, \quad SYdm = 0, \quad SZdm = 0.$$

Ces trois équations répondent, comme l'on voit, à celles de l'article 12 de la section présente.

34. Supposons en second lieu que le fil soit attaché par un de ses bouts, ou par tous les deux; et si c'est le premier bout qui est fixe, les variations $\delta x'$, $\delta y'$, $\delta x'$ seront nulles, et il suffira d'égaler à zéro les coefficiens de $\delta x''$, $\delta y''$, $\delta z''$, c'est-à-dire, de faire $\lambda'' = 0$.

Par la même raison, lorsque le second bout sera fixe, il suffira de faire $\lambda' = 0$. Mais si les deux bouts étaient fixes à-la-fois, alors il n'y aurait aucune condition particulière à remplir, puisque les variations $\delta x'$, $\delta y'$, $\delta z'$, $\delta x''$, $\delta y''$, $\delta z''$ seraient toutes nulles.

35. Supposons en troisième lieu, que les extrémités du fil soient attachées à des lignes ou surfaces courbes, le long desquelles elles puissent glisser librement; et soient, par exemple, $dz' = a'dx' + b'dy'$, $dz'' = a''dx'' + b''dy''$ les équations différentielles des surfaces auxquelles le premier et le dernier point du fil sont attachés. On aura pareillement en changeant d en δ, $\delta z' = a'\delta x' + b'\delta y'$, $\delta z'' = a''\delta x'' + b''\delta y''$; on substituera donc ces valeurs dans les termes dont il s'agit, et on égalera ensuite à zéro les coefficiens de $\delta x'$, $\delta y'$, $\delta x''$, $\delta y''$.

En général on traitera la partie qui est hors du signe dans l'équation générale de l'équilibre, comme si elle était seule, et qu'elle représentât l'équation de l'équilibre de deux corps séparés et placés aux extrémités du fil.

36. Supposons, par exemple, que le fil soit attaché par ses deux bouts aux extrémités d'un levier mobile autour d'un point fixe. Soient a, b, c les trois coordonnées rectangles qui déterminent dans l'espace la position de ce point fixe, c'est-à-dire, du point d'appui du levier, et soient de plus f la distance entre ce point d'appui et l'extrémité du levier à laquelle est attaché le premier bout du fil, g la distance entre le même point d'appui et l'autre extrémité du

levier à laquelle est attaché le second bout du fil, h la distance entre les deux extrémités du levier, et par conséquent aussi entre les deux bouts du fil; il est clair que ces six quantités a, b, c, f, g, h sont données par la nature du problème, et il est visible en même temps que x', y', z' étant les coordonnées pour le commencement de la courbe du fil, et x'', y'', z'' les coordonnées pour la fin de la même courbe, on aura

$$f = \sqrt{(a - x')^2 + (b - y')^2 + (c - z')^2},$$
$$g = \sqrt{(a - x'')^2 + (b - y'')^2 + (c - z'')^2},$$
$$h = \sqrt{(x'' - x')^2 + (y'' - y')^2 + (z'' - z')^2}.$$

Or ces quantités f, g, h étant invariables, on aura, en différentiant par δ ces trois équations de condition déterminées,

$$(a - x')\delta x' + (b - y')\delta y' + (c - z')\delta z' = 0,$$
$$(a - x'')\delta x'' + (b - y'')\delta y'' + (c - z'')\delta z'' = 0,$$
$$(x'' - x')(\delta x'' - \delta x') + (y'' - y')(\delta y'' - \delta y') + (z'' - z')(\delta z'' - \delta z') = 0,$$

lesquelles étant multipliées chacune par un coefficient indéterminé, devront être aussi ajoutées à l'équation générale de l'équilibre. Ainsi prenant α, β, γ pour les trois coefficiens dont il s'agit, et égalant à zéro les coefficiens des six variations $\delta x'$, $\delta y'$, $\delta z'$, $\delta x''$, $\delta y''$, $\delta z''$, on aura autant d'équations particulières déterminées, qui seront

$$\alpha (a - x') - \gamma (x'' - x') - \frac{\lambda' dx'}{ds'} = 0,$$
$$\alpha (b - y') - \gamma (y'' - y') - \frac{\lambda' dy'}{ds'} = 0,$$
$$\alpha (c - z') - \gamma (z'' - z') - \frac{\lambda' dz'}{ds'} = 0,$$
$$\beta (a - x'') + \gamma (x'' - x') + \frac{\lambda'' dx''}{ds''} = 0,$$
$$\beta (b - y'') + \gamma (y'' - y') + \frac{\lambda'' dy''}{ds''} = 0,$$
$$\beta (c - z'') + \gamma (z'' - z'') + \frac{\lambda'' dz''}{ds''} = 0,$$

et qui, par l'élimination de α, β, γ, se réduiront à trois.

Ces trois équations étant ensuite combinées avec les trois équations de condition ci-dessus, serviront à déterminer la position des deux extrémités du fil.

On voit par là comment il faudra s'y prendre dans d'autres cas semblables.

37. Enfin, si outre les forces qui animent chaque point du fil, il y en avait de particulières appliquées aux deux extrémités du fil, et représentées par X', Y', Z' pour le premier bout du fil, et par X'', Y'', Z'' pour le dernier bout, ces forces donneraient les momens

$$X'\delta x' + Y'\delta y' + Z'\delta z' + X''\delta x'' + Y''\delta y'' + Z''\delta z'',$$

et il faudrait ajouter encore cette quantité au premier membre de l'équation générale de l'équilibre, c'est-à-dire, à la partie qui est hors du signe, laquelle deviendrait alors

$$\left(X'' + \frac{\lambda'' dx''}{ds''}\right)\delta x'' + \left(Y'' + \frac{\lambda'' dy''}{ds''}\right)\delta y'' + \left(Z'' + \frac{\lambda'' dz''}{ds''}\right)\delta z'',$$

$$+ \left(X' - \frac{\lambda' dx'}{ds'}\right)\delta x' + \left(Y' - \frac{\lambda' dy'}{ds'}\right)\delta y' + \left(Z' - \frac{\lambda' dz'}{ds'}\right)\delta z',$$

et sur laquelle on opérerait dans les différens cas, comme on vient de le voir dans les articles précédens.

38. Supposons maintenant que le fil animé dans tous ses points par les mêmes forces X, Y, Z, et tiré de plus dans ses deux extrémités par les forces X', Y', Z', X'', Y'', Z'', doive être couché sur une surface courbe donnée, dont l'équation soit $dz = pdx + qdy$, et que l'on demande la figure et la position de ce fil sur la même surface pour qu'il soit en équilibre.

Ce problème qui serait peut-être assez difficile à traiter par les principes ordinaires de la Mécanique, se résout très-facilement par notre méthode et par nos formules; en effet, par l'équation de la surface donnée, on a, en changeant d en δ, $\delta z = p\delta x + q\delta y$; ainsi il n'y aura qu'à substituer cette valeur de δz dans les termes sous le signe de l'équation générale de l'équilibre du fil (art. 29), et ensuite égaler séparément à zéro les quantités affectées de δx et de δy. On aura par ce moyen ces deux équations indéfinies,

$$Xdm - d.\frac{\lambda dx}{ds} + p\left(Zdm - d.\frac{\lambda dz}{ds}\right) = 0,$$

$$Ydm - d.\frac{\lambda dy}{ds} + q\left(Zdm - d.\frac{\lambda dz}{ds}\right) = 0,$$

lesquelles serviront à déterminer la courbe du fil, étant combinées avec l'équation $dz = pdx + qdy$ de la surface, et étant débarrassées, par l'élimination, de l'indéterminée λ.

39. De plus, comme on suppose le fil appliqué dans toute sa longueur à la même surface, on aura aussi pour ses deux points extrêmes, $\delta z' = p'\delta x' + q'\delta y'$ et $\delta z'' = p''\delta x'' + q''\delta y''$. On fera donc encore ces substitutions dans les termes hors du signe de l'équation générale, ou plutôt dans la formule donnée dans l'article 37, dans laquelle on a eu égard aux forces X', Y', etc.; on égalera ensuite séparément à zéro les quantités affectées de chacune des quatre variations restantes $\delta x'$, $\delta y'$, $\delta x''$, $\delta y''$; l'on aura ces quatre nouvelles équations déterminées,

$$X' - \frac{\lambda' dx'}{ds'} + p'\left(Z' - \frac{\lambda' dz'}{ds'}\right) = 0,$$

$$Y' - \frac{\lambda' dy'}{ds'} + q'\left(Z' - \frac{\lambda' dz'}{ds'}\right) = 0,$$

$$X'' + \frac{\lambda'' dx''}{ds''} + p''\left(Z'' + \frac{\lambda'' dz''}{ds''}\right) = 0,$$

$$Y'' + \frac{\lambda'' dy''}{ds''} + q''\left(Z'' + \frac{\lambda'' dz''}{ds''}\right) = 0,$$

auxquelles il faudra satisfaire par le moyen des constantes.

40. Mais au lieu de substituer, ainsi que nous venons de le faire, la valeur de δz en δx et δy tirée de l'équation $\delta z - p\delta x - q\delta y = 0$, on pourrait regarder cette même équation comme une nouvelle équation de condition indéterminée; il faudrait alors multiplier cette

équation

équation par un autre coefficient indéterminé μ, en prendre l'intégrale totale, et l'ajouter à l'équation générale de l'équilibre (art. 29). De cette manière la partie sous le signe deviendrait

$$S\left[\left(Xdm - d.\frac{\lambda dx}{ds} - \mu p\right)\delta x + \left(Ydm - d.\frac{\lambda dy}{ds} - \mu q\right)\delta y\right.$$
$$\left. + \left(Zdm - d.\frac{\lambda dz}{ds} + \mu\right)\delta z\right],$$

et l'on aurait immédiatement ces trois équations indéfinies,

$$Xdm - d.\frac{\lambda dx}{ds} - \mu p = 0,$$
$$Ydm - d.\frac{\lambda dy}{ds} - \mu q = 0,$$
$$Zdm - d.\frac{\lambda dz}{ds} + \mu = 0,$$

lesquelles par l'élimination de μ redonneront les mêmes équations déjà trouvées (art. 58). Mais ces dernières ont de plus l'avantage de faire connaître en même temps la pression que chaque élément du fil exerce sur la surface, d'après la théorie donnée dans l'article 5 de la section quatrième.

En effet, il est facile de déduire de cette théorie que les termes $\mu(\delta z - p\delta x - q\delta y)$ provenans de l'équation de condition $\delta z - p\delta x - q\delta y = 0$, peuvent représenter l'effet d'une force égale à $\mu\sqrt{(1+p^2+q^2)}$, et appliquée à chaque élément ds du fil dans une direction perpendiculaire à la surface qui a pour équation $\delta z - p\delta x - q\delta y = 0$, ou bien $dz - pdx - qdy = 0$, c'est-à-dire à la surface même sur laquelle le fil est supposé couché. Cette surface, par sa résistance, produit la force $\mu\sqrt{1+p^2+q^2}$, laquelle sera par conséquent égale et directement contraire à la pression exercée par le fil sur la même surface (art. 7, sect. IV). De sorte que la pression de chaque point du fil sera $= \frac{\mu\sqrt{(1+p^2+q^2)}}{ds}$, ou bien en substituant les valeurs de μ, μp, μq tirées des équations ci-dessus,

$$\frac{\sqrt{\left(Xdm - d.\frac{\lambda dx}{ds}\right)^2 + \left(Ydm - d.\frac{\lambda dy}{ds}\right)^2 + \left(Zdm - d.\frac{\lambda dz}{ds}\right)^2}}{ds}.$$

On appliquera ensuite les mêmes raisonnemens à la partie de l'équation générale qui est hors du signe S, et l'on en tirera des conclusions analogues.

41. Si le fil couché sur la surface donnée n'était tendu que par des forces appliquées à ses extrémités, on aurait $X = 0$, $Y = 0$, $Z = 0$, et par conséquent $d\lambda = 0$ (art. 30); donc $\lambda =$ à une constante; ainsi la tension du fil serait partout la même (art. 31), ce qui s'accorde avec ce qu'on sait d'ailleurs. Dans ce cas, la formule générale de l'équilibre du fil se réduirait à

$$\lambda S\delta ds + S\mu(\delta z - p\delta x - q\delta y) = 0,$$

dont le premier terme est la même chose que $\lambda\delta.Sds$ ou $\lambda\delta s$. Ainsi cette équation exprime que la longueur de la courbe formée par le fil sur la surface représentée par l'équation $dz - pdx - qdy = 0$ doit être un *maximum* ou un *minimum*; et la pression exercée par le fil sur chaque point de cette surface, sera alors

$$\frac{\lambda\sqrt{\left(d.\frac{dx}{ds}\right)^2 + \left(d.\frac{dy}{ds}\right)^2 + \left(d.\frac{dz}{ds}\right)^2}}{ds}.$$

Or on sait que $\sqrt{\left(d.\frac{dx}{ds}\right)^2 + \left(d.\frac{dy}{ds}\right)^2 + \left(d.\frac{dz}{ds}\right)^2}$ exprime l'angle de contingence de la courbe, lequel est égal à $\frac{ds}{\rho}$, en nommant ρ le rayon osculateur. Ainsi la pression sera $= \frac{\lambda}{\rho}$, et par conséquent en raison inverse du rayon osculateur.

§ II.

De l'équilibre d'un fil, ou d'une surface flexible et en même temps extensible et contractible.

42. Jusqu'ici nous avons supposé que le fil était inextensible; regardons-le maintenant comme un ressort capable d'extension et de contraction; et soit F la force avec laquelle chaque élément ds de la courbe du fil tend à se contracter, on aura, comme dans l'article 18 (en mettant ds à la place de f, et en changeant d en δ), $F\delta ds$ pour le moment de cette force, et $SF\delta ds$ pour la somme des momens de toutes les forces de contraction qui agissent sur toute la longueur du fil. On ajoutera donc cette intégrale $SF\delta ds$ à l'intégrale $S(X\delta x + Y\delta y + Z\delta z)dm$ qui exprime la somme des momens de toutes les forces extérieures qui agissent sur le fil (art. 28), et égalant le tout à zéro, on aura l'équation générale de l'équilibre du fil à ressort.

Or il est visible que cette équation sera de la même forme que celle de l'article 29 pour le cas d'un fil inextensible, et qu'en y changeant F en λ, les deux équations deviendront identiques. On aura donc, dans le cas présent, les mêmes équations particulières pour l'équilibre du fil qu'on a trouvées dans l'article 30, en mettant seulement dans celles-ci F à la place de λ; et si on élimine la quantité F, comme on a éliminé la quantité λ, on aura pour la courbe formée par un fil extensible, deux équations qui seront identiquement les mêmes que celles qui ont lieu pour un fil inextensible.

43. A l'égard de la quantité F qui représente l'élasticité ou la force de contraction de chaque élément ds, il est naturel de l'exprimer par une fonction de l'extension que cet élément subit par l'action des forces X, Y, Z. Ainsi, en supposant que $d\sigma$ soit la longueur primitive de ds, on pourra regarder F comme une fonction

donnée de $\frac{ds}{d\sigma}$; mais comme par la nature du calcul différentiel la valeur absolue des élémens *ds* demeure indéterminée, la valeur de *F* sera aussi indéterminée, et ne pourra être connue que par le moyen d'une des trois équations de l'équilibre du fil. Ainsi quoique dans le cas présent notre analyse paraisse donner une équation de trop, elle ne donne néanmoins que les équations nécessaires pour déterminer la courbe du fil et la résistance de chacun de ses élémens.

Puisque la quantité λ de la solution de l'article 30 répond exactement à la quantité *F* qui exprime la force réelle avec laquelle chaque élément du fil est tendu par l'action des forces antérieures, il s'ensuit qu'on peut aussi regarder cette quantité λ comme représentant la tension du fil inextensible. C'est ce que nous avons déjà trouvé *à priori* dans l'article 31.

44. Appliquons les mêmes principes à la détermination de l'équilibre d'une surface dont tous les élémens *dm* soient extensibles et contractibles. L'élément d'une surface dont les coordonnées sont *x*, *y*, *z*, et où l'on regarde *z* comme fonction de *x*, *y*, est exprimé par la formule

$$dxdy\sqrt{1+\left(\frac{dz}{dx}\right)^2+\left(\frac{dz}{dy}\right)^2}.$$

Ainsi en appelant *F* la force d'élasticité avec laquelle cet élément tend à se contracter, la somme des momens de toutes ces forces sera exprimée par l'intégrale double,

$$SSF\delta.\,dxdy\sqrt{1+\left(\frac{dz}{dx}\right)^2+\left(\frac{dz}{dy}\right)^2},$$

qui, étant ajoutée à l'intégrale double

$$SS(X\delta x+Y\delta y+Z\delta z)dm,$$

où *dm* est l'élément de la surface, donnera la somme des momens de toutes les forces, laquelle doit être nulle dans l'équilibre.

En faisant, comme dans l'article 31 de la section IV,

$$\frac{dz}{dx}=z', \quad \frac{dz}{dy}=z_{,} \quad \text{et} \quad \sqrt{1+z'^2+z_{,}^2}=U,$$

on aura $dm = Udxdy$, et

$$\frac{dU}{dz'} = \frac{z'}{U}, \qquad \frac{dU}{dz_{,}} = \frac{z_{,}}{U};$$

donc (art. 33, 34, sect. IV),

$$\delta U = \frac{1}{U}\left(z'\frac{d\delta u}{dx} + z_{,}\frac{d\delta u}{dy}\right),$$

$$\delta.Udxdy = \left(\delta U + U\left(\frac{d\delta x}{dx} + \frac{d\delta y}{dy}\right)\right)dxdy.$$

Substituant ces valeurs dans l'intégrale double $SSF\delta.Udxdy$, et faisant disparaître par des intégrations par parties les différences partielles des variations marquées par δ, on aura

$$S\left(U\delta y + \frac{z_{,}}{U}\delta u\right)Fdx + S\left(U\delta x + \frac{z'}{U}\delta u\right)Fdy$$
$$-SS\left(\frac{d.UF}{dx}\delta x + \frac{d.UF}{dy}\delta y + V\delta u\right)dxdy;$$

où $V = \dfrac{d.\frac{Fz'}{U}}{dx} + \dfrac{d.\frac{Fz_{,}}{U}}{dy}$, et $\delta u = \delta z - z'\delta x - z_{,}\delta y$ (art. cités).

Les intégrales simples relatives à x et à y se rapportent aux limites et disparaissent d'elles-mêmes, dans le cas où l'on suppose que les bords de la surface sont fixes, parce qu'alors les variations δx, δy, δz sont nulles dans tous les points du contour de la surface.

Les termes sous le double signe SS étant ajoutés à ceux de l'intégrale double $SS(X\delta x + Y\delta y + Z\delta z)\,Udxdy$, on égalera séparément à zéro les coefficiens des variations δx, δy, δz, et l'on aura les trois équations

$$XU - \frac{d.UF}{dx} + Vz' = 0,$$

$$YU - \frac{d.UF}{dy} + Vz_{,} = 0,$$

$$ZU - V = 0.$$

Les deux premières donneront la valeur de la force F qu'il faudra substituer dans l'expression de V de la troisième, de sorte qu'on n'aura, en dernière analyse, qu'une seule équation à différences partielles pour déterminer la surface d'équilibre.

En effet, quoique la force F doive être supposée une fonction connue de l'élément dm de la surface dans son état de contraction ou d'extension, elle n'en demeure pas moins indéterminée, parce que la grandeur absolue des élémens de la surface ne peut entrer dans le calcul; de sorte que la valeur de F ne peut être déterminée que par les conditions mêmes de l'équilibre; c'est ici un cas semblable à celui de l'article 43.

45. Pour éliminer la quantité F, on substituera dans les deux premières équations la valeur de V tirée de la dernière, elles deviendront

$$U\left(X+Z\frac{dz}{dx}\right)-\frac{d.UF}{dx}=0,$$
$$U\left(X+Z\frac{dz}{dy}\right)-\frac{d.UF}{dy}=0.$$

Soit, comme dans l'article 28,

$$Xdx+Ydy+Zdz=d\Pi;$$

on aura, puisque z est censée fonction de x, y,

$$\frac{d\Pi}{dx}=X+Z\frac{dz}{dx},\qquad \frac{d\Pi}{dy}=Y+Z\frac{dz}{dy},$$

et les deux équations deviendront

$$U\frac{d\Pi}{dx}=\frac{d.UF}{dx},\qquad U\frac{d\Pi}{dy}=\frac{d.UF}{dy},$$

lesquelles donnent simplement celle-ci, $d.UF=Ud\Pi$; d'où l'on tire $F=\frac{\int Ud\Pi}{U}$. Ensuite la troisième équation donnera, en regardant Π comme fonction de x, y, z,

$$U\frac{d\Pi}{dz}+\frac{d.\frac{Fz'}{U}}{dx}+\frac{d.\frac{Fz_{,}}{U}}{dy}=0;$$

ce sera l'équation de la surface.

Si la surface différait très-peu d'un plan, ensorte que l'ordonnée z fût très-petite ; alors en négligeant les quantités très-petites du second ordre, on aurait $U = 1$; donc $F = \Pi + a$, a étant une constante, et l'équation de la surface serait

$$\frac{d\Pi}{dz} + \frac{d.(\Pi + a)\frac{dz}{dx}}{dx} + \frac{d.(\Pi + a)\frac{dz}{dy}}{dy} = 0.$$

En supposant qu'il n'y ait d'autres forces que la gravité g qui agisse suivant l'ordonnée z pour l'augmenter, on aura $\Pi = -gz$; par conséquent, en négligeant toujours les secondes dimensions de z,

$$a\left(\frac{d^2z}{dx^2} + \frac{d^2z}{dy^2}\right) = g,$$

équation intégrable en général, mais avec des fonctions imaginaires qui rendent cette solution peu susceptible d'application.

§. III.

De l'équilibre d'un fil ou lame élastique.

46. Reprenons le cas d'un fil inextensible, mais au lieu de le supposer en même temps parfaitement flexible, comme on l'a fait jusqu'ici, supposons-le élastique, ensorte qu'il y ait dans chaque point une force que j'appellerai E, qui s'oppose à l'inflexion du fil, et qui tende par conséquent à diminuer l'angle de contingence. Nommant cet angle e, on aura, comme dans l'article 26 (en changeant seulement d en δ), $E\delta e$ pour le moment de chaque force E; donc $SE\delta e$ sera la somme des momens de toutes les forces d'élasticité qui agissent dans toute la longueur du fil, laquelle devra donc être ajoutée au premier membre de l'équation générale de l'équilibre dans le cas d'un fil inextensible et parfaitement flexible (art. 29).

Toute la difficulté consiste à ramener l'intégrale $SE\delta e$ à la forme convenable ; pour cela il faut commencer par chercher la valeur de e; or nous avons trouvé plus haut (art. 26), $-\cos e = \frac{f^2 + g^2 - h^2}{2fg}$, d'où l'on tire

$$\sin e^2 = \frac{4f^2g^2 - (f^2 + g^2 - h^2)^2}{4f^2g^2},$$

Pour appliquer cette formule au cas présent, il suffit de remarquer que les coordonnées $x', y', z'; x'', y'', z'', x''', y''', z'''$, par lesquelles nous avons exprimé les quantités f, g, h (art. 12 et 20), deviennent ici x, y, z; $x+dx$, $y+dy$, $z+dz$; $x+2dx+d^2x$, $y+2dy+d^2y$, $z+2dz+d^2z$; ensorte qu'on aura $f^2=dx^2+dy^2+dz^2=ds^2$, $g^2=(dx+d^2x)^2+(dy+d^2y)^2+(dz+d^2z)^2=dx^2+dy^2+dz^2+2(dxd^2x+dyd^2y+dzd^2z)+d^2x^2+d^2y^2+d^2z^2=ds^2+2dsd^2s+d^2x^2+d^2y^2+d^2z^2$, $h^2=(2dx+d^2x)^2+(2dy+d^2y)^2+(2dz+d^2z)^2=4ds^2+4dsd^2s+d^2x^2+d^2y^2+d^2z^2$; donc $f^2+g^2-h^2=-2ds^2-2dsd^2s$; et $4f^2g^2-(f^2+g^2-h^2)^2=4ds^4+8ds^3d^2s+4ds^2(d^2x^2+d^2y^2+d^2z^2)-4(ds^2+dsd^2s)^2=4ds^2(d^2x^2+d^2y^2+d^2z^2-d^2s^2)$. Donc enfin on aura, en négligeant les infiniment petits du troisième ordre,

$$\sin e^2=\frac{d^2x^2+d^2y^2+d^2z^2-d^2s^2}{ds^2}.$$

Comme cette valeur de $\sin e^2$ est infiniment petite du second ordre, il s'ensuit que $\sin e$, et par conséquent aussi l'angle e sera infiniment petit du premier ordre; de sorte qu'on aura

$$e=\frac{\sqrt{d^2x^2+d^2y^2+d^2z^2-d^2s^2}}{ds};$$

c'est l'expression de l'angle de contingence dans une courbe quelconque à double courbure et qui revieut à celle de l'art. 41.

47. On différentiera maintenant suivant δ, pour avoir la valeur de δe, et comme par la condition de l'inextensibilité du fil on a déjà $\delta ds=0$ (art. 29), et par conséquent aussi $d\delta ds=\delta d^2s=0$, on pourra traiter dans la différentiation dont il s'agit, ds et d^2s comme constantes, ainsi l'on aura

$$\delta e=\frac{d^2x\delta d^2x+d^2y\delta d^2y+d^2z\delta d^2z}{ds\sqrt{d^2x^2+d^2y^2+d^2z^2-d^2s^2}};$$

substituant dans $SE\delta e$, et faisant, pour abréger,

$$I=\frac{E}{ds\sqrt{d^2x^2+d^2y^2+d^2z^2-d^2s^2}},$$

on

on aura

$$SE\delta e = SId^2x\delta d^2x + SId^2y\delta d^2y + SId^2z\delta d^2z.$$

Ces expressions étant traitées suivant les règles données dans l'article 15 de la section quatrième, en y changeant d'abord δd en $d\delta$, et intégrant ensuite par parties pour faire disparaître le d avant δ, on aura les transformées suivantes:

$$SId^2x\delta d^2x = I''d^2x''d\delta x'' - d.(I''d^2x'')\delta x'' - I'd^2x'd\delta x' + d.(I'd^2x')\delta x' + Sd^2.(Id^2x)\delta x,$$

$$SId^2y\delta d^2y = I''d^2y''d\delta y'' - d.(I''d^2y'')\delta y'' - I'd^2y'd\delta y' + d.(I'd^2y')\delta y' + Sd^2.(Id^2y)\delta y,$$

$$SId^2z\delta d^2z = I''d^2z''d\delta z'' - d.(I''d^2z'')\delta z'' - I'd^2z'd\delta z' + d.(I'd^2z')\delta z' + Sd^2.(Id^2z)\delta z.$$

On ajoutera donc ces différens termes à ceux qui forment le premier membre de l'équation générale de l'équilibre de l'article 29, et l'on aura l'équation de l'équilibre d'un fil inextensible et élastique.

48. Égalant d'abord à zéro les coefficiens des variations δx, δy, δz qui se trouvent sous le signe S, on aura ces trois équations indéfinies

$$Xdm - d.\frac{\lambda dx}{ds} + d^2.(Id^2x) = 0,$$

$$Ydm - d.\frac{\lambda dy}{ds} + d^2.(Id^2y) = 0,$$

$$Zdm - d.\frac{\lambda dz}{ds} + d^2.(Id^2z) = 0,$$

d'où il faudra éliminer l'indéterminée λ, ce qui les réduira à deux, qui suffiront pour déterminer la courbe du fil.

Une première intégration donne

$$\frac{\lambda dx}{ds} - d.(Id^2x) = A + \int Xdm,$$

$$\frac{\lambda dy}{ds} - d.(Id^2y) = B + \int Ydm,$$

$$\frac{\lambda dz}{ds} - d.(Id^2z) = C + \int Zdm,$$

A, B, C étant des constantes arbitraires, et l'élimination de λ donnera

$$dxd.(Id^2y) - dyd.(Id^2x) = (A+\int X\mathrm{d}m)dy - (B+\int Y\mathrm{d}m)dx,$$
$$dxd.(Id^2z) - dzd.(Id^2x) = (A+\int X\mathrm{d}m)dz - (C+\int Z\mathrm{d}m)dx,$$
$$dyd.(Id^2z) - dzd.(Id^2y) = (B+\int Y\mathrm{d}m)dz - (C+\int Z\mathrm{d}m)dy,$$

dont la dernière est déjà contenue dans les deux autres.

Ces équations sont de nouveau intégrables, et l'on aura

$$I(dxd^2y - dyd^2x) = F + \int(A+\int X\mathrm{d}m)dy - \int(B+\int Y\mathrm{d}m)dx,$$
$$I(dxd^2z - dzd^2x) = G + \int(A+\int X\mathrm{d}m)dz - \int(C+\int Z\mathrm{d}m)dx,$$
$$I(dyd^2z - dzd^2y) = H + \int(B+\int Y\mathrm{d}m)dz - \int(C+\int Z\mathrm{d}m)dy,$$

F, G, H étant de nouvelles constantes.

Or nous avons supposé plus haut (article 47),

$I = \dfrac{E}{ds\sqrt{d^2x^2+d^2y^2+d^2z^2-d^2s^2}}$; le carré du dénominateur de cette quantité est $ds^2(d^2x^2+d^2y^2+d^2z^2) - ds^2d^2s^2 = (dx^2+dy^2+dz^2)(d^2x^2+d^2y^2+d^2z^2) - (dxd^2+dyd^2y+dzd^2z)^2 = (dxd^2y-dyd^2x)^2 + (dxd^2z-dzd^2x)^2 + (dyd^2z-dzd^2y)^2$. Donc si on ajoute ensemble les carrés des trois équations précédentes, on aura celle-ci, sans différentielles,

$$\begin{aligned} E^2 &= (F + \int(A+\int X\mathrm{d}m)dy - \int(B+\int Y\mathrm{d}m)dx)^2, \\ &+ (G + \int(A+\int X\mathrm{d}m)dz - \int(C+\int Z\mathrm{d}m)dx)^2, \\ &+ (H + \int(B+\int Y\mathrm{d}m)dz - \int(C+\int Z\mathrm{d}m)dy)^2, \end{aligned}$$

et si on divise ensemble deux des mêmes équations, on aura celle-ci où l'élasticité n'entre pas,

$$\frac{dxd^2z - dzd^2x}{dxd^2y - dyd^2x} = \frac{G+\int(A+\int X\mathrm{d}m)dz - \int(C+\int Z\mathrm{d}m)dx}{F+\int(A+\int X\mathrm{d}m)dy - \int(B+\int Y\mathrm{d}m)dx}.$$

Ces deux équations sont ce qu'il y a de plus simple pour déterminer la courbe élastique, en ayant égard à la double courbure.

49. On suppose communément que la force élastique qui s'op-

pose à l'inflexion est en raison inverse du rayon osculateur. Ainsi en nommant ρ ce rayon, on aura $E=\frac{K}{\rho}$, K étant un coefficient constant.

Mais on sait que $\rho=\frac{ds}{e}$; donc $E=\frac{Ke}{ds}$, ainsi la quantité I, que nous avons supposée $=\frac{E}{eds^2}$ (art. 47), deviendra $\frac{K}{ds^3}$, et par conséquent constante, en supposant, ce qui est permis, ds constante. Ainsi les trois premières équations (art. 48) seront

$$Xdm - d.\frac{\lambda dx}{ds} + \frac{Kd^4x}{ds^3} = 0,$$

$$Ydm - d.\frac{\lambda dy}{ds} + \frac{Kd^4y}{ds^3} = 0,$$

$$Zdm - d.\frac{\lambda dz}{ds} + \frac{Kd^4z}{ds^3} = 0.$$

Si on ajoute ensemble ces trois équations après avoir multiplié la première par $\frac{dx}{ds}$, la seconde par $\frac{dy}{ds}$, et la troisième par $\frac{dz}{ds}$, on aura, à cause de

$$\frac{dx}{ds}\,d.\frac{dx}{ds} + \frac{dy}{ds}\,d.\frac{dy}{ds} + \frac{dz}{ds}\,d.\frac{dz}{ds} = \frac{1}{2}\,d.\left(\frac{dx^2+dy^2+dz^2}{ds^2}\right) = 0,$$

l'équation

$$(Xdx + Ydy + Zdz)\,\frac{dm}{ds} + K\,\frac{dxd^4x + dyd^4y + dzd^4z}{ds^4} = d\lambda.$$

Soit Γ l'épaisseur du fil, on aura $dm=\Gamma ds$, et l'équation précédente étant intégrée, en supposant ds constant, donnera

$$\lambda = \int\Gamma(Xdx + Ydy + Zdz)$$
$$+ K\left(\frac{dxd^3x+dyd^3y+dzd^3z}{ds^4} - \frac{d^2x^2+d^2y^2+d^2z^2}{2ds^4}\right).$$

Cette valeur de λ exprime la tension de la lame élastique; c'est-à-dire la résistance avec laquelle elle s'oppose à la force qui tend à l'alonger, comme dans l'article 31.

50. Le cas le plus simple et le plus ordinaire est celui dans lequel les forces X, Y, Z, qu'on suppose agir sur tous les points

de la lame élastique, sont nulles, et que la courbure de la lame vient uniquement des forces appliquées à ses deux extrémités. Dans ce cas, les équations intégrales de l'article 48 donnent, en mettant pour I sa valeur $\frac{K}{ds^3}$,

$$K\frac{dxd^2y - dyd^2x}{ds^3} = F + Ay - Bx,$$

$$K\frac{dxd^2z - dzd^2x}{ds^3} = G + Bz - Cx,$$

$$K\frac{dyd^2z - dzd^2y}{ds^3} = H + Bz - Cy;$$

mais l'intégration ultérieure de celles-ci est peut-être impossible en général.

Lorsque la courbure de la lame est toute dans un même plan, en prenant pour ce plan celui des x et y, et faisant $dy = ds\sin\varphi$, $dx = ds\cos\varphi$, la première équation, qui est alors la seule nécessaire, devient

$$\frac{d\varphi}{ds} = F + A\int\sin\varphi ds - B\int\cos\varphi ds,$$

laquelle, étant différentiée, donne

$$\frac{d^2\varphi}{d^2s} = A\sin\varphi - B\cos\varphi;$$

multipliant par $d\varphi$ et intégrant derechef,

$$\frac{d\varphi^2}{2ds^2} = A\cos\varphi + B\sin\varphi + D,$$

d'où l'on tire

$$ds = \frac{d\varphi}{\sqrt{2D + 2A\cos\varphi + 2B\sin\varphi}},$$

et de là

$$dx = \frac{\cos\varphi\, d\varphi}{\sqrt{2D + 2A\cos\varphi + 2B\sin\varphi}};$$

et comme on a par la première équation $F + Ay - Bx = \frac{d\varphi}{ds}$, on aura

$$y = \frac{Bx - F}{A} - \frac{1}{A}\sqrt{2D + 2A\cos\varphi + 2B\sin\varphi}.$$

Ainsi tout se réduit à intégrer les valeurs de ds et dx; mais ces intégrations dépendent de la rectification des sections coniques. Jusqu'à présent il ne paraît pas qu'on ait été plus loin dans la solution générale du problème de la courbe élastique.

51. Considérons maintenant les termes de l'équation générale qui sont hors du signe S; ces termes sont

$$\begin{aligned}
&\left(\frac{\lambda'' dx''}{ds''} - d.(I'' d^2x'')\right)\delta x'' + I'' d^2x'' d\delta x''\\
&+ \left(\frac{\lambda'' dy''}{ds''} - d.(I'' d^2y'')\right)\delta y'' + I'' d^2y'' d\delta y''\\
&+ \left(\frac{\lambda'' dz''}{ds''} - d.(I'' d^2z'')\right)\delta z'' + I'' d^2z'' d\delta z''\\
&- \left(\frac{\lambda' dx'}{ds'} - d.(I' d^2x')\right)\delta x' - I' d^2x' d\delta x'\\
&- \left(\frac{\lambda' dy'}{ds'} - d.(I' d^2y')\right)\delta y' - I' d^2y' d\delta y'\\
&- \left(\frac{\lambda' dz'}{ds'} - d.(I' d^2z')\right)\delta z' - I' d^2z' d\delta z';
\end{aligned}$$

et il faudra les faire disparaître indépendamment des valeurs de $\delta x''$, $\delta y''$, etc.

Donc, 1°, si le fil est entièrement libre, il faudra que les coefficiens des douze quantités $\delta x''$, $\delta y''$, $\delta z''$, $d\delta x''$, $d\delta y''$, $d\delta z''$, $\delta x'$, $\delta y'$, $\delta z'$, $d\delta x'$, $d\delta y'$, $d\delta z'$ soient chacun nul en particulier.

Or d'après les premières équations intégrales de l'article 48, on voit qu'en faisant commencer les intégrations au premier point du fil, les coefficiens de $\delta x'$, $\delta y'$, $\delta z'$ sont égaux à A, B, C, et ceux de $\delta x''$, $\delta y''$, $\delta z''$ deviennent $A + SXd\text{m}$, $B + SYd\text{m}$, $C + SZd\text{m}$. Ainsi il faudra que l'on ait, dans le cas dont il s'agit $A = 0$, $B = 0$, $C = 0$, et $SXd\text{m} = 0$, $SYd\text{m} = 0$, $SZd\text{m} = 0$.

Ensuite il faudra que l'on ait aussi $I'' d^2x'' = 0$, $I'' d^2y'' = 0$, $I'' d^2z'' = 0$, et $I' d^2x' = 0$, $I' d^2y' = 0$, $I' d^2z' = 0$, pour faire disparaître les termes affectés de $d\delta x''$, $d\delta y''$, etc.; et il est clair que les secondes équations intégrales du même article donneront

$F=0$, $G=0$, $H=0$; et $S(\int Xdm.dy - \int Ydm.dx)=0$, $S(\int Xdm.dz - \int Zdm.dx)=0$, $S(\int Ydm.dz - \int Zdm.dy)=0$.

2°. Si la première extrémité du fil est fixe, alors $\delta x'=0$, $\delta y'=0$, $\delta z'=0$; par conséquent A, B, C ne seront pas nuls; mais la condition que les coefficiens de $\delta x''$, $\delta y''$, $\delta z''$ soient nuls, donnera $A=-SXdm$, $B=-SYdm$, $C=-SZdm$; et si la position de la tangente à cette extrémité était donnée aussi, on aurait de plus $d\delta x'=0$, $d\delta y'=0$, $d\delta z'=0$, par conséquent F, G, H ne seraient pas nuls, mais la nullité des coefficiens de $d\delta x''$, $d\delta y''$, $d\delta z''$ donneroit $F=S((B+\int Ydm)dx-(A+\int Xdm)dy)$, $G=S((C+\int Zdm)dx - (A+\int Xdm)dz)$, $H=S((C+\int Zdm)dy-(B+\int Ydm)dz)$. On raisonnera de la même manière par rapport à l'état de la seconde extrémité du fil.

3°. Enfin, si outre les forces qui agissent sur tous les points du fil, il y en avait de particulières X', Y', Z', X'', Y'', Z'', appliquées à l'une et à l'autre extrémité, il n'y aurait qu'à ajouter aux termes ci-dessus les suivans :

$$X'\delta x' + Y'\delta y' + Z'\delta z' + X''\delta x'' + Y''\delta y'' + Z''\delta z'',$$

et s'il y avait de plus d'autres conditions relatives à l'état de ces extrémités, on opérerait toujours de la même façon et d'après les mêmes principes.

52. Si on voulait que le fil fût doublement élastique, tant à l'égard de l'extensibilité qu'à l'égard de la flexibilité, alors on aurait dans l'équation générale de l'équilibre, à la place du terme $S\lambda d\delta s$, celui-ci $SFd\delta s$, c'est-à-dire, simplement F à la place de λ, en nommant F la force d'élasticité qui résiste à l'extension du fil (art. 42). Mais il faudrait, de plus, dans ce cas, regarder ds comme variable dans l'expression de δe; par conséquent il faudrait ajouter à la valeur de δe de l'article 47, ces deux termes,

$$-\frac{e\delta ds}{ds} - \frac{d^2 s\delta d^2 s}{eds^2}.$$

On aurait donc à ajouter à la valeur de $SE\delta e$ du même article les termes $-S\frac{Ee}{ds}\delta ds - S\frac{Ed^2s}{eds^2}\delta d^2s$. Le dernier se réduit d'abord à

$$-\frac{E''d^2s''}{e''ds''^2}d\delta s'' + \frac{E'd^2s'}{e'ds'^2}d\delta s' + Sd\,.\frac{Ed^2s}{eds^2}.\delta ds;$$

donc il faudra ajouter à la valeur de $SE\delta e$ les termes

$$-\frac{E''d^2s''}{e''ds''^2}d\delta s'' + \frac{E'd^2s'}{e'ds'^2}d\delta s' + S\left(d.\frac{Ed^2s}{eds^2} - \frac{Ee}{ds}\right)\delta ds.$$

Le dernier terme de cette expression étant analogue au terme $SF\delta ds$, sera susceptible de réductions semblables; à l'égard des deux autres, il n'y aura qu'à y substituer pour $d\delta s$ sa valeur $\frac{dxd\delta x + dyd\delta y + dzd\delta z}{ds}$, en marquant toutes les lettres d'un trait ou de deux.

De là il est facile de conclure qu'on aura pour la solution du cas présent, les mêmes formules que dans le cas où le fil élastique est supposé inextensible, en y mettant seulement $F + d.\frac{Ed^2s}{eds^2} - \frac{Ee}{ds}$ à la place de λ, et ajoutant aux termes hors du signe S les deux termes $\frac{E'd^2s'}{e'ds'^2}d\delta s' - \frac{E''d^2s''}{e''ds''^2}d\delta s''$.

Comme dans l'équation de la courbe la quantité λ doit être éliminée, il s'ensuit que l'équation de la lame élastique sera la même, soit qu'on la suppose extensible ou non. Mais la tension du fil qui est exprimée par λ ou par F, lorsque le fil n'est pas élastique (art. 43), sera augmentée, par l'élasticité E, de la quantité $d.\frac{E\rho d^2s}{ds^3} - \frac{E}{\rho}$, à cause de $e = \frac{ds}{\rho}$ (art. 49).

§ IV.

De l'équilibre d'un fil roide et de figure donnée.

53. Venons enfin au cas d'un fil inextensible et inflexible; on aura ici pour la somme des momens des forces la même formule intégrale que dans le cas de l'art. 28, c'est-à-dire, $S(X\delta x + Y\delta y + Z\delta z)dm$; ensuite la condition de l'inextensibilité du fil donnera, comme dans le

même article, $\delta ds = 0$; et celle de l'inflexibilité donnera $\delta e = 0$; puisque l'angle de contingence doit être invariable; mais ces deux conditions ne suffisent pas encore dans le cas où la courbe est à double courbure, comme on va le voir.

Pour traiter la question de la manière la plus simple et la plus directe, je remarque que tout consiste à faire ensorte que les différens points de la courbe du fil conservent toujours entre eux les mêmes distances: or en considérant plusieurs points successifs, dont les coordonnées soient x, y, z, $x+dx$, $y+dy$, $z+dz$, $x+2dx+d^2x$, $y+2dy+d^2y$, $z+2dz+d^2z$, etc.; il est clair que les carrés des distances entre le premier de ces points et les suivans seront exprimés par les quantités $dx^2+dy^2+dz^2$, $(2dx+d^2x)^2+(2dy+d^2y)^2+(2dz+d^2z)^2$, $(3dx+3d^2x+d^3x)^2+(3dy+3d^2y+d^3y)^2+(3dz+3d^2z+d^3z)^2$, etc.

Supposons, pour abréger,

$$dx^2+dy^2+dz^2=\alpha,$$
$$d^2x^2+d^2y^2+d^2z^2=\beta,$$
$$d^3x^2+d^3y^2+d^3z^2=\gamma,$$
etc.;

les quantités précédentes étant développées, deviendront

$$\alpha,$$
$$4\alpha+2d\alpha+\beta,$$
$$9\alpha+9d\alpha+9\beta+3(d^2\alpha-2\beta)+3d\beta+\gamma;$$
etc.

Il faudra donc que les variations de ces quantités soient nulles dans toute l'étendue de la courbe, ce qui donnera ces équations indéfinies,

$$\delta\alpha=0,$$
$$4\delta\alpha+2\delta d\alpha+\delta\beta=0,$$
$$9\delta\alpha+9\delta d\alpha+3\delta\beta+3\delta d^2\alpha+3\delta d\beta+\delta\gamma=0,$$
etc.;

mais

mais $\delta\alpha$ étant $=0$, on a aussi $d\delta\alpha = \delta d\alpha = 0$; donc $\delta\beta = 0$; de là on aura de plus $d^2\delta\alpha = \delta d^2\alpha = 0$, $d\delta\beta = \delta d\beta = 0$; donc $\delta\gamma = 0$; et ainsi de suite. De sorte que les équations de condition pour l'inextensibilité et l'inflexibilité du fil seront $\delta\alpha = 0$, $\delta\beta = 0$, $\delta\gamma = 0$, etc., c'est-à-dire, en différentiant et changeant δd en $d\delta$,

$$\begin{aligned}
&dx d\delta x + dy d\delta y + dz d\delta z = 0,\\
&d^2x d^2\delta x + d^2y d^2\delta y + d^2z d^2\delta z = 0,\\
&d^3x d^3\delta x + d^3y d^3\delta y + d^3x d^3\delta z = 0,\\
&\text{etc.}
\end{aligned}$$

Il est clair qu'il suffit de trois de ces équations pour déterminer les trois variations δx, δy, δz; d'où l'on peut d'abord conclure que dès qu'on aura satisfait aux trois premières, toutes les autres qu'on pourrait trouver à l'infini, auront lieu d'elles-mêmes; c'est aussi de quoi on peut se convaincre par le calcul, même comme on le verra plus bas (art. 60).

54. On aura donc par notre méthode cette équation générale de l'équilibre,

$$\begin{aligned}
0 = {} & S(X\delta x + Y\delta y + Z\delta z)dm + S\lambda(dx d\delta x + dy d\delta y + dz d\delta z)\\
& + S\mu(d^2x d^2\delta x + d^2y d^2\delta y + d^2z d^2\delta z) + S\nu(d^3x d^3\delta x + d^3y d^3\delta y + d^3z d^3\delta z),
\end{aligned}$$

laquelle, par les transformations enseignées, se réduira à la forme suivante :

$$\begin{aligned}
0 = {} & S(Xdm - d.(\lambda dx) + d^2.(\mu d^2x) - d^3.(\nu d^3x))\delta x\\
& + S(Ydm - d.(\lambda dy) + d^2.(\mu d^2y) - d^3.(\nu d^3y))\delta y\\
& + S(Zdm - d.(\lambda dz) + d^2.(\mu d^2z) - d^3.(\nu d^3z))\delta z\\
& + (\lambda'' dx'' - d.(\mu'' d^2x'') + d^2.(\nu'' d^3x''))\delta x''\\
& + (\mu'' d^2x'' - d.(\nu'' d^3x''))d\delta x'' + \nu'' d^3x'' d^2\delta x''\\
& + (\lambda'' dy'' - d.(\mu'' d^2y'') + d^2.(\nu'' d^3y''))\delta y''\\
& + (\mu'' d^2y'' - d.(\nu'' d^3y''))d\delta y'' + \nu'' d^3y'' d^2\delta y'',\\
& + (\lambda'' dz'' - d.(\mu'' d^2z'') + d^2.(\nu'' d^3z''))\delta z''\\
& + (\mu'' d^2z'' - d.(\nu'' d^3z''))d\delta z + \nu'' d^3z'' d^2\delta z''
\end{aligned}$$

$$- (\lambda' dx' - d.(\mu' d^2x') + d^2.(\nu' d^3x'))\delta x'$$
$$- (\mu' d^2x' - d.(\nu' d^3x'))d\delta x' - \nu' d^3x' d^2\delta x'$$
$$- (\lambda' dy' - d.(\mu' d^2y') + d^2.(\nu' d^3y'))\delta y'$$
$$- (\mu' d^2y' - d.(\nu' d^3y'))d\delta y' - \nu' d^3y' d^2\delta y'$$
$$- (\lambda' dz' - d.(\mu' d^2z') + d^2.(\nu' d^3z'))\delta z'$$
$$- (\mu' d^2z' - d.(\nu' d^3z'))d\delta z' - \nu' d^3z' d^2\delta z'.$$

55. Egalant d'abord à zéro les coefficiens de δx, δy, δz sous le signe S, on aura ces trois équations indéfinies,

$$Xdm - d.(\lambda dx) + d^2.(\mu d^2x) - d^3.(\nu d^3x) = 0,$$
$$Ydm - d.(\lambda dy) + d^2.(\mu d^2y) - d^3.(\nu d^3y) = 0,$$
$$Zdm - d.(\lambda dz) + d^2.(\mu d^2z) - d^3.(\nu d^3z) = 0,$$

lesquelles renfermant trois variables indéterminées λ, μ, ν, ne serviront qu'à déterminer ces trois quantités; ensorte qu'il n'y aura aucune équation indéfinie entre les différentes forces X, Y, Z qu'on suppose appliquées à tous les points de la verge; et les conditions de l'équilibre dépendront uniquement des termes qui sont hors du signe S. Mais comme ces termes contiennent les inconnues λ, μ, ν, il faudra commencer par déterminer ces inconnues.

Pour cela il faut intégrer les équations précédentes, ce qui est facile, et l'on aura ces trois-ci :

$$\int Xdm - \lambda dx + d.(\mu d^2x) - d^2.(\nu d^3x) = A,$$
$$\int Ydm - \lambda dy + d.(\mu d^2y) - d^2.(\nu d^3y) = B,$$
$$\int Zdm - \lambda dz + d.(\mu d^2z) - d^2.(\nu d^3z) = C,$$

A, B, C étant trois constantes arbitraires.

Ces équations donnent, par l'élimination de λ, ces trois autres-ci:

$$dy\int Xdm - dx\int Ydm + dyd.(\mu d^2x) - dxd.(\mu d^2y)$$
$$- dyd^2.(\nu d^3x) + dxd^2.(\nu d^3y) = Ady - Bdx;$$
$$dz\int Xdm - dx\int Zdm + dzd.(\mu d^2x) - dxd.(\mu d^2z)$$
$$- dzd^2.(\nu d^3x) + dxd^2.(\nu d^3z) = Adz - Cdx,$$

$$dz\int Ydm - dy\int Zdm + dzd.(\mu d^2y) - dyd.(\mu d^2z)$$
$$- dzd^2.(\nu d^3y + dyd^2.(\nu d^3z) = Bdz - Cdy,$$

lesquelles sont aussi intégrables, et dont les intégrales sont

$$y\int Xdm - x\int Ydm - \int(Xy - Yx)dm$$
$$+ \mu(dyd^2x - dxd^2y) - dyd.(\nu d^3x) + dxd.(\nu d^3y)$$
$$+ \nu(d^2yd^3x - d^2xd^3y) = Ay - Bx + F,$$
$$z\int Xdm - x\int Zdm - \int(Xz - Zx)dm$$
$$+ \mu(dzd^2x - dxd^2z) - dzd.(\nu d^3x) + dxd.(\nu d^3z)$$
$$+ \nu(d^2zd^3x - d^2xd^3z) = Az - Cx + G,$$
$$z\int Ydm - y\int Zdm - \int(Yz - Zy)dm$$
$$+ \mu dzd^2y - dyd^2z) - dzd.(\nu d^3y) + dyd.(\nu d^3z)$$
$$+ \nu(d^2zd^3y - d^2yd^3z) = Bz - Cy + H,$$

F, G, H étant de nouvelles constantes arbitraires.

Ces trois dernières équations serviront à déterminer les trois quantités μ, ν et $d\nu$; et les trois premières équations intégrales donneront les valeurs de λ, $d\mu$, $d^2\nu$. Ainsi on aura toutes les inconnues qui entrent dans les termes qui sont hors du signe S; il suffira pour cela de marquer dans les six équations qu'on vient de trouver, toutes les lettres d'un trait, ou de deux, à l'exception des constantes arbitraires, de supposer nulles dans le premier cas les quantités affectées du signe $\int$, lesquelles sont censées commencer au premier point du fil, et de changer dans le second cas, $\int$ en S dans les mêmes quantités, pour les rapporter au dernier point du fil.

56. Cela posé, voyons maintenant les conditions qui peuvent résulter de l'anéantissement des termes hors du signe S dans l'équation générale de l'équilibre (art. 54).

Et d'abord si on suppose la verge entièrement libre, les variations $\delta x'$, $\delta y'$, $\delta z'$, $d\delta x'$, $d\delta y'$, $d\delta z'$, $d^2\delta x'$, $d^2\delta y'$, $d^2\delta z'$, et $\delta x''$, $\delta y''$, $\delta z''$, $d\delta x''$, etc., seront toutes indéterminées; par conséquent il faudra égaler à zéro chacun de leurs coefficiens; et il est visible qu'il faudra pour cela que les quantités λ', μ', ν', $d\mu'$, $d\nu'$, $d^2\nu'$, ainsi que λ'', μ'', ν'', $d\mu''$, $d\nu''$, $d^2\nu''$ soient nulles.

Donc les trois premières équations intégrales de l'article précédent, étant rapportées au premier et au dernier point du fil, donneront ces six conditions,

$$o=A,\ o=B,\ o=C,\ SXdm=A,\ SYdm=B,\ SZdm=C.$$

Et les trois dernières intégrales donneront de même les six suivantes :

$$\begin{aligned}
o &= Ay'-Bx'+F,\\
o &= Az'-Cx'+G,\\
o &= Bz'-Cy'+H,
\end{aligned}$$

$$\begin{aligned}
y''SXdm-x''SYdm-S(Xy-Yx)dm &= Ay''-Bx''+F,\\
z''SXdm-x''SZdm-S(Xz-Zx)dm &= Az''-Cx''+G,\\
z''SYdm-y''SZdm-S(Yz-Zy)dm &= Bz''-Cy''+H.
\end{aligned}$$

Donc $A=o$, $B=o$, $C=o$, $F=o$, $G=o$, $H=o$; et par conséquent

$$SXdm=o,\quad SYdm=o,\quad SZdm=o,$$
$$S(Xy-Yx)dm=o,\quad S(Xz-Zx)dm=o,\quad S(Yz-Zy)dm=o.$$

Ces six conditions sont donc les seules qui soient nécessaires pour l'équilibre d'une verge inflexible lorsqu'il n'y a pas de point fixe; c'est ce qui s'accorde avec ce que nous avons remarqué plus haut (art. 25), et c'est aussi ce qu'on aurait pu déduire immédiatement de la théorie donnée dans la section troisième, ainsi que nous l'avons observé dans l'article cité.

57. Supposons maintenant qu'il y ait dans la verge un point fixe, et que ce point soit la première extrémité de la verge; dans ce cas on aura $\delta x'=o$, $\delta y'=o$, $\delta z'=o$; ensorte que les termes affectés de ces variations disparaîtront d'eux-mêmes; il suffira donc d'égaler à zéro les coefficiens de $d\delta x'$, $d\delta y'$, $d\delta z'$, $d^2\delta x'$, $d^2\delta y'$, $d^2\delta z'$, ainsi que les coefficiens de $\delta x''$, $\delta y''$, $\delta z''$, $d\delta x''$, $d\delta y''$, etc.

Or il est aisé de voir que pour cela il suffira que l'on ait $\mu'=0$, $\nu'=0$, $d\nu'=0$, et ensuite $\lambda''=0$, $\mu''=0$, $\nu''=0$, $d\mu''=0$, $d\nu''=0$, $d^2\nu''=0$, comme dans le cas précédent; et l'on trouvera les mêmes conditions que dans l'article précédent, à l'exception de ce que A, B, C ne seront pas nulles.

On aura donc $A=SXdm$, $B=SYdm$, $C=SZdm$, ensuite $F=Bx'-Ay'$, $G=Cx'-Az'$, $H=Cy'-Bz'$; et les trois autres équations se réduiront à celles-ci :

$$\begin{aligned}-S(Xy-Yx)dm &= Bx'-Ay',\\ -S(Xz-Zx)dm &= Cx'-Az',\\ -S(Yz-Zy)dm &= Cy'-Bz';\end{aligned}$$

c'est-à-dire, à

$$\begin{aligned}S(Xy-Yx)dm+x'SYdm-y'SXdm&=0,\\ S(Xz-Zx)dm+x'SZdm-z'SXdm&=0,\\ S(Yz-Zy)dm+y'SZdm-z'SYdm&=0;\end{aligned}$$

ou, ce qui est la même chose, à

$$\begin{aligned}S(X(y-y')-Y(x-x'))dm&=0,\\ S(X(z-z')-Z(x-x'))dm&=0,\\ S(Y(z-z')-Z(y-y'))dm&=0.\end{aligned}$$

Ce sont les seules conditions nécessaires pour l'équilibre, et il est clair qu'elles répondent à celles que l'on a trouvées dans l'article 24.

58. Si la verge était fixement attachée par sa première extrémité, ensorte que non-seulement le premier point de la courbe fût fixe, mais aussi la tangente à ce premier point, alors on aurait non-seulement $\delta x'=0$, $\delta y'=0$, $\delta z'=0$, mais aussi $\delta dx'=d\delta x'=0$, $\delta dy'=d\delta y'=0$, $\delta dz'=d\delta z'=0$; par conséquent tous les termes affectés de ces quantités disparaîtraient d'eux-mêmes, et il ne resterait qu'à faire évanouir les termes affectés de $d^2\delta x'$, $d^2\delta y'$, $d^2\delta z'$, et de $\delta x''$, $\delta y''$, $\delta z''$, $d\delta x''$, $d\delta y''$, etc.

On n'aura donc dans ce cas que ces conditions :

$$\nu'=0,\ \lambda''=0,\ \mu''=0,\ \nu''=0,\ d\mu''=0,\ d\nu''=0,\ d^2\nu''=0.$$

Donc les constantes A, B, C auront encore les valeurs

$$A=SXdm,\qquad B=SYdm,\qquad C=SZdm;$$

ensuite les trois dernières intégrales de l'art. 55 étant appliquées au dernier point de la verge, donneront

$$F=S(Yx-Xy)dm,\quad G=S(Zx-Xz)dm,\quad H=S(Zy-Yz)dm.$$

Et si on applique ces mêmes équations au premier point, on aura

$$\mu'(dy'ddx'-dx'ddy')-d\nu'(dy'd^3x'-dx'd^3y')=Ay'-Bx'+F,$$
$$\mu'(dz'ddx'-dx'ddz')-d\nu'(dz'd^3x'-dx'd^3z')=Az'-Cx'+G,$$
$$\mu'(dz'ddy'-dy'ddz')-d\nu'(dz'd^3y'-dy'd^3z')=Bz'-Cy'+H,$$

d'où éliminant μ' et $d\nu'$, résulte l'équation

$$A(y'dz'-z'dy')+B(z'dx'-x'dz')+C(x'dy'-y'dx')$$
$$+Fdz'-Gdy'+Hdx'=0.$$

Cette équation est nécessaire pour empêcher que la verge ne tourne autour de sa première tangente, qui est supposée fixe, et il est facile de voir que son premier membre devient nul lorsque la verge est une ligne droite.

59. On pourrait regarder comme un défaut de notre méthode la longueur de cette solution, qui est en effet plus longue que celle de l'équilibre d'un fil flexible, tandis que par les méthodes ordinaires, ce dernier problème est beaucoup plus difficile que celui de l'équilibre d'une verge roide tirée par des puissances quelconques, parce qu'il faut déterminer par la composition des forces la courbe que le fil doit prendre pour être en équilibre, au lieu que dans le cas de la verge cette courbe est donnée, et que l'équilibre ne demande que la destruction des momens des forces. Mais lorsqu'on veut suivre pour tous ces problèmes une marche uniforme, et passer de l'un à l'autre graduellement, à mesure qu'on y ajoute de nouvelles con-

ditions, il est évident que le cas d'un fil inflexible est moins simple que celui d'un fil flexible, parce que l'inflexibilité exprimée analytiquement, consiste dans l'invariabilité des distances mutuelles des points du fil. Et si dans ce cas, la courbe étant donnée, elle ne doit plus être un résultat du calcul, comme dans le cas d'un fil flexible, c'est une circonstance que l'analyse doit indiquer, et qu'elle indique en effet par les trois indéterminées λ, μ, ν qui restent dans les trois équations indéfinies entre x, y, z de l'article 55, et qui font que ces équations peuvent s'adapter à une courbe quelconque donnée. Ainsi on ne doit pas regarder ces équations comme une superfluité inutile; outre qu'elles servent à déterminer les trois inconnues λ, μ, ν, d'où dépendent les conditions de l'équilibre, et qui expriment en même temps les forces qui s'opposent à ce que les valeurs des trois fonctions α, β, γ varient par l'effet des forces qui agissent sur le fil.

Il est vrai que les trois indéterminées λ, μ, ν doivent être remplacées par les trois équations de condition qui consistent en ce que les fonctions différentielles α, β, γ doivent être censées données. Mais comme par la nature du calcul différentiel, la valeur absolue des différentielles reste indéterminée, et qu'il n'y a que leur rapport qui puisse être donné, ces trois conditions ne peuvent équivaloir qu'à deux, qui renferment les rapports des trois quantités α, β, γ; et ces deux rapports suffisent pour déterminer la courbe.

En effet, par ce qu'on a démontré plus haut (art. 46), on voit que l'angle de contingence formé par deux côtés successifs de la courbe se trouve exprimé par $\frac{\sqrt{4\alpha\beta - d\alpha^2}}{2\alpha}$, en conservant les valeurs de α, β, γ de l'article 53; de sorte que le rayon osculateur sera exprimé par $\frac{2\alpha\sqrt{\alpha}}{\sqrt{4\alpha\beta - d\alpha^2}}$. Ce rayon étant donc supposé donné, la courbe sera donnée si elle est à simple courbure, et pour les courbes à double courbure, il ne sera pas difficile de prouver que la seconde courbure provenant de l'angle de contingence formé par les plans qui passent successivement par deux élémens contigus de la courbe, dépendra du rapport des trois quantités α, β, γ. Ainsi les trois conditions dont il s'agit, rapportées à la courbe, se réduisent à ce qu'elle soit donnée, comme le problème le suppose.

On pourrait étendre l'analyse de ce problème au cas d'une surface ou d'un solide dont tous les points seraient tirés par des forces quelconques; mais nous allons faire voir comment on peut la simplifier en partant des mêmes équations de condition, et en déterminant d'avance par ces équations la forme des variations des coordonnées.

CHAPITRE IV.

De l'équilibre d'un corps solide de grandeur sensible et de figure quelconque, dont tous les points sont tirés par des forces quelconques.

60. Puisque la condition de la solidité du corps consiste en ce que tous ses points conservent constamment entre eux la même position et les mêmes distances, on aura entre les variations δx, δy, δz, les mêmes équations de condition qu'on a trouvées dans l'article 53 ; car il est visible qu'en imaginant dans l'intérieur du corps une courbe quelconque, il suffira que tous ses points gardent les mêmes distances entre eux, quelque mouvement que le corps recoive; ainsi on pourra, par leur moyen, déterminer immédiatement les valeurs de ces variations.

Pour cela je remarque que comme en passant aux différences secondes, il est toujours permis de prendre une des différences premières pour constante, on peut supposer dx constante, et par conséquent $d^2x = 0$, $d^3x = 0$, etc.; moyennant quoi la seconde et la troisième équation de l'article cité, deviendront

$$d^2y d^2\delta y + d^2z d^2\delta z = 0, \quad \text{et} \quad d^3y d^3\delta y + d^3z d^3\delta z = 0.$$

La première de ces équations donne d'abord $d^2\delta y = -\frac{d^2z}{d^2y} d^2\delta z$, et différentiant

$$d^3\delta y = -\frac{d^2z}{d^2y} d^3\delta z - \left(\frac{d^3z}{d^2y} - \frac{d^2z d^3y}{d^2y^2}\right) d^2\delta z ;$$

cette

cette valeur étant substituée dans la seconde équation, elle se trouvera toute divisible par $d^3z - \frac{d^3y d^2z}{d^2y}$, et on aura après la division $d^3\delta z - \frac{d^3y}{d^2y} d^2\delta z = 0$; d'où l'on tire, en intégrant, $d^2\delta z = \delta L d^2y$, δL étant une constante. Ayant $d^2\delta z$ on trouvera $d^2\delta y = -\delta L d^2z$; donc intégrant de nouveau, et ajoutant les constantes $-\delta M dx$, $\delta N dx$, on aura $d\delta z = \delta L dy - \delta M dx$, $d\delta y = -\delta L dz + \delta N dx$; et ces valeurs étant ensuite substituées dans la première équation de condition, savoir $dx d\delta x + dy d\delta y + dz d\delta z = 0$, il viendra $d\delta x = -\delta N dy + \delta M dz$.

Enfin on aura par une troisième intégration, et par l'addition des nouvelles constantes δl, δm, δn,

$$\delta x = \delta l - y\delta N + z\delta M,$$
$$\delta y = \delta m + x\delta N - z\delta L,$$
$$\delta z = \delta n - x\delta M + y\delta L.$$

Et il est facile de se convaincre que ces expressions ne satisfont pas seulement aux trois premières équations de condition de l'art. 53, aussi à toutes les autres qu'on pourrait trouver à l'infini, et qui sont toutes renfermées dans cette équation générale

$$d^n x d^n \delta x + d^n y d^n \delta y + d^n z d^n \delta z = 0.$$

Telles sont donc les valeurs de δx, δy, δz pour un système quelconque de points unis ensemble, de manière qu'ils conservent toujours entre eux les mêmes distances; ainsi ces valeurs serviront non-seulement pour le cas d'une courbe quelconque mobile et invariable dans sa figure, mais aussi pour le cas d'un corps solide de figure quelconque.

Euler a trouvé le premier ces formules simples et élégantes pour exprimer les variations des coordonnées de tous les points d'un corps solide mobile dans l'espace. Il y est parvenu par des considérations tirées du Calcul différentiel, mais différentes de celles qui nous y ont conduit, et, ce me semble, moins rigoureuses. Voyez dans le volume de l'Académie de Berlin, pour 1750, le Mémoire intitulé *Découverte d'un nouveau principe de Mécanique.*

61. Puis donc que les valeurs précédentes de δx, δy, δz satisfont déjà aux équations de condition du problème, il est clair qu'il suffira de les substituer dans la formule $S(X\delta x+Y\delta y+Z\delta z)d\text{m}$, et faire ensorte qu'elle devienne nulle, indépendamment des quantités δl, δm, δn, δL, δM, δN, qui sont les seules indéterminées qui restent.

Or comme ces quantités sont les mêmes pour tous les points du corps, il faudra dans la substitution les faire sortir hors du signe S; et l'on aura conséquemment cette équation générale de l'équilibre d'un corps solide de figure quelconque,

$$\begin{aligned}&\delta l SXd\text{m} + \delta m SYd\text{m} + \delta n SZd\text{m}\\ &+ \delta N S(Yx - Xy)d\text{m} + \delta M S(Xz - Zx)d\text{m}\\ &+ \delta L S(Zy - Yz)d\text{m} = 0,\end{aligned}$$

d'où l'on tirera les équations particulières de l'équilibre, en ayant égard aux différentes circonstances du problème.

62. Et d'abord si le corps est supposé entièrement libre, les six variations δl, δm, δn, δL, δM, δN seront toutes indéterminées, et il faudra égaler séparément à zéro les quantités par lesquelles elles se trouvent multipliées; ce qui donnera ces six équations déjà connues,

$$SXd\text{m} = 0, \quad SYd\text{m} = 0, \quad SZd\text{m} = 0,$$
$$S(Yx - Xy)d\text{m} = 0, \quad S(Xz - Zx)d\text{m} = 0, \quad S(Zy - Yz)d\text{m} = 0.$$

En second lieu, s'il y a dans le corps un point fixe autour duquel il ait simplement la liberté de pouvoir pirouetter en tous sens, et qu'on nomme a, b, c les valeurs des coordonnées x, y, z pour ce point; il faudra que l'on ait $\delta a = 0$, $\delta b = 0$, $\delta c = 0$; donc

$$\delta l - b\delta N + c\delta M = 0, \quad \delta m + a\delta N - c\delta L = 0, \quad \delta n - a\delta M + b\delta L = 0;$$

d'où l'on tire

$$\delta l = b\delta N - c\delta M,$$
$$\delta m = c\delta L - a\delta N,$$
$$\delta n = a\delta M - b\delta L.$$

On substituera ces valeurs dans l'équation générale de l'article précédent, et mettant sous le signe S les quantités a, b, c qui sont constantes par rapport aux différens points du corps, on aura cette transformée,

$$\begin{aligned}&\delta NS(Y(x-a) - X(y-b))dm\\ + &\delta MS(X(z-c) - Z(x-a))dm\\ + &\delta LS(Z(y-b) - Y(z-c))dm = 0,\end{aligned}$$

laquelle ne fournira donc plus que trois équations, savoir,

$$S(Y(x-a) - X(y-b))dm = 0,$$
$$S(X(z-c) - Z(x-a))dm = 0,$$
$$S(Z(y-b) - Y(z-c))dm = 0.$$

En troisième lieu, s'il y a dans le corps deux points fixes, et que f, g, h soient les valeurs de x, y, z pour le second de ces points, on aura de plus

$$\delta l = g\delta N - h\delta M,$$
$$\delta m = h\delta L - f\delta N,$$
$$\delta n = f\delta M - g\delta L;$$

donc, comparant ces valeurs de δl, δm, δn avec les précédentes, on aura

$$(g-b)\delta N - (h-c)\delta M = 0,$$
$$(f-a)\delta N - (h-c)\delta L = 0,$$
$$(f-a)\delta M - (g-b)\delta L = 0.$$

Les deux premières de ces équations donnent

$$\delta L = \frac{f-a}{h-c}\delta N, \qquad \delta M = \frac{g-b}{h-c}\delta N,$$

et comme ces valeurs satisfont aussi à la troisième équation, il s'ensuit que la variation δN demeure indéterminée.

Faisant donc ces substitutions dans la transformée trouvée ci-dessus, on aura

$$\begin{aligned}\delta N[(h-c)S(Y(x-a) &- X(y-b))dm \\ + (g-b)S(X(z-c) &- Z(x-a))dm \\ + (f-a)S(Z(y-b) &- Y(x-c))dm] = 0;\end{aligned}$$

ainsi les conditions de l'équilibre seront renfermées dans cette seule équation,

$$\begin{aligned}(h-c)S(Y(x-a) &- X(y-b))dm \\ + (g-b)S(X(z-c) &- Z(x-a))dm \\ + (f-a)S(Z(y-b) &- Y(z-c))dm] = 0.\end{aligned}$$

63. Ces différentes équations répondent à celles que nous avons données dans la troisième section, pour l'équilibre d'un système de points isolés de forme invariable; et nous aurions pu appliquer immédiatement les conditions de cet équilibre à celui d'un corps solide de figure quelconque, dont tous les points sont tirés par des forces données. Mais nous avons cru qu'il n'était pas inutile, pour montrer la fécondité de nos méthodes, de traiter cette dernière question en particulier et sans rien emprunter des problèmes déjà résolus.

Au reste, si les deux points du corps que nous venons de supposer fixes, étaient mobiles sur des lignes ou des surfaces données, ou même joints entre eux d'une manière quelconque, on aurait alors une ou plusieurs équations différentielles entre les variations des coordonnées a, b, c, f, g, h qui répondent à ces points; et substituant à la place de ces variations leurs valeurs en δl, δm, δn, δL, δM, δN, d'après les formules générales de l'article 58, on aurait autant d'équations entre ces dernières variations, au moyen desquelles on déterminerait quelques-unes de ces variations par les autres; on substiturait ensuite ces valeurs dans l'équation générale, et on égalerait à zéro chacun des coefficiens des variations restantes; ce qui fournirait toutes les équations nécessaires pour l'équilibre.

La marche du calcul est, comme l'on voit, toujours la même; et c'est ce qu'on doit regarder comme un des principaux avantages de cette méthode.

64. Les expressions trouvées plus haut (art. 58), pour les variations δx, δy, δz font voir que ces variations ne sont que les résultats des mouvemens de translation et de rotation, que nous avons considérés en particulier dans la section troisième.

En effet, il est visible que les termes $\delta\lambda$, $\delta\mu$, $\delta\nu$ qui sont communs à tous les points du corps, représentent les petits espaces parcourus par le corps, suivant les directions des coordonnées x, y, z, en vertu d'un mouvement quelconque de translation; et on voit par les formules de l'article 8 de la même section, que les termes $z\delta M - y\delta N$, $x\delta N - z\delta L$, $y\delta L - x\delta M$ représentent les petits espaces parcourus par chaque point du corps, suivant les mêmes directions, en vertu de trois mouvemens de rotation δL, δM, δN autour des trois axes des x, y, z; ces quantités δL, δM, δN répondant aux quantités $d\psi$, $d\omega$, $d\varphi$ de l'article cité. Ainsi on aurait pu déduire immédiatement les expressions dont il s'agit de la seule considération de ces mouvemens, ce qui aurait été plus simple, mais non pas si direct. L'analyse précédente conduit naturellement à ces expressions, et prouve par là d'une manière encore plus directe et plus générale que celle de l'article 10 de la section troisième, que lorsque les différens points d'un système conservent leur position respective, le système ne peut avoir à chaque instant que des mouvemens de translation dans l'espace, et de rotation autour de trois axes perpendiculaires entre eux.

SIXIÈME SECTION.

Sur les principes de l'Hydrostatique.

QUOIQUE nous ignorions la constitution intérieure des fluides, nous ne pouvons douter que les particules qui les composent ne soient matérielles, et que par cette raison les lois générales de l'équilibre ne leur conviennent comme aux corps solides. En effet, la propriété principale des fluides et la seule qui les distingue des corps solides, consiste en ce que toutes leurs parties cèdent à la moindre force, et peuvent se mouvoir entre elles avec toute la facilité possible, quelle que soit d'ailleurs la liaison et l'action mutuelle de ces parties. Or cette propriété pouvant aisément être traduite en calcul, il s'ensuit que les lois de l'équilibre des fluides ne demandent pas une théorie particulière, mais qu'elles ne doivent être qu'un cas particulier de la théorie générale de la Statique. C'est sous ce point de vue que nous allons les considérer; mais nous croyons devoir commencer par exposer les différens principes qui ont été employés jusqu'ici dans cette partie de la Statique, qu'on nomme communément *Hydrostatique*, pour compléter l'analyse des principes de la statique que nous avons donnée dans la première section.

1. C'est encore à Archimède que nous devons les premiers principes de l'équilibre des fluides. Son Traité *de Insidentibus humido*, ne nous est pas parvenu en grec; il y en avait seulement une traduction latine assez défectueuse, donnée par Tartalea, lorsque Commendin entreprit de le restituer et de l'éclaircir par des notes; il parut par les soins de ce savant commentateur en 1565, sous le titre *de iis quæ vehuntur in aquâ*.

Cet Ouvrage, qu'on peut regarder comme un des plus précieux restes de l'antiquité, est divisé en deux livres. Dans le premier, Archimède pose ces deux principes, qu'il regarde comme des principes d'expérience, et sur lesquels il fonde toute sa théorie. 1°. Que la nature des fluides est telle, que les parties moins pressées sont chassées par celles qui le sont davantage, et que chaque partie est toujours pressée par tout le poids de la colonne qui lui répond verticalement. 2°. Que tout ce qui est poussé en haut par un fluide, est toujours poussé suivant la perpendiculaire qui passe par son centre de gravité.

Du premier principe, Archimède conclut d'abord que la surface d'un fluide dont toutes les parties sont supposées peser vers le centre de la terre, doit être sphérique pour que le fluide soit en équilibre. Ensuite il démontre qu'un corps aussi pesant qu'un égal volume du fluide doit s'y enfoncer tout-à-fait, parce qu'en considérant deux pyramides égales du fluide supposé en équilibre autour du centre de la terre, celle où le corps ne serait plongé qu'en partie, exercerait une plus grande pression que l'autre, sur le centre de la terre, ou en général sur une surface sphérique quelconque qu'on imaginerait autour de ce centre. Il prouve de la même manière, que les corps plus légers qu'un égal volume du fluide ne peuvent s'y enfoncer que jusqu'à ce que la partie submergée occupe la place d'un volume de fluide aussi pesant que le corps entier; d'où il déduit ces deux théorèmes Hydrostatiques, que les corps plus légers que des volumes égaux d'un fluide y étant plongés, en sont repoussés de bas en haut avec une force égale à l'excès du poids du fluide déplacé sur celui du corps plongé, et que les corps plus pesans y perdent une partie de leur poids égale à celui du fluide déplacé.

Archimède se sert ensuite de son second principe pour établir les lois de l'équilibre des corps qui flottent sur un fluide; il démontre que toute section de sphère plus légère qu'un volume égal du fluide, y étant plongée, doit nécessairement se disposer de manière que la base en soit horizontale; et sa démonstration consiste à faire voir que si la base était inclinée, le poids total du corps considéré comme concentré dans son centre de gravité, et la poussée verticale du fluide considérée aussi comme concentrée dans le centre de gravité de la partie submergée, tendraient toujours à faire tourner le corps jusqu'à ce que sa base fût redevenue horizontale.

Tels sont les objets du premier livre. Dans le second, Archimède donne, d'après les mêmes principes, les lois de l'équilibre de différens solides formés par la révolution des sections coniques, et plongés dans des fluides plus pesans que ces corps; il examine les cas où ces conoïdes peuvent y demeurer inclinés, ceux où ils doivent s'y tenir debout, et ceux où ils doivent culbuter ou se redresser. Ce livre est un des plus beaux monumens du génie d'Archimède, et renferme une théorie de la stabilité des corps flottans, à laquelle les modernes ont peu ajouté.

2. Quoique d'après ce qu'Archimède avait démontré, il ne fût pas difficile de déterminer la pression d'un fluide sur le fond ou sur les parois du vase dans lequel il est renfermé, Stevin est néanmoins le premier qui ait entrepris cette recherche, et qui ait découvert le paradoxe Hydrostatique, qu'un fluide peut exercer une pression beaucoup plus grande que son propre poids. C'est dans le tome troisième des *Hypomnemata Mathematica*, traduits de l'hollandais par Snellius, et publiés à Leyde en 1608, que se trouve la théorie Hydrostatique de Stevin. Après avoir prouvé qu'un corps solide de figure quelconque, et de même gravité que l'eau, peut y rester dans une situation quelconque, par la raison qu'il occupe la même place, et pèse autant que si c'était de l'eau, Stevin imagine un vase rectangulaire rempli d'eau, et il fait voir aisément que son fond doit supporter tout le poids de l'eau qui remplit le vase. Il suppose ensuite qu'on plonge dans ce vase un solide de figure quelconque, et de même gravité que l'eau; il est clair que la pression restera la même; de sorte que si on donne au solide plongé une

une figure telle qu'il ne reste plus qu'un canal de fluide d'une figure quelconque, la pression du canal sur la base sera encore la même, et par conséquent égale au poids d'une colonne verticale d'eau qui aurait cette même base. Or Stevin observe qu'en supposant ce solide fixement arrêté à sa place, il n'en peut résulter aucun changement dans l'action de l'eau sur le fond du vase; donc la pression sur ce fond sera toujours égale au poids de la même colonne d'eau, quelle que soit la figure du vase.

Stevin passe de là à déterminer la pression de l'eau sur les parois verticales ou inclinées; il divise leur surface en plusieurs petites parties par des lignes horizontales, et il fait voir que chaque partie est plus pressée que si elle était horizontale et à la hauteur de son bord supérieur, mais qu'en même temps elle est moins pressée que si elle était placée horizontalement à la hauteur de son bord inférieur. D'où en diminuant la largeur des parties, et augmentant leur nombre à l'infini, il prouve par la méthode des limites, que la pression sur une paroi plane inclinée, est égale au poids d'une colonne dont cette paroi serait la base, et dont la hauteur serait la moitié de la hauteur du vase.

Il détermine ensuite la pression sur une partie quelconque d'une paroi plane inclinée, et il la trouve égale au poids d'une colonne d'eau qui serait formée en appliquant perpendiculairement à chaque point de cette partie des droites égales à la profondeur de ce point sous l'eau. Ce théorème étant ainsi démontré pour des surfaces planes situées comme l'on voudra, il est facile de l'étendre à des surfaces courbes, et d'en conclure que la pression exercée par un fluide pesant contre une surface quelconque, a pour mesure le poids d'une colonne de ce même fluide, laquelle aurait pour base cette même surface, convertie en une surface plane, s'il est nécessaire, et dont les hauteurs répondantes aux différens points de la base, seraient les mêmes que les distances des points correspondans de la surface à la ligne de niveau du fluide, ou, ce qui revient au même, cette pression sera mesurée par le poids d'une colonne qui aurait pour base la surface pressée, et pour hauteur la distance verticale du centre de gravité de cette même surface, à la surface supérieure du fluide.

3. Les théories précédentes de l'équilibre et de la pression des fluides sont, comme l'on voit, entièrement indépendantes des principes généraux de la Statique, n'étant fondées que sur des principes d'expérience particuliers aux fluides; et cette manière de démontrer les lois de l'Hydrostatique, en déduisant de la connaissance expérimentale de quelques-unes de ces lois, celle de toutes les autres, a été adoptée par la plupart des auteurs modernes, et a fait de l'Hydrostatique une science tout-à-fait différente et indépendante de la Statique.

Cependant il était naturel de chercher à lier ces deux sciences ensemble, et à les faire dépendre d'un seul et même principe. Or parmi les différens principes qui peuvent servir de base à la Statique, et dont nous avons donné une exposition succincte dans la première section, il est visible qu'il n'y a que celui des vîtesses virtuelles qui s'applique naturellement à l'équilibre des fluides. Aussi Galilée, auteur de ce principe, s'en est servi également pour démontrer les principaux théorèmes de Statique et d'Hydrostatique.

Dans son Discours *intorno alle cose che stanno su l'acqua, o che in quella si muovono*, il déduit immédiatement de ce principe l'équilibre de l'eau dans un syphon, en faisant voir que si on suppose le fluide à la même hauteur dans les deux branches, il ne saurait descendre dans l'une, et monter dans l'autre, sans que les momens ne soient égaux dans la partie du fluide qui descend, et dans celle qui monte. Galilée démontre d'une manière semblable l'équilibre des fluides avec les solides qui y sont plongés; il est vrai que ses démonstrations ne sont pas bien rigoureuses, et quoiqu'on ait cherché à y suppléer dans les notes ajoutées à l'édition de Florence de 1728, on peut dire qu'elles laissent encore beaucoup à desirer. Descartes et Pascal ont également employé le principe des vitesses virtuelles dans l'Hydrostatique; ce dernier surtout en a fait un grand usage dans son *Traité de l'équilibre des liqueurs*, et s'en est servi pour démontrer la propriété principale des fluides, qu'une pression quelconque appliquée à un point de leur surface, se répand également dans tous les autres points.

4. Mais ces applications du principe des vîtesses virtuelles étaient encore trop hypothétiques, et pour ainsi dire trop lâches pour pouvoir servir à établir une théorie rigoureuse sur l'équilibre des fluides. Aussi ce principe a-t-il été abandonné depuis par la plupart des auteurs qui ont traité de l'Hydrostatique, et surtout par ceux qui ont entrepris de reculer les limites de cette science, en cherchant les lois de l'équilibre des fluides hétérogènes, dont toutes les parties sont animées par des forces quelconques; recherche très-importante par le rapport qu'elle a avec la fameuse question de la figure de la terre.

Huyghens a pris dans cette recherche, pour principe d'équilibre, la perpendicularité de la pesanteur à la surface. Newton est parti du principe de l'égalité des poids des colonnes centrales. Bouguer a remarqué ensuite que souvent ces deux principes ne donnaient pas le même résultat, et en a conclu que pour qu'il y eût équilibre dans une masse fluide, il fallait que les deux principes y eussent lieu à la fois, et s'accordassent à donner la même figure à la surface du fluide. Mais Clairaut a démontré de plus qu'il peut y avoir des cas ou cet accord ait lieu, et où cependant il n'y aurait point d'équilibre. Maclaurin a généralisé le principe de Newton, en établissant que dans une masse fluide en équilibre, chaque particule doit être comprimée également par toutes les colonnes rectilignes du fluide, lesquelles appuient sur cette particule, et se terminent à la surface; et Clairaut l'a rendu plus général encore, en faisant voir que l'équilibre d'une masse fluide demande que les efforts de toutes les parties du fluide, renfermées dans un canal quelconque, aboutissant à la surface, ou rentrant en lui-même, se détruisent mutuellement. Enfin il a déduit le premier, de ce principe, les vraies lois fondamentales de l'équilibre d'une masse fluide dont toutes les parties sont animées par des forces quelconques, et il a trouvé les équations aux différences partielles, par lesquelles on peut exprimer ces lois; découverte qui a changé la face de l'Hydrostatique, et en a fait comme une science nouvelle.

5. Le principe de Clairaut n'est qu'une conséquence naturelle du principe de l'égalité de pression en tous sens, et on peut déduire immédiatement de celui-ci les mêmes équations qui résultent de l'équilibre des canaux. Car en considérant la pression comme une force qui agit sur chaque particule, et qui peut s'exprimer par une fonction des coordonnées qui déterminent le lieu de la particule dans la masse fluide, la différence des pressions qu'elle souffre sur deux faces opposées et parallèles, donne la force qui tend à la mouvoir perpendiculairement à ces faces, et qui doit être détruite par les forces accélératrices dont cette particule est animée; de sorte qu'en rapportant toutes ces forces aux directions des trois coordonnées rectangles, et supposant la masse fluide partagée en petits parallélogrammes rectangles, ayant pour côtés les élémens de ces coordonnées, on a directement trois équations aux différences partielles entre la pression et les forces accélératrices données, lesquelles servent à déterminer la valeur même de la pression, et la relation qui doit avoir lieu entre ces forces. Ce moyen simple de trouver les lois générales de l'Hydrostatique est dû à Euler (Mém. de Berlin de 1755.), et il est maintenant adopté dans presque tous les Traités de cette science.

6. Le principe de l'égalité de pression en tout sens est donc jusqu'ici le fondement de la théorie de l'équilibre des fluides, et il faut avouer que ce principe renferme en effet la propriété la plus simple et la plus générale que l'expérience ait fait découvrir dans les fluides en équilibre. Mais la connaissance de cette propriété est-

elle indispensable dans la recherche des lois de l'équilibre des fluides? Et ne peut-on pas dériver ces lois directement de la nature même des fluides considérés comme des amas de molécules très-déliées, indépendantes les unes des autres, et parfaitement mobiles en tout sens? C'est ce que je vais tâcher de faire dans les sections suivantes, en n'employant que le principe général de l'équilibre dont j'ai fait usage jusqu'ici pour les corps solides; et cette partie de mon travail fournira non-seulement une des plus belles applications du principe dont il s'agit, mais servira aussi à simplifier à quelques égards la théorie même de l'Hydrostatique.

On sait que les fluides en général se divisent en deux espèces; en fluides incompressibles dont les parties peuvent changer de figure, mais sans changer de volume; et en fluides compressibles et élastiques dont les parties peuvent changer à-la-fois de figure et de volume, et tendent toujours à se dilater avec une force connue qu'on suppose ordinairement proportionnelle à une fonction de la densité.

L'eau, le mercure, etc., appartiennent à la première espèce; et l'air, la vapeur de l'eau bouillante, etc., appartiennent à la seconde.

Nous traiterons d'abord de l'équilibre des fluides incompressibles; et ensuite de celui des fluides compressibles et élastiques.

SEPTIÈME SECTION.

De l'équilibre des fluides incompressibles.

1. SOIT une masse fluide m, dont tous les points soient animés par des pesanteurs ou forces quelconques P, Q, R, etc., dirigées suivant les lignes p, q, r, etc., on aura, suivant les dénominations de l'article 12 de la section IV, pour la somme des momens de toutes ces forces, la formule intégrale,

$$S(P\delta p + Q\delta q + R\delta r + \text{etc.})d\text{m},$$

laquelle devra être nulle en général, pour qu'il y ait équilibre dans le fluide.

§ I.

De l'équilibre d'un fluide dans un tuyau très-étroit.

2. Supposons d'abord le fluide renfermé dans un canal ou tuyau infiniment étroit, et de figure donnée; et imaginons ce fluide divisé en tranches ou portions infiniment petites, dont la hauteur soit ds, et la largeur ω, on pourra prendre $d\text{m} = \omega ds$, à cause que la largeur ω du tuyau est supposée infiniment petite, ds étant l'élément de la courbe du tuyau. Or en imaginant que le fluide reçoive un petit mouvement, et change infiniment peu de place dans le tuyau, soit δs le petit espace que la tranche ou particule dm parcourt dans le tuyau; il est clair que $\omega\delta s$ sera la quantité du fluide qui passera en même temps par chacune des sections ω du canal. Donc à cause de l'incompressibilité du fluide, il faudra que cette quantité soit partout la même; de sorte que faisant $\omega\delta s = \alpha$, la quantité α sera constante par rapport à la courbe du tuyau. On

aura ainsi $\omega = \frac{\alpha}{\delta s}$, et par conséquent $dm = \frac{\alpha ds}{\delta s}$; de sorte que la formule qui exprime la somme des momens des forces, deviendra en faisant sortir hors du signe intégral S la quantité constante α, $\alpha S(P\delta p + Q\delta q + R\delta r + \text{etc.})\frac{ds}{\delta s}$.

Maintenant il est visible que puisque δp, δq, δr, etc. sont les variations des lignes p, q, r, etc., résultantes de la variation δs, ces variations doivent avoir entre elles les mêmes rapports que les différentielles dp, dq, dr, etc., ds, à cause de la figure du canal donnée; ainsi on aura $\frac{\delta p}{\delta s} = \frac{dp}{ds}$, $\frac{\delta q}{\delta s} = \frac{dq}{ds}$, $\frac{\delta r}{\delta s} = \frac{dr}{ds}$, etc.; ce qui réduira la formule précédente à cette forme,

$$\alpha S(Pdp + Qdq + Rdr + \text{etc.}),$$

où les différentielles dp, dq, dr, etc., se rapportent à la courbe du canal, et le signe S indique une intégrale prise par toute l'étendue du canal.

Faisant donc cette quantité $= 0$, on aura l'équation

$$S(Pdp + Qdq + Rdr + \text{etc.}) = 0,$$

laquelle contient la loi générale de l'équilibre d'un fluide renfermé dans un canal de figure quelconque.

3. Si outre les forces P, Q, R, etc., qui animent chaque point du fluide, il y avait de plus à l'une des extrémités du canal une force extérieure Π' qui agît par le moyen d'un piston sur la surface du fluide, et perpendiculairement aux parois du canal; alors dénotant par $\delta s'$ le petit espace parcouru par la tranche du fluide qu'on suppose pressée par la force Π', tandis que les autres tranches parcourent les différens espaces δs, il faudra ajouter à la somme des momens des forces P, Q, R, etc., le moment de la force Π', lequel sera représenté par $\Pi'\delta s'$. Or si on nomme ω' la section du canal à l'endroit où agit la force Π', on aura $\omega'\delta s'$ pour la quantité

de fluide qui passe par la section ω', tandis que par une autre section quelconque ω, il passe la quantité de fluide $\omega\delta s$.

Mais l'incompressibilité du fluide demande que ces quantités soient partout les mêmes; donc ayant déjà supposé $\omega\delta s = \alpha$, on aura aussi $\omega'\delta s' = \alpha$; par conséquent $\delta s' = \frac{\alpha}{\omega'}$. Donc la somme totale des momens des forces qui agissent sur le fluide, sera représentée par la formule

$$\alpha\left(\frac{\Pi'}{\omega'} + S(Pdp + Qdq + Rdr + \text{etc.})\right);$$

de sorte que l'équation de l'équilibre sera

$$\frac{\Pi'}{\omega'} + S(Pdp + Qdq + Rdr + \text{etc.}) = 0.$$

4. Il est évident que dans l'état d'équilibre, la force Π' doit être contrebalancée par la pression du fluide sur le piston dont la largeur est ω'; d'où il s'ensuit que cette pression sera égale à $-\Pi'$, et par conséquent,

$$= \omega' S(Pdp + Qdq + Rdr + \text{etc.}).$$

Donc en général la pression du fluide sur chaque point du piston, sera exprimée par la formule intégrale

$$S(Pdp + Qdq + Rdr + \text{etc.}),$$

en prenant cette intégrale par toute la longueur du canal. Et cette pression sera aussi la même, si au lieu d'un piston mobile on suppose un fond immobile qui ferme le canal d'un côté.

5. Si à l'autre extrémité du canal il y avait une autre force Π'' agissante de même par le moyen d'un piston, on trouverait pareillement, en nommant ω'' la section du canal dans cet endroit, l'équation

$$\frac{\Pi'}{\omega'} + \frac{\Pi''}{\omega''} + S(Pdp + Qdq + Rdr + \text{etc.}) = 0,$$

pour l'équilibre du fluide.

6.

6. Donc si le fluide n'est pressé que par les deux forces extérieures Π' et Π'' appliquées aux surfaces ω' et ω'', il faudra, pour l'équilibre, que l'on ait $\frac{\Pi'}{\omega'}+\frac{\Pi''}{\omega''}=0$; d'où l'on voit que les deux forces Π' et Π'' doivent être de directions contraires, et en même temps réciproquement proportionnelles aux surfaces ω', ω' sur lesquelles ces forces agissent. Proposition qu'on regarde communément comme un principe d'expérience, ou du moins comme une suite du principe de l'égalité de pression en tout sens, dans lequel la plupart des auteurs d'Hydrostatique font consister la nature des fluides.

7. La connaissance des lois de l'équilibre d'un fluide renfermé dans un canal très-étroit et de figure quelconque, peut conduire à celle des lois de l'équilibre d'une masse quelconque de fluide renfermée dans un vase ou non.

Car il est évident que si une masse fluide est en équilibre, et qu'on imagine un canal quelconque qui la traverse, le fluide contenu dans ce canal sera aussi en équilibre de lui-même, c'est-à-dire, indépendamment de tout le reste du fluide. On aura donc pour l'équilibre de ce canal, en faisant abstraction des forces extérieures (art. 2),

$$S(Pdp+Qdq+Rdr+\text{etc.})=0.$$

Et comme la figure du canal doit être indéterminée, l'équation précédente devra être indépendante de cette figure; d'où l'on pourrait conclure tout de suite, comme Clairaut l'a fait dans sa *Théorie de la figure de la Terre*, que la quantité $Pdp+Qdq+Rdr+$etc. doit être une différentielle exacte. Mais on peut arriver à cette conclusion par l'analyse même, et trouver en même temps les relations qui doivent avoir lieu entre les quantités P, Q, R, etc. Pour cela il n'y a qu'à faire varier l'intégrale $S(Pdp+Qdq+Rdr+\text{etc.})$, par la *méthode des variations*, et supposer sa variation nulle

8. Dénotons en général par Ψ la valeur de l'intégrale

$S(Pdp + Qdq + Rdr + \text{etc.})$ prise par toute la longueur du canal, il faudra que l'on ait $\delta\Psi = 0$.

Or on a, par la différentiation,

$$\delta\Psi = \delta . S(Pdp + Qdq + Rdr + \text{etc.}) = S\delta(Pdp + Qdq + Rdr + \text{etc.})$$
$$= S(P\delta dp + Q\delta dq + R\delta dr + \text{etc.} + \delta P dp + \delta Q dq + \delta R dr + \text{etc.}).$$

Changeant δd en $d\delta$, et faisant ensuite disparaître le double signe $d\delta$ par des intégrations par parties, on aura

$$\delta\Psi = P\delta p + Q\delta q + R\delta r + \text{etc.}$$
$$+ S(\delta P dp - dP\delta p + \delta Q dq - dQ\delta q + \delta R dr - dR\delta r + \text{etc.}),$$

où les termes qui sont hors du signe S se rapportent aux extrémités de l'intégrale représentée par ce signe, et répondent par conséquent aux bouts du canal; de sorte qu'en supposant ces bouts fixes, les variations δp, δq, δr, etc., qui y répondent, seront nulles, et les termes dont il s'agit s'évanouiront d'eux-mêmes.

Maintenant comme les quantités P, Q, R, etc., qui représentent les forces, sont ou peuvent toujours être supposées des fonctions de p, q, r, etc., il est clair que la partie de $\delta\Psi$ qui est affectée du signe S, n'est plus susceptible de réduction; donc pour que l'on ait en général $\delta\Psi = 0$, il faudra que cette partie soit nulle d'elle-même, et que par conséquent on ait pour chaque point de la masse fluide, l'équation identique

$$\delta P dp - dP\delta p + \delta Q dq - dQ\delta q + \delta R dr - dR\delta r + \text{etc.} = 0.$$

En regardant les expressions des forces P, Q, R, etc. comme des fonctions quelconques de p, q, r, etc., on aura, suivant la notation reçue,

$$dP = \frac{dP}{dp}\, dp + \frac{dP}{dq}\, dq + \frac{dP}{dr}\, dr + \text{etc.};$$

de même

$$\delta P = \frac{dP}{dp}\, \delta p + \frac{dP}{dq}\, \delta q + \frac{dP}{dr}\, \delta r + \text{etc.},$$

et ainsi des autres différences; substituant ces valeurs dans l'équation précédente, et ordonnant les termes, elle deviendra de cette forme :

$$o = \left(\frac{dP}{dq} - \frac{dQ}{dp}\right)(\delta q dp - dp \delta q)$$
$$+ \left(\frac{dP}{dr} - \frac{dR}{dp}\right)(\delta r dp - dr \delta p)$$
$$+ \left(\frac{dQ}{dr} - \frac{dR}{dq}\right)(\delta r dq - dr \delta q),$$

etc.

et devra avoir lieu indépendamment des différences dp, dq, dr, etc.; $\delta p, \delta q, \delta r$, etc.

Donc s'il n'y a aucune relation donnée entre les variables p, q, r, etc., il faudra faire séparément

$$\frac{dP}{dq} - \frac{dQ}{dp} = o,$$
$$\frac{dP}{dr} - \frac{dR}{dp} = o,$$
$$\frac{dQ}{dr} - \frac{dR}{dq} = o,$$

etc.

Ce sont les équations de condition connues pour l'intégrabilité de la formule $Pdp + Qdq + Rdr +$ etc.

9. Lorsque les lignes p, q, r, etc. se rapportent à un point dans l'espace, comme dans le cas présent, elles ne peuvent dépendre que des trois coordonnées de ce point, et les forces P, Q, R, etc. peuvent toujours se réduire à trois, suivant ces coordonnées (sect. V, art. 7). Ainsi en prenant p, q, r pour ces coordonnées, soit rectangles ou non, et P, Q, R, etc. pour les forces qui agissent sur chaque particule du fluide, dans la direction des mêmes coordonnées, il faudra que les quantités P, Q, R, regardées comme des fonctions de p, q, r satisfassent à ces trois équations

$$\frac{dP}{dq} - \frac{dQ}{dp} = o, \quad \frac{dP}{dr} - \frac{dR}{dp} = o, \quad \frac{dQ}{dr} - \frac{dR}{dq} = o.$$

Ce sont les conditions nécessaires pour que la masse fluide puisse être en équilibre, en vertu des forces P, Q, R, qui agissent sur tous ses points.

Au reste, on a fait abstraction jusqu'ici de la densité du fluide, ou plutôt on l'a regardée comme constante et égale à l'unité; mais si on voulait la supposer variable, alors en nommant Γ la densité d'une particule quelconque dm, on aurait (art. 2) $dm = \Gamma \omega ds$; et les quantités P, Q, R, etc. se trouveraient toutes multipliées par Γ. Ainsi l'on aura pour l'équilibre des fluides de densité variable, les mêmes lois que pour l'équilibre des fluides de densité uniforme, en multipliant seulement les différentes forces par la densité du point sur lequel elles agissent; c'est-à-dire, en écrivant simplement ΓP, ΓQ, ΓR, etc., à la place de P, Q, R, etc.

§ II,

Où l'on déduit les lois générales de l'équilibre des fluides incompressibles, de la nature des particules qui les composent.

10. Nous allons maintenant chercher les lois de l'équilibre des fluides incompressibles, directement par notre formule générale, en regardant ces sortes de fluides comme formés d'un amas de particules mobiles en tout sens, et qui peuvent changer de figure, mais sans changer de volume.

Supposons, pour plus de simplicité, que toutes les forces qui agissent sur les particules du fluide soient réduites à trois, représentées par X, Y, Z, et dirigées suivant les coordonnées rectangles x, y, z, c'est-à-dire, tendantes à diminuer ces coordonnées. Nous avons donné, dans le chapitre I de la section cinquième, les formules générales de cette réduction.

Nommant dm la masse d'une particule quelconque, on aura pour la somme des momens des forces X, Y, Z, la formule intégrale

$$S(X\delta x + Y\delta y + Z\delta z)dm\,;$$

or le volume de la particule dm peut être représenté par $dxdydz$; ainsi en exprimant par Γ la densité, il est clair qu'on aura $dm = \Gamma dxdydz$; et le signe d'intégration S appartiendra à la fois aux trois variables x, y, z.

Il faudra, de plus, avoir égard à l'équation de condition résultante de l'incompressibilité du fluide, laquelle étant supposée représentée par $L = 0$, donnera, en différentiant selon δ, multipliant par un coefficient indéterminé λ, et intégrant, la formule $S\lambda\delta L$ à ajouter à la précédente.

S'il n'y a point de forces extérieures qui agissent sur la surface du fluide, ni de conditions particulières à cette surface, on aura simplement pour l'équation générale de l'équilibre (sect. IV, art. 13),

$$S(X\delta x + Y\delta y + Z\delta z)dm + S\lambda\delta L = 0,$$

dans laquelle il faudra prendre les intégrales relativement à toute la masse du fluide.

11. La condition de l'incompressibilité consiste en ce que le volume de chaque particule soit invariable; ainsi, ayant exprimé ce volume par $dxdydz$, on aura $dxdydz = \text{const.}$ pour l'equation de condition; par conséquent L sera $= dxdydz - \text{const.}$; et $\delta L = \delta.(dxdydz)$.

Pour avoir la variation $\delta.(dxdydz)$, il semble qu'il n'y aurait qu'à différentier simplement $dxdydz$ selon δ; mais il y a ici une considération particulière à faire, et sans laquelle le calcul ne serait pas rigoureux. La quantité $dxdydz$ n'exprime le volume d'une particule qu'autant qu'on suppose la figure de cette particule un parallélépipède rectangulaire dont les côtés sont parallèles aux axes des x, y, z; cette supposition est très-permise, puisqu'on peut imaginer le fluide partagé en élémens infiniment petits d'une figure quelconque. Or $\delta.(dxdydz)$ doit exprimer la variation que souffre ce volume lorsque la particule change infiniment peu de situation, ses coordonnées x, y, z devenant $x+\delta x$, $y+\delta y$, $z+\delta z$; et il est clair que si dans ce changement la particule conservait la figure d'un parallélépipède rectangle, on aurait

$$\delta.(dxdydz) = dydz\delta dx + dxdz\delta dy + dxdy\delta dz.$$

Par les principes du calcul des variations, on peut changer les δdx, δdy, δdz en $d\delta x$, $d\delta y$, $d\delta z$; mais il est nécessaire de remarquer que les variations δx, δy, δz pouvant être regardées comme des fonctions indéterminées et infiniment petites de x, y, z, pour que $d\delta x$ représente la variation du côté dx de la particule rectangulaire $dxdydz$, lequel est formé par l'accroissement dx que la coordonnée x reçoit, tandis que les deux autres y et z ne varient pas, il faut que dans la différentiation de δx, la seule x soit censée variable; ainsi, suivant la notation des différences partielles, au lieu d'écrire simplement $d\delta x$, il faudra écrire $\frac{d\delta x}{dx}dx$; de même et par un raisonnement semblable, on écrira $\frac{d\delta y}{dy}dy$ et $\frac{d\delta z}{dz}dz$ au lieu de $d\delta y$, $d\delta z$. De cette manière, dans l'hypothèse que la particule $dxdydz$ demeure rectangulaire après la variation, on aura

$$\delta.(dxdydz) = dxdydz\left(\frac{d\delta x}{dx} + \frac{d\delta y}{dy} + \frac{d\delta z}{dz}\right).$$

Il en serait encore de même si on supposait que la particule $dxdydz$ devînt par la variation un parallélépipède dont les angles différassent infiniment peu de l'angle droit. Car on sait, par la Géométrie, que si a, b, c sont les trois côtés d'un parallélépipède qui forment un angle solide, et α, β, γ les trois angles que ces côtés forment entre eux, la solidité, ou le contenu du parallélépipède est exprimée par la formule

$$abc\sqrt{(1 - \cos\alpha^2 - \cos\beta^2 - \cos\gamma^2 + 2\cos\alpha\cos\beta\cos\gamma)}.$$

Or les côtés deviennent, par la variation,

$$dx\left(1+\frac{d\delta x}{dx}\right),\quad dy\left(1+\frac{d\delta y}{dy}\right),\quad dz\left(1+\frac{d\delta z}{dz}\right),$$

et les cosinus de α, β, γ deviennent infiniment petits; ainsi en substituant ces valeurs au lieu de a, b, c, et négligeant les infiniment petits des ordres supérieurs au premier, on aura, pour la variation de $dxdydz$, la même expression qu'on vient de trouver.

Mais quoique cette dernière hypothèse soit légitime, nous ne voulons pas l'adopter sans démonstration, pour ne rien laisser à desirer sur l'exactitude de nos formules. Nous allons donc chercher d'une manière rigoureuse la variation de $dxdydz$, en ayant égard à-la-fois au changement de position et de longueur de chacun des côtés d'un parallélépipède rectangulaire, et en supposant seulement, ce qui est exact dans l'infiniment petit, que ces côtés demeurent rectilignes.

12. Pour simplifier cette recherche, nous commencerons par ne considérer qu'une des faces du parallélépipède $dxdydz$; par exemple, la face $dxdy$, dont les quatre angles répondent à ces quatre systèmes de coordonnées

$$(1)\ x, y, z,\quad (2)\ x+dx, y, z,\quad (3)\ x, y+dy, z,\quad (4)\ x+dx, y+dy, z.$$

Supposons que les coordonnées x, y, z du premier système deviennent $x+\delta x$, $y+\delta y$, $z+\delta z$, et regardons les variations δx, δy, δz comme des fonctions infiniment petites de x, y, z; en faisant croître successivement les x, y, de leurs différentielles dx, dy, on trouvera ce que doivent devenir simultanément les coordonnées des trois autres systèmes. Ainsi en marquant par les mêmes numéros les systemes variés, on aura

$$(1)\ x+\delta x,\quad y+\delta y,\quad z+\delta z,$$

$$(2)\ x+dx+\delta x+\frac{d\delta x}{dx}dx,\quad y+\delta y+\frac{d\delta y}{dx}dx,\quad z+\delta z+\frac{d\delta z}{dx}dx,$$

$$(3)\quad x+\delta x+\frac{d\delta x}{dy}dy,\quad y+dy+\delta y+\frac{d\delta y}{dy}dy,\quad z+\delta z+\frac{d\delta z}{dy}dy,$$

$$(4)\quad\left\{\begin{array}{l} x+dx+\delta x+\frac{d\delta x}{dx}dx+\frac{d\delta x}{dy}dy,\\ y+dy+\delta y+\frac{d\delta y}{dx}dx+\frac{d\delta y}{dy}dy,\\ z+\delta z+\frac{d\delta z}{dx}dx+\frac{d\delta z}{dy}dy. \end{array}\right.$$

Comme ces quatre systèmes de coordonnées répondent aux quatre angles du nouveau quadrilatère dans lequel s'est changé le rectangle $dxdy$, il est clair qu'on aura les côtés de ce quadrilatère en prenant la racine carrée de la somme des carrés des différences des coordonnées pour les deux angles adjacens à chaque côté. Ainsi en marquant la droite qui joint deux angles par la réunion des deux numéros qui répondent à ces angles, on aura

$$(1,2)=dx\sqrt{\left(1+\frac{d\delta x}{dx}\right)^2+\left(\frac{d\delta y}{dx}\right)^2+\left(\frac{d\delta z}{dx}\right)^2},$$

$$(1,3)=dy\sqrt{\left(\frac{d\delta x}{dy}\right)^2+\left(1+\frac{d\delta y}{dy}\right)^2+\left(\frac{d\delta z}{dy}\right)^2},$$

$$(3,4)=dx\sqrt{\left(1+\frac{d\delta x}{dx}\right)^2+\left(\frac{d\delta y}{dx}\right)^2+\left(\frac{d\delta z}{dx}\right)^2},$$

$$(2,4)=dy\sqrt{\left(\frac{d\delta x}{dy}\right)^2+\left(1+\frac{d\delta y}{dy}\right)^2+\left(\frac{d\delta z}{dy}\right)^2},$$

d'où l'on voit que les côtés opposés (1,2), (3,4) sont égaux entre eux, ainsi que les côtés opposés (1,3), (2,4); et que par conséquent le quadrilatère est un parallélogramme dont les deux côtés contigus (1,2), (1,3) seront, en négligeant sous le signe les quantités du second ordre vis-à-vis de celles du premier,

$$(1,2)=dx\left(1+\frac{d\delta x}{dx}\right),\qquad (1,3)=dy\left(1+\frac{d\delta y}{dy}\right).$$

13. A l'égard de l'angle compris par ces deux côtés, on le trouvera par le moyen de la diagonale (2,3), laquelle, en prenant de même la racine carrée de la somme des carrés des différences des coordonnces respectives des systemes (2) et (3), devient

(2,3)

$$(2,3)=\sqrt{\left(dx+\frac{d\delta x}{dx}-\frac{d\delta x}{dy}dy\right)^2+\left(dy+\frac{d\delta y}{dy}dy-\frac{d\delta y}{dx}dx\right)^2+\left(\frac{d\delta z}{dx}dx-\frac{d\delta z}{dy}dy\right)^2}.$$

Or en nommant α l'angle dont il s'agit, le triangle formé par les trois côtés (1,2), (1,3), (2,3) donne

$$\cos\alpha=\frac{(1,2)^2+(1,3)^2-(2,3)^2}{2(1,2)\times(1,3)}.$$

Substituant dans cette expression les valeurs trouvées de (1,2), (1,3), (2,3), effaçant les termes qui se détruisent, et négligeant les infiniment petits du second ordre et des ordres supérieurs, on aura

$$\cos\alpha=\frac{d\delta x}{dy}+\frac{d\delta y}{dx},$$

où l'on voit que l'angle α ne diffère d'un angle droit que par des quantités infiniment petites, puisque son cosinus est infiniment petit.

14. Si on applique la même analyse aux deux autres faces $dxdz$, $dydz$ du rectangle $dxdydz$, on trouvera que ces faces se changent aussi en parallélogrammes; de sorte que les trois faces opposées seront aussi des parallélogrammes, comme on peut le démontrer facilement par la Géométrie. Par conséquent le nouveau solide sera un parallélépipède dont les côtés, qui forment un angle solide, seront

$$dx\left(1+\frac{d\delta x}{dx}\right),\quad dy\left(1+\frac{d\delta y}{dy}\right),\quad dz\left(1+\frac{d\delta z}{dz}\right),$$

et nommant α, β, γ les angles compris entre ces côtés, on aura

$$\cos\alpha=\frac{d\delta x}{dy}+\frac{d\delta y}{dx},$$
$$\cos\beta=\frac{d\delta x}{dz}+\frac{d\delta z}{dx},$$
$$\cos\gamma=\frac{d\delta y}{dz}+\frac{d\delta z}{dy}.$$

D'où l'on peut conclure que la variation du parallélépipède rectangulaire $dxdydz$ est rigoureusement exprimée par la formule donnée plus haut (art. 11).

15. On voit aussi par là que si les variations δx, δy, δz n'étaient fonctions réspectivement que de x, y, z, on aurait rigoureusement $\cos\alpha = 0$, $\cos\beta = 0$, $\cos\gamma = 0$; de sorte que le parallélépipède rectangle $dxdydz$ demeurerait rectangle après la variation. Or comme le changement de forme de ce parallélépipède n'est qu'infiniment petit et n'influe point dans la valeur de sa solidité, il s'ensuit que sans rien ôter à la généralité du résultat, on peut supposer que les variations δx, δy, δz soient simplement fonctions de x, de y et de z, comme nous l'avons fait dans l'article 31 de la section IV.

16. Ayant ainsi la vraie valeur de $\delta.(dxdydz)$, on la prendra pour celle de δL, et l'on aura

$$\delta L = dxdydz\left(\frac{d\delta x}{dx} + \frac{d\delta y}{dy} + \frac{d\delta z}{dz}\right).$$

On substituera donc cette valeur dans l'équation générale de l'article 10, et mettant en même temps pour dm sa valeur $\Gamma dxdydz$ on aura l'équation

$$S\left\{\begin{array}{l}\Gamma(X\delta x + Y\delta y + Z\delta z)\\ +\lambda\left(\frac{d\delta x}{dx} + \frac{d\delta y}{dy} + \frac{d\delta z}{dz}\right)\end{array}\right\} dxdydz = 0,$$

et il ne s'agira plus que d'y faire disparaître les doubles signes $d\delta$ par la méthode exposée dans le § II de la quatrième section.

17. Considérons d'abord la quantité $S\lambda\frac{d\delta x}{dx}dxdydz$, où le signe S dénote une triple intégrale relative à x, y, z; il est clair que comme la différence de δx n'est relative qu'à la variation de x, il ne faudra aussi pour la faire disparaître qu'avoir égard à l'intégration

relative à x; c'est pourquoi on donnera d'abord à cette quantité la forme $SdydzS\lambda\frac{d\delta x}{dx}dx$; ensuite on transformera l'intégrale simple $S\lambda\frac{d\delta x}{dx}dx$ en $\lambda''\delta x''-\lambda'\delta x'-S\frac{d\lambda}{dx}\delta x dx$; les quantités marquées d'un trait se rapportent au commencement de l'intégration, et celles qui en ont deux se rapportent aux points où elle finit, suivant la notation adoptée dans l'endroit cité. Ainsi la quantité dont il s'agit se trouvera changée en celle-ci,

$$Sdydz(\lambda''\delta x''-\lambda'\delta x')-SdydzS\frac{d\lambda}{dx}\delta x dx,$$

ou, ce qui est la même chose,

$$S(\lambda''\delta x''-\lambda'\delta x')\,dydz-S\frac{d\lambda}{dx}\delta x dxdydz.$$

De la même manière et par un raisonnement semblable, on changera les quantités $S\lambda\frac{d\delta y}{dy}dxdydz$, et $S\lambda\frac{d\delta z}{dz}dxdydz$, en celles-ci,

$$S(\lambda''\delta y''-\lambda'\delta y')dxdz-S\frac{d\lambda}{dy}\delta y dxdydz,$$

et

$$S(\lambda''\delta z''-\lambda'\delta z')dxdy-S\frac{d\lambda}{dz}\delta z dxdydz.$$

Faisant ces substitutions, on aura donc pour l'équilibre de la masse fluide, cette équation générale :

$$\begin{aligned}S\left[\left(\Gamma X-\frac{d\lambda}{dx}\right)\delta x+\left(\Gamma Y-\frac{d\lambda}{dy}\right)\delta y+\left(\Gamma Z-\frac{d\lambda}{dz}\right)\delta z\right]dxdydz\\+S(\lambda''\delta x''-\lambda'\delta x')dydz+S(\lambda''\delta y''-\lambda'\delta y')dxdz\\+S(\lambda''\delta z''-\lambda'\delta z')dxdy=0,\end{aligned}$$

dans laquelle il n'y aura plus qu'à égaler séparément à zéro les coefficiens des variations indéterminées δx, δy, δz (art. 16, sect. IV).

18. On aura donc d'abord ces trois équations

$$\Gamma X-\frac{d\lambda}{dx}=0,\qquad \Gamma Y-\frac{d\lambda}{dy}=0,\qquad \Gamma Z-\frac{d\lambda}{dz}=0,$$

lesquelles doivent avoir lieu pour tous les points de la masse fluide.

Ensuite si le fluide est libre de tous côtés, les variations $\delta x'$, $\delta y'$, $\delta z'$, $\delta x''$, $\delta y''$, $\delta z''$ qui se rapportent aux points de la surface du fluide seront aussi indéterminées, et par conséquent il faudra encore égaler séparément à zéro leurs coefficiens, ce qui donnera $\lambda' = 0$, $\lambda'' = 0$, c'est-à-dire, en général $\lambda = 0$ pour tous les points de la surface du fluide; et cette équation servira à déterminer la figure de cette surface.

Il en sera de même lorsque le fluide est renfermé dans un vase, pour la partie de la surface où le vase est ouvert; mais à l'égard de la partie qui est appuyée contre les parois, les variations $\delta x'$, $\delta y'$, $\delta z'$ $\delta x''$, $\delta y''$, $\delta z''$ doivent avoir entre elles des rapports donnés par la figure de ces parois, puisque le fluide ne peut que couler le long des parois; et nous démontrerons plus bas, que quelle que puisse être leur figure, les termes qui renferment les variations en question seront toujours nuls d'eux-mêmes; de sorte qu'il n'y aura aucune condition relativement à cette partie de la surface du fluide.

19. Les trois équations qu'on vient de trouver pour les conditions de l'équilibre du fluide, donnent

$$\frac{d\lambda}{dx} = \Gamma X, \quad \frac{d\lambda}{dy} = \Gamma Y, \quad \frac{d\lambda}{dz} = \Gamma Z;$$

donc puisque $d\lambda = \frac{d\lambda}{dx}dx + \frac{d\lambda}{dy}dy + \frac{d\lambda}{dz}dz$, on aura

$$d\lambda = \Gamma(Xdx + Ydy + Zdz);$$

par conséquent il faudra que la quantité

$$\Gamma(Xdx + Ydy + Zdz)$$

soit une différentielle complète en x, y, z; et cette condition renferme seule les lois de l'équilibre des fluides.

Si on élimine la quantité λ des mêmes équations, on aura les suivantes :

$$\frac{d.\Gamma X}{dy} = \frac{d.\Gamma Y}{dx},$$
$$\frac{d.\Gamma X}{dz} = \frac{d.\Gamma Z}{dx},$$
$$\frac{d.\Gamma Y}{dz} = \frac{d.\Gamma Z}{dy},$$

équations qui s'accordent avec celles de l'article 9.

Ces conditions sont donc nécessaires pour que la masse fluide puisse être en équilibre, en vertu des forces X, Y, Z. Lorsqu'elles ont lieu par la nature de ces forces, on est assuré que l'équilibre est possible; et il ne reste plus qu'à trouver la figure que la masse fluide doit prendre pour être en équilibre, c'est-à-dire, l'équation de la surface extérieure du fluide.

Nous avons vu dans l'article précédent, qu'on doit avoir dans chaque point de cette surface $\lambda = 0$. Donc puisque $d\lambda = \Gamma(Xdx + Ydy + Zdz)$, on aura en intégrant,

$$\lambda = \int \Gamma(Xdx + Ydy + Zdz) + \text{const.};$$

par conséquent l'équation de la surface extérieure sera

$$\int \Gamma(Xdx + Ydy + Zdz) = K,$$

K étant une constante quelconque; et cette équation sera toujours en termes finis, puisque la quantité $\Gamma(Xdx + Ydy + Zdz)$ est supposée une différentielle exacte.

20. La quantité $Xdx + Ydy + Zdz$ est toujours d'elle-même une différentielle exacte, lorsque les forces X, Y, Z sont le résultat d'une ou de plusieurs attractions proportionnelles à des fonctions quelconques des distances aux centres, puisqu'on a en général par l'article 1 de la section V,

$$Xdx + Ydy + Zdz = Pdp + Qdq + Rdr + \text{etc.}$$

Nommant cette quantité $d\Pi$, on aura alors $d\lambda = \Gamma d\Pi$; donc pour que $d\lambda$ soit une différentielle complète, il faudra que Γ soit une fonction de Π. Par conséquent $\lambda = \int \Gamma d\Pi$ sera aussi nécessairement une fonction de Π.

On aura donc dans ce cas, qui est celui de la nature, pour la figure de la surface l'équation, fonct. $\Pi = K$; savoir $\Pi =$ à une constante, de même que si la densité du fluide était uniforme. De plus, puisque Π est constante à la surface, et que Γ est fonction de Π, il s'ensuit que la densité Γ doit être la même dans tous les points de la surface extérieure d'une masse fluide en équilibre.

Dans l'intérieur du fluide la densité peut varier d'une manière quelconque, pourvu qu'elle soit toujours une fonction de Π; elle devra donc être constante partout où la valeur de Π sera constante; de sorte que $\Pi = h$ sera en général l'équation des couches de même densité, h étant une constante. Donc différentiant, on aura $d\Pi = 0$, ou $Xdx + Ydy + Zdz = 0$ pour l'équation générale de ces couches; et il est visible que cette équation est celle des surfaces auxquelles la résultante des forces X, Y, Z est perpendiculaire, et que Clairaut appelle *surfaces de niveau*. D'où il s'ensuit que la densité doit être uniforme dans chaque couche de niveau formée par deux surfaces de niveau infiniment voisines.

Cette loi doit donc avoir lieu dans la Terre et dans les Planètes, supposé que ces corps aient été originairement fluides, et qu'ils aient conservé, en se durcissant, la forme qu'ils avaient prise en vertu de l'attraction de leurs parties, combinée avec la force centrifuge.

21. A l'égard de la quantité λ dont nous venons de déterminer la valeur, il est bon de remarquer que le terme $S\lambda\delta L$ de l'équation générale de l'article 10 représente la somme des momens d'autant de forces λ qui tendent à diminuer la valeur de la fonction L (sect. IV, art. 7); de sorte que comme on a fait $\delta L = \delta . dxdydz$ (art. 11), on peut dire que la force λ tend à comprimer chaque par

ticule *dxdydz* du fluide; par conséquent cette force n'est autre chose que la pression que cette particule du fluide souffre également de tous côtés, et à laquelle elle résiste par son incompressibilité.

On a donc en général pour la pression dans chaque point de la masse fluide, l'expression

$$S\Gamma(Pdx + Qdy + Rdz);$$

et comme la quantité sous le signe doit toujours être intégrable pour que le fluide soit en équilibre, il s'ensuit que la pression pourra toujours être exprimée par une fonction finie des coordonnées relatives à la particule qui éprouve cette pression; proposition fondamentale de la théorie des fluides, donnée par Euler (sect. VI, art. 5).

22. Pour donner une application de l'équation $\Pi =$ *à une constante*, que nous avons trouvée pour représenter la surface d'une masse fluide en équilibre (art. 20), nous allons considérer l'équilibre de la mer, en supposant qu'elle recouvre la terre regardée comme un solide de figure elliptique et peu différent de la sphère, et que chacune de ses particules soit attirée à la fois par toutes les particules de la terre et de la mer, et soit animée en même temps de la force centrifuge provenant de la rotation uniforme de la terre autour de son axe.

C'est ici le lieu d'employer les formules que nous avons données dans l'article 10 de la section V. Nous avons désigné par Σ la valeur de la fonction Π, lorsque les forces sont le résultat des attractions de toutes les particules d'un corps de figure donnée, et nous avons donné l'expression de Σ pour le cas où l'attraction est en raison inverse du carré des distances, et où le corps attirant est un sphéroïde elliptique peu différent de la sphère. En conservant les dénominations employées dans cet article, et en s'arrêtant aux termes qui contiennent les secondes dimensions des excentricités e et i, on a trouvé

$$\Sigma = -\mathrm{m}\left(\frac{1}{r} - \frac{e^2+i^2}{2.5r^3} + 3\,\frac{e^2y^2+i^2z^2}{2.5r^5}\right),$$

où x, y, z sont les coordonnées rectangles du point attiré, $r=\sqrt{x^2+y^2+z^2}$ est la distance de ce point au centre du sphéroïde, et m est la masse du sphéroïde $=\frac{4\pi}{3}ABC$, A, B, C étant les demi-axes du sphéroïde.

Si on dénote par Γ la densité du sphéroïde supposé homogène, il faudra multiplier cette expression de Σ par Γ; et si on suppose que le sphéroïde ait un autre sphéroïde pour noyau, dont la densité soit différente, il n'y aura qu'à y ajouter la valeur de Σ relative à ce nouveau sphéroïde, multipliée par la différence des densités. Ainsi en marquant par un trait les quantités relatives au sphéroïde intérieur, et supposant que sa densité soit $\Gamma+\Gamma'$, on aura pour la valeur totale de Σ,

$$\Sigma=-\frac{\Gamma m+\Gamma' m'}{r}+\frac{\Gamma m(e^2+i^2)+\Gamma' m'(e'^2+i'^2)}{2.5r^3}$$
$$-3\frac{\Gamma m e^2+\Gamma' m' e'^2}{2.5r^5}y^2-3\frac{\Gamma m i^2+\Gamma' m' i'^2}{2.5r^5}z^2.$$

23. Supposons que le point attiré par le sphéroïde soit en même temps sollicité par trois forces représentées par fx, gy et hz dirigées suivant les coordonnées x, y et z, et tendantes à les augmenter, on aura $-fxdx$, $-gydy$ et $-hzdz$ pour leurs momens, et il en résultera les termes $-\frac{fx^2}{2}-\frac{gy^2}{2}-\frac{hz^2}{2}$ à ajouter à la quantité Σ pour avoir la valeur de Π, due à toutes les forces qui agissent sur le même point. Ainsi l'équation de l'équilibre sera

$$\Sigma-\frac{fx^2+gy^2+hz^2}{2}=const.$$

24. Pour appliquer maintenant ces formules à la question dont il s'agit, on supposera que le sphéroïde extérieur est la mer, dont la densité est Γ, et que le noyau intérieur est la terre, ayant la densité $\Gamma+\Gamma'$, et on placera le point attiré à la surface de la mer, en faisant coïncider les coordonnées x, y, z de ce point avec les coordonnées a, b, c de la surface du sphéroïde extérieur. On aura alors

alors, pour que cette surface soit en équilibre, l'équation

$$\frac{\Gamma m+\Gamma' m'}{r}-\frac{\Gamma m(e^2+i^2)+\Gamma' m'(e'^2+i'^2)}{2.5r^3}+\frac{fx^2}{2}$$
$$+\left(3\frac{\Gamma m e^2+\Gamma' m' e'^2}{2.5r^5}+\frac{g}{2}\right)y^2$$
$$+\left(3\frac{\Gamma m i^2+\Gamma' m' i'^2}{2.5r^5}+\frac{h}{2}\right)z^2$$
$$= \textit{à une constante.}$$

Cette équation, dans laquelle $r=\sqrt{x^2+y^2+z^2}$, donne la figure de la surface; mais nous avons supposé dans les formules de l'article 10 de la section V, que cette surface est représentée par l'équation

$$\frac{x^2}{A^2}+\frac{y^2}{B^2}+\frac{z^2}{C^2}=1,$$

en prenant ici x, y, z au lieu de a, b, c; donc il faudra que ces deux équations coïncident.

Tirons de celle-ci la valeur de r en y et z, et pour cela substituons dans $r^2=x^2+y^2+z^2$, pour x^2 sa valeur $A^2-\frac{A^2y^2}{B^2}-\frac{A^2z^2}{C^2}$, on aura, en mettant pour B^2 et C^2 les valeurs A^2+e^2, A^2+i^2 (article cité),

$$r^2=A^2+\frac{e^2y^2}{A^2+e^2}+\frac{i^2z^2}{A^2+i^2},$$

d'où l'on tire, en rejetant les puissances de e et i supérieures à e^2 et i^2, auxquelles nous n'avons point égard ici,

$$\frac{1}{r}=\frac{1}{A}-\frac{e^2y^2+i^2z^2}{2A^5}.$$

On substituera donc cette valeur de $\frac{1}{r}$, ainsi que celle de x^2, dans la première équation, et rejetant toujours les termes qui contiendraient e^4, i^4, e^2, i^2, etc., on aura

$$\frac{\Gamma m+\Gamma' m'}{A}-\frac{\Gamma m(e^2+i^2)+\Gamma' m'(e'^2+i'^2)}{2.5A^3}+\frac{fA^2}{2}$$
$$+\left(3\,\frac{\Gamma m e^2+\Gamma' m' e'^2}{2.5A^5}+\frac{g}{2}-\frac{fA^2}{2B^2}-\frac{(\Gamma m+\Gamma' m')e^2}{2A^5}\right)y^2$$
$$+\left(3\,\frac{\Gamma m i^2+\Gamma' m' i'^2}{2.5A^5}+\frac{h}{2}-\frac{fA^2}{2C^2}-\frac{(\Gamma m+\Gamma' m')i^2}{2A^5}\right)z^2$$
$$= \textit{à une constante.}$$

Cette équation devant être identique, il faudra que les coefficiens des quantités variables y^2 et z^2 soient nuls, ce qui donnera les deux équations

$$\frac{3\Gamma' m' e'^2}{2.5A^5}-\frac{(2\Gamma m+5\Gamma' m')e^2}{2.5A^5}+\frac{g}{2}-\frac{fA^2}{2B^2}=0,$$
$$\frac{3\Gamma' m' i'^2}{2.5A^5}-\frac{(2\Gamma m+5\Gamma' m')i^2}{2.5A^5}+\frac{h}{2}-\frac{fA^2}{2C^2}=0,$$

qui serviront à déterminer les deux excentricités e et i de la surface elliptique de la mer.

25. On sait que la force centrifuge est proportionnelle à sa distance de l'axe de rotation et au carré de la vîtesse angulaire de rotation. Donc si on prend l'axe $2A$, qui est aussi l'axe des coordonnées x, pour l'axe de rotation, et que f soit la force centrifuge à la distance A de l'axe, on aura $\frac{\mathrm{f}u}{A}$ pour la force centrifuge d'un point quelconque du sphéroïde, en faisant $u=\sqrt{y^2+z^2}$; cette force étant dirigée suivant la ligne u et tendant à l'augmenter, donnera le moment $-\frac{\mathrm{f}udu}{A}$, dont l'intégrale $-\frac{\mathrm{f}u^2}{2A}$, savoir $-\frac{\mathrm{f}(y^2+z^2)}{2A}$, devra être ajoutée à la quantité Σ, pour avoir égard à l'effet de la force centrifuge. Ainsi on aura les conditions de l'équilibre de la mer, en vertu de l'attraction réciproque de toutes les particules de la mer et de la terre, et de la force centrifuge due à la rotation de la terre, en faisant dans les deux équations précédentes $f=0$, $g=\frac{\mathrm{f}}{A}$, $h=\frac{\mathrm{f}}{A}$.

Puisque les deux constantes g et h sont égales, on voit par ces équations que si les excentricités e' et i' de la terre sont égales, on aura aussi les deux excentricités e et i de la figure de la mer égales entre elles; de sorte que si la terre est un sphéroïde de révolution, la mer en sera un aussi. Mais si la terre n'est pas un sphéroïde de révolution, la mer ne le sera pas non plus, et les deux équations dont il s'agit donneront les valeurs de ses deux excentricités e, i, qui seront différentes des excentricités e' et i' de la terre.

26. Au reste, cette solution n'est exacte qu'aux quantités e^2, i^2, e'^2, i'^2 près; et si on voulait avoir égard, dans les valeurs de Σ et de r, aux termes qui contiendraient des puissances supérieures de ces quantités, il ne serait plus possible de vérifier en général l'équation

$$\Sigma - \frac{f(y^2+z^2)}{2A} = \textit{à une constante},$$

pour la surface d'équilibre; d'où il faudrait conclure que cette surface n'a point rigoureusement la figure d'un sphéroïde elliptique.

Je dis *en général*, parce que dans le cas où le sphéroïde est homogène et sans noyau intérieur d'une densité différente, on a trouvé que les attractions sur un point quelconque de la surface, suivant les trois ordonnées x, y, z, sont représentées exactement par les formules

$$\mathrm{m}Lx, \quad \mathrm{m}My, \quad \mathrm{m}Nz,$$

où L, M, N sont des fonctions de A, B, C données par des intégrales définies; d'où l'on déduit pour Σ cette expression rigoureuse

$$\Sigma = \frac{\mathrm{m}}{2} \times (Lx^2 + My^2 + Nz^2).$$

Ainsi l'équation de l'équilibre $\Sigma - \frac{f(y^2+z^2)}{2A} = \textit{const.}$ étant de la même forme que l'équation du sphéroïde $\frac{x^2}{A^2} + \frac{y^2}{B^2} + \frac{z^2}{C^2} = 1$, on peut, à cause de la constante arbitraire, les rendre identiques par ces deux conditions,

$$\frac{\mathrm{m}M - \mathrm{f}}{\mathrm{m}L} = \frac{A^2}{B^2}, \qquad \frac{\mathrm{m}N - \mathrm{f}}{\mathrm{m}L} = \frac{A^2}{C^2},$$

lesquelles donnent $B = C$, parce que les quantités M et N sont des fonctions semblables de B, C et de C, B; elles se réduisent ainsi à une seule qui sert à déterminer le rapport de A à B.

Ce cas est jusqu'à présent le seul pour lequel on ait trouvé une solution rigoureuse qu'on doit à Maclaurin; de sorte que le problème de la figure de la terre, envisagé physiquement, n'est résolu exactement qu'en supposant le sphéroïde fluide et homogène. Dans ce cas, les deux équations approchées, trouvées plus haut (art. 24), donnent, en faisant $\Gamma = 1$, $\Gamma' = 0$, $g = h = \frac{\mathrm{f}}{A}$ et $e = i$, celle-ci: $\frac{2\mathrm{m}e^2}{5A^4} - \mathrm{f} = 0$. Si on compare la force centrifuge à la gravité prise pour l'unité, laquelle est, aux quantités e^2 près, $\frac{\mathrm{m}}{A^2}$, il n'y aura qu'à faire $\frac{\mathrm{m}}{A^2} = 1$, et l'on aura $\frac{2e^2}{5A^2} = \mathrm{f} = 2\,\frac{B^2 - A^2}{5A^2}$; d'où l'on tire $\frac{B}{A} = \sqrt{1 + \frac{5\mathrm{f}}{2}}$. Or on a $\mathrm{f} = \frac{1}{288}$; donc $\frac{B}{A} = \frac{231}{230}$ à très-peu près, comme on le sait depuis long-temps.

§ III.

De l'équilibre d'une masse fluide libre avec un solide qu'elle recouvre.

27. Les lois particulières de l'équilibre d'un fluide avec un solide qui y est plongé, ou dans lequel il est renfermé, lorsque tous les points du fluide et du solide sont sollicités par des forces quelconques, dépendent des termes de l'équation générale (art. 17) qui se rapportent aux limites, et qui ne contiennent que des intégrations doubles.

Ces termes donnent cette équation aux limites,

$$S\lambda''(\delta x'' dydz + \delta y'' dxdz + \delta z'' dxdy)$$
$$- S\lambda'(dx' dydz + \delta' y dxdz + \delta z' dxdy) = 0,$$

laquelle doit se vérifier dans tous les points où le fluide est contigu au solide.

28. Considérons d'abord le cas d'une masse fluide dont la surface extérieure est libre, et qui environne un noyau solide fixe de figure quelconque.

En prenant l'origine des coordonnées dans un point de l'intérieur du noyau, les quantités marquées d'un trait se rapporteront à la surface du noyau, et les quantités marquées de deux traits se rapporteront à la surface extérieure du fluide. Ainsi on aura d'abord, pour tous les points de cette surface, l'équation $\lambda'' = 0$, laquelle donne, comme on on l'a déjà vu plus haut (art. 19),

$$S\Gamma(Xdx + Ydy + Zdz) = K,$$

pour la figure de cette surface.

Il ne restera donc à vérifier que l'équation

$$S\lambda'(\delta x'dydz + \delta y'dxdz + \delta z'dxdy) = 0,$$

dont tous les termes se rapportent à la surface du noyau.

29. Comme l'intégration de ces termes est relative aux coordonnées dont les différentielles entrent dans l'expression des élémens superficiels $dxdy$, $dxdz$, $dydz$, il faut commencer par réduire ces élémens à une même forme; ce qu'on peut obtenir en les rapportant à l'élément de la surface auquel ils répondent.

Désignons par ds^2 l'élément de la surface qui répond à l'élément $dxdy$ du plan des x, y; et nommons γ' l'angle que le plan tangent fait avec le même plan des x, y; on aura, par la propriété connue des plans, $dxdy = ds^2 \cos\gamma'$, et l'intégrale $S\lambda'\delta z'dxdy$ deviendra $S\lambda' \cos\gamma'\delta z ds^2$, laquelle devra s'étendre à tous les points de la surface du fluide.

De même si $d\sigma^2$ est l'élément de la surface qui répond à l'élément $dxdz$ du plan des x, z, et qu'on nomme β' l'angle que le plan tangent fait avec ce même plan des x, z, on aura $dxdz = d\sigma^2 \cos\beta'$, et l'intégrale $S\lambda'\delta y'dxdz$ deviendra $S\lambda'\cos\beta'\delta y'd\sigma^2$, laquelle devra s'étendre également par toute la surface du fluide.

30. Je remarque maintenant que quoique les deux élémens ds^2 et $d\sigma^2$ de la surface puissent n'être pas égaux entre eux, néanmoins comme les deux intégrales qui renferment ces élémens se rapportent à la même surface, rien n'empêche d'employer le même élément dans ces deux intégrales, puisque, par la nature du calcul différentiel, la valeur absolue des élémens est arbitraire et n'influe point sur celle de l'intégrale. Ainsi on pourra changer l'intégrale $S\lambda'\cos\beta'\delta y'd\sigma^2$ en $S\lambda'\cos\beta'\delta y'ds^2$.

Par le même raisonnement, l'intégrale $S\lambda'\delta x'dydz$ pourra se mettre sous la forme $S\lambda'\cos\alpha'\delta x'ds^2$, en nommant α' l'angle que le plan tangent fait avec le plan des x, y.

D'ailleurs il est évident qu'on peut toujours prendre les élémens dx, dy, dz tels qu'ils satisfassent aux conditions

$$dxdy = \cos\gamma'ds^2, \qquad dxdz = \cos\beta'ds^2, \qquad dydz = \cos\alpha'ds^2,$$

lesquelles donnent

$$dx = ds\sqrt{\left(\frac{\cos\beta'\cos\gamma'}{\cos\alpha'}\right)}, \quad dy = ds\sqrt{\left(\frac{\cos\alpha'\cos\gamma'}{\cos\beta'}\right)}, \quad dz = ds\sqrt{\left(\frac{\cos\alpha'\cos\beta'}{\cos\gamma'}\right)}.$$

Par ces transformations, l'équation aux limites deviendra enfin

$$S\lambda'(\cos\alpha'\delta x' + \cos\beta'\delta y' + \cos\gamma'\delta z')ds^2 = 0,$$

l'intégration devant s'étendre sur toute la surface du fluide contigu au noyau.

31. Supposons que la figure de cette surface soit représentée par l'équation différentielle

$$Adx' + Bdy' + Cdz' = 0.$$

En nommant α', β', γ' les angles que le plan tangent fait avec les plans des x, y, des x, z et des y, z, on a par la théorie des surfaces,

$$\cos\alpha' = \frac{A}{\sqrt{(A^2+B^2+C^2)}},$$

$$\cos\beta' = \frac{B}{\sqrt{(A^2+B^2+C^2)}},$$

$$\cos\gamma' = \frac{C}{\sqrt{(A^2+B^2+C^2)}}.$$

Donc l'équation de l'article précédent, relative à la surface, deviendra

$$S\left(\lambda' \times \frac{A\delta x'+B\delta y'+C\delta z'}{\sqrt{(A^2+B^2+C^2)}}\right) ds^2 = 0.$$

Comme cette surface est donnée de figure et de position, les variations $\delta x'$, $\delta y'$, $\delta z'$ des coordonnées des particules qui y sont contiguës doivent avoir entre elles une relation dépendante de l'équation de la même surface; ainsi ayant supposé cette équation $Adx'+Bdy'+Cdz'=0$, on aura aussi nécessairement $A\delta x'+B\delta y'+C\delta z'=0$, ce qui satisfait à l'équation aux limites de l'article précédent, sans qu'il en résulte aucune nouvelle équation.

32. Soit p' une ligne perpendiculaire à la surface dans le point auquel répondent les variations $\delta x'$, $\delta y'$, $\delta z'$, et terminée à un point fixe. Puisque α' est l'angle que le plan tangent fait avec le plan des y, z, ce sera aussi l'angle que la perpendiculaire p' à ce plan fait avec l'axe des x, qui est perpendiculaire au même plan des y, z. De même β' sera l'angle de cette perpendiculaire avec l'axe des y; et γ' sera l'angle de la même perpendiculaire avec l'axe des z. Donc quelles que soient les variations $\delta x'$, $\delta y'$, $\delta z'$, on aura en général par l'article 7 de la seconde section, en changeant d en δ,

$$\delta p' = \cos\alpha'\delta x' + \cos\beta'\delta y' + \cos\gamma'\delta z';$$

et l'équation de l'article 30, relative à la surface du fluide, pourra se mettre sous la forme

$$S\lambda'\delta p' ds^2 = 0,$$

où l'on voit que chaque élément $\lambda' ds^2 \delta p'$ de cette intégrale représente le moment d'une force $\lambda' ds^2$ appliquée à l'élément ds^2 de la surface, et dirigée suivant la perpendiculaire p' à cette surface. De sorte que l'intégrale $S\lambda' \delta p' ds^2$ représentera la somme des momens de toutes les forces λ' appliquées à chaque point de la surface et agissant perpendiculairement à cette surface.

Cette force égale à λ' est évidemment la pression exercée par le fluide sur la surface du noyau, et qui est détruite par la résistance du noyau. Mais on peut en général réduire à la forme $S\lambda \delta p ds^2$ tous les termes de l'équation aux limites qui se rapportent à la surface du fluide, soit que cette surface soit libre ou non; et il est évident que la pression λ doit être nulle dans tous les points où la surface est libre; ce que nous avons déjà trouvé d'une autre manière (art. 18).

33. Si le noyau recouvert par le fluide était mobile, alors il faudrait augmenter les variations δx, δy, δz des variations dépendantes du changement de position du noyau.

Pour distinguer ces différentes variations, nous désignerons par $\delta \mathrm{x}$, $\delta \mathrm{y}$, $\delta \mathrm{z}$ les variations dues simplement au déplacement des particules du fluide, relativement au noyau regardé comme fixe, et nous dénoterons par $\delta \xi$, $\delta \eta$, $\delta \zeta$ les variations qui dépendent du déplacement du noyau. Celles-ci sont exprimées par les formules suivantes, que nous avons trouvées dans l'article 60 de la section V,

$$\delta \xi = \delta l + z\delta M - y\delta N,$$
$$\delta \eta = \delta m - z\delta L + x\delta N,$$
$$\delta \zeta = \delta n + y\delta L - x\delta M.$$

Ainsi dans l'équation générale de l'article 17, il faudra mettre $\delta \mathrm{x} + \delta \xi$, $\delta \mathrm{y} + \delta \eta$, $\delta \mathrm{z} + \delta \zeta$ à la place de δx, δy, δz; et ensuite égaler à zéro les termes affectés des variations $\delta \mathrm{x}$, $\delta \mathrm{y}$, $\delta \mathrm{z}$, ainsi que ceux qui se trouveront affectés des nouvelles variations δl, δm, δn, δL, δM, δN, après les avoir fait sortir hors des signes S, puisque ces variations sont les mêmes pour toutes les particules du fluide.

On

On voit d'abord que l'introduction des variations $\delta\xi$, $\delta\eta$, $\delta\zeta$ n'apporte aucun changement aux équations qui doivent avoir lieu pour tous les points du fluide, et qui résultent des termes affectés d'une triple intégration, parce qu'en égalant à zéro les coefficiens de δx, δy, δz, dans ces termes, les variations $\delta\xi$, $\delta\eta$, $\delta\zeta$ disparaissent en même temps. D'où il suit que les lois générales de l'équilibre contenues dans les formules de l'article 19, sont indépendantes de l'état comme de la figure du noyau.

34. Il n'y a donc à considérer que l'équation aux limites que nous avons réduite, dans l'article 30, à la forme

$$S\lambda'(\cos\alpha\delta x' + \cos\beta\delta y' + \cos\gamma\delta z')\,ds^2 = 0.$$

En y substituant pour $\delta x'$, $\delta y'$, $\delta z'$ les valeurs $\delta x' + \delta\xi'$, $\delta y' + \delta\eta'$, $\delta z' + \delta\zeta'$ marquées d'un trait, pour les rapporter à la surface du fluide contiguë au noyau, elle devient

$$S\lambda'(\cos\alpha\delta x' + \cos\beta\delta y' + \cos\gamma\delta z')ds^2$$
$$+ S\lambda'(\cos\alpha\delta\xi' + \cos\beta\delta\eta' + \cos\gamma\delta\zeta')ds^2 = 0.$$

La partie qui contient les variations $\delta x'$, $\delta y'$, $\delta z'$ est nulle d'elle-même, comme nous l'avons démontré dans l'article 31. L'autre partie du premier membre de l'équation devra donc aussi être nulle. On y substituera les valeurs de $\delta\xi'$, $\delta\eta'$, $\delta\zeta'$, et on égalera ensuite séparément à zéro les quantités multipliées par δl, δm, δn, δL, δM, δN; on aura ces six équations,

$$S\lambda'\cos\alpha ds^2 = 0, \quad S\lambda'\cos\beta ds^2 = 0, \quad S\lambda'\cos\gamma ds^2 = 0,$$
$$S\lambda'(y'\cos\gamma - z'\cos\beta)ds^2 = 0,$$
$$S\lambda'(z'\cos\alpha - x'\cos\gamma)ds^2 = 0,$$
$$S\lambda'(x'\cos\beta - y'\cos\alpha)ds^2 = 0,$$

qui seront nécessaires pour l'équilibre complet du fluide et du solide.

Ces équations répondent à celles de l'article 62 de la section V, en substituant ds^2 pour dm, et $\lambda'\cos\alpha$, $\lambda'\cos\beta$, $\lambda'\cos\gamma$ pour X, Y, Z. En effet, λ' étant la force de pression qui agit perpendiculairement sur la surface du noyau solide, $\lambda'\cos\alpha$, $\lambda'\cos\beta$, $\lambda'\cos\gamma$ seront les forces qui en résultent, suivant les directions des coordonnées x, y, z, et il faudra que le solide soit en équilibre, chacun des points de sa surface étant sollicité par ces mêmes forces.

35. Mais lorsqu'un fluide est supporté par un solide de figure donnée, et que l'un et l'autre sont sollicités par des forces quelconques, il est plus simple de tirer directement la solution du problème de l'équation fondamentale de l'article 16, en y substituant immédiatement pour δx, δy, δz, leurs valeurs complètes $\delta x + \delta\xi$, $\delta y + \delta\eta$, $\delta z + \delta\zeta$ (art. 33).

Les variations δx, δy, δz étant indépendantes des autres variations δl, δm, etc., donneront une équation semblable à celle de l'article 17, et fourniront les mêmes résultats pour l'équilibre du fluide, que dans le cas où le solide est supposé fixe.

A l'égard des autres variations $\delta\xi$, $\delta\eta$, $\delta\zeta$, il est d'abord aisé de voir qu'elles ne donnent rien dans les valeurs des différences partielles $\frac{d\delta x}{dx}$, $\frac{d\delta y}{dy}$, $\frac{d\delta z}{dz}$, puisque les variations δl, δm, δn, δL, δM, δN sont censées independantes de x, y, z.

Ainsi il suffira de substituer $\delta\xi$, $\delta\eta$, $\delta\zeta$ à la place de δx, δy, δz dans la formule

$$S(X\delta x + Y\delta y + Z\delta z)\Gamma dxdydz,$$

et d'égaler séparément à zéro les quantités multipliées par chacune des six variations δl, δm, δn, δL, δM, δN, après les avoir fait sortir hors du signe S. Il est visible qu'on aura de cette manière les mêmes équations qu'on a trouvées dans la section cinquième (chap. IV), pour l'équilibre d'un corps solide dont chaque particule dm, qui est ici $\Gamma dxdydz$ est animée par des forces quelconques X, Y, Z; de sorte que l'on a pour l'équilibre d'un fluide sur un noyau mobile, les mêmes équations que si le fluide devenait solide.

36. Il résulte de ces deux manières d'envisager les variations, que la pression du fluide sur la surface du noyau équivaut à l'action de toutes les forces qui sollicitent chaque particule du fluide, en supposant que le fluide soit considéré comme solide, et que le noyau soit augmenté de toute la masse du fluide devenu solide.

Comme ce théorème de Statique est important, nous croyons devoir montrer d'une manière plus directe comment il se déduit de nos formules.

Tout se réduit à démontrer que l'équation

$$S(X\delta\xi + Y\delta\eta + Z\delta\zeta)\Gamma dxdydz = 0,$$

donne les mêmes résultats que l'équation aux limites

$$S\lambda'(\delta\xi' dydz + \delta\eta' dxdz + \delta\zeta' dxdy) = 0.$$

Par les conditions de l'équilibre du fluide on a (art. 19),

$$\Gamma X = \frac{d\lambda}{dx}, \quad \Gamma Y = \frac{d\lambda}{dy}, \quad \Gamma Z = \frac{d\lambda}{dz},$$

Et comme les valeurs de $\delta\xi$, $\delta\eta$, $\delta\zeta$ (art. 33) sont respectivement indépendantes de x, y, z, on aura aussi

$$\Gamma X\delta\xi = \frac{d.\lambda\delta\xi}{dx}, \quad \Gamma Y\delta\eta = \frac{d.\lambda\delta\eta}{dy}, \quad \Gamma Z\delta\zeta = \frac{d.\lambda\delta\zeta}{dz},$$

ainsi la première équation deviendra

$$S\left(\frac{d.\lambda\delta\xi}{dx} + \frac{d.\lambda\delta\eta}{dy} + \frac{d.\lambda\delta\zeta}{dz}\right) dxdydz = 0.$$

Le premier terme sous le signe est intégrable par rapport à x, le second par rapport à y, le troisième par rapport à z; donc si on exécute ces intégrations partielles, comme on l'a fait dans l'article 17, il en résulte l'équation aux limites

$$S\lambda''(\delta\xi''dydz + \delta\eta''dxdz + \delta\zeta''dxdy)$$
$$- S\lambda'(\delta\xi'dydz + \delta\eta'dxdz + \delta\zeta'dxdy) = 0.$$

Mais on a $\lambda'' = 0$ (art. 23) à cause que la surface extérieure du fluide est supposée libre; donc il ne restera que l'équation

$$S\lambda'(\delta\xi'dydz + \delta\eta'dxdz + \delta\zeta'dxdy) = 0.$$

Ainsi les deux équations reviennent exactement au même.

37. Puisque, relativement aux variations dépendantes du déplacement du noyau, on peut regarder le fluide qui le recouvre, comme s'il ne faisait qu'une masse solide avec lui; lorsque tous les points du noyau seront aussi sollicités par des forces quelconques, il n'y aura qu'à tenir compte de ces forces, comme de celles qui sollicitent les particules du fluide, et appliquer à l'équilibre de la masse composée du fluide et du solide, comme si elle ne formait qu'un solide continu, les solutions données dans le chapitre IV de la cinquième section.

§ IV.

De l'équilibre des fluides incompressibles contenus dans des vases.

38. L'équation générale aux limites de l'article 27 doit se vérifier pour tous les points des parois du vase dans lequel le fluide est renfermé.

Mettons cette équation sous la forme

$$S(\lambda''\delta x'' - \lambda'\delta x')dydz$$
$$+ S(\lambda''\delta y'' - \lambda'\delta y')dxdz$$
$$+ S(\lambda''\delta z'' - \lambda'\delta z')dxdy = 0,$$

et considérons d'abord les termes $S(\lambda''\delta z'' - \lambda'\delta z')dxdy$, dans lesquels $\delta z''$ et $\delta z'$ sont les variations de l'ordonnée z, en tant qu'elle se rapporte aux deux points de la surface du fluide qui répondent aux mêmes coordonnées x et y.

Il est évident que les variations $\delta z''$ tendent à faire sortir les particules de la surface hors de la masse fluide, et que les variations $\delta z'$, en les supposant toutes deux positives, tendent à faire rentrer dans cette masse les particules de la surface opposée; de sorte qu'en donnant à celle-ci le signe négatif, les variations $\delta z''$ et $-\delta z'$ tendront également à faire sortir hors de la masse fluide les particules de la surface; et la double intégrale

$$S(\lambda''\delta z'' + \lambda' \times - \delta z')dxdy$$

représentera la somme de toutes les quantités $\lambda\delta zdxdy$ qui répondent à tous les points de la surface du fluide, et dans lesquelles les variations δz seront censées avoir la même tendance du dedans de la masse fluide au dehors; ainsi, avec cette condition nous pouvons donner à cette intégrale cette forme plus simple $S\lambda dzdxdy$.

De la même manière et avec les mêmes conditions, on pourra ramener les deux autres intégrales doubles $S(\lambda''\delta y''-\lambda'\delta y')dxdz$ et $S(\lambda''\delta x''-\lambda'\delta x')dydz$, à la forme $S\lambda\delta ydxdz$, $S\lambda\delta xdydz$.

Ainsi l'équation aux limites dont il s'agit pourra se mettre sous cette forme

$$S\lambda\delta zdxdy + S\lambda\delta ydxdz + S\lambda\delta zdydx,$$

qu'on peut encore réduire, par l'analyse de l'article 33, à celle-ci :

$$S\lambda(\cos\alpha\delta x + \cos\beta\delta y + \cos\gamma\delta z)ds^2 = 0,$$

dans laquelle α, β, γ sont les angles que le plan tangent à la surface, dans le point qui répond aux coordonnées x, y, z, fait avec les trois plans des y, z, des x, z et des x, y. L'intégration de cette équation devra s'étendre à toute la surface du fluide; et les variations δx, δy, δz seront censées toutes dirigées du dedans de la masse fluide au dehors.

39. Dans les points où la surface est libre, les variations δx, δy, δz demeurant indéterminées, on ne peut satisfaire à l'équation qu'en faisant $\lambda = 0$, ce qui donnera la figure de cette surface, comme nous l'avons vu dans l'article 18.

Pour tous les autres points de la surface où le fluide est contigu aux parois du vase, si on marque d'un trait les quantités qui s'y rapportent, on aura, relativement à ces parois, la même équation qu'on a trouvée par rapport à la surface du noyau recouvert d'un fluide (art. 30). Ainsi toutes les conclusions qu'on a tirées de cette équation, depuis l'article qu'on vient de citer jusqu'à la fin du paragraphe précédent, peuvent s'appliquer aux parois du vase dans lequel le fluide est renfermé, quelle que soit d'ailleurs sa figure, et soit qu'il demeure fixe, ou qu'il doive être en équilibre, par la pression du fluide et par l'action des forces étrangères qui le tirent dans des directions quelconques.

HUITIÈME SECTION.

De l'équilibre des fluides compressibles et élastiques.

1. Soient, comme dans l'article 10 de la section précédente, X, Y, Z les forces qui agissent sur chaque point de la masse fluide, réduites aux directions des coordonnées x, y, z, et tendantes à diminuer ces coordonnées; on aura d'abord $S(X\delta x + Y\delta y + Z\delta z)dm$ pour la somme de leurs momens.

Dans les fluides élastiques il y a de plus une force intérieure qu'on nomme élasticité ou ressort, et qui tend à les dilater, ou à augmenter leur volume. Soit donc ε l'élasticité d'une particule quelconque dm; cette force tendant à augmenter le volume $dxdydz$ de la même particule, aura ou pourra être censée avoir pour moment la quantité $-\varepsilon\delta.(dxdydz)$ par l'article 9 de la seconde section. Je donne ici le signe $-$ au moment de cette force, parce que celle-ci tend à augmenter la variable $dxdydz$, tandis que les forces X, Y, Z tendent à diminuer les variables x, y, z. Ainsi la somme des momens provenans de l'élasticité de toute la masse fluide, sera exprimée par $-S\varepsilon\delta(dxdydz)$.

Donc la somme totale des momens des forces qui agissent sur le fluide, sera

$$S(X\delta x + Y\delta y + Z\delta z)\,dm - S\varepsilon\delta(dxdydz);$$

et comme il n'y a ici aucune condition particulière à remplir, on aura l'équation générale de l'équilibre, en égalant simplement cette somme à zéro.

2. On aura donc pour l'équilibre des fluides élastiques, une équation de la même forme que celle que l'on a trouvée dans la sec-

tion précédente (art. 10) pour l'équilibre des fluides incompressibles, puisque dans celle-ci $\delta L = \delta(dxdydz)$ (art. 11), ce qui rend le terme $S\lambda\delta L$ provenant de la condition de l'incompressibilité, entièrement semblable au terme $S\varepsilon\delta(dxdydz)$ dû aux momens des forces élastiques.

Il s'ensuit de là que les formules trouvées pour l'équilibre des fluides incompressibles, s'appliquent immédiatement et sans aucune restriction à l'équilibre des fluides élastiques, en y changeant simplement le coefficient λ en $-\varepsilon$, c'est-à-dire en supposant que la quantité λ qui exprimait la pression dans les fluides incompressibles, étant prise négativement, exprime la force d'élasticité de chaque élément d'un fluide élastique.

3. L'éslaticité ε dépend de la densité et de la température de chaque particule du fluide, et on doit la regarder comme une fonction connue de ces deux quantités ; mais la densité de chaque particule est inconnue parce qu'elle dépend du rapport de la masse dm de la particule à son volume $dxdydz$; et le calcul différentiel ne peut déterminer ce rapport, qui dépend du nombre de particules élémentaires contenues dans l'élément différentiel $dxdydz$ de la masse fluide.

On ne peut donc connaître la valeur de l'élasticité qu'*à posteriori*, par le moyen des forces qui tiennent le fluide en équilibre. Ainsi il faudra déterminer la valeur de ε comme on a déterminé celle de λ dans l'article 19 de la section précédente.

4. En changeant λ en $-\varepsilon$, on aura par cet article les équations

$$\frac{d\varepsilon}{dx} + \Gamma X = 0, \quad \frac{d\varepsilon}{dy} + \Gamma Y = 0, \quad \frac{d\varepsilon}{dz} + \Gamma Z = 0,$$

lesquelles donnent

$$d\varepsilon + \Gamma(Xdx + Ydy + Zdz) = 0,$$

et

et par conséquent

$$\varepsilon = const. - \mathrm{S}\Gamma(Xdx + Ydy + Zdz),$$

Ainsi la quantité $\Gamma(Xdx + Ydy + Zdz)$ doit être une différentielle complète pour l'équilibre des fluides élastiques, comme pour celui des fluides incompressibles.

De là on conclura aussi, comme dans l'article 20 de la section précédente, que lorsque la quantité $Xdx+Ydy+Zdz$ est elle-même une différentielle complète, la densité Γ devra être uniforme dans chaque surface de niveau.

5. En désignant par θ la chaleur qui a lieu dans chaque endroit de la masse fluide, on suppose ordinairement pour l'air ε proportionnelle à $\Gamma\theta$, en faisant abstraction des autres causes, telles que les vapeurs, l'électricité, etc., qui peuvent influer sur son élasticité. Substituons dans l'équation $d\varepsilon + \Gamma(Xdx + Ydy + Zdz)$ pour Γ sa valeur $\frac{\varepsilon}{m\theta}$, elle deviendra

$$m\frac{d\varepsilon}{\varepsilon} + \frac{Xdx + Ydy + Zdz}{\theta} = 0.$$

La chaleur étant produite par des causes locales, la quantité θ sera une fonction donnée de x, y, z; et il faudra, pour que l'équation précédente puisse subsister, que la quantité

$$\frac{Xdx + Ydy + Zdz}{\theta}$$

soit une différentielle exacte.

6. Donc dans le cas de la nature où $Xdx + Ydy + Zdz = d\Pi$ (art. 20, sect. précéd.), il faudra que θ soit une fonction de Π; par conséquent on aura $d\theta = 0$ lorsque $d\Pi = 0$; d'où il suit que la chaleur doit être constante dans chaque surface de niveau à laquelle la pesanteur est perpendiculaire; autrement il sera impossible que l'atmosphère puisse être en équilibre. Ainsi il faudrait, pour que l'air

pût être en repos, que la température fût égale sur toute la surface de la terre, et qu'elle ne variât, en s'élevant dans l'atmosphère, que d'une couche de niveau à l'autre.

7. A l'égard de l'équation aux limites pour la surface du fluide, en employant la réduction de l'article 32 de la section précédente, elle devient $S\varepsilon\delta p ds^2 = 0$, et sous cette forme elle est évidente par elle-même; car à la surface il n'y a à considérer que la force d'élasticité ε qui agit suivant la ligne p perpendiculaire à la même surface; et si le fluide est contenu dans un vase, les variations δp sont nulles, et l'équation a lieu d'elle-même; mais si une partie de la surface était libre, il faudrait que l'élasticité ε y fût nulle; autrement le fluide n'étant pas contenu se dissiperait.

8. L'élasticité ε, dans l'atmosphère, est proportionnelle à la hauteur du baromètre, que nous désignerons par h. Soit Z la force de la pesanteur; prenons l'ordonnée z perpendiculaire à la surface de la terre et dirigée de bas en haut; l'équation de l'article 5 de viendra

$$m\frac{dh}{h} + \frac{Zdz}{\theta} = 0,$$

laquelle donne par l'intégration, en prenant H pour la hauteur du baromètre lorsque $z = 0$,

$$ml.\frac{H}{h} = \int\frac{Zdz}{\theta},$$

l'intégrale étant supposée commencer au point où $z = 0$.

On voit par là que le logarithme du rapport des hauteurs du baromètre ne donne rigoureusement qu'une quantité proportionnelle à la valeur de l'intégrale $\int\frac{Zdz}{\theta}$ comprise entre les hauteurs des deux stations; et que pour en déduire la différence de hauteur des stations, il faut supposer connue la loi de la chaleur θ en fonction de z.

9. On sait que la pesanteur décroît en raison inverse du carré de la distance au centre de la terre. Donc prenant r pour le rayon

de la terre, et supposant que z soient les hauteurs verticales au-dessus de la surface de la terre, on a $Z = \frac{g}{\left(1+\frac{z}{r}\right)^2}$, g étant la gravité à la surface de la terre; et de là $Zdz = g\frac{dz}{\left(1+\frac{z}{r}\right)^2} = gdx$, en faisant $x = \frac{z}{1+\frac{z}{r}}$; de sorte qu'on aura $ml.\frac{H}{h} = g\int\frac{dx}{\theta}$, et la difficulté se réduit à avoir θ en fonction de x.

10. En supposant θ constante, et faisant, pour abréger, $\frac{m\theta}{g} = K$, on trouvera

$$x = K\, l.\frac{H}{h} = K(l.H - l.h),$$

et l'on aura la valeur de z par la formule $z = \frac{x}{1-\frac{x}{r}}$.

Si on néglige le terme $\frac{x}{r}$, qui est toujours insensible pour les hauteurs z qui ne sont pas très-grandes, on a simplement $z = x$, ce qui donne la règle ordinaire pour la mesure des hauteurs par le baromètre.

Le coefficient K doit être déterminé par l'observation. M. Deluc avait trouvé, pour la température uniforme de 16° $\frac{3}{4}$ du thermomètre de Réaumur, ce coefficient $= 10000$, en prenant les logarithmes des tables et les hauteurs en toises. Pour les autres températures, il l'augmentait ou le diminuait de sa 215me partie, pour chaque degré au-dessus ou au-dessous de 16° $\frac{3}{4}$, et pour les températures variables d'une station à l'autre, il se contentait de prendre la moyenne arithmétique entre les températures des deux stations. Depuis on a perfectionné cette règle par des données plus exactes, et par de nouvelles corrections appliquées au coefficient K.

11. Au reste, en prenant, pour la température uniforme, la moyenne arithmétique entre les températures extrêmes de la colonne d'air,

on suppose que la chaleur diminue en progression arithmétique Pour voir ce que cette hypothèse donne, on fera $\theta = \Theta(1 - nz)$, ou plutôt $\theta = \Theta(1 - nx)$, pour simplifier les calculs, Θ étant la température lorsque $x = 0$. Substituant cette valeur dans la formule $\frac{dx}{\theta}$, intégrant, et remettant ensuite pour n sa valeur tirée de l'équation précédente, on aura

$$\int \frac{dx}{\theta} = x \times \frac{l.\Theta - l.\theta}{\Theta - \theta} = \frac{x}{k}\left(1 - \frac{T+t}{2k} + \frac{T+Tt+t^2}{3k^2} - \text{etc.}\right),$$

en faisant $\Theta = k + T$, $\theta = k + t$, et prenant k pour une température fixe, et T, t pour les degrés du thermometre au-dessus de cette température.

La formule de l'article 9 donnera ainsi, en faisant $\frac{mk}{g} = K$, et ne poussant l'approximation que jusqu'aux secondes dimensions de T et t,

$$x = K\left(1 + \frac{T+t}{2k} - \frac{(T-t)^2}{12k^2}\right) l.\frac{H}{h}.$$

Les deux premiers termes répondent à la règle de Deluc, et le troisième sera presque toujours insensible.

SECONDE PARTIE.

LA DYNAMIQUE.

PREMIÈRE SECTION.

Sur les différens principes de la Dynamique.

La Dynamique est la science des forces accélératrices ou retardatrices, et des mouvemens variés qu'elles doivent produire. Cette science est due entièrement aux modernes, et Galilée est celui qui en a jeté les premiers fondemens. Avant lui on n'avait considéré les forces qui agissent sur les corps que dans l'état d'équilibre; et quoiqu'on ne pût attribuer l'accélération des corps pesans, et le mouvement curviligne des projectiles qu'à l'action constante de la gravité, personne n'avait encore réussi à déterminer les lois de ces phénomènes journaliers, d'après une cause si simple. Galilée a fait le premier ce pas important, et a ouvert par là une carrière nouvelle et immense à l'avancement de la Mécanique. Cette découverte est exposée et développée dans l'ouvrage intitulé : *Discorsi e dimostrazioni matematiche intorno a due nuove scienze*, lequel parut pour la première fois à Leyde, en 1638. Elle ne procura pas à Galilée, de son vivant, autant de célébrité que celles qu'il avait faites dans le ciel; mais elle fait aujourd'hui la partie la plus solide et la plus réelle de la gloire de ce grand homme.

Les découvertes des satellites de Jupiter, des phases de Vénus, des taches du Soleil, etc. ne demandaient que des télescopes et de l'assiduité; mais il fallait un génie extraordinaire pour démêler les lois de la nature dans des phénomènes que l'on avait toujours eus sous les yeux, mais dont l'explication avait néanmoins toujours échappé aux recherches des philosophes.

Huyghens, qui paraît avoir été destiné à perfectionner et compléter la plupart des découvertes de Galilée, ajouta à la théorie de l'accélération des graves celles du mouvement des pendules et des forces centrifuges, et prépara ainsi la route à la grande découverte de la gravitation universelle. La Mécanique devint une science nouvelle entre les mains de Newton, et ses *Principes Mathématiques*, qui parurent pour la première fois en 1687, furent l'époque de cette révolution.

Enfin l'invention du calcul infinitésimal mit les géomètres en état de réduire à des équations analytiques les lois du mouvement des corps; et la recherche des forces et des mouvemens qui en résultent, est devenue depuis le principal objet de leurs travaux.

Je me suis proposé ici de leur offrir un nouveau moyen de faciliter cette recherche ; mais auparavant il ne sera pas inutile d'exposer les principes qui servent de fondement à la Dynamique, et de présenter la suite et la gradation des idées qui ont le plus contribué à étendre et à perfectionner cette science.

1. La théorie des mouvemens variés et des forces accélératrices qui les produisent, est fondée sur ces lois générales: que tout mouvement imprimé à un corps, est par sa nature uniforme et rectiligne, et que différens mouvemens imprimés à-la-fois ou successivement à un même corps, se composent de manière que le corps se trouve à chaque instant dans le même point de l'espace où il devrait se trouver en effet par la combinaison de ces mouvemens, s'ils existaient chacun réellement et séparément dans le corps. C'est dans ces deux lois que consistent les principes connus de la force d'inertie et du mouvement composé. Galilée a apperçu le premier

ces deux principes, et en a déduit les lois du mouvement des projectiles, en composant le mouvement oblique, effet de l'impulsion communiquée au corps, avec sa chute perpendiculaire due à l'action de la gravité.

A l'égard des lois de l'accélération des graves, elles se déduisent naturellement de la considération de l'action constante et uniforme de la gravité, en vertu de laquelle les corps recevant dans des instans égaux des degrés égaux de vîtesse suivant la même direction, la vîtesse totale acquise au bout d'un temps quelconque, doit être proportionnelle à ce temps; et il est clair que ce rapport constant des vîtesses au temps, doit être lui-même proportionnel à l'intensité de la force que la gravité exerce pour mouvoir le corps; de sorte que dans le mouvement sur des plans inclinés, ce rapport ne doit pas être proportionnel à la force absolue de la gravité, comme dans le mouvement vertical, mais à sa force relative, laquelle dépend de l'inclinaison du plan, et se détermine par les règles de la Statique; ce qui fournit un moyen facile de comparer entre eux les mouvemens des corps qui descendent sur des plans différemment inclinés.

Cependant il ne paraît pas que Galilée ait découvert de cette manière les lois de la chute des corps pesans. Il a commencé, au contraire, par supposer la notion d'un mouvement uniformément accéléré, dans lequel les vîtesses croissent comme les temps; il en a déduit géométriquement les principales propriétés de cette espèce de mouvement, et surtout la loi de l'accroissement des espaces en raison des carrés des temps; ensuite il s'est assuré par des expériences, que cette loi a lieu effectivement dans le mouvement des corps qui tombent verticalement ou sur des plans quelconques inclinés. Mais pour pouvoir comparer entre eux les mouvemens sur différens plans inclinés, il a été obligé d'abord d'admettre ce principe précaire, que les vîtesses acquises en descendant de hauteurs verticales égales, sont aussi toujours égales; et ce n'est que peu avant sa mort, et après la publication de ses Dialogues, qu'il a trouvé la démonstration de ce principe, par la considération de l'action relative de la gravité sur les plans inclinés, démonstration qui a été ensuite insérée dans les autres éditions de cet Ouvrage.

2. Le rapport constant qui dans les mouvemens uniformément accélérés, doit subsister entre les vîtesses et les temps, ou entre les espaces et les carrés des temps, peut donc être pris pour la mesure de la force accélératrice qui agit continuellement sur le mobile; parce qu'en effet cette force ne peut être estimée que par l'effet qu'elle produit dans le corps, et qui consiste dans les vîtesses engendrées, ou dans les espaces parcourus dans des temps donnés.

Ainsi il suffit, pour cette estimation des forces, de considérer le mouvement produit dans un temps quelconque, fini ou infiniment petit, pourvu que la force soit regardée comme constante pendant ce temps; par conséquent, quel que soit le mouvement du corps et la loi de son accélération, comme par la nature du calcul différentiel, on peut regarder comme constante, pendant un temps infiniment petit, l'action de toute force accélératrice, on pourra toujours déterminer la valeur de la force qui agit sur le corps à chaque instant, en comparant la vîtesse engendrée dans cet instant avec la durée du même instant, ou l'espace qu'elle fait parcourir pendant le même instant avec le carré de la durée de cet instant; et il n'est pas même nécessaire que cet espace ait été réellement parcouru par le corps, il suffit qu'il puisse être censé avoir été parcouru par un mouvement composé, puisque l'effet de la force est le même dans l'un et dans l'autre cas, par les principes du mouvement exposés plus haut.

C'est ainsi qu'Huyghens a trouvé que les forces centrifuges des corps mus dans des cercles avec des vîtesses constantes, sont comme les carrés des vîtesses divisés par les rayons des cercles, et qu'il a pu comparer ces forces avec la force de la pesanteur à la surface de la terre, comme on le voit par les démonstrations qu'il a laissées de ses théorèmes sur la force centrifuge publiés en 1673 à la fin du Traité intulé *Horologium oscillatorium*.

En

En combinant cette théorie des forces centrifuges avec celle des développées, dont Huyghens est aussi l'auteur, et qui réduit à des arcs de cercle chaque portion infiniment petite d'une courbe quelconque, il lui était facile de l'étendre à toutes les courbes. Mais il était réservé à Newton de faire ce nouveau pas et de compléter la science des mouvemens variés et des forces accélératrices qui peuvent les engendrer. Cette science ne consiste maintenant que dans quelques formules différentielles très-simples; mais Newton a constamment fait usage de la méthode géométrique simplifiée par la considération des premières et dernières raisons, et s'il s'est quelquefois servi du calcul analytique, c'est uniquement la méthode des séries qu'il a employée, laquelle doit être distinguée de la méthode différentielle, quoiqu'il soit facile de les rapprocher et de les rappeler à un même principe.

Les géomètres qui ont traité, après Newton, la théorie des forces accélératrices, se sont presque tous contentés de généraliser ses théorèmes, et de les traduire en expressions différentielles. De là les différentes formules des forces centrales qu'on trouve dans plusieurs ouvrages de Mécanique, mais dont on ne fait plus guère usage, parce qu'elles ne s'appliquent qu'aux courbes qu'on suppose décrites en vertu d'une force unique tendante vers un centre, et qu'on a maintenant des formules générales pour déterminer les mouvemens produits par des forces quelconques.

3. Si on conçoit que le mouvement d'un corps et les forces qui le sollicitent soient décomposées suivant trois lignes droites perpendiculaires entre elles, on pourra considérer séparément les mouvemens et les forces relatives à chacune de ces trois directions. Car à cause de la perpendicularité des directions, il est visible que chacun de ces mouvemens partiels peut être regardé comme indépendant des deux autres, et qu'il ne peut recevoir d'altération que de la part de la force qui agit dans la direction de ce mouvement; d'ou l'on peut conclure que ces trois mouvemens doivent suivre,

chacun en particulier, les lois des mouvemens rectilignes accélérés ou retardés par des forces données. Or dans le mouvement rectiligne, l'effet de la force accélératrice ne consistant qu'à altérer la vîtesse du corps, cette force doit être mesurée par le rapport entre l'accroissement ou le décroissement de la vîtesse pendant un instant quelconque, et la durée de cet instant, c'est-à-dire, par la différentielle de la vîtesse divisée par celle du temps; et comme la vîtesse elle-même est exprimée dans les mouvemens variés, par la différentielle de l'espace, divisée par celle du temps, il s'ensuit que la force dont il s'agit sera mesurée par la différentielle seconde de l'espace, divisée par le carré de la différentielle première du temps supposée constante. Donc aussi la différentielle seconde de l'espace que le corps parcourt ou est censé parcourir suivant chacune des trois directions perpendiculaires, divisée par le carré de la différentielle constante du temps, exprimera la force accélératrice dont le corps doit être animé suivant cette même direction, et devra par conséquent être égalée à la force actuelle qui est supposée agir dans cette direction. C'est ce qui constitue le principe si connu des forces accélératrices.

Il n'est pas nécessaire que les trois directions auxquelles on rapporte le mouvement instantané du corps soient absolument fixes, il suffit qu'elles le soient pendant la durée d'un instant. Ainsi dans les mouvemens en ligne courbe, on peut prendre à chaque instant ces directions, l'une dans la tangente, et les deux autres dans les perpendiculaires à la courbe. Alors la force accélératrice qui agit suivant la tangente, et qu'on nomme *force tangentielle*, sera toute employée à altérer la vîtesse absolue du corps, et sera exprimée par l'élément de cette vîtesse divisée par l'élément du temps.

Les forces normales, au contraire, ne feront que changer la direction du corps, et dépendront de la courbure de la ligne qu'il décrit. En réduisant les forces normales à une seule, cette force composée doit se trouver dans le plan de la courbure, et être exprimée par le carré de la vîtesse divisé par le rayon osculateur, puisque à chaque instant le corps peut être regardé comme mu dans le cercle osculateur.

C'est ainsi qu'on a trouvé les formules connues des forces tangentielles et des forces normales, dont on s'est servi long-temps pour résoudre les problèmes sur le mouvement des corps animés par des forces données. La Mécanique d'Euler, qui a paru en 1736, et qu'on doit regarder comme le premier grand ouvrage où l'Analyse ait été appliquée à la science du mouvement, est encore toute fondée sur ces formules; mais on les a presque abandonnées depuis, parce qu'on a trouvé une manière plus simple d'exprimer l'effet des forces accélératrices sur le mouvement des corps.

Elle consiste à rapporter le mouvement du corps, et les forces qui le sollicitent, à des directions fixes dans l'espace. Alors en employant pour déterminer le lieu du corps dans l'espace, trois coordonnées rectangles qui aient ces mêmes directions, les variations de ces coordonnées représenteront évidemment les espaces parcourus par le corps suivant les directions de ces coordonnées; par conséquent leurs différentielles secondes, divisées par le carré de la différentielle constante du temps, exprimeront les forces accélératrices qui doivent agir suivant ces mêmes coordonnées; ainsi en égalant ces expressions à celles des forces données par la nature du problème, on aura trois équations semblables qui serviront à déterminer toutes les circonstances du mouvement. Cette manière d'établir les équations du mouvement d'un corps animé par des forces quelconques, en le réduisant à des mouvemens rectilignes, est, par sa simplicité, préférable à toutes les autres; elle aurait dû se présenter d'abord, mais il paraît que Maclaurin est le premier qui l'ait employée dans son Traité des *Fluxions*, qui a paru en anglais en 1742; elle est maintenant universellement adoptée.

4. Par les principes qui viennent d'être exposés, on peut donc déterminer les lois du mouvement d'un corps libre, sollicité par

des forces quelconques, pourvu que le corps soit regardé comme un point.

On peut aussi appliquer ces principes à la recherche du mouvement de plusieurs corps qui exercent les uns sur les autres une attraction mutuelle, suivant une loi qui soit comme une fonction connue des distances; enfin il n'est pas difficile de les étendre aux mouvemens dans des milieux résistans, ainsi qu'à ceux qui se font sur des surfaces courbes données; car la résistance du milieu n'est autre chose qu'une force qui agit dans une direction opposée à celle du mobile; et lorsqu'un corps est forcé de se mouvoir sur une surface donnée, il y a nécessairement une force perpendiculaire à la surface qui l'y retient, et dont la valeur inconnue peut se déterminer d'après les conditions qui résultent de la nature de la même surface.

Mais si on cherche le mouvement de plusieurs corps qui agissent les uns sur les autres par impulsion ou par pression, soit immédiatement comme dans le choc ordinaire, ou par le moyen de fils ou de leviers inflexibles auxquels ils soient attachés, ou en général par quelqu'autre moyen que ce soit, alors la question est d'un ordre plus élevé, et les principes précédens sont insuffisans pour la résoudre. Car ici les forces qui agissent sur les corps sont inconnues, et il faut déduire ces forces de l'action que les corps doivent exercer entre eux, suivant leur disposition mutuelle. Il est donc nécessaire d'avoir recours à un nouveau principe qui serve à déterminer la force des corps en mouvement, eu égard à leur masse et à leur vîtesse.

5. Ce principe consiste en ce que, pour imprimer à une masse donnée une certaine vîtesse suivant une direction quelconque, soit que cette masse soit en repos ou en mouvement, il faut une force dont la valeur soit proportionnelle au produit de la masse par la vîtesse, et dont la direction soit la même que celle de cette vîtesse. Ce produit de la masse d'un corps multipliée par sa vîtesse, s'ap-

pelle communément la *quantité de mouvement de ce corps*, parce qu'en effet c'est la somme des mouvemens de toutes les parties matérielles du corps. Ainsi les forces se mesurent par les quantités de mouvement qu'elles sont capables de produire, et réciproquement la quantité de mouvement d'un corps est la mesure de la force que le corps est capable d'exercer contre un obstacle, et qui s'appelle la *percussion*. D'où il s'ensuit que si deux corps non élastiques viennent à se choquer directement en sens contraire avec des quantités de mouvement égales, leurs forces doivent se contrebalancer et se détruire, par conséquent les corps doivent s'arrêter et demeurer en repos. Mais si le choc se faisait par le moyen d'un levier, il faudrait pour la destruction du mouvement des corps, que leurs forces suivissent la loi connue de l'équilibre du levier.

Il paraît que Descartes a apperçu le premier le principe que nous venons d'exposer, mais il s'est trompé dans son application au choc des corps, pour avoir cru que la même quantité de mouvement absolu devait toujours se conserver.

Wallis est proprement le premier qui ait eu une idée nette de ce principe, et qui s'en soit servi avec succès pour découvrir les lois de la communication du mouvement dans le choc des corps durs ou élastiques, comme on le voit dans les Transactions Philosophiques de 1669, et dans la troisième partie de son Traité *de Motu*, imprimé en 1671.

De même que le produit de la masse et de la vîtesse exprime la force finie d'un corps en mouvement, ainsi le produit de la masse et de la force accélératrice que nous avons vu être représentée par l'élément de la vîtesse divisé par l'élément du temps, exprimera la force élémentaire ou naissante; et cette quantité, si on la considère comme la mesure de l'effort que le corps peut faire en vertu de la vîtesse élémentaire qu'il a prise, ou qu'il tend à prendre, constitue ce qu'on nomme *pression*; mais si on la regarde comme la mesure de la force ou puissance nécessaire pour imprimer cette même vîtesse, elle est alors ce qu'on nomme *force motrice*. Ainsi des pressions, ou des forces motrices, se détruiront ou se feront équilibre si elles sont égales et directement opposées, ou si étant appliquées à une machine quelconque, elles suivent les lois de l'équilibre de cette machine.

6. Lorsque des corps sont joints ensemble, de manière qu'ils ne puissent obéir librement aux impulsions reçues, et aux forces accélératrices dont ils sont animés, ces corps exercent nécessairement les uns sur les autres des pressions continuelles qui altèrent leurs mouvemens, et en rendent la détermination difficile.

Le premier problème et le plus simple de ce genre dont les géomètres se soient occupés, est celui du centre d'oscillation. Ce problème a été fameux au commencement du siècle dernier et même dès le milieu du précédent, par les efforts et les tentatives que les plus grands géomètres ont faits pour en venir à bout; et comme c'est principalement à ces tentatives qu'on doit les progrès immenses que la Dynamique a faits depuis, je crois devoir en donner ici une histoire succincte, pour montrer par quels degrés cette science s'est élevée à la perfection où elle paraît être parvenue dans ces derniers temps.

Les Lettres de Descartes offrent les premières traces des recherches sur le centre d'oscillation. On y voit que Mersenne avait proposé aux géomètres de déterminer la grandeur que doit avoir un corps de figure quelconque, pour qu'étant suspendu par un point, il fasse ses oscillations dans le même temps qu'un fil de longueur donnée, et chargé d'un seul poids à son extrémité. Descartes observe que cette question a quelque rapport avec celle du centre de gravité, et que de même que dans un corps pesant qui tombe librement, il y a un centre de gravité autour duquel les efforts de la pesanteur de toutes les parties du corps se font équilibre, ensorte que ce centre descend de la même manière que si le reste du corps était anéanti, ou qu'il fût concentré dans le même centre; ainsi dans les corps pesans qui tournent autour d'un axe fixe, il doit y avoir un centre, qu'il appelle *centre d'agitation,* autour duquel les forces *d'agitation* de toutes les parties du corps se contrebalancent, de manière que ce centre étant libre de l'action de ces forces, puisse être mu comme il le serait si les autres parties du corps étaient anéanties, ou concentrées dans ce même centre; que par conséquent tous les corps dans lesquels ce centre sera également éloigné de l'axe de rotation, feront leur vibration dans le même temps.

D'après cette notion du centre d'agitation, Descartes donne une méthode générale de le déterminer dans les corps de figure quelconque; cette méthode consiste à chercher le centre de gravité des forces d'agitation de toutes les parties du corps, en estimant ces forces par les produits des masses multipliées par les vîtesses qui sont ici proportionnelles aux distances de l'axe de rotation, et en supposant que les parties du corps soient projetées sur le plan qui passe par son centre de gravité et par l'axe de rotation, de maniere qu'elles conservent leurs distances à cet axe.

Cette solution de Descartes devint un sujet de contestation entre lui et Roberval. Celui-ci prétendait qu'elle n'était bonne que lorsque toutes les parties du corps sont réellement ou peuvent être censées placées dans un même plan passant par l'axe de rotation, que dans tous les autres cas il ne fallait considérer que les mouvemens perpendiculaires au plan passant par l'axe de rotation et par le centre de gravité du corps, et qu'on devait rapporter chaque particule au point où ce plan est rencontré par la direction du mouvement de cette particule, direction qui est toujours perpendiculaire au plan mené par cette particule et par l'axe de rotation. Mais il est facile de prouver que, par rapport à l'axe de rotation, les momens des forces estimées de cette manière sont toujours égaux à ceux des forces estimées suivant la méthode de Descartes.

Roberval prétendit, avec plus de fondement, que Descartes n'avait cherché que le centre de percussion, autour duquel les chocs ou les momens de percussion sont égaux, et que pour trouver le vrai centre d'oscillation d'un pendule pesant, il fallait aussi avoir égard à l'action de la gravité, en vertu de laquelle le pendule se meut. Mais cette recherche étant supérieure à la Mécanique de ces temps-là, les géomètres continuèrent à supposer tacitement que le centre de percussion était le même que celui d'oscillation, et Huyghens fut le premier qui envisagea ce dernier centre sous son vrai point de vue; aussi crut-il devoir regarder ce problème comme entièrement neuf, et ne pouvant le résoudre par les lois connues du mouvement, il inventa un principe nouveau, mais indirect, lequel est devenu célèbre depuis, sous le nom de *conservation des forces vives.*

7. Un fil considéré comme une ligne inflexible, sans pesanteur et sans masse, étant attaché par un bout à un point fixe, et chargé à l'autre bout d'un petit poids qu'on puisse regarder comme réduit à un point, forme ce qu'on appelle un *pendule simple;* et la loi des vibrations de ce pendule dépend uniquement de sa longueur, c'est-à-dire, de la distance entre le poids et le point de suspension. Mais si à ce fil on attache encore un ou plusieurs poids à différentes distances du point de suspension, on aura alors un pendule composé, dont le mouvement devra tenir une espèce de milieu entre ceux des différens pendules simples que l'on aurait, si chacun de ces poids était suspendu seul au fil. Car la force de la gravité tendant d'un côté à faire descendre tous les poids également dans le même temps, et de l'autre l'inflexibilité du fil les contraignant à décrire dans ce même temps des arcs inégaux et proportionnels à leur distance du point de suspension, il doit se faire entre ces poids une espece de compensation et de répartition de leurs mouvemens, ensorte que les poids qui sont les plus proches du point de suspension, hâteront les vibrations des plus éloignés, et ceux-ci, au contraire, retarderont les vibrations des premiers. Ainsi il y aura dans le fil un point où un corps étant placé, son mouvement ne serait ni accéléré, ni retardé par les autres poids, mais

mais serait le même que s'il était seul suspendu au fil. Ce point sera donc le vrai centre d'oscillation du pendule composé, et un tel centre doit se trouver aussi dans tout corps solide de quelque figure que ce soit, qui oscille autour d'un axe horizontal.

Huyghens vit qu'on ne pouvait déterminer ce centre d'une manière rigoureuse, sans connaître la loi suivant laquelle les différens poids du pendule composé altèrent mutuellement les mouvemens que la gravité tend à leur imprimer à chaque instant; mais au lieu de chercher à déduire cette loi des principes fondamentaux de la Mécanique, il se contenta d'y suppléer par un principe indirect, lequel consiste à supposer que si plusieurs poids attachés, comme l'on voudra, à un pendule, descendent par la seule action de la gravité, et que dans un instant quelconque ils soient détachés et séparés les uns des autres, chacun d'eux, en vertu de la vîtesse acquise pendant sa chute, pourra remonter à une telle hauteur, que le centre commun de gravité se trouvera remonté à la même hauteur d'où il était descendu. A la vérité Huyghens n'établit pas ce principe immédiatement, mais il le déduit de deux hypothèses qu'il croit devoir être admises comme des demandes de Mécanique; l'une, c'est que le centre de gravité d'un système de corps pesans ne peut jamais remonter à une hauteur plus grande que celle d'où il est tombé, quelque changement qu'on fasse à la disposition mutuelle des corps, parce qu'autrement le mouvement perpétuel ne serait plus impossible; l'autre, c'est qu'un pendule composé peut toujours remonter de lui-même à la même hauteur d'où il est descendu librement. Au reste, Huyghens remarque que le même principe a lieu dans le mouvement des corps pesans liés ensemble d'une manière quelconque, comme aussi dans le mouvement des fluides.

On ne saurait deviner ce qui a donné à cet auteur l'idée d'un tel principe; mais on peut conjecturer qu'il y a été conduit par le théorème que Galilée avait démontré sur la chute des corps pesans, lesquels, soit qu'ils descendent verticalement ou sur des plans inclinés, acquièrent toujours des vîtesses capables de les faire remonter aux mêmes hauteurs d'où ils étaient tombés. Ce théorème généralisé et appliqué au centre de gravité d'un système de corps pesans, donne le principe d'Huyghens.

Quoi qu'il en soit, ce principe fournit une équation entre la hauteur verticale, d'où le centre de gravité du système est descendu dans un temps quelconque, et les différentes hauteurs verticales auxquelles les corps qui composent le système pourraient remonter avec leurs vîtesses acquises, et qui par les théorèmes de Galilée sont comme les carrés de ces vîtesses. Or dans un pendule qui oscille autour d'un axe horizontal, les vîtesses des différens points sont proportionnelles à leurs distances de l'axe; ainsi on peut réduire l'équation à deux seules inconnues, dont l'une soit la descente du centre de gravité du pendule dans un temps quelconque, et dont l'autre soit la hauteur à laquelle un point donné de ce pendule pourrait remonter par sa vîtesse acquise. Mais la descente du centre de gravité détermine celle de tout autre point du pendule; donc on aura une équation entre la hauteur d'où un point quelconque du pendule est descendu, et celle à laquelle il pourrait remonter par sa vîtesse, due à cette chute. Dans le centre d'oscillation, ces deux hauteurs doivent être égales, parce que les corps libres peuvent toujours remonter à la même hauteur d'où ils sont tombés; et l'équation fait voir que cette égalité ne peut avoir lieu que dans un point de la ligne perpendiculaire à l'axe de rotation, et passant par le centre de gravité du pendule, lequel soit éloigné de cet axe de la quantité qui provient en multipliant tous les poids qui composent le pendule, par les carrés de leurs distances à l'axe, et divisant la somme de ces produits par la masse du pendule multipliée par la distance de son centre de gravité au même axe. Cette quantité exprimera donc la longueur d'un pendule simple, dont le mouvement serait égal à celui du pendule composé.

Cette théorie d'Huyghens est exposée dans l'*Horologium oscillatorium*, et elle y est accompagnée d'un grand nombre de savantes applications. Elle n'aurait rien laissé à desirer, si elle n'avait pas été appuyée sur un principe précaire; et il restait toujours à démontrer ce principe pour la mettre hors de toute atteinte.

En 1681 parurent, dans le Journal des Savans de Paris, quelques mauvaises objections contre cette théorie, auxquelles Huyghens ne répondit que d'une manière vague et peu satisfaisante. Mais cette contestation ayant excité l'attention de Jacques Bernoulli, lui donna occasion d'examiner à fond la théorie de Huyghens, et de chercher à la rappeler aux premiers principes de la Dynamique. Il ne considère d'abord que deux poids égaux attachés à une ligne inflexible et droite, et il remarque que la vîtesse que le premier poids, celui qui est le plus près du point de suspension, acquiert en décrivant un arc quelconque, doit être moindre que celle qu'il aurait acquise en décrivant librement le même arc; et qu'en même temps la vîtesse acquise par l'autre poids, doit être plus grande que celle qu'il aurait acquise en parcourant le même arc librement. La vîtesse perdue par le premier poids s'est donc communiquée au second, et comme cette communication se fait par le moyen d'un levier mobile autour d'un point fixe, elle doit suivre la loi de l'équilibre des puissances appliquées à ce levier; de manière que la perte de vîtesse du premier poids soit au gain de vîtesse du second, dans la raison réciproque des bras de levier, c'est-à-dire, des distances au point de suspension. De là et de ce que les vîtesses réelles des deux poids doivent être elles-mêmes dans la raison directe de ces distances, on détermine facilement ces vîtesses, et par conséquent le mouvement du pendule.

8. Tel est le premier pas qui ait été fait vers la solution directe de ce fameux problème. L'idée de rapporter au levier les forces résultantes des vîtesses gagnées ou perdues par les poids, est très-fine, et donne la clef de la vraie théorie; mais Jacques Bernoulli s'est trompé, en considérant les vîtesses acquises pendant un temps quelconque fini, au lieu qu'il n'aurait dû considérer que les vîtesses

élémentaires acquises pendant un instant, et les comparer avec celles que la gravité tend à imprimer pendant le même instant. C'est ce que l'Hopital a fait depuis, dans un Écrit inséré dans le Journal de Rotterdam, de 1690. Il suppose deux poids quelconques attachés au fil inflexible qui fait le pendule composé, et il établit l'équilibre entre les quantités de mouvement perdues et gagnées par ces poids dans un instant quelconque, c'est-à-dire, entre les différences des quantités de mouvement que les poids acquièrent réellement dans cet instant, et celles que la gravité tend à leur imprimer. Il détermine par ce moyen le rapport de l'accélération instantanée de chaque poids à celle que la gravité seule tend à lui donner, et il trouve le centre d'oscillation en cherchant le point du pendule pour lequel ces deux accélérations seraient égales. Il étend ensuite sa théorie à un plus grand nombre de poids; mais il regarde pour cela les premiers comme réunis successivement dans leur centre d'oscillation, ce qui n'est plus si direct, ni ne peut être admis sans démonstration.

Cette analyse fit revenir Jacques Bernoulli sur la sienne, et donna enfin lieu à la première solution directe et rigoureuse du problème des centres d'oscillation, solution qui mérite d'autant plus l'attention des géomètres, qu'elle contient le germe de ce principe de Dynamique, qui est devenu si fécond entre les mains de d'Alembert.

L'auteur considère ensemble les mouvemens que la gravité imprime à chaque instant aux corps qui composent le pendule, et comme ces corps, à cause de leur liaison, ne peuvent les suivre, il conçoit les mouvemens qu'ils doivent prendre, comme composés des mouvemens imprimés et d'autres mouvemens ajoutés ou retranchés qui doivent se contre-balancer, et en vertu desquels le pendule doit demeurer en équilibre. Le problème se trouve ainsi ramené aux principes de la Statique, et ne demande plus que le secours de l'analyse. Jacques Bernoulli trouva par ce moyen des formules générales pour les centres d'oscillation des corps de figure quelconque, en fit voir l'accord avec le principe de Huyghens, et démontra l'identité des centres d'oscillation et de percussion. Cette solution avait été ébauchée dès 1691, dans les Actes de Leipsic; mais elle n'a été donnée d'une manière complète qu'en 1703, dans les Mémoires de l'Académie des Sciences de Paris.

9. Pour ne rien laisser à desirer sur cette histoire du problème du centre d'oscillation, je devrais rendre compte de la solution que Jean Bernoulli en a donnée ensuite dans les mêmes Mémoires, et qui, ayant été donnée aussi à peu près en même temps par Taylor, dans l'ouvrage intitulé : *Methodus incrementorum*, a été l'occasion d'une vive dispute entre ces deux géomètres; mais quelque ingénieuse que soit l'idée sur laquelle est fondée cette nouvelle solution, et qui consiste à réduire tout d'un coup le pendule composé en pendule simple, en substituant à ses différens poids, d'autres poids réunis dans un seul point, avec des masses et des pesanteurs fictives, telles qu'elles produisent les mêmes accélérations angulaires et les mêmes momens, par rapport à l'axe de rotation, et que la pesanteur totale des poids réunis soit égale à leur pesanteur naturelle, on doit néanmoins avouer que cette idée n'est ni si naturelle, ni si lumineuse que celle de l'équilibre entre les quantités de mouvement, acquises et perdues.

On trouve encore dans la *Phoromonia* d'Herman, publiée en 1716, une nouvelle manière de résoudre le même problème, et qui est fondée sur cet autre principe, que les forces motrices, dont les poids qui forment le pendule doivent être animés, pour pouvoir être mus conjointement, sont équivalentes à celles qui proviennent de l'action de la gravité; ensorte que les premières étant supposées dirigées en sens contraire, doivent faire équilibre à ces dernières.

Ce principe n'est, dans le fond, que celui de Jacques Bernoulli, présenté d'une manière moins simple, et il est facile de les rappeler l'un à l'autre, par les principes de la Statique. Euler l'a rendu ensuite plus général, et s'en est servi pour déterminer les oscillations des corps flexibles, dans un Mémoire imprimé en 1740, dans le tome VII des anciens Commentaires de Pétersbourg.

Il serait trop long de parler des autres problèmes de Dynamique qui ont exercé la sagacité des géomètres, après celui du centre d'oscillation, et avant que l'art de les résoudre fût réduit à des règles fixes. Ces problèmes que les Bernoulli, Clairaut, Euler se proposaient entre eux, se trouvent répandus dans les premiers volumes des Mémoires de Pétersbourg et de Berlin, dans les Mémoires de Paris (années 1736 et 1742), dans les Œuvres de Jean Bernoulli, et dans les Opuscules d'Euler. Ils consistent à déterminer les mouvemens de plusieurs corps pesans ou non qui se poussent ou se tirent par des fils ou des leviers inflexibles où ils sont fixement attachés, ou le long desquels ils peuvent couler librement, et qui ayant reçu des impulsions quelconques, sont ensuite abandonnés à eux-mêmes, ou contraints de se mouvoir sur des courbes ou des surfaces données.

Le principe de Huyghens était presque toujours employé dans la solution de ces problèmes; mais comme ce principe ne donne qu'une seule équation, on cherchait les autres par la considération des forces inconnues avec lesquelles on concevait que les corps devaient se pousser ou se tirer, et qu'on regardait comme des forces élastiques agissant également en sens contraire; l'emploi de ces forces dispensait d'avoir égard à la liaison des corps, et permettait de faire usage des lois du mouvement des corps libres; ensuite les conditions qui, par la nature du problème, devaient avoir lieu entre les mouvemens des différens corps, servaient à déterminer les forces inconnues qu'on avait introduites dans le calcul. Mais il fallait toujours une adresse particulière pour démêler dans chaque problème toutes les forces auxquelles il était nécessaire d'avoir égard, ce qui rendait ces problèmes piquans et propres à exciter l'émulation.

10. Le Traité de Dynamique de d'Alembert, qui parut en 1743, mit fin à ces espèces de défis, en offrant une méthode directe et générale pour résoudre, ou du moins pour mettre en équations tous

les problèmes de Dynamique que l'on peut imaginer. Cette méthode réduit toutes les lois du mouvement des corps à celles de leur équilibre, et ramène ainsi la Dynamique à la Statique. Nous avons déjà remarqué que le principe employé par Jacques Bernoulli dans la recherche du centre d'oscillation, avait l'avantage de faire dépendre cette recherche des conditions de l'équilibre du levier; mais il était réservé à d'Alembert d'envisager ce principe d'une manière générale, et de lui donner toute la simplicité et la fécondité dont il pouvait être susceptible.

Si on imprime à plusieurs corps des mouvemens qu'ils soient forcés de changer à cause de leur action mutuelle, il est clair qu'on peut regarder ces mouvemens comme composés de ceux que les corps prendront réellement, et d'autres mouvemens qui sont détruits; d'où il suit que ces derniers doivent être tels, que les corps animés de ces seuls mouvemens se fassent équilibre.

Tel est le principe que d'Alembert a donné dans son Traité de Dynamique, et dont il a fait un heureux usage dans plusieurs problèmes, et surtout dans celui de la précession des équinoxes. Ce principe ne fournit pas immédiatement les équations nécessaires pour la solution des problèmes de Dynamique, mais il apprend à les déduire des conditions de l'équilibre. Ainsi en combinant ce principe avec les principes ordinaires de l'équilibre du levier, ou de la composition des forces, on peut toujours trouver les équations de chaque problème; mais la difficulté de déterminer les forces qui doivent être détruites, ainsi que les lois de l'équilibre entre ces forces, rend souvent l'application de ce principe embarrassante et pénible; et les solutions qui en résultent sont presque toujours plus compliquées que si elles étaient déduites de principes moins simples et moins directs, comme on peut s'en convaincre par la seconde partie du même Traité de Dynamique (*).

(*) Ce qui contribue encore à compliquer ces solutions, c'est que l'auteur veut éviter de faire les *dt*, ou élémens du temps, constans, comme il en avertit lui-même (art. 94).

11. Si on voulait éviter les décompositions de mouvemens que ce principe exige, il n'y aurait qu'à établir tout de suite l'équilibre entre les forces et les mouvemens engendrés, mais pris dans des directions contraires. Car si on imagine qu'on imprime à chaque corps, en sens contraire, le mouvement qu'il doit prendre, il est clair que le système sera réduit au repos; par conséquent il faudra que ces mouvemens détruisent ceux que les corps avaient reçus et qu'ils auraient suivis sans leur action mutuelle; ainsi il doit y avoir équilibre entre tous ces mouvemens, ou entre les forces qui peuvent les produire.

Cette manière de rappeler les lois de la Dynamique à celles de la Statique, est à la vérité moins directe que celle qui résulte du principe de d'Alembert, mais elle offre plus de simplicité dans les applications; elle revient à celle d'Herman et d'Euler qui l'a employée dans la solution de beaucoup de problèmes de Mécanique, et on la trouve dans quelques Traités de Mécanique, sous le nom de *Principe de d'Alembert*.

12. Dans la première partie de cet Ouvrage, nous avons réduit toute la Statique à une seule formule générale qui donne les lois de l'équilibre d'un système quelconque de corps tiré par tant de forces qu'on voudra. On pourra donc aussi réduire à une formule générale toute la Dynamique; car pour appliquer au mouvement d'un système de corps la formule de son équilibre, il suffira d'y introduire les forces qui proviennent des variations du mouvement de chaque corps, et qui doivent être détruites. Le développement de cette formule, en ayant égard aux conditions dépendantes de la nature du système, donnera toutes les équations nécessaires pour la détermination du mouvement de chaque corps; et il n'y aura plus qu'à intégrer ces équations, ce qui est l'affaire de l'analyse.

13. Un des avantages de la formule dont il s'agit, est d'offrir immédiatement les équations générales qui renferment les principes ou

ou théorèmes connus sous les noms de *Conservation des forces vives*, de *Conservation du mouvement du centre de gravité*, de *Conservation des momens de rotation*, ou *Principe des aires*, et de *Principe de la moindre quantité d'action*. Ces principes doivent être regardés plutôt comme des résultats généraux des lois de la Dynamique, que comme des principes primitifs de cette science; mais étant souvent employés comme tels dans la solution des problèmes, nous croyons devoir en parler ici, en indiquant en quoi ils consistent, et à quels auteurs ils sont dus, pour ne rien laisser à desirer dans cette exposition préliminaire des principes de la Dynamique.

14. Le premier de ces quatre principes, celui de la conservation des forces vives, a été trouvé par Huyghens, mais sous une forme un peu différente de celle qu'on lui donne présentement; et nous en avons déjà fait mention à l'occasion du problème des centres d'oscillation. Le principe, tel qu'il a été employé dans la solution de ce problème, consiste dans l'égalité entre la descente et la montée du centre de gravité de plusieurs corps pesans qui descendent conjointement, et qui remontent ensuite séparément, étant réfléchis en haut chacun avec la vîtesse qu'il avait acquise. Or, par les propriétés connues du centre de gravité, le chemin parcouru par ce centre, dans une direction quelconque, est exprimé par la somme des produits de la masse de chaque corps, par le chemin qu'il a parcouru suivant la même direction, divisée par la somme des masses. D'un autre côté, par les théorèmes de Galilée, le chemin vertical parcouru par un corps grave est proportionnel au carré de la vîtesse qu'il a acquise en descendant librement, et avec laquelle il pourrait remonter à la même hauteur. Ainsi le principe de Huyghens se réduit à ce que, dans le mouvement des corps pesans, la somme des produits des masses par les carrés des vîtesses à chaque instant, est la même, soit que les corps se meuvent conjointement d'une manière quelconque, ou qu'ils parcourent librement les mêmes hau-

teurs verticales. C'est aussi ce que Huyghens lui-même a remarqué en peu de mots, dans un petit Écrit relatif aux méthodes de Jacques Bernoulli et de l'Hôpital, pour les centres d'oscillation.

Jusques-là ce principe n'avait été regardé que comme un simple théorème de Mécanique; mais lorsque Jean Bernoulli eut adopté la distinction établie par Leibnitz, entre les forces mortes ou pressions qui agissent sans mouvement actuel, et les forces vives qui accompagnent ce mouvement, ainsi que la mesure de ces dernières par les produits des masses et des carrés des vîtesses, il ne vit plus dans le principe en question, qu'une conséquence de la théorie des forces vives, et une loi générale de la nature, suivant laquelle la somme des forces vives de plusieurs corps se conserve la même pendant que ces corps agissent les uns sur les autres par de simples pressions, et est constamment égale à la simple force vive qui résulte de l'action des forces actuelles qui meuvent les corps. Il donna ainsi à ce principe le nom de *Conservation des forces vives*, et il s'en servit avec succès pour résoudre quelques problèmes qui ne l'avaient pas encore été, et dont il paraissait difficile de venir à bout par des méthodes directes.

Daniel Bernoulli a donné ensuite plus d'extension à ce principe, et il en a déduit les lois du mouvement des fluides dans des vases, matière qui n'avait été traitée avant lui que d'une manière vague et arbitraire. Enfin il l'a rendu très-général, dans les Mémoires de Berlin pour l'année 1748, en faisant voir comment on peut l'appliquer au mouvement des corps animés par des attractions mutuelles quelconques, ou attirés vers des centres fixes par des forces proportionnelles à quelques fonctions des distances que ce soit.

Le grand avantage de ce principe est de fournir immédiatement une équation finie entre les vîtesses des corps et les variables qui déterminent leur position dans l'espace; de sorte que lorsque par la nature du problème, toutes ces variables se réduisent à une seule, cette équation suffit pour le résoudre complètement, et c'est le cas de celui des centres d'oscillation. En général la conservation des forces vives donne toujours une intégrale première des différentes équations différentielles de chaque problème, ce qui est d'une grande utilité dans plusieurs occasions.

15. Le second principe est dû à Newton, qui, au commencement de ses *Principes Mathématiques*, démontre que l'état de repos ou de mouvement du centre de gravité de plusieurs corps n'est point altéré par l'action réciproque de ces corps, quelle qu'elle soit; de sorte que le centre de gravité des corps qui agissent les uns sur les autres d'une manière quelconque, soit par des fils ou des leviers, ou des lois d'attraction, etc., sans qu'il y ait aucune action ni aucun obstacle extérieur, est toujours en repos, ou se meut uniformément en ligne droite.

D'Alembert a donné depuis, à ce principe, une plus grande étendue, en faisant voir que si chaque corps est sollicité par une force accélératrice constante et qui agisse suivant des lignes parallèles, ou qui soit dirigée vers un point fixe et agisse en raison de la distance, le centre de gravité doit décrire la même courbe que si les corps étaient libres; à quoi on peut ajouter que le mouvement de ce centre est en général le même que si toutes les forces des corps, quelles qu'elles soient, y étaient appliquées chacune suivant sa propre direction.

Il est visible que ce principe sert à déterminer le mouvement du centre de gravité, indépendamment des mouvemens respectifs des corps, et qu'ainsi il peut toujours fournir trois équations finies entre les coordonnées des corps et le temps, lesquelles seront des intégrales des équations différentielles du problème.

16. Le troisième principe est beaucoup moins ancien que les deux précédens, et paraît avoir été découvert en même temps par Euler, Daniel Bernoulli et d'Arci, mais sous des formes différentes.

Selon les deux premiers, ce principe consiste en ce que dans le mouvement de plusieurs corps autour d'un centre fixe, la somme des produits de la masse de chaque corps, par sa vîtesse de circulation autour du centre, et par sa distance au même centre, est toujours indépendante de l'action mutuelle que les corps peuvent exercer les uns sur les autres, et se conserve la même tant qu'il n'y a aucune action ni aucun obstacle extérieur. Daniel Bernoulli a donné ce principe dans le premier volume des Mémoires de l'Académie de Berlin, qui a paru en 1746, et Euler l'a donné la même année, dans le premier tome de ses Opuscules; et c'est aussi le même problème qui les y a conduits, savoir, la recherche du mouvement de plusieurs corps mobiles dans un tube de figure donnée, et qui ne peut que tourner autour d'un point ou centre fixe.

Le principe de d'Arcy, tel qu'il l'a donné à l'Académie des Sciences, dans les Mémoires de 1747, qui n'ont paru qu'en 1752, est que la somme des produits de la masse de chaque corps par l'aire que son rayon vecteur décrit autour d'un centre fixe, sur un même plan de projection, est toujours proportionnelle au temps. On voit que ce principe est une généralisation du beau théorème de Newton, sur les aires décrites en vertu de forces centripètes quelconques; et pour en appercevoir l'analogie, ou plutôt l'identité avec celui d'Euler et de Daniel Bernoulli, il n'y a qu'à considérer que la vîtesse de circulation est exprimée par l'élément de l'arc circulaire divisé par l'élément du temps, et que le premier de ces élémens multiplié par la distance au centre, donne l'élément de l'aire décrite autour de ce centre; d'où l'on voit que ce dernier principe n'est autre chose que l'expression différentielle de celui de d'Arcy.

Cet auteur a présenté ensuite son principe sous une autre forme qui le rapproche davantage du précédent, et qui consiste en ce que la somme des produits des masses, par les vîtesses et par les perpendiculaires tirées du centre sur les directions du corps, est une quantité constante.

Sous ce point de vue, il en a fait même une espèce de principe métaphysique, qu'il appelle la *conservation de l'action*, pour l'opposer, ou plutôt pour le substituer à celui de *la moindre quantité d'action;* comme si des dénominations vagues et arbitraires faisaient l'essence des lois de la nature, et pouvaient, par quelque vertu secrète, ériger en causes finales, de simples résultats des lois connues de la Mécanique.

Quoi qu'il en soit, le principe dont il s'agit a lieu généralement pour tous les systèmes de corps qui agissent les uns sur les autres d'une façon quelconque, soit par des fils, des lignes inflexibles, des lois d'attraction, etc., et qui sont de plus sollicités par des forces quelconques dirigées à un centre fixe, soit que le système soit d'ailleurs entièrement libre, ou qu'il soit assujéti à se mouvoir autour de ce même centre. La somme des produits des masses par les aires décrites autour de ce centre, et projetées sur un plan quelconque, est toujours proportionnelle au temps; de sorte qu'en rapportant ces aires à trois plans perpendiculaires entre eux, on a trois équations différentielles du premier ordre entre le temps et les coordonnées des courbes décrites par les corps; et c'est proprement dans ces équations que consiste la nature du principe dont nous venons de parler.

17. Je viens enfin au quatrième principe, que j'appelle de *la moindre action*, par analogie avec celui que Maupertuis avait donné sous cette dénomination, et que les écrits de plusieurs auteurs illustres ont rendu ensuite si fameux. Ce principe, envisagé analytiquement, consiste en ce que dans le mouvement des corps qui agissent les uns sur les autres, la somme des produits des masses par les vîtesses et par les espaces parcourus, est un *minimum*. L'auteur en a déduit les lois de la réflexion et de la refraction de la lumière, ainsi que celles du choc des corps, dans deux Mémoires lus, l'un à l'Académie des Sciences de Paris, en 1744, et l'autre deux ans après, à celle de Berlin.

Mais ces applications sont trop particulières pour servir à établir la vérité d'un principe général; elles ont d'ailleurs quelque chose de vague et d'arbitraire, qui ne peut que rendre incertaines les conséquences qu'on en pourrait tirer pour l'exactitude même du principe. Aussi l'on aurait tort, ce me semble, de mettre ce principe présenté ainsi sur la même ligne que ceux que nous venons d'exposer. Mais il y a une autre manière de l'envisager, plus générale et plus rigoureuse, et qui mérite seule l'attention des géomètres. Euler en a donné la première idée à la fin de son Traité des *Isopérimètres*, imprimé à Lausanne en 1744, en y faisant voir que dans les trajectoires décrites par des forces centrales, l'intégrale de la vîtesse multipliée par l'élément de la courbe, fait toujours un *maximum* ou un *minimum*.

Cette propriété qu'Euler avait trouvée dans le mouvement des corps isolés, et qui paraissait bornée à ces corps, je l'ai étendue, par le moyen de la conservation des forces vives, au mouvement de tout système de corps qui agissent les uns sur les autres d'une manière quelconque; et il en est résulté ce nouveau principe général, que la somme des produits des masses par les intégrales des vîtesses multipliées par les élémens des espaces parcourus, est constamment un *maximum* ou un *minimum*.

Tel est le principe auquel je donne ici, quoiqu'improprement, le nom de *moindre action*, et que je regarde non comme un principe métaphysique, mais comme un résultat simple et général des lois de la Mécanique. On peut voir dans le tome II des Mémoires de Turin, l'usage que j'en ai fait pour résoudre plusieurs problèmes difficiles de Dynamique. Ce principe, combiné avec celui forces vives, et développé suivant les règles du calcul des variations, donne directement toutes les équations nécessaires pour la solution de chaque problème; et de là naît une méthode également simple et générale pour traiter les questions qui concernent le mouvement des corps; mais cette méthode n'est elle-même qu'un corollaire de celle qui fait l'objet de la seconde partie de cet Ouvrage, et qui a en même temps l'avantage d'être tirée des premiers principes de la Mécanique.

SECONDE SECTION.

Formule générale de la Dynamique, pour le mouvement d'un système de corps animés par des forces quelconques.

1. Lorsque les forces qui agissent sur un système de corps sont disposées conformément aux lois exposées dans la première partie de ce Traité, ces forces se détruisent mutuellement, et le système demeure en équilibre. Mais quand l'équilibre n'a pas lieu, les corps doivent nécessairement se mouvoir, en obéissant en tout ou en partie à l'action des forces qui les sollicitent. La détermination des mouvemens produits par des forces données, est l'objet de cette seconde partie.

Nous y considérerons principalement les forces accélératrices et retardatrices, dont l'action est continue, comme celle de la gravité, et qui tendent à imprimer à chaque instant une vîtesse infiniment petite et égale à toutes les particules de matière.

Quand ces forces agissent librement et uniformément, elles produisent nécessairement des vîtesses qui augmentent comme les temps; et on peut regarder les vîtesses ainsi engendrées dans un temps donné, comme les effets les plus simples de ces sortes de forces, et par conséquent comme les plus propres à leur servir de mesure. Il faut, dans la Mécanique, prendre les effets simples des forces pour connus; et l'art de cette science consiste uniquement à en déduire les effets composés qui doivent résulter de l'action combinée et modifiée des mêmes forces.

2. Nous supposerons donc que l'on connaisse pour chaque force accélératrice la vîtesse qu'elle est capable d'imprimer à un mobile,

en agissant toujours de la même manière, pendant un certain temps que nous prendrons pour l'unité des temps, et nous mesurerons la *force accélératrice* par cette même vîtesse qui doit s'estimer par l'espace que le mobile parcourrait dans le même temps, si elle était continuée uniformément; or on sait par les théorèmes de Galilée, que cet espace est toujours double de celui que le corps a parcouru réellement par l'action constante de la force accélératrice.

On peut d'ailleurs prendre une force accélératrice connue pour l'unité, et y rapporter toutes les autres. Alors il faudra prendre pour l'unité des espaces, le double de l'espace que la même force continuée également ferait parcourir dans le temps qu'on veut prendre pour l'unité des temps, et la vîtesse acquise dans ce temps par l'action continue de la même force, sera l'unité des vîtesses. De cette manière les forces, les espaces, les temps et les vîtesses ne seront que des simples rapports, des quantités mathématiques ordinaires.

Par exemple, si on prend la gravité sous la latitude de Paris pour l'unité des forces accélératrices, et qu'on compte le temps par secondes, on devra prendre alors 30,196 pieds de Paris pour l'unité des espaces parcourus, parce que 15,098 pieds est la hauteur d'où un corps abandonné à lui-même tombe, dans une seconde, sous cette latitude; et l'unité des vîtesses sera celle qu'un corps pesant acquiert en tombant de cette hauteur.

3. Ces notions préliminaires supposées, considérons un système de corps disposés les uns par rapport aux autres, comme on voudra, et animés par des forces accélératrices quelconques.

Soit m la masse de l'un quelconque de ces corps, regardé comme un point; rapportons, pour la plus grande simplicité, à trois coordonnées rectangles x, y, z la position absolue du même corps au bout d'un temps quelconque t. Ces coordonnées sont supposées toujours parallèles à trois axes fixes dans l'espace, et qui se coupent perpendiculairement dans un point nommé l'origine des coordonnées;

elles

elles expriment par conséquent les distances rectilignes du corps, à trois plans passant par les mêmes axes.

Ainsi, à cause de la perpendicularité de ces plans, les coordonnées x, y, z représentent les espaces par lesquels le corps en mouvement s'éloigne des mêmes plans; par conséquent $\frac{dx}{dt}$, $\frac{dy}{dt}$, $\frac{dz}{dt}$ représenteront les vîtesses que ce corps a dans un instant quelconque pour s'éloigner de chacun de ces plans là, et se mouvoir suivant le prolongement des coordonnées x, y, z; et ces vîtesses, si le corps était ensuite abandonné à lui-même, demeureraient constantes dans les instans suivans, par les principes fondamentaux de la théorie du mouvement.

Mais par la liaison des corps et par l'action des forces accélératrices qui les sollicitent, ces vîtesses prennent, pendant l'instant dt, les accroissemens $d.\frac{dx}{dt}$, $d.\frac{dy}{dt}$, $d.\frac{dz}{dt}$, qu'il s'agit de déterminer. On peut regarder ces accroissemens comme de nouvelles vîtesses imprimées à chaque corps, et en les divisant par dt, on aura la mesure des forces accélératrices employées immédiatement à les produire; car quelque variable que puisse être l'action d'une force, on peut toujours, par la nature du calcul différentiel, la regarder comme constante pendant un temps infiniment petit, et la vîtesse engendrée par cette force est alors proportionnelle à la force multipliée par le temps; par conséquent la force elle-même sera exprimée par la vîtesse divisée par le temps.

En prenant l'élément dt du temps pour constant, les forces accélératrices dont il s'agit seront exprimées par $\frac{d^2x}{dt^2}$, $\frac{d^2y}{dt^2}$, $\frac{d^2z}{dt^2}$, et en multipliant ces forces par la masse m du corps sur lequel elles agissent, on aura m $\frac{d^2x}{dt^2}$, m $\frac{d^2y}{dt^2}$, m $\frac{d^2z}{dt^2}$ pour les forces employées immédiatement à mouvoir le corps m pendant le temps dt, parallèlement aux axes des coordonnées x, y, z. On regardera donc chaque corps m du système comme poussé par de pareilles forces; par conséquent toutes ces forces devront être équivalentes à celles dont on suppose que le système est sollicité, et dont l'action est modifiée par la nature même du système; et il faudra que la somme de leurs *momens* soit toujours égale à la somme des *momens* de celles-ci, par le théorème donné dans l'article 15 de la seconde section de la première Partie.

4. Nous emploîrons dans la suite la caractéristique ordinaire d pour représenter les différentielles relatives au temps, et nous dénoterons les variations qui expriment les vîtesses virtuelles par la caractéristique δ, comme nous l'avons déjà fait dans quelques problèmes de la première Partie.

Ainsi on aura $\mathrm{m}\frac{d^2x}{dt^2}\delta x$, $\mathrm{m}\frac{d^2y}{dt^2}\delta y$, $\mathrm{m}\frac{d^2z}{dt^2}\delta z$ pour les momens des forces $\mathrm{m}\frac{d^2x}{dt^2}$, $\mathrm{m}\frac{d^2y}{dt^2}$, $\mathrm{m}\frac{d^2z}{dt^2}$ qui agissent suivant les coordonnées x, y, z, et tendent à les augmenter; la somme de leurs momens pourra donc être représentée par la formule

$$S\left(\frac{d^2x}{dt^2}\delta x + \frac{d^2y}{dt^2}\delta y + \frac{d^2z}{dt^2}\delta z\right)\mathrm{m},$$

en supposant que le signe d'intégration S s'étende à tous les corps du système.

5. Soient maintenant P, Q, R, etc. les forces accélératrices données, qui sollicitent chaque corps m du système, vers les centres auxquels ces forces sont supposées tendre; et soient p, q, r, etc. les distances rectilignes de chacun de ces corps aux mêmes centres. Les différentielles δp, δq, δr, etc. représenteront les variations des lignes p, q, r, etc. provenantes des variations δx, δy, δz des coordonnées x, y, z du corps m; mais comme les forces P, Q, R, etc. sont censées tendre à diminuer ces lignes, leurs vîtesses virtuelles doivent être représentées par $-\delta p$, $-\delta q$, $-\delta r$, etc. (art. 3, sect. II, part. I); donc les momens des forces $\mathrm{m}P$, $\mathrm{m}Q$, $\mathrm{m}R$, etc. seront exprimés par

$-\text{m}P\delta p$, $-\text{m}Q\delta q$, $-\text{m}R\delta r$, etc., et la somme des momens de toutes ces forces sera représentée par

$$-S(P\delta p + Q\delta q + R\delta r + \text{etc.})\text{m}.$$

Égalant donc cette somme à celle de l'article précédent, on aura

$$S\left(\frac{d^2x}{dt^2}\delta x + \frac{d^2y}{dt^2}\delta y + \frac{d^2z}{dt^2}\delta z\right)\text{m}$$
$$= -S(P\delta p + Q\delta q + R\delta r + \text{etc.})\text{m},$$

et transposant le second membre,

$$S\left(\frac{d^2x}{dt^2}\delta x + \frac{d^2y}{dt^2}\delta y + \frac{d^2z}{dt^2}\delta z\right)\text{m}$$
$$+ S(P\delta p + Q\delta q + R\delta r + \text{etc.})\text{m} = 0.$$

C'est la formule générale de la Dynamique pour le mouvement d'un système quelconque de corps.

6. Il est visible que cette formule ne diffère de la formule générale de la Statique, donnée dans la seconde section de la première Partie, que par les termes dus aux forces $\frac{\text{m}d^2x}{dt^2}$, $\frac{\text{m}d^2y}{dt^2}$, $\frac{\text{m}d^2z}{dt^2}$, qui produisent l'accélération du corps m suivant les prolongemens des trois coordonnées x, y, z. En effet, nous avons vu dans la section précédente (art. 11), que ces forces étant prises en sens contraire, c'est-à-dire, étant regardées comme tendantes à diminuer les lignes x, y, z, doivent faire équilibre aux forces actuelles P, Q, R, etc., qui sont supposées agir pour diminuer les lignes p, q, r, etc.; de sorte qu'il n'y a qu'à ajouter aux *momens* de ces dernières forces, ceux des forces $\text{m}\frac{d^2x}{dt^2}$, $\text{m}\frac{d^2y}{dt^2}$, $\text{m}\frac{d^2z}{dt^2}$ pour chacun des corps m, pour passer tout d'un coup, des conditions de l'équilibre aux propriétés du mouvement (art. 4, sect. II, part. I).

7. Les mêmes règles que nous avons données dans la seconde

section de la première Partie, pour le développement de la formule générale de la Statique, s'appliqueront donc aussi à la formule générale de la Dynamique.

Il faudra seulement observer, 1°. que les différences que nous avions marquées par la caractéristique ordinaire d, pour représenter les variations, seront toujours marquées dorénavant par la caractéristique δ.

2°. Que la caractéristique d sera toujours relative au temps t, ainsi que la caractéristique correspondante $\int$ pour les intégrations, excepté dans les différences partielles, où il est indifférent quelle caractéristique on y emploie.

3°. Que pour représenter les élémens d'une courbe ou d'une surface, ou en général d'un système composé d'une infinité de particules, on emploîra la caractéristique D, qui répond à la caractéristique intégrale S. Ainsi lorsqu'on voudra étendre au mouvement les formules que nous avons données pour l'équilibre, dans les chapitres III et IV de la cinquième section de la première Partie, il faudra changer partout la caractéristique d en D, pour avoir l'expression de la somme des momens de toutes les forces.

8. Lorsque le mouvement se fait dans un milieu résistant, on peut regarder la résistance du milieu comme une force qui agit en sens contraire de la direction du corps, et qui peut par conséquent être supposée tendante à un point de la tangente.

Supposons que la résistance soit R; pour avoir son moment $-R\delta r$, il n'y a qu'à considérer qu'on a en général

$$r = \sqrt{(x-l)^2 + (y-m)^2 + (z-n)^2},$$

l, m, n étant les coordonnées du centre de la force R; donc

$$\delta r = \frac{x-l}{r}\delta x + \frac{y-m}{r}\delta y + \frac{z-n}{r}\delta z.$$

Prenons le centre de la force R dans la tangente de la courbe décrite par le corps et très-près de lui; on fera pour cela $x-l=dx$,

$y-m=dy$, $z-n=dz$, ce qui donnera, en prenant ds pour l'élément de la courbe, $\frac{x-l}{r}=\frac{dx}{ds}$, $\frac{y-m}{r}=\frac{dy}{ds}$, $\frac{z-n}{r}=\frac{dz}{ds}$, et par conséquent

$$\delta r=\frac{dx}{ds}\delta x+\frac{dy}{ds}\delta y+\frac{dz}{ds}\delta z.$$

Si le milieu résistant était en mouvement, il faudrait composer ce mouvement avec celui du corps, pour avoir la direction de la force de résistance. Nommons $d\alpha$, $d\beta$, $d\gamma$ les petits espaces que le milieu parcourt parallèlement aux axes des coordonnées x, y, z; pendant que le corps décrit l'espace ds, il n'y aura qu'à retrancher ces quantités de dx, dy, dz pour avoir les mouvemens relatifs; et comme $ds=\sqrt{(dx^2+dy^2+dz^2)}$, si on fait

$$d\sigma=\sqrt{(dx-d\alpha)^2+(dy-d\beta)^2+(dz-d\gamma)^2},$$

on aura dans ce cas,

$$\delta r=\frac{dx-d\alpha}{d\sigma}\delta x+\frac{dy-d\beta}{d\sigma}\delta y+\frac{dz-d\gamma}{d\sigma}\delta z.$$

A l'égard de la résistance R, elle est ordinairement une fonction de la vîtesse $\frac{ds}{dt}$; mais dans le cas où le milieu est en mouvement, elle sera fonction de la vîtesse relative $\frac{d\sigma}{dt}$.

De cette manière, on pourra appliquer nos formules générales aux mouvemens qui se font dans des milieux résistans, sans avoir besoin d'aucune considération particulière à ces sortes de mouvemens.

9. Il est important de remarquer que l'expression $d^2x\delta x+d^2y\delta y+d^2z\delta z$, par laquelle la formule générale de la Dynamique diffère de celle de la Statique (art. 5), est indépendante de la position des axes des coordonnées x, y, z.

Car supposons qu'à la place de ces coordonnées, on substitue d'autres coordonnées rectangles x', y', z' qui aient la même origine, mais qui se rapportent à d'autres axes. Par les formules de la transformation des coordonnées, données dans l'article 10 de la section III de la première Partie, on a

$$x = \alpha x' + \beta y' + \gamma z',$$
$$y = \alpha' x' + \beta' y' + \gamma' z',$$
$$z = \alpha'' x' + \beta'' y' + \gamma'' z',$$

Différentions ces expressions de x, y, z, en y regardant tous les coefficiens α, β, γ, α', etc. comme constans, et les nouvelles coordonnées x', y', z' comme seules variables, on aura

$$d^2x = \alpha d^2x' + \beta d^2y' + \gamma d^2z',$$
$$d^2y = \alpha' d^2x' + \beta' d^2y' + \gamma' d^2z',$$
$$d^2z = \alpha'' d^2x' + \beta'' d^2y' + \gamma'' d^2z'.$$

On aura de même,

$$\delta x = \alpha \delta x' + \beta \delta y' + \gamma \delta z',$$
$$\delta y = \alpha' \delta x' + \beta' \delta y' + \gamma' \delta z',$$
$$\delta z = \alpha'' \delta x' + \beta'' \delta y' + \gamma'' \delta z'.$$

Substituant ces valeurs et ayant égard aux équations de condition données dans l'article cité, entre les coefficiens α, β, γ, α', etc., on aura

$$d^2x\delta x + d^2y\delta y + d^2z\delta z$$
$$= d^2x'\delta x' + d^2y'\delta y' + d^2z'\delta z'.$$

Si on fait les mêmes substitutions dans l'expression des distances rectilignes entre les différens corps du système, représentées par p, q, etc., il est facile de voir que les quantités α, β, γ, α', etc. disparaîtront également, et que les transformées conserveront la même forme. En effet on a

$$\mathrm{p} = \sqrt{(x - \mathrm{x})^2 + (y - \mathrm{y})^2 + (z - \mathrm{z})^2},$$

x, y, z étant les coordonnées d'un corps m, et x, y, z celles d'un autre corps m rapportées aux mêmes axes. Par le changement des axes, les premières deviennent x', y', z', et si on désigne par x′, y′, z′ ce que les dernières deviennent, on aura aussi

$$x = \alpha x' + \beta y' + \gamma z',$$
$$y = \alpha' x' + \beta' y' + \gamma' z',$$
$$z = \alpha'' x' + \beta'' y' + \gamma'' z'.$$

Substituant et ayant égard aux mêmes équations de condition; on aura

$$p = \sqrt{(x' - x')^2 + (y' - y')^2 + (z' - z')^2},$$

et ainsi des quantités analogues q, r, etc.

10. Il s'ensuit de là que si le système n'est animé que par des forces intérieures P, Q, etc., proportionnelles à des fonctions quelconques des distances p, q, etc. entre les corps, et que les conditions du système ne dépendent que de la disposition mutuelle des corps, de manière que les équations de condition ne soient qu'entre les différentes lignes p, q, etc., la formule générale de la Dynamique (art. 5), sera la même pour les coordonnées transformées x', y', z', que pour les coordonnées primitives x, y, z. Donc après avoir trouvé, par l'intégration des différentes équations, déduites de cette formule, les valeurs des coordonnées x, y, z de chaque corps m, exprimées en temps, si on prend ces valeurs pour x', y', z', on aura pour les coordonnées x, y, z, ces valeurs plus générales,

$$x = \alpha x' + \beta y' + \gamma z',$$
$$y = \alpha' x' + \beta' y' + \gamma' z',$$
$$z = \alpha'' x' + \beta'' y' + \gamma'' z',$$

dans lesquelles les neuf coefficiens α, β, γ, etc. renferment trois quantités indéterminées, puisqu'il n'y a entre elles que six équations de condition.

Si les valeurs de x', y', z' renferment toutes les constantes arbitraires nécessaires pour compléter les différentes intégrales, les trois indéterminées dont il s'agit se fondront dans ces mêmes constantes arbitraires; mais elles pourront suppléer celles qui manqueraient, et dont le défaut rendrait la solution incomplète. Ainsi au moyen de ces trois nouvelles arbitraires qu'on peut introduire à la fin du calcul, on sera libre de supposer nulles ou égales à des quantités déterminées, autant d'autres constantes arbitraires, ce qui servira souvent à faciliter et simplifier le calcul.

11. Quoiqu'on puisse toujours calculer les effets de l'impulsion et de la percussion comme ceux des forces accélératrices, cependant, lorsqu'on ne demande que la vîtesse totale imprimée, on peut se dispenser de considérer ses accroissemens successifs; et on peut tout de suite regarder les forces d'impulsion comme équivalentes aux mouvemens imprimés.

Soient donc P, Q, R, etc. les forces d'impulsion appliquées à un corps quelconque m du système, suivant les lignes p, q, r, etc.; supposons que la vîtesse imprimée à ce corps soit décomposée en trois vîtesses représentées par $\dot{x}$, $\dot{y}$, $\dot{z}$, suivant les directions des axes des coordonnées x, y, z, on aura comme dans l'article 5, en changeant les forces accélératrices $\frac{d^2x}{dt^2}$, $\frac{d^2y}{dt^2}$, $\frac{d^2z}{dt^2}$ dans les vîtesses $\dot{x}$, $\dot{y}$, $\dot{z}$, l'équation générale

$$S(\dot{x}\delta x + \dot{y}\delta y + \dot{z}\delta z)\,\mathrm{m}$$
$$+ S(P\delta p + Q\delta q + R\delta r + \text{etc.}) = 0.$$

Cette équation donnera autant d'équations particulières qu'il y restera de variations indépendantes après avoir réduit toutes les variations marquées par δ au plus petit nombre possible, d'après les conditions du système.

TROISIÈME

TROISIÈME SECTION.

Propriétés générales du mouvement, déduites de la formule précédente.

1. CONSIDÉRONS un système de corps disposés les uns par rapport aux autres et liés ensemble, comme l'on voudra, mais sans qu'il y ait aucun point ou obstacle fixe qui gêne leur mouvement; il est évident que dans ce cas les conditions du système ne peuvent dépendre que de la position respective des corps entre eux; par conséquent les équations de condition ne pourront contenir d'autres fonctions des coordonnées que les expressions des distances mutuelles des corps. Cette considération fournit pour le mouvement d'un système des équations générales indépendantes de la nature du système et analogues à celles que nous avons trouvées pour l'équilibre, dans le § I de la section troisième de la première Partie.

§ I.

Propriétés relatives au centre de gravité.

2 Soient x', y', z' les coordonnées d'un corps quelconque déterminé du système, tandis que x, y, z représentent en général les coordonnées d'un autre corps quelconque. Faisons, ce qui est toujours permis,

$$x = x' + \xi, \quad y = y' + \eta, \quad z = z' + \zeta;$$

il est visible que les quantités x', y', z' n'entreront point dans les expressions des distances mutuelles des corps, mais que ces distances ne dépendront que des différentes quantités ξ, η, ζ, qui expriment proprement les coordonnées des différens corps, rapportés à celui qui répond à x', y', z'; par conséquent les équations de condition du système seront entre les seules variables ξ, η, ζ, et ne renfermeront point x', y', z'.

Donc si dans la formule générale de la Dynamique (art. 5, section précéd.) on réduit toutes les variations à δx, δy, δz, et qu'on substitue pour δx, δy, δz leurs valeurs $\delta x'+\delta\xi$, $\delta y'+\delta\eta$, $\delta z'+\delta\zeta$, les variations $\delta x'$, $\delta y'$, $\delta z'$ seront indépendantes de toutes les autres, et arbitraires en elles-mêmes; ainsi il faudra égaler séparément à zéro la totalité des termes affectés de chacune de ces variations; ce qui donnera trois équations générales et indépendantes de la constitution particulière du système.

Les forces intérieures par lesquelles les corps pourraient agir les uns sur les autres, et que nous dénotons par $\overline{P}$, $\overline{Q}$, etc., comme dans l'art. 2 de la section III de la première Partie, n'entreront point dans ces équations, parce que les distances mutuelles $\overline{p}$, $\overline{q}$, etc. étant indépendantes de x', y', z', les variations $\delta\overline{p}$, $\delta\overline{q}$, etc., relatives à ces variations, seront nulles.

A l'égard des forces extérieures P, Q, R, etc., si on les réduit aux trois forces X, Y, Z, dirigées suivant les coordonnées x, y, z, et tendantes à les diminuer, d'après les formules données dans le chapitre I de la section V de la première Partie, on a $P\delta p+Q\delta q+R\delta r+\text{etc.}=X\delta x+Y\delta y+Z\delta z$, et la formule générale devient

$$S\left(\frac{d^2x}{dt^2}+X\right)\text{m}\delta x+S\left(\frac{d^2y}{dt^2}+Y\right)\text{m}\delta y+S\left(\frac{d^2z}{dt^2}+Z\right)\text{m}\delta z=0,$$

laquelle, en n'ayant égard qu'aux variations $\delta x'$, $\delta y'$, $\delta z'$, qui sont indépendantes de toutes les autres, donnera

$$\delta x'S\left(\frac{d^2x}{dt^2}+X\right)\text{m}+\delta y'S\left(\frac{d^2y}{dt^2}+Y\right)\text{m}+\delta z'S\left(\frac{d^2z}{dt^2}+Z\right)\text{m}=0,$$

d'où l'on tire sur-le-champ ces trois équations,

$$S\left(\frac{d^2x}{dt^2}+X\right)\mathrm{m}=0,$$

$$S\left(\frac{d^2y}{dt^2}+Y\right)\mathrm{m}=0,$$

$$S\left(\frac{d^2z}{dt^2}+Z\right)\mathrm{m}=0,$$

lesquelles auront toujours lieu dans le mouvement d'un système quelconque de corps, lorsque le système est entièrement libre.

3. Supposons maintenant que le corps auquel répondent les coordonnées x', y', z' soit placé dans le centre de gravité de tout le système. On aura, par les propriétés connues de ce centre (Part. I, sect. III, § IV), les équations

$$S\xi\mathrm{m}=0, \quad S\eta\mathrm{m}=0, \quad S\zeta\mathrm{m}=0,$$

lesquelles, en différentiant par rapport à t, donneront celles-ci :

$$S\frac{d^2\xi}{dt^2}\mathrm{m}=0, \quad S\frac{d^2\eta}{dt^2}\mathrm{m}=0, \quad S\frac{d^2\zeta}{dt^2}\mathrm{m}=0.$$

Donc on aura $S\frac{d^2x}{dt^2}\mathrm{m}=S\frac{d^2x'}{dt^2}\mathrm{m}=\frac{d^2x'}{dt^2}S\mathrm{m}$, parce que x' ayant la même valeur pour tous les corps, est indépendante du signe S; on aura pareillement $S\frac{d^2y}{dt^2}\mathrm{m}=\frac{d^2y'}{dt^2}S\mathrm{m}$, et $S\frac{d^2z}{dt^2}\mathrm{m}=\frac{d^2z'}{dt^2}S\mathrm{m}$. Ainsi les trois équations de l'article précédent prendront cette forme plus simple,

$$\frac{d^2x'}{dt^2}S\mathrm{m}+SX\mathrm{m}=0,$$

$$\frac{d^2y'}{dt^2}S\mathrm{m}+SY\mathrm{m}=0,$$

$$\frac{d^2z'}{dt^2}S\mathrm{m}+SZ\mathrm{m}=0.$$

Ces équations serviront à déterminer le mouvement du centre de gravité de tous les corps, indépendamment du mouvement particulier de chacun d'eux; et comme les valeurs de $SX\mathrm{m}$, $SY\mathrm{m}$,

SZm ne renferment point les forces intérieures du système, le mouvement de ce centre ne dépendra point de l'action mutuelle que les corps peuvent exercer les uns sur les autres, mais seulement des forces accélératrices qui sollicitent chaque corps. C'est en quoi consiste le principe général de la *Conservation du mouvement du centre de gravité.*

Ce principe subsiste aussi dans le cas où les corps, dans leurs mouvemens, viendraient à se choquer; car de quelque nature que soient les corps, on peut toujours imaginer que leur action dans le choc se fasse par le moyen d'un ressort interposé entre les corps, et qui, après la compression, tende à se rétablir, ou non, suivant que les corps seront élastiques ou non. De cette manière, l'effet du choc sera le produit de forces de la nature de celles que nous avons désignées par $\overline{P}$, $\overline{Q}$, etc., et qui disparaissent dans la formule générale (art. 2).

4. On voit au reste que les équations du mouvement du centre de gravité sont les mêmes que celles du mouvement d'un seul corps qui serait animé à-la-fois par toutes les forces accélératrices qui agissent sur les différens corps du système. En effet, si on conçoit que tous ces corps soient réunis en un point qui réponde aux coordonnées x', y', z'; on a alors dans la formule générale $x=x'$, $y=y'$, $z=z'$, et égalant à zéro la totalité des termes affectés de chacune des trois variations $\delta x'$, $\delta y'$, $\delta z'$, on aura les mêmes équations que ci-dessus.

De là résulte ce théorème général, que *le mouvement du centre de gravité d'un système libre de corps disposés les uns par rapport aux autres, comme l'on voudra, est toujours le même que si les corps étaient tous réunis dans un seul point, et qu'en même temps chacun d'eux fût animé des mêmes forces accélératrices que dans leur état naturel.*

5. Ce théorème a encore lieu lorsque les corps qui composent

un système libre ne reçoivent que des impulsions quelconques. Car en substituant dans l'équation de l'article 11 de la section précédente, $\delta x' + \delta \xi$, $\delta y' + \delta \eta$, $\delta z' + \delta \zeta$ à la place de δx, δy, δz, et réduisant les forces P, Q, R, etc. aux forces X, Y, Z, on prouvera, comme dans l'article 2, que les variations $\delta x'$, $\delta y'$, $\delta z'$ doivent demeurer arbitraires, ce qui donnera les trois équations

$$S(\mathrm{m}\dot{x} + X) = 0, \quad S(\mathrm{m}\dot{y} + Y) = 0, \quad S(\mathrm{m}\dot{z} + Z) = 0.$$

Or si on rapporte les coordonnées x', y', z' au centre de gravité du système, on a, par les propriétés de ce centre,

$$x'S\mathrm{m} = Sx\mathrm{m}, \quad y'S\mathrm{m} = Sy\mathrm{m}, \quad z'S\mathrm{m} = Sz\mathrm{m}.$$

Donc aussi, en différentiant relativement à t, et faisant $dx = \dot{x}dt$, $dy = \dot{y}dt$, $dz = \dot{z}dt$, $dx' = \dot{x}'dt$, $dy' = \dot{y}'dt$, $dz' = \dot{z}'dt$,

$$\dot{x}'S\mathrm{m} = S\dot{x}\mathrm{m}, \quad \dot{y}'S\mathrm{m} = S\dot{y}\mathrm{m}, \quad \dot{z}'S\mathrm{m} = S\dot{z}\mathrm{m},$$

et par conséquent

$$\dot{x}'S\mathrm{m} + SX = 0, \quad \dot{y}'S\mathrm{m} + SY = 0, \quad \dot{z}'S\mathrm{m} + SZ = 0,$$

ce qui fait voir que les vîtesses $\dot{x}$, $\dot{y}$, $\dot{z}$ imprimées au centre de gravité, sont les mêmes que si tous les corps, étant réunis dans ce centre, recevaient à-la-fois les impulsions X, Y, Z.

6. La formule générale (art. 2), après la substitution de $\delta x' + \delta \xi$, $\delta y' + \delta \eta$, $\delta z' + \delta \zeta$ à la place de δx, δy, δz, et l'évanouissement des termes affectés de $\delta x'$, $\delta y'$, $\delta z'$ se réduira à

$$S\left(\frac{d^2x\delta\xi + d^2y\delta\eta + d^2z\delta\zeta}{dt^2} + X\delta\xi + Y\delta\eta + Z\delta\zeta\right)\mathrm{m} = 0.$$

Substituant $x' + \xi$, $y' + \eta$, $z' + \zeta$ pour x, y, z dans les différentielles d^2x, d^2y, d^2z, et faisant sortir hors du signe S les différentielles d^2x', d^2y', d^2z', les termes affectés de ces différentielles seront

$$\frac{d^2x'}{dt^2}S\delta\xi\mathrm{m} + \frac{d^2y'}{dt^2}S\delta\eta\mathrm{m} + \frac{d^2z'}{dt^2}S\delta\zeta\mathrm{m}.$$

Mais en rapportant au centre de gravité les coordonnées x', y', z', on a (art. 3),

$$S\xi m = o, \quad S\eta m = o, \quad S\zeta m = o;$$

donc aussi, en différentiant par δ, on aura

$$S\delta\xi m = o, \quad S\delta\eta m = o, \quad S\delta\zeta m = o,$$

ce qui fait évanouir les termes dont il s'agit.

Ainsi la formule générale se réduira à

$$S\left(\frac{d^2\xi\delta\xi + d^2\eta\delta\eta + d^2\zeta\delta\zeta}{dt^2} + X\delta\xi + Y\delta\eta + Z\delta\zeta\right) m = o,$$

qui est tout-à-fait semblable à la première formule, les coordonnées x, y, z, dont l'origine est fixe dans l'espace, étant changées en ξ, η, ζ, dont l'origine est au centre de gravité.

On peut conclure de là en général, que dans un système libre, on aura par rapport au centre de gravité, les mêmes équations et les mêmes propriétés que par rapport à un point fixe hors du système.

§ II.

Propriétés relatives aux aires.

7. Considérons maintenant le mouvement du système autour d'un point fixe, et supposons qu'il soit entièrement libre de tourner en tout sens autour de ce point. En faisant abstraction des mouvemens respectifs des corps du système les uns à l'égard des autres, la rotation autour de chacun des trois axes des x, y, z fournira, comme on l'a vu dans l'article 8 de la troisième section de la première Partie, les expressions suivantes des variations δx, δy, δz,

$$\delta x = z\delta\omega - y\delta\varphi, \quad \delta y = x\delta\varphi - z\delta\psi, \quad \delta z = y\delta\psi - x\delta\omega,$$

dans lesquelles $\delta\varphi$, $\delta\omega$, $\delta\psi$ sont les rotations élémentaires par rapport aux trois axes des z, y, x, et qui doivent demeurer arbitraires.

Ces expressions sont générales pour les variations des coordonnées de tous les corps du système, et il ne s'agira que de les substituer dans la formule de l'article 5 de la section précédente, après avoir réduit toutes les variations à δx, δy, δz, et d'égaler ensuite à zéro séparément les quantités affectées des trois indéterminées $\delta\varphi$, $\delta\omega$, $\delta\psi$.

On trouvera d'abord, comme dans l'article cité de la première Partie, que la variation $\delta\bar{p}$ devient nulle, et qu'ainsi les termes dus aux forces intérieures $\bar{P}$ du système ne renfermant point les variations $\delta\varphi$, $\delta\omega$, $\delta\psi$ ne donneront rien dans les équations dont il s'agit. On trouve aussi, comme on l'a vu dans le même article, que la variation δp est nulle lorsque la force P tend vers l'origine des coordonnées, et qu'ainsi cette force n'entrera point dans les mêmes équations.

En faisant donc simplement pour δx, δy, δz, les substitutions indiquées, après avoir changé les forces P, Q, R, etc. en X, Y, Z, comme ci-dessus (art. 2), on aura, relativement aux variations $\delta\varphi$, $\delta\omega$, $\delta\psi$, l'équation

$$S\left\{\begin{array}{l}\left(\dfrac{xd^2y - yd^2x}{dt^2} + Yx - Xy\right)\delta\varphi \\ +\left(\dfrac{zd^2x - xd^2z}{dt^2} + Xz - Zx\right)\delta\omega \\ +\left(\dfrac{yd^2z - zd^2y}{dt^2} + Zy - Yz\right)\delta\psi\end{array}\right\}\mathrm{m} = 0;$$

et comme les variations $\delta\varphi$, $\delta\psi$, $\delta\omega$ sont les mêmes pour tous les corps du système, elles n'entreront pas sous le signe d'intégration S; de sorte qu'on aura les trois équations relatives à chacune de ces variations,

$$S\left(x\,\frac{d^2y}{dt^2} - y\,\frac{d^2x}{dt^2} + xY - yX\right)\mathrm{m} = 0,$$

$$S\left(z\,\frac{d^2x}{dt^2} - x\,\frac{d^2z}{dt^2} + zX - xZ\right)\mathrm{m} = 0,$$

$$S\left(y\,\frac{d^2z}{dt^2} - z\,\frac{d^2y}{dt^2} + yZ - zY\right)\mathrm{m} = 0,$$

Ces équations auront lieu à-la-fois lorsque le système aura la liberté de tourner autour de chacun des trois axes, c'est-à-dire, toutes les fois que le système sera disposé de manière à pouvoir pirouetter librement en tout sens autour du point fixe qui est l'origine des coordonnées.

Et il est bon de remarquer que ces équations ont toujours lieu indépendamment de l'action mutuelle des corps, de quelque manière que cette action puisse s'exercer, même par le choc mutuel des corps du système, comme dans l'article 3, et par la même raison; elles sont, de plus, indépendantes des forces qui tendraient vers le point fixe où est l'origine des coordonnées.

8. Pour se former une idée plus nette de ces équations, on remarquera, 1°. que les quantités $xd^2y - yd^2x$, $zd^2x - xd^2z$, $yd^2z - zd^2y$ sont les différentielles de celles-ci, $xdy - ydx$, $zdx - xdz$, $ydz - zdy$, lesquelles représentent le double des secteurs élémentaires décrits par le corps m sur le plan des x, y, des x, z et des y, z, c'est-à-dire, sur les plans perpendiculaires aux axes des z, des y et des x. En effet, si dans $xdy - ydx$ on substitue pour x et y les valeurs $\rho\cos\varphi$, $\rho\sin\varphi$, on a $\rho^2 d\varphi$ double de l'aire comprise entre le rayon vecteur ρ et le rayon consécutif qui fait avec lui l'angle $d\varphi$.

2°. Que les quantités X, Y, Z représentent les forces qui sollicitent chaque corps m, suivant les coordonnées x, y, z, et vers leur origine, et qui résultent de toutes les forces P, Q, R, etc. agissantes sur ce corps, suivant des directions quelconques (art. 5, sect. II), et qu'ainsi les quantités $yX - xY$, $xZ - zX$, $zY - yZ$ expriment les momens des forces qui tendent à faire tourner les corps autour de chacun des trois axes des coordonnées z, y, x, en prenant le mot *moment* dans le sens ordinaire, pour le produit de la force, et de la perpendiculaire menée sur sa direction.

9. Si le système n'était animé par aucune force extérieure, ou s'il l'était seulement par des forces tendantes au point que nous

avons

avons pris pour l'origine des coordonnées, les trois équations précédentes se réduiraient à celles-ci :

$$S\left(\frac{xd^2y - yd^2x}{dt^2}\right)m = 0,$$
$$S\left(\frac{zd^2x - xd^2z}{dt^2}\right)m = 0,$$
$$S\left(\frac{yd^2x - zd^2y}{dt^2}\right)m = 0,$$

lesquelles étant intégrées par rapport à la variable t, donneront, en prenant trois constantes arbitraires A, B, C,

$$S\left(\frac{xdy - ydx}{dt}\right)m = C,$$
$$S\left(\frac{zdx - xdz}{dt}\right)m = B,$$
$$S\left(\frac{ydz - xdy}{dt}\right)m = A.$$

Ces dernières équations renferment évidemment le *principe des aires*, dont nous avons parlé dans la première section.

10. Il est à propos de remarquer que ces équations sont dans le cas de l'article 10 de la section précédente ; de sorte qu'on y peut introduire trois nouvelles constantes arbitraires, par le changement des axes des coordonnées.

Soient x', y', z' les nouvelles coordonnées ; on aura également

$$S\left(\frac{x'dy' - y'dx'}{dt}\right)m = C',$$
$$S\left(\frac{z'dx' - x'dz'}{dt}\right)m = B',$$
$$S\left(\frac{y'dz' - z'dy'}{dt}\right)m = A',$$

les quantités A', B', C' étant aussi des constantes arbitraires, mais différentes de A, B, C.

Substituons maintenant dans l'expression $xdy - ydx$ les valeurs de x, y, en x', y', z' données dans l'article cité de la même section, on aura

$$xdy - ydx = (\alpha\beta' - \beta\alpha')(x'dy' - y'dx') \\ + (\gamma\alpha' - \alpha\gamma')(z'dx' - x'dz') + (\beta\gamma' - \gamma\beta')(y'dz' - z'dy').$$

On trouvera de même,

$$zdx - xdz = (\beta\alpha'' - \alpha\beta'')(x'dy' - y'dx') \\ + (\alpha\gamma'' - \gamma\alpha'')(z'dx' - x'dz') + (\gamma\beta'' - \beta\gamma'')(y'dz' - z'dy'),$$
$$ydz - zdy = (\alpha'\beta'' - \beta'\alpha'')(x'dy' - y'dx') \\ + (\gamma'\alpha'' - \alpha'\gamma'')(z'dx' - x'dz') + (\gamma'\beta'' - \beta'\gamma'')(y'dz' - z'dy').$$

Si on affecte tous les termes de ces équations du signe S, apres les avoir multipliées par m et divisées par dt, et qu'on y substitue à la place des intégrales affectées de S, leurs valeurs A, B, C, A', B', C', on aura

$$C = (\alpha\beta' - \beta\alpha')C' + (\gamma\alpha' - \alpha\gamma')B' + (\beta\gamma' - \gamma\beta')A',$$
$$B = (\beta\alpha'' - \alpha\beta'')C' + (\alpha\gamma'' - \gamma\alpha'')B' + (\gamma\beta'' - \beta\gamma'')A',$$
$$A = (\alpha'\beta'' - \beta'\alpha'')C' + (\gamma'\alpha'' - \alpha'\gamma'')B' + (\gamma'\beta'' - \beta'\gamma'')A'.$$

On peut réduire ces formules à une expression plus simple, en observant que l'on a identiquement

$$(\alpha\beta' - \beta\alpha')^2 + (\beta\alpha'' - \alpha\beta'')^2 + (\alpha'\beta'' - \beta'\alpha'')^2 \\ = (\alpha^2 + \alpha'^2 + \alpha''^2)(\beta^2 + \beta'^2 + \beta''^2) - (\alpha\beta + \alpha'\beta' + \alpha''\beta'')^2,$$

quantité qui se réduit à l'unité, en vertu des équations de condition de l'article 10 de la section troisième de la première Partie. On a de plus ces équations identiques,

$$\alpha(\alpha'\beta'' - \beta'\alpha'') + \alpha'(\beta\alpha'' - \alpha\beta'') + \alpha''(\alpha\beta' - \beta\alpha') = 0,$$
$$\beta(\alpha'\beta'' - \beta'\alpha'') + \beta'(\beta\alpha'' - \alpha\beta'') + \beta''(\alpha\beta' - \beta\alpha') = 0.$$

Si donc on compare ces équations avec les trois équations de condition

$$\gamma^2 + \gamma'^2 + \gamma''^2 = 1, \quad \alpha\gamma + \alpha'\gamma' + \alpha''\gamma'' = 0, \quad \beta\gamma + \beta'\gamma' + \beta''\gamma'' = 0,$$

il est facile de conclure de cette comparaison, qu'on aura

$$\alpha'\beta''-\beta'\alpha''=\gamma,\quad \beta\alpha''-\alpha\beta''=\gamma',\quad \alpha\beta'-\beta\alpha'=\gamma''.$$

Les quantités γ, γ', γ'' pourraient avoir également le signe $-$; mais comme, dans la coïncidence des axes des x', y', z' avec ceux des x, y, z, on doit avoir $\alpha=1$, $\beta=0$, $\gamma=0$, $\alpha'=0$, $\beta'=1$, $\gamma'=0$, $\alpha''=0$, $\beta''=0$, $\gamma''=1$ (art. 11, sect. III, part. I), cette condition ne peut avoir lieu qu'en prenant γ'' positivement, et par conséquent aussi γ' et γ.

On trouvera de la même manière

$$\gamma'\alpha''-\alpha'\gamma''=\beta,\quad \alpha\gamma''-\gamma\alpha''=\beta',\quad \gamma\alpha'-\alpha\gamma'=\beta'',$$
$$\gamma'\beta''-\beta'\gamma''=\alpha,\quad \gamma\beta''-\beta\gamma''=\alpha',\quad \beta\gamma'-\gamma\beta'=\alpha'';$$

de sorte que l'on aura

$$A=\alpha A'+\beta B'+\gamma C',$$
$$B=\alpha' A'+\beta' B'+\gamma' C',$$
$$C=\alpha'' A'+\beta'' B'+\gamma'' C',$$

d'où l'on tire, par les équations de condition de l'article 10 (sect. III, part. I),

$$A'=A\alpha+B\alpha'+C\alpha'',$$
$$B'=A\beta+B\beta'+C\beta'',$$
$$C'=A\gamma+B\gamma'+C\gamma'',$$

et

$$A^2+B^2+C^2=A'^2+B'^2+C'^2.$$

Il résulte de cette dernière équation qu'on a en général

$$\left(S\left(\frac{xdy-ydx}{dt}\right)\mathrm{m}\right)^2+\left(S\left(\frac{zdx-xdz}{dt}\right)\mathrm{m}\right)^2+\left(S\left(\frac{ydz-zdy}{dt}\right)\mathrm{m}\right)^2$$
$$=\left(S\left(\frac{x'dy'-y'dx'}{dt}\right)\mathrm{m}\right)^2+\left(S\left(\frac{z'dx'-x'dz'}{dt}\right)\mathrm{m}\right)^2+\left(S\left(\frac{y'dz'-z'dy'}{dt}\right)\mathrm{m}\right)^2,$$

d'où l'on peut conclure que la fonction

$$\left(S\left(\frac{xdy-ydx}{dt}\right)\mathrm{m}\right)^2+\left(S\left(\frac{zdx-xdz}{dt}\right)\mathrm{m}\right)^2+\left(S\left(\frac{ydz-zdy}{dt}\right)\mathrm{m}\right)^2$$

a toujours une valeur indépendante du plan de projection et de la position des axes des coordonnées x, y, z dans l'espace, pourvu que ces coordonnées soient rectangulaires entre elles.

11. Ces expressions de A, B, C, en A', B', C' qu'on vient de trouver, sont semblables à celles de x, y, z en x', y', z' de l'article 9 de la section précédente; par conséquent si on prend $x' = A'$, $y' = B'$, $z' = C'$, on aura $A = x$, $B = y$, $C = z$, et réciproquement $x = A$, $y = B$, $z = C$ donnera $A' = x'$, $B' = y'$, $C' = z'$, c'est-à-dire que A, B, C et A', B', C' seront deux systèmes de coordonnées qui répondent à un même point, le premier étant relatif aux axes des x, y, z, et le second aux axes des x', y', z'.

On voit tout de suite par là qu'on peut faire $A' = 0$, $B' = 0$, en faisant passer l'axe des C' ou z' par le point auquel répondent les coordonnées A, B, C, et qu'alors la coordonnée C' aura sa plus grande valeur $= \sqrt{(A^2 + B^2 + C^2)}$. On aura dans ce cas,

$$A = \gamma C', \qquad B = \gamma' C', \qquad C = \gamma'' C',$$

et il est facile de voir que les coefficiens γ, γ', γ'' ne seront autre chose que les cosinus des angles que la ligne C' fait avec les axes des A, B, C.

Ainsi la résolution des équations

$$S\left(\frac{x'dy' - y'dx'}{dt}\right)m = C',$$

$$S\left(\frac{z'dx' - x'dz'}{dt}\right)m = 0,$$

$$S\left(\frac{y'dz' - z'dy'}{dt}\right)m = 0,$$

donnera celle des équations

$$S\left(\frac{xdy - ydx}{dt}\right)m = \gamma'' C',$$

$$S\left(\frac{zdx - xdz}{dt}\right)m = \gamma' C',$$

$$S\left(\frac{ydz - zdy}{dt}\right)m = \gamma C',$$

les quantités γ, γ', γ'' étant trois constantes telles que $\gamma^2 + \gamma'^2 + \gamma''^2 = 1$, et dont deux sont arbitraires.

Le plan perpendiculaire à l'axe des C', lorsque C' devient un *maximum*, est celui que M. Laplace nomme *plan invariable*, et dont il a le premier démontré l'existence et la position.

Cette position est facile à déterminer par les équations

$$A = \gamma C', \qquad B = \gamma' C', \qquad C = \gamma'' C',$$

car puisque les quantités γ, γ', γ'' sont les cosinus des angles que l'axe des C' ou z', qui est perpendiculaire au plan invariable, fait avec les axes des x, y, z du système, en nommant ces angles l, m, n, on aura, à cause de $C' = \sqrt{(A^2 + B^2 + C^2)}$,

$$\cos l = \frac{A}{\sqrt{(A^2+B^2+C^2)}}, \quad \cos m = \frac{B}{\sqrt{(A^2+B^2+C^2)}}, \quad \cos n = \frac{C}{\sqrt{(A^2+B^2+C^2)}}.$$

12. Si le système est libre, c'est-à-dire qu'il n'y ait aucun des points du système qui doive être fixe, on peut prendre l'origine, supposée fixe, des coordonnées x, y, z partout ou l'on voudra; par conséquent les propriétés des aires et des momens que nous venons de démontrer auront lieu par rapport à un point fixe quelconque pris à volonté dans l'espace.

Mais par ce que nous avons démontré dans l'article 6, ces mêmes propriétés auront lieu également par rapport au centre de gravité de tout le système, soit que ce centre soit fixe ou non. En effet, si dans les trois équations de l'article 7, on substitue pour x, y, z les quantités $x' + \xi$, $y' + \eta$, $z' + \zeta$, en rapportant, comme dans l'article 3, les coordonnées x', y', z' au centre de gravité du système, et qu'on ait égard aux trois équations de ce dernier article, on aura ces transformées,

$$S\left(\frac{\xi d^2\eta - \eta d^2\xi}{dt^2} + \xi Y - \eta X\right)m = 0,$$

$$S\left(\frac{\zeta d^2\xi - \xi d^2\zeta}{dt^2} + \zeta X - \xi Z\right)m = 0,$$

$$S\left(\frac{\eta d^2\zeta - \zeta d^2\eta}{dt^2} + \eta Z - \zeta Y\right)m = 0,$$

qui sont, comme l'on voit, semblables à celles de l'article 7, et dont toute la différence consiste en ce qu'à la place des coordonnées x, y, z partant d'un point fixe, il y a les coordonnées ξ, η, ζ, dont l'origine est dans le centre de gravité du système.

Ainsi lorsque les forces accélératrices sont nulles, on aura les intégrales

$$S\left(\frac{\xi d\eta - \eta d\xi}{dt}\right)m = C,$$

$$S\left(\frac{\zeta d\xi - \xi d\zeta}{dt}\right)m = B,$$

$$S\left(\frac{\eta d\zeta - \zeta d\eta}{dt}\right)m = A,$$

sur lesquelles on pourra faire des remarques analogues à celles que nous avons faites sur les équations de l'article 9.

13. Quand un des corps du système est retenu fixement par un obstacle quelconque, en plaçant dans ce corps l'origine des coordonnées, on a le cas de l'article 7. Mais si deux corps du système sont supposés fixes, on regardera la ligne qui passe par ces deux corps, comme un axe fixe autour duquel le système peut tourner librement, et prenant cet axe pour celui des coordonnées z, on aura simplement, par le même article,

$$\delta x = -y\delta\varphi, \qquad \delta y = x\delta\varphi,$$

$\delta\varphi$ étant la rotation élémentaire autour de cet axe, laquelle doit demeurer indéterminée. On n'aura ainsi qu'une seule équation relative à cette variation $\delta\varphi$, laquelle sera

$$S\left(x\frac{d^2y}{dt^2} - y\frac{d^2x}{dt^2} + xY - yX\right)m = 0;$$

et lorsque le moment $xY - yX$ des forces extérieures par rapport à l'axe de rotation est nul, on aura par l'intégration, comme dans l'article 9,

$$S\left(\frac{xdy - ydx}{dt}\right)m = C,$$

équation qui donne le principe des aires par rapport au plan des x, y perpendiculaire à l'axe de rotation, et sur lequel les aires décrites par les corps doivent être projetées.

Si trois corps du système étaient supposés fixes, alors la position de chacun des autres corps dans l'espace serait déterminée par ses distances à ces trois corps, et il n'y aurait plus de variations indépendantes de la nature du système et de la disposition respective des corps entre eux, d'où l'on pût déduire des équations générales pour le mouvement d'un système quelconque.

§ III.

Propriétés relatives aux rotations produites par des forces d'impulsion.

14. Quand un système libre de tourner en tout sens autour d'un point fixe reçoit des impulsions quelconques, on peut aussi employer dans l'équation de l'article 11 de la section précédente les expressions de δx, δy, δz de l'article 7, après avoir réduit à X, Y, Z les forces d'impulsion P, Q, R, etc.; et en égalant séparément à zéro les termes multipliés par les variations $\delta\varphi$, $\delta\omega$, $\delta\psi$, on aura les trois équations

$$S\{\text{m}(x\dot{y} - y\dot{x}) + xY - yX\} = 0,$$
$$S\{\text{m}(z\dot{x} - x\dot{z}) + zX - xZ\} = 0,$$
$$S\{\text{m}(y\dot{z} - z\dot{y}) + yZ - zY\} = 0,$$

pour le premier instant du mouvement produit par les impulsions X, Y, Z.

Dans les systèmes qui sont tout-à-fait libres, on peut prendre le point fixe partout où l'on veut dans l'espace, et les équations précédentes auront toujours lieu par rapport à ce point.

15. Dans ces systèmes, on peut aussi rapporter leurs rotations à trois axes qui passent par le centre de gravité. Car en fai-

sant, comme dans l'article 5,

$$\delta x = \delta x' + \delta\xi, \quad \delta y = \delta y' + \delta\eta, \quad \delta z = \delta z' + \delta\zeta,$$

les variations $\delta x'$, $\delta y'$, $\delta z'$ donneront d'abord les trois équations relatives au mouvement du centre de gravité, trouvées dans ce même article.

Il restera ensuite l'équation

$$S\big((\mathrm{m}\dot{x} + X)\delta\xi + (\mathrm{m}\dot{y} + Y)\delta\eta + (\mathrm{m}\dot{z} + Z)\delta\zeta\big) = 0.$$

Or en rapportant les rotations $\delta\psi$, $\delta\omega$, $\delta\varphi$ aux axes des coordonnées ξ, η, ζ, et n'ayant égard qu'à ces rotations, on a, comme dans l'article 7,

$$\delta\xi = \zeta\delta\omega - \eta\delta\varphi, \quad \delta\eta = \xi\delta\varphi - \zeta\delta\psi, \quad \delta\zeta = \eta\delta\psi - \xi\delta\omega;$$

et les trois variations indéterminées $\delta\psi$, $\delta\omega$, $\delta\varphi$ donneront les trois équations

$$S\{\mathrm{m}(\xi\dot{y} - \eta\dot{x}) + \xi Y - \eta X\} = 0,$$
$$S\{\mathrm{m}(\zeta\dot{x} - \xi\dot{z}) + \zeta X - \xi Z\} = 0,$$
$$S\{\mathrm{m}(\eta\dot{z} - \zeta\dot{y}) + \eta Z - \zeta Y\} = 0.$$

Mais $\dot{x} = \dot{x}' + \dot{\xi}$, $\dot{y} = \dot{y}' + \dot{\eta}$, $\dot{z} = \dot{z}' + \dot{\zeta}$; donc substituant ces valeurs, faisant sortir hors du signe S les quantités $\dot{x}'$, $\dot{y}'$, $\dot{z}'$, qui ne se rapportent qu'au centre de gravité, et observant que par les propriétés de ce centre on a

$$S\mathrm{m}\xi = 0, \quad S\mathrm{m}\eta = 0, \quad S\mathrm{m}\zeta = 0;$$

les trois équations précédentes deviendront

$$S\{\mathrm{m}(\xi\dot{\eta} - \eta\dot{\xi}) + \xi Y - \eta X\} = 0,$$
$$S\{\mathrm{m}(\zeta\dot{\xi} - \xi\dot{\zeta}) + \zeta X - \xi Z\} = 0,$$
$$S\{\mathrm{m}(\eta\dot{\zeta} - \zeta\dot{\eta}) + \eta Z - \zeta Y\} = 0,$$

qui

qui sont tout-à-fait semblables à celles de l'article précédent, et dans lesquelles les coordonnées ξ, η, ζ ont leur origine au centre de gravité, et les vîtesses $\dot{\xi}$, $\dot{\eta}$, $\dot{\zeta}$ sont relatives à ce centre.

Ainsi les équations relatives à un point fixe, subsistent aussi lorsque le système est libre, par rapport à son centre de gravité.

16. Les équations que nous venons de trouver pour l'effet des impulsions dans le premier instant, ont lieu aussi dans les instans suivans, s'il n'y a point de forces accélératrices, en regardant comme constans les termes qui dépendent des impulsions X, Y, Z. Car $\dot{x}$, $\dot{y}$, $\dot{z}$ étant les vîtesses parallèlement aux axes des x, y, z, on a $dx = \dot{x}dt$, $dy = \dot{y}dt$, $dz = \dot{z}dt$, et les équations de l'article 9 deviennent

$$Sm(x\dot{y} - y\dot{x}) = C,$$
$$Sm(z\dot{x} - x\dot{z}) = B,$$
$$Sm(y\dot{z} - z\dot{y}) = A,$$

lesquelles, étant comparées à celles de l'article 14, donnent

$$C = S(yX - xY),$$
$$B = S(xZ - zX),$$
$$A = S(zY - yZ).$$

Ainsi on a les valeurs des constantes A, B, C exprimées par les impulsions primitives données à chaque corps; et l'on voit que ces valeurs ne sont autre chose que les sommes des momens de ces impulsions, par rapport aux axes des x, des y et des z.

Il en sera de même des équations relatives au centre de gravité, en comparant les équations de l'article 12 avec celles de l'article 15.

17. Si on ne considère que les mouvemens de rotation par rapport aux trois axes des coordonnées x, y, z, et qu'on désigne par

$\dot{\psi}$, $\dot{\omega}$, $\dot{\varphi}$ les vîtesses de ces rotations, les variations δx, δy, δz seront proportionnelles aux vîtesses $\dot{x}$, $\dot{y}$, $\dot{z}$, et les variations $\delta\psi$, $\delta\omega$, $\delta\varphi$ seront en même temps proportionnelles aux vîtesses $\dot{\psi}$, $\dot{\omega}$, $\dot{\varphi}$; les formules de l'article 7 donneront ainsi

$$\dot{x} = z\dot{\omega} - y\dot{\varphi}, \quad \dot{y} = x\dot{\varphi} - z\dot{\psi}, \quad \dot{z} = y\dot{\psi} - x\dot{\omega}.$$

Ces valeurs de $\dot{x}$, $\dot{y}$, $\dot{z}$ ne sont que les parties qui dépendent des trois rotations; pour avoir les valeurs complètes des vraies vîtesses $\dot{x}$, $\dot{y}$, $\dot{z}$, il faut y ajouter les parties qui dépendent du changement de situation des corps du système entre eux, et qui sont indépendantes des rotations.

Mais lorsque le système est invariable, ce qui a lieu dans tous les corps solides d'une figure quelconque, ces parties des vîtesses sont nulles, et les valeurs de $\dot{x}$, $\dot{y}$, $\dot{z}$ se réduisent simplement à celles que nous venons de donner. On pourra donc substituer ces valeurs dans les équations précédentes, et faisant sortir hors du signe S les quantités $\dot{\psi}$, $\dot{\omega}$, $\dot{\varphi}$, on aura pour un solide de figure quelconque, en mettant l'élément Dm à la place de m (art. 7, sect. précéd.), les équations

$$\dot{\varphi}S(x^2+y^2)Dm - \dot{\psi}SxzDm - \dot{\omega}SyzDm = C,$$
$$\dot{\omega}S(x^2+z^2)Dm - \dot{\psi}SxyDm - \dot{\varphi}SyzDm = B,$$
$$\dot{\psi}S(y^2+z^2)Dm - \dot{\omega}SxyDm - \dot{\varphi}SxzDm = A,$$

par lesquelles on pourra déterminer les vîtesses des rotations initiales $\dot{\psi}$, $\dot{\omega}$, $\dot{\varphi}$, produites par les impulsions X, Y, Z appliquées à des points quelconques du corps, et dont les momens, par rapport aux axes des x, y, z, sont A, B, C.

Comme les vîtesses de rotation sont proportionnelles aux angles infiniment petits, décrits en même temps par les rotations respectives, il s'ensuit de ce qu'on a démontré dans la troisième section de la première Partie (art. 11), que les trois vîtesses $\dot{\psi}$, $\dot{\omega}$, $\dot{\varphi}$ se composent en une seule vîtesse $\dot{\theta}$ telle que

$$\dot{\theta} = \sqrt{(\dot{\psi}^2 + \dot{\omega}^2 + \dot{\varphi}^2)},$$

avec laquelle le corps tournera réellement autour d'un axe *instantané*, faisant avec les axes des x, y, z des angles λ, μ, ν, tels que

$$\cos\lambda = \frac{\dot{\psi}}{\dot{\theta}}, \quad \cos\mu = \frac{\dot{\omega}}{\dot{\theta}}, \quad \cos\nu = \frac{\dot{\varphi}}{\dot{\theta}}.$$

Ainsi les trois équations précédentes donneront la position de l'axe autour duquel le corps tournera dans le premier instant, et la vîtesse de rotation autour de cet axe. C'est celui qu'on appelle *axe spontané de rotation.*

18. Dans les instans suivans, le corps continuera à tourner par sa force d'inertie, et les trois équations qu'on vient de trouver auront encore lieu, en regardant comme constans les termes qui contiennent les forces d'impulsion X, Y, Z, comme on l'a vu dans l'article 16; mais les quantités $S(x^2+y^2)D\text{m}$, $SxyD\text{m}$, etc. deviendront variables à raison de la variation des coordonnées x, y, z pendant la rotation.

Mais une conséquence remarquable qu'on tire de ces équations, c'est que dans un instant quelconque, le corps a le même mouvement de rotation qu'il recevrait dans cet instant par l'impulsion des mêmes forces qui l'ont mis d'abord en mouvement, si ces forces lui étaient appliquées de manière à produire les mêmes momens autour des axes des x, y, z.

Et comme ces équations ne sont que les équations générales de l'article 16, pour un système quelconque de corps, appliquées à un corps solide de figure quelconque, il s'ensuit que si le système qui a reçu des impulsions primitives, devient, par l'action mutuelle et successive des corps, un système invariable ou un solide quelconque, les mêmes équations auront encore lieu; de sorte que le solide aura à chaque instant le même mouvement de rotation qu'il recevrait par les mêmes impulsions primitives, si elles lui étaient appliquées immédiatement de manière à produire les mêmes momens.

Donc aussi une masse fluide agitée primitivement par des forces quelconques, abandonnée ensuite à elle-même et devenue solide par l'attraction mutuelle de ses parties, aura à chaque instant le même mouvement de rotation que les forces primitives lui imprimeraient si elles agissaient de la même manière sur la masse solide.

19. Les trois équations de l'article 17 donneront les valeurs des momens A, B, C de toutes les forces primitives, en connaissant la position instantanée du corps et ses trois vîtesses de rotation $\dot{\psi}$, $\dot{\omega}$, $\dot{\varphi}$, par rapport aux axes fixes des x, y, z, ou la vîtesse composée $\dot{\theta}$ autour de l'axe instantané, avec les angles λ, μ, ν, de cet axe avec les axes fixes des x, y, z; et réciproquement ayant ces momens, on pourra en déduire les valeurs des vîtesses de rotation.

On voit aussi par ces équations, que les momens seront nuls si les vîtesses sont nulles; mais les momens étant supposés nuls, il ne s'ensuit pas évidemment que les vîtesses de rotation doivent être nulles. Car en faisant $A=0$, $B=0$, $C=0$, on a trois équations linéaires entre $\dot{\psi}$, $\dot{\omega}$, $\dot{\varphi}$; et il faudrait prouver que ces trois équations ne peuvent pas subsister ensemble, à moins de supposer $\dot{\psi}=0$, $\dot{\omega}=0$, $\dot{\varphi}=0$.

En éliminant deux de ces inconnues on a une équation qui donne la troisième inconnue nulle ou arbitraire, mais avec la condition

$$\begin{aligned} &S(x^2+y^2)Dm \times S(x^2+z^2)Dm \times S(y^2+z^2)Dm \\ = {}&S(x^2+y^2)Dm \times (SxyDm)^2 + S(x^2+z^2)Dm \times (SxzDm)^2 \\ + {}&S(y^2+z^2)Dm \times (SyzDm)^2 + 2SxyDm \times SxzDm \times SyzDm; \end{aligned}$$

et il faudrait prouver que cette condition est impossible à remplir, ce qui paraît très-difficile. Mais nous démontrerons plus bas (art. 31) que lorsque les momens sont nuls, toute rotation s'évanouit aussi.

D'ou nous pouvons d'abord conclure qu'il est impossible qu'un système de points isolés, ou une masse fluide quelconque, puisse former un corps solide qui ait un mouvement de rotation, à moins que les impulsions primitives n'aient été telles, qu'il en soit résulté un moment par rapport à l'axe de cette rotation.

20. Par les transformations exposées dans l'article 10, on peut changer les trois équations de l'article 17 en des équations semblables dans lesquelles les quantités x, y, z, A, B, C soient remplacées par les quantités analogues x', y', z', A', B', C'.

Désignons par $\dot{\psi}'$, $\dot{\omega}'$, $\dot{\varphi}'$ les vîtesses de rotation par rapport aux nouveaux axes des x', y', z', on aura aussi,

$$dx' = \dot{x}'dt = (z'\dot{\omega}' - y'\dot{\varphi}')dt,$$
$$dy' = \dot{y}'dt = (x'\dot{\varphi}' - z'\dot{\psi}')dt,$$
$$dz' = \dot{z}'dt = (y'\dot{\psi}' - x'\dot{\omega}')dt,$$

et les trois premières équations de l'article 10 deviendront par ces substitutions, en changeant m en Dm,

$$\dot{\varphi}'S(x'^2+y'^2)D\text{m} - \dot{\psi}'Sx'z'D\text{m} - \dot{\omega}'Sy'z'D\text{m} = C',$$
$$\dot{\omega}'S(x'^2+y'^2)D\text{m} - \dot{\psi}'Sx'y'D\text{m} - \dot{\varphi}'Sy'z'D\text{m} = B',$$
$$\dot{\psi}'S(y'^2+z'^2)D\text{m} - \dot{\omega}'Sx'y'D\text{m} - \dot{\varphi}'Sx'z'D\text{m} = A',$$

dans lesquelles on aura par le même article

$$A' = A\alpha + B\alpha' + C\alpha'',$$
$$B' = A\beta + B\beta' + C\beta'',$$
$$C' = A\gamma + B\gamma' + C\gamma''.$$

Ces équations ont l'avantage que la position des axes de rotation y est entièrement arbitraire, puisqu'elle ne dépend que des quantités

α, β, γ, α', etc.; et comme elles ne sont que du premier ordre, rien n'empêche de donner à ces axes une position différente d'un instant à l'autre, et de les prendre de manière qu'ils soient fixes dans l'intérieur du corps, et par conséquent mobiles avec lui dans l'espace. Alors les quantités $S(x'^2+y'^2)Dm$, $Sx'y'Dm$, etc. deviendront constantes, mais les quantités A', B', C' seront variables, à cause de la variabilité des quantités α, β, γ, α', etc. Nous donnerons dans la suite des moyens directs de parvenir à ces équations qui sont d'une grande utilité dans le problème de la rotation des corps.

21. On vu dans l'article 16, que les constantes A, B, C expriment les sommes des momens des impulsions primitives données aux corps, relativement aux axes des x, y, z. Or il est facile de prouver que les quantités α, α', α'' représentent les cosinus des angles que l'axe des x' fait avec les axes des x, y, z; que les quantités β, β', β'' représentent les cosinus des angles que l'axe des y' fait avec les mêmes axes des x, y, z, et que les quantités γ, γ', γ'' représentent les cosinus des angles que l'axe des z' fait avec ces mêmes axes. Donc par ce qu'on a démontré dans la première partie sur la composition des momens (sect. III, art. 16), les trois quantités A', B', C' seront les momens des mêmes impulsions rapportés aux axes des x', y', z', c'est-à-dire aux axes de rotation fixes dans le corps et mobiles dans l'espace. Ainsi on pourra appliquer à ces axes les mêmes conclusions qu'on a trouvées dans l'article 19.

§ IV.

Propriétés des axes fixes de rotation d'un corps libre de figure quelconque.

22. Nous réservons pour un chapitre particulier la solution complète du problème général de la rotation d'un corps solide de figure quelconque; nous allons seulement examiner ici le cas où l'axe

instantané de rotation demeure immobile dans l'espace, ou au moins toujours parallèle à lui-même lorsque le corps a un mouvement progressif, parce que ce cas se résout facilement par les formules du paragraphe précédent, et qu'il conduit aux belles propriétés des axes qu'on nomme *principaux*, ou *axes naturels de rotation.*

Reprenons les équations fondamentales de l'article 17; faisons, pour abréger,

$$l = Sx^2Dm, \qquad m = Sy^2Dm, \qquad n = Sz^2Dm,$$
$$f = SyzDm, \qquad g = SxzDm, \qquad h = SxyDm,$$

et substituons pour $\dot{\psi}$, $\dot{\omega}$, $\dot{\varphi}$ leurs valeurs $\dot{\theta}\cos\lambda$, $\dot{\theta}\cos\mu$, $\dot{\theta}\cos\nu$, $\dot{\theta}$ étant la vîtesse de rotation autour de l'axe instantané qui fait les angles λ, μ, ν avec les axes fixes des x, y, z; ces équations deviendront ainsi, en les divisant par $\dot{\theta}$,

$$(m+n)\cos\lambda - h\cos\mu - g\cos\nu = \frac{A}{\dot{\theta}},$$

$$(l+n)\cos\mu - h\cos\lambda - f\cos\nu = \frac{B}{\dot{\theta}},$$

$$(l+m)\cos\nu - g\cos\lambda - f\cos\mu = \frac{C}{\dot{\theta}}.$$

23. Les six quantités l, m, n, f, g, h sont variables; en les différentiant, substituant pour dx, dy, dz les quantités $\dot{x}dt$, $\dot{y}dt$, $\dot{z}dt$, et ensuite pour $\dot{x}$, $\dot{y}$, $\dot{z}$ leurs valeurs (art. cité), on aura

$$dl = 2(g\cos\mu - h\cos\nu)\dot{\theta}dt,$$

$$dm = 2(h\cos\nu - f\cos\lambda)\dot{\theta}dt,$$

$$dn = 2(f\cos\lambda - g\cos\mu)\dot{\theta}dt,$$

$$df = \big((m-n)\cos\lambda + g\cos\nu - h\cos\mu\big)\dot{\theta}dt,$$

$$dg = \big((n-l)\cos\mu + h\cos\lambda - f\cos\nu\big)\dot{\theta}dt,$$

$$dh = \big((l-m)\cos\nu + f\cos\mu - g\cos\lambda\big)\dot{\theta}dt.$$

Ces six équations, jointes aux trois de l'article précédent, renferment la solution générale; mais nous ne considérons ici que le cas où les angles λ, μ, ν demeurent invariables; et il s'agit de voir sous quelles conditions ces quantités peuvent être constantes.

24. Pour cela, il n'y a qu'à différentier les trois premières équations dans cette supposition, et y substituer les valeurs des différentielles dl, dm, etc., on aura après avoir divisé par $\dot{\theta}dt$ ces trois-ci :

$$f(\cos\nu^2 - \cos\mu^2) - g\cos\lambda\cos\mu + h\cos\lambda\cos\nu$$
$$+ (m-n)\cos\mu\cos\nu = -\frac{A}{\dot{\theta}^3}\times\frac{d\dot{\theta}}{dt},$$
$$f\cos\lambda\cos\mu + g(\cos\lambda^2 - \cos\nu^2) - h\cos\mu\cos\nu$$
$$+ (n-l)\cos\lambda\cos\nu = -\frac{B}{\dot{\theta}^3}\times\frac{d\dot{\theta}}{dt},$$
$$-f\cos\lambda\cos\nu + g\cos\mu\cos\nu + h(\cos\mu^2 - \cos\lambda^2)$$
$$+ (l-m)\cos\lambda\cos\mu = -\frac{C}{\dot{\theta}^3}\times\frac{d\dot{\theta}}{dt}.$$

Si on ajoute ces trois équations ensemble, après avoir multiplié la première par $\cos\lambda$, la seconde par $\cos\mu$, la troisième par $\cos\nu$, on a l'équation

$$o = -\frac{A\cos\lambda + B\cos\mu + C\cos\nu}{\dot{\theta}^3}\times\frac{d\dot{\theta}}{dt},$$

laquelle donne $d\dot{\theta} = o$, ou bien

$$A\cos\lambda + B\cos\mu + C\cos\nu = o.$$

Nous verrons plus bas (art. 38) que la quantité

$$A\dot{\psi} + B\dot{\omega} + C\dot{\varphi},$$

qui est la même chose que

$$(A\cos\lambda + B\cos\mu + C\cos\nu)\dot{\theta},$$

exprime

exprime la force vive du corps, laquelle ne peut jamais être nulle tant que le corps est en mouvement.

Il faut donc supposer en général $d\dot{\theta} = 0$, et par conséquent la vîtesse de rotation $\dot{\theta}$ constante. Alors les trois équations ci-dessus se réduisent à deux, qui donnent les rapports des $\cos\lambda$, $\cos\mu$, $\cos\nu$; et comme on a $\cos\lambda^2 + \cos\mu^2 + \cos\nu^2 = 1$, ces rapports suffiront pour déterminer les trois cosinus.

25. Supposons

$$s = \frac{\cos\mu}{\cos\lambda}, \qquad u = \frac{\cos\nu}{\cos\lambda},$$

les trois équations précédentes deviendront, à cause de $d\dot{\theta} = 0$,

$$\begin{aligned} f(u^2 - s^2) - gs + hu + (m-n)su &= 0, \\ g(1 - u^2) - hsu + fs + (n-l)u &= 0, \\ h(s^2 - 1) + gsu - fu + (l-m)s &= 0. \end{aligned}$$

La dernière donne

$$u = \frac{h(s^2-1) + (l-m)s}{f - gs},$$

cette valeur étant substituée dans la première ou dans la seconde, ou plutôt dans la somme de ces deux, après avoir multiplié l'une par g et l'autre par f, pour en chasser l'u^2, on a

$$\begin{aligned} &\big(gh(m-n) + f(g^2 - h^2)\big)s^3 \\ &+ \big(g(l-m)(m-n) + fh(n-2l+m) + g(g^2+h^2-2f^2)\big)s^2 \\ &+ \big(f(l-m)(m-n) + gh(n-2m+l) + f(f^2+h^2-2g^2)\big)s \\ &+ fh(l-n) + g(f^2-h^2) = 0. \end{aligned}$$

Cette équation étant du troisième degré, aura nécessairement une racine réelle; ainsi on aura une valeur de s, et une valeur correspondante de u, par le moyen desquelles on pourra déterminer la position d'un axe invariable et de rotation uniforme. Mais comme cette détermination dépend des quantités l, m, n, f, g, h, qui varient avec le temps t, il faut encore prouver que la variabilité de ces quantités n'influe point sur la valeur des deux quantités s et u.

26. Pour y parvenir, nommons P, Q, R les premiers membres des trois équations de l'article 22; les premiers membres des équations de l'article 24 seront $\frac{dP}{\dot{\theta}dt}$, $\frac{dQ}{\dot{\theta}dt}$, $\frac{dR}{\dot{\theta}dt}$, en y mettant pour dl, dm, etc. leurs valeurs. Or il est facile de voir qu'on a, par la substitution de ces mêmes valeurs,

$$dP = (R\cos\mu - Q\cos\nu)\dot{\theta}dt,$$
$$dQ = (P\cos\nu - R\cos\lambda)\dot{\theta}dt,$$
$$dR = (Q\cos\lambda - P\cos\mu)\dot{\theta}dt.$$

D'après ces équations, dans lesquelles λ, μ, ν et $\dot{\theta}$ sont des quantités constantes, il est facile de voir que si les valeurs de $\frac{dP}{dt}$, $\frac{dQ}{dt}$, $\frac{dR}{dt}$ sont nulles lorsque $t = 0$, ou $t =$ à une quantité quelconque donnée, celles de $\frac{d^2P}{dt^2}$, $\frac{d^2Q}{dt^2}$, $\frac{d^2R}{dt^2}$, de $\frac{d^3P}{dt^3}$, $\frac{d^3Q}{dt^3}$, $\frac{d^3R}{dt^3}$, et ainsi de suite à l'infini, seront aussi nulles pour la même valeur de t.

Or on sait par le théorème de Taylor, que la valeur d'une fonction $\frac{dP}{dt}$ de t, lorsque t devient $t+t'$, devient en même temps

$$\frac{dP}{dt} + \frac{d^2P}{dt^2}t' + \frac{d^3P}{2dt^3}t'^2 + \frac{d^4P}{2.3dt^4}t'^3 + \text{etc.}$$

Donc si $\frac{dP}{dt} = 0$ lorsque $t' = 0$, on aura toujours $\frac{dP}{dt} = 0$, quel que soit t'. Et la même chose aura lieu pour les valeurs de $\frac{dQ}{dt}$ et $\frac{dR}{dt}$.

Il s'ensuit de là que si les équations de l'article 25, qui ne sont que les transformées des équations $\frac{dP}{dt} = 0$, $\frac{dQ}{dt} = 0$, $\frac{dR}{dt} = 0$, ont lieu dans un instant quelconque, elles auront lieu, quel que soit le temps t, dans l'hypothèse des quantités s et u constantes. Par conséquent les valeurs de ces quantités seront indépendantes de la variabilité des quantités l, m, n, f, g, h; de sorte qu'il suffira de déterminer les valeurs de ces dernières quantités pour une position quelconque du corps à l'égard des axes fixes des x, y, z, pour avoir celles des quantités s et u qui déterminent la position de l'axe de rotation, lequel doit demeurer immobile dans l'espace, ou du moins toujours parallèle à lui-même, si le corps a un mouvement progressif.

Et comme cet axe, par sa nature, est fixe dans l'intérieur du corps pendant un instant, puisque le corps est censé tourner autour de lui, il s'ensuit qu'il y doit toujours demeurer fixe; car il est évident que si, dans l'instant suivant, il changeait de place dans le corps, il changerait nécessairement de place dans l'espace; ce qui est contre l'hypothèse.

27. Ayant trouvé la position de cet axe dans l'espace, rien n'empêche de supposer qu'il coïncide avec l'axe des x dont la position est arbitraire.

On pourra ainsi supposer $\lambda=0$, et par conséquent $\cos\lambda=1$, ce qui donnera $s=0$ et $u=0$. De là on trouve, par les équations de l'article 25, $g=0$, $h=0$. Ainsi cet axe a la propriété, qu'en le prenant pour l'axe des x, les valeurs des deux intégrales $SxyD$m, $SxzD$m (art. 22) deviennent nulles.

Supposons maintenant dans nos formules $g=0$, $h=0$, et désignons par f', l', m', n', ce que deviennent les quantités f, l, m, n dans ce cas. Cette supposition donne d'abord $s=0$ et $u=0$, c'est le cas précédent; ensuite elle donne aussi s et u infinis, et par conséquent $\cos\lambda=0$, $\lambda=90°$; cette valeur répond aux deux autres racines de l'équation en s du troisième degré, et par conséquent a la position des deux autres axes. Or la première des équations en s et u (art. 25) devient, lorsque g et h sont nuls,

$f'(u^2 - s^2) + (m' - n')su = 0$, et substituant pour s et u leurs valeurs,

$$f'(\cos\nu^2 - \cos\mu^2) + (m' - n')\cos\mu\cos\nu = 0;$$

mais en faisant $\cos\lambda = 0$ dans $\cos\lambda^2 + \cos\mu^2 + \cos\nu^2 = 1$, on a $\cos\nu = \sqrt{(1 - \cos\mu^2)} = \sin\mu$; et l'équation précédente se réduit à celle-ci :

$$\operatorname{tang} 2\mu = \frac{2f'}{m' - n'},$$

laquelle donne pour l'angle μ deux valeurs dont l'une surpasse l'autre de 90°.

Ainsi ayant pris l'axe des x dans le premier axe de rotation, les deux autres axes de rotation uniforme seront dans le plan des y et z, et feront avec l'axe des y les angles μ et $\mu + 90°$, de manière que les trois axes de rotation seront rectangulaires entre eux, comme ceux des coordonnées. On pourra donc prendre aussi ces deux derniers axes pour ceux des y et z; l'on aura alors $\mu = 0$, et par conséquent $f' = 0$; de sorte que la valeur de l'intégrale $SyzD\mathrm{m}$ sera aussi nulle.

28. Il existe donc pour chaque corps solide, quelle que soit sa figure et sa constitution, et par rapport à un point quelconque du corps, trois axes rectangulaires qui se coupent dans ce point, autour desquels le corps peut tourner librement et uniformément; et ces trois axes sont déterminés par les conditions suivantes :

$$SxyD\mathrm{m} = 0, \quad SxzD\mathrm{m} = 0, \quad SyzD\mathrm{m} = 0,$$

en prenant ces axes pour ceux des coordonnées x, y, z.

Lorsque ces axes passent par le centre de gravité, on les nomme *axes principaux*, d'après Euler, à qui on en doit la connaissance; on les nomme aussi *axes naturels de rotation*, ou en général, *axes principaux*, soit qu'ils passent par le centre de gravité ou non.

29. En faisant $f = 0$, $g = 0$, $h = 0$, ce qui a lieu par rapport

aux trois axes principaux, on a aussi par les équations de l'article 23, $\frac{dl}{dt}=0$, $\frac{dm}{dt}=0$, $\frac{dn}{dt}=0$, ce qui fait voir que les quantités l, m, n sont alors les plus grandes ou les plus petites. Pour pouvoir distinguer les *maxima* et les *minima*, il n'y aura qu'à chercher les valeurs de $\frac{d^2l}{dt^2}$, $\frac{d^2m}{dt^2}$, $\frac{d^2n}{dt^2}$, et l'on trouvera, à cause de $\dot{\theta}$ constante,

$$\frac{d^2l}{dt^2}=2((n-l)\cos\mu^2-(l-m)\cos\nu^2)\dot{\theta}^2,$$

$$\frac{d^2m}{dt^2}=2((l-m)\cos\nu^2-(m-n)\cos\lambda^2)\dot{\theta}^2,$$

$$\frac{d^2n}{dt^2}=2((m-n)\cos\lambda^2-(n-l)\cos\mu^2)\dot{\theta}^2.$$

Donc si $l>m$, $m>n$, la valeur de $\frac{d^2l}{dt^2}$ sera toujours négative, celle de $\frac{d^2n}{dt^2}$ toujours positive, et celle de $\frac{d^2m}{dt^2}$ pourra être positive ou négative; par conséquent l sera toujours un *maximum*, n un *minimum*, et m ne sera ni l'un ni l'autre. On voit aussi que $\frac{d^2l+d^2m}{dt^2}$ aura toujours une valeur négative, et $\frac{d^2m+d^2n}{dt^2}$ aura toujours une valeur positive; de sorte que la quantité $l+m$ sera toujours un *maximum*, et $m+n$ un *minimum*.

Les quantités $l+m$, $l+n$, $m+n$, qui expriment les sommes des produits de chaque molécule du corps par le carré de sa distance aux trois axes des z, y, x, se nomment, d'après Euler, *momens d'inertie* du corps relativement à ces axes; ils sont pour le mouvement de rotation ce que les simples masses sont pour le mouvement progressif, puisque c'est par ces momens qu'il faut diviser les momens des forces d'impulsion, pour avoir les vîtesses de rotation autour des mêmes axes.

C'est par la considération des plus grands et des plus petits momens d'inertie, qu'Euler a trouvé les axes principaux; maintenant on les détermine ordinairement par les trois conditions

$$SxyDm=0, \quad SxzDm=0, \quad SyzDm=0,$$

30. Puisqu'on est assuré par l'analyse de l'article 27, que l'équation en s (art. 25) a ses trois racines réelles, il sera toujours facile de les trouver, en comparant cette équation dégagée de son second terme, avec l'équation connue

$$x^3 - 3r^2x - 2r^3\cos\varphi = 0,$$

dont les trois racines sont

$$2r\cos\frac{\varphi}{3}, \quad -2r\cos\left(60^\circ + \frac{\varphi}{3}\right), \quad -2r\cos\left(60^\circ - \frac{\varphi}{3}\right).$$

On aura ainsi les trois valeurs de s que nous désignerons par s, s', s'', et les valeurs correspondantes u, u', u''. Et si on désigne de même par λ, λ', λ'' les angles que les trois axes principaux font avec l'axe des x, par μ, μ', μ'' les angles qu'ils font avec l'axe des y, et par ν, ν', ν'', ceux que ces mêmes axes font avec l'axe des z, on aura par les articles 24 et 25,

$$\cos\lambda = \frac{1}{\sqrt{1+s^2+u^2}},$$

$$\cos\mu = \frac{s}{\sqrt{1+s^2+u^2}},$$

$$\cos\nu = \frac{u}{\sqrt{1+s^2+u^2}};$$

et l'on aura des expressions semblables en marquant les lettres λ, μ, ν, s, u d'un trait, ou de deux. Ainsi la détermination des trois axes principaux pourra toujours s'effectuer par ces formules dans tout corps solide de figure quelconque, homogène ou non, pourvu qu'on connaisse les valeurs des quantités f, g, h, l, m, n pour une position quelconque donnée du corps, relativement aux axes fixes des x, y, z.

En substituant ces valeurs de $\cos\lambda$, $\cos\mu$, $\cos\nu$ dans les trois équations de l'article 22, on aura les valeurs des momens A, B, C qui seront nécessaires pour faire tourner les corps avec une vîtesse constante donnée $\dot{\theta}$, autour d'un axe fixe dans l'espace, dont la position sera donnée par les mêmes angles λ, μ, ν, et qui sera en mêmes temps un des trois axes principaux du corps, selon qu'on prendra pour s et u l'une des trois racines de l'équation en s.

31. Comme ces trois axes sont toujours perpendiculaires entre eux, on pourra les prendre pour les axes des x', y', z' dans les formules de l'article 20. On aura ainsi par la nature de ces axes $Sx'y'Dm = 0$, $Sx'z'Dm = 0$, $Sy'z'Dm = 0$; et si on fait

$$l' = Sx'^2Dm, \quad m' = Sy'^2Dm, \quad n' = Sz'^2Dm,$$

les trois équations de l'article cité prendront cette forme très-simple :

$$(m' + n')\dot{\psi}' = A',$$
$$(l' + m')\dot{\omega}' = B',$$
$$(l' + n')\dot{\varphi}' = C';$$

par lesquelles on a tout de suite les vîtesses de rotation $\dot{\psi}'$, $\dot{\omega}'$, $\dot{\varphi}'$ autour des trois axes principaux.

C'est ici le lieu de démontrer la proposition que nous avons indiquée dans l'article 19. En effet, en faisant $A = 0$, $B = 0$, $C = 0$, on aura aussi (art. 20) $A' = 0$, $B' = 0$, $C' = 0$; donc les équations précédentes donneront $\dot{\psi}' = 0$, $\dot{\omega}' = 0$, $\dot{\varphi}' = 0$; puisque les quantités l, m, n ne peuvent jamais être nulles pour un corps de trois dimensions. D'où l'on doit conclure qu'il ne peut y avoir de mouvement de rotation si les momens primitifs sont nuls.

Quand parmi les trois momens A', B', C', deux sont nuls comme B' et C', ce qui a lieu lorsque l'impulsion se fait dans le plan des y', z', les deux vîtesses de rotation $\dot{\omega}$, $\dot{\varphi}$ seront aussi nulles, et le corps tournera autour de l'axe principal des x' avec la vîtesse $\dot{\psi}'$. Or, par les formules de l'article 20, on a

$$A'^2 + B'^2 + C'^2 = A^2 + B^2 + C^2,$$

à cause des équations de condition entre les quantités α, β, γ, α', etc. : donc faisant $B'=0$, $C'=0$, on aura $A'=\sqrt{(A^2+B^2+C^2)}$, et par conséquent constante; donc, par la première équation, la vîtesse ψ' sera aussi constante.

32. A l'égard des valeurs de l', m', n', il sera facile de les déduire de celles de l, m, n, f, g, h. Car les expressions de x, y, z en x', y', z', en vertu des équations de condition (art. 10, section III, part. I), donnent réciproquement

$$x' = \alpha x + \alpha' y + \alpha'' z,$$
$$y' = \beta x + \beta' y + \beta'' z,$$
$$z' = \gamma x + \gamma' y + \gamma'' z,$$

Or en prenant les axes des x', y', z' pour les axes principaux, on voit par l'article 21, que les quantités α, α', α'' sont identiques avec $\cos\lambda$, $\cos\mu$, $\cos\nu$, et que pareillement β, β', β'' seront identiques avec $\cos\lambda'$, $\cos\mu'$, $\cos\nu'$, et γ, γ', γ'' avec $\cos\lambda''$, $\cos\mu$, $\cos\nu''$. Ainsi, en substituant les valeurs de ces cosinus données ci-dessus (art. 30), on aura

$$x' = \frac{x + sy + uz}{\sqrt{1 + s^2 + u^2}},$$
$$y' = \frac{x + s'y + u'z}{\sqrt{1 + s'^2 + u'^2}},$$
$$z' = \frac{x + s''y + u''^2}{\sqrt{1 + s'^2 + u'^2}};$$

d'où l'on tirera, en carrant et intégrant, après avoir multiplié par Dm,

$$l' = \frac{l + s^2 m + u^2 n + 2sh + 2ug + 2suf}{1 + s^2 + u^2},$$
$$m' = \frac{l + s'^2 m + u'^2 n + 2s'h + 2u'g + 2s'u'f}{1 + s'^2 + u'^2},$$
$$n' = \frac{l + s''^2 m + u''^2 n + 2s''h + 2u''g + 2s'u'f}{1 + s''^2 + u''^2},$$

On trouve dans la plupart des traités de Mécanique la détermination

nation des axes principaux dans différens corps; dans ceux dont la forme est symétrique, l'axe de figure est toujours un des axes principaux; on peut trouver ensuite les deux autres par la formule de l'article 27.

§ V.

Propriétés relatives aux forces vives.

33. En général, de quelque manière que les différens corps qui composent un système soient disposés ou liés entre eux, pourvu que cette disposition soit indépendante du temps, c'est-à-dire, que les équations de condition entre les coordonnées des différens corps ne renferment point la variable t, il est clair qu'on pourra toujours, dans la formule générale de la Dynamique, supposer les variations δx, δy, δz, égales aux différentielles dx, dy, dz, qui représentent les espaces effectifs parcourus par les corps dans l'instant dt, tandis que les variations dont nous parlons doivent représenter les espaces quelconques que les corps pourraient parcourir dans le même instant, eu égard à leur disposition mutuelle.

Cette supposition n'est que particulière, et ne peut fournir par conséquent qu'une seule équation; mais étant indépendante de la forme du système, elle a l'avantage de donner une équation générale pour le mouvement de quelque système que ce soit.

Substituant donc dans la formule de l'article 5 (sect. préc.), à la place des variations δx, δy, δz, les différentielles dx, dy, dz, et par conséquent aussi les différentielles dp, dq, dr, etc., au lieu des variations δp, δq, δr, etc., qui dépendent de δx, δy, δz, on aura cette équation générale pour quelque système de corps que ce soit,

$$S\left(\frac{dxd^2x + dyd^2y + dzd^2z}{dt^2} + Pdp + Qdq + Rdr + \text{etc.}\right)m = 0.$$

34. Dans le cas où la quantité $Pdp + Qdq + Rdr +$ etc. est intégrable, lequel a lieu lorsque les forces P, Q, R, etc. tendent

à des centres fixes ou à des corps du même système, et sont fonctions des distances p, q, r, etc., en faisant

$$Pdp + Qdq + Rdr + \text{etc.} = d\Pi,$$

l'équation précédente devient

$$S\left(\frac{dxd^2x + dyd^2y + dzd^2z}{dt^2} + d\Pi\right)\text{m} = 0,$$

dont l'intégrale est

$$S\left(\frac{dx^2 + dy^2 + dz^2}{2dt^2} + \Pi\right)\text{m} = H,$$

dans laquelle H désigne une constante arbitraire, égale à la valeur du premier membre de l'équation dans un instant donné.

Cette dernière équation renferme le principe connu sous le nom de *Conservation des forces vives*. En effet, $dx^2 + dy^2 + dz^2$ étant le carré de l'espace que le corps parcourt dans l'instant dt, $\frac{dx^2 + dy^2 + dz^2}{dt^2}$ sera le carré de sa vîtesse, et $\frac{dx^2 + dy^2 + dz^2}{dt^2}\text{m}$ sa force vive. Donc $S\left(\frac{dx^2 + dy^2 + dz^2}{dt^2}\right)\text{m}$ sera la somme des forces vives de tous les corps, ou la force vive de tout le système; et on voit par l'équation dont il s'agit, que cette force vive est égale à la quantité $2H - 2S\Pi\text{m}$, laquelle dépend simplement des forces accélératrices qui agissent sur les corps, et nullement de leur liaison mutuelle, de sorte que la force vive du système est à chaque instant la même que les corps auraient acquise si étant animés par les mêmes puissances, ils s'étaient mus librement chacun sur la ligne qu'il a décrite. C'est ce qui a fait donner le nom de *Conservation des forces vives*, à cette propriété du mouvement.

35. Ce principe a lieu aussi lorsqu'on rapporte les mouvemens des corps à leur centre de gravité. Car en nommant comme ci-dessus (art. 3), x', y', z' les trois coordonnées du centre de gravité, et faisant $x = x' + \xi$, $y = y' + \eta$, $z = z' + \zeta$, les coordonnées

ξ, η, ζ auront leur origine dans le centre de gravité. On aura ainsi

$$S\left(\frac{dx^2+dy^2+dz^2}{2dt^2}\right)\text{m} = \frac{dx'^2+dy'^2+dz'^2}{2dt^2}S\text{m}$$
$$+\frac{dx'}{dt}S\frac{d\xi}{dt}\text{m}+\frac{dy'}{dt}S\frac{d\eta}{dt}\text{m}+\frac{dz'}{dt}S\frac{d\zeta}{dt}\text{m}$$
$$+S\frac{d\xi^2+d\eta^2+d\zeta^2}{2dt^2}\text{m}.$$

Par la nature du centre de gravité, on a (art. cité),

$$S\frac{d\xi}{dt}\text{m}=0,\quad S\frac{d\eta}{dt}\text{m}=0,\quad S\frac{d\zeta}{dt}\text{m}=0.$$

Donc l'équation précédente étant différentiée et retranchée de celle de l'article 33, on aura

$$\frac{dx'd^2x'+dy'd^2y'+dz'd^2z'}{dt^2}S\text{m}+S\left(\frac{d\xi d^2\xi+d\eta d^2\eta+d\zeta d^2\zeta}{dt^2}\right)\text{m}$$
$$+S(Pdp+Qdq+Rdr+\text{etc.})\text{m}=0.$$

Mettons à la place de $Pdp+Qdq+Rdr+$ etc., la quantité équivalente $Xdx+Ydy+Zdz$, et substituons pour dx, dy, dz les valeurs $dx'+d\xi$, $dy'+d\eta$, $dz'+d\zeta$, la dernière équation se réduira, en vertu des équations différentielles de l'article 3, à celle-ci:

$$S\left(\frac{d\xi d^2\xi+d\eta d^2\eta+d\zeta d^2\zeta}{dt^2}\right)\text{m}+S(Xd\xi+Yd\eta+Zd\zeta)\text{m}=0,$$

qui est analogue à celle de l'article 33, mais où la quantité $Xd\xi + Yd\eta + Zd\zeta$ ne sera intégrable qu'autant que les forces seront dirigées vers les corps mêmes du système, et proportionnelles à des fonctions des distances. Dans ce cas on aura

$$S\left(\frac{d\xi^2+d\eta^2+d\zeta^2}{2dt^2}+\Pi\right)\text{m}=H,$$

équation qui renferme la *Conservation des forces vives*, par rapport au centre de gravité.

36. Au reste, il n'en est pas du principe des *forces vives*, comme

de ceux du *centre de gravité* et *des aires*, qui ont lieu quelle que soit l'action que les corps du système puissent exercer les uns sur les autres, même en se choquant, parce que toutes les forces intérieures disparaissent des équations qui renferment ces deux principes.

L'équation de la conservation des forces vives contient tous les termes dus aux forces tant extérieures qu'intérieures, et n'est indépendante que de l'action des corps, provenant de leur liaison mutuelle. Aussi ce principe a-t-il lieu dans le mouvement des fluides non élastiques, tant qu'ils forment une masse continue, et qu'il n'y a point de choc entre leurs parties; et si la quantité de *forces vives* est la même avant et après le choc des corps élastiques, c'est qu'on suppose que les corps se sont rétablis après le choc, dans le même état où ils étaient auparavant; de sorte que les termes $\int Pdp$ de l'expression Π, qui proviennent des forces P dues au ressort des corps, et dont la valeur est la plus grande lorsque la compression est à son terme, décroissent ensuite par degrés égaux pendant la restitution, et redeviennent nuls à la fin du choc. C'est uniquement dans cette hypothèse que la conservation des forces vives peut avoir lieu dans le choc des corps élastiques.

Dans tout autre cas, lorsqu'il y a des changemens brusques dans les vîtesses de quelques corps du système, la force vive totale se trouve diminuée de la quantité des forces vives dues aux forces accélératrices qui ont pu produire ces changemens; et cette quantité peut toujours s'estimer par la somme des masses multipliées par les carrés des vîtesses que ces masses ont perdues, ou sont censées avoir perdues dans les changemens brusques des vîtesses réelles des corps. C'est le théorème que M. Carnot avait trouvé dans le choc des corps durs.

37. On peut aussi, dans l'équation de l'article 11 de la section précédente, supposer les variations δx, δy, δz proportionnelles

aux vîtesses $\dot{x}$, $\dot{y}$, $\dot{z}$ que les corps reçoivent par l'impulsion. On aura ainsi l'équation

$$S\{m(\dot{x}^2+\dot{y}^2+\dot{z}^2)+X\dot{x}+Y\dot{y}+X\dot{z}\}=0,$$

dans laquelle la partie $Sm(\dot{x}^2+\dot{y}^2+\dot{z}^2)$ représente la *force vive* de tout le système.

Cette équation étant combinée avec les trois équations de l'article 14, donne lieu à une propriété de *maximis* et *minimis* relative à la ligne autour de laquelle le système tourne au premier instant, lorsqu'il a reçu une impulsion quelconque, ligne qu'on peut aussi nommer *axe de rotation spontané*.

Si on nomme α, β, γ les parties des vîtesses $\dot{x}$, $\dot{y}$, $\dot{z}$, qui dépendent du changement de position respective des corps du système, et qu'on les ajoute à celles qui résultent des rotations (art. 17), on aura les valeurs complètes de $\dot{x}$, $\dot{y}$, $\dot{z}$, exprimées ainsi:

$$\dot{x}=z\dot{\omega}-y\dot{\varphi}+\alpha,\quad \dot{y}=x\dot{\varphi}-z\dot{\psi}+\beta,\quad \dot{z}=y\dot{\psi}-x\dot{\omega}+\gamma.$$

Supposons maintenant qu'on différentie ces valeurs, en ne regardant que $\dot{\psi}$, $\dot{\omega}$, $\dot{\varphi}$ comme variables, et qu'on dénote ces différentielles par la caractéristique δ, on aura

$$\delta\dot{x}=z\delta\dot{\omega}-y\delta\dot{\varphi},\quad \delta\dot{y}=x\delta\dot{\varphi}-z\delta\dot{\psi},\quad \delta\dot{z}=y\delta\dot{\psi}-x\delta\dot{\omega}.$$

Or les trois équations de l'article 14 étant multipliées respectivement par $\delta\dot{\varphi}$, $\delta\dot{\omega}$, $\delta\dot{\psi}$ et ajoutées ensemble, en faisant passer sous le signe S les différentielles $\delta\dot{\varphi}$, $\delta\dot{\omega}$, $\delta\dot{\psi}$, qui sont les mêmes pour tous les corps, donnent, par la substitution des valeurs précédentes,

$$S\{m(\dot{x}\delta\dot{x}+\dot{y}\delta\dot{y}+\dot{z}\delta\dot{z})+X\delta\dot{x}+Y\delta\dot{y}+Z\delta\dot{z}\}=0.$$

Mais l'équation de la force vive trouvée ci-dessus étant différentiée relativement à δ, donne

$$S\{2m(\dot{x}\delta\dot{x}+\dot{y}\delta\dot{y}+\dot{z}\delta\dot{z})+X\delta\dot{x}+Y\delta\dot{y}+Z\delta\dot{z}\}=0.$$

Donc on a, par la comparaison de ces deux équations,

$$Sm(\dot{x}\delta\dot{x} + \dot{y}\delta\dot{y} + \dot{z}\delta\dot{z}) = 0,$$

et par conséquent

$$\delta . Sm(\dot{x}^2 + \dot{y}^2 + \dot{z}^2) = 0,$$

ce qui fait voir que la force vive que le système acquiert par l'impulsion, est toujours un *maximum* ou un *minimum*, par rapport aux rotations relatives aux trois axes; et comme ces trois rotations se composent en une rotation unique autour de l'axe spontané, il s'ensuit que la position de cet axe est toujours telle, que la force vive de tout le système est la plus petite ou la plus grande, par rapport à ce même axe.

Euler avait démontré cette propriété de l'axe spontané de rotation pour les corps solides d'une figure quelconque; on voit par l'analyse précédente, qu'elle est générale pour un système de corps unis entre eux d'une manière invariable où non, lorsque ces corps reçoivent des impulsions quelconques.

38. Lorsque le système est un corps solide qui peut tourner librement autour d'un point, et qui n'est animé par aucune force accélératrice, on peut tirer de la combinaison de l'équation des *forces vives* avec celle des *aires*, une relation digne d'être remarquée par sa simplicité, et qui ne l'avait pas encore été, que je sache, entre les vîtesses de rotation $\dot{\psi}$, $\dot{\omega}$, $\dot{\varphi}$, par rapport aux trois axes fixes des coordonnées x, y, z. Dans ce cas on a simplement (art. 17)

$$dx = \dot{x}dt = (z\dot{\omega} - y\dot{\varphi})dt,$$
$$dy = \dot{y}dt = (x\dot{\varphi} - z\dot{\psi})dt,$$
$$dz = \dot{z}dt = (y\dot{\psi} - x\dot{\omega})dt.$$

Donc si on ajoute ensemble les trois dernières équations de l'article 9, après les avoir multipliées par $\dot{\varphi}$, $\dot{\omega}$, $\dot{\psi}$, qu'on fasse passer ces quantités sous le signe S, et qu'on substitue $\frac{dx}{dt}$, $\frac{dy}{dt}$, $\frac{dz}{dt}$ à la place de leurs valeurs, on aura

$$S\left(\frac{dx^2+dy^2+dz^2}{dt^2}\right)\mathrm{m} = A\dot{\psi} + B\dot{\omega} + C\dot{\varphi};$$

mais l'équation de l'article 34 donne, lorsque $\Pi = 0$,

$$S\left(\frac{dx^2+dy^2+dz^2}{2dt^2}\right)\mathrm{m} = H.$$

Donc on aura

$$A\dot{\psi} + B\dot{\omega} + C\dot{\varphi} = 2H,$$

A, B, C étant les momens des forces primitives d'impulsion, et H étant une constante arbitraire qui doit être nécessairement positive.

Si dans cette équation on substitue pour A, B, C les expressions de l'article 11, $\gamma C'$, $\gamma' C'$, $\gamma'' C'$, ou $C' \cos l$, $C' \cos m$, $C' \cos n$, et pour $\dot{\psi}$, $\dot{\omega}$, $\dot{\varphi}$, celles de l'article 17, $\dot{\theta}\cos\lambda$, $\dot{\theta}\cos\mu$, $\dot{\theta}\cos\nu$, on aura

$$\dot{\theta}(\cos l \cos\lambda + \cos m \cos\mu + \cos n \cos\nu) = \frac{2H}{C'}.$$

Dans cette formule, l, m, n sont les angles que l'axe perpendiculaire au *plan invariable* fait avec les axes fixes des x, y, z, et λ, μ, ν sont les angles que l'axe instantané de la rotation composée, dont $\dot{\theta}$ est la vîtesse, fait avec les mêmes axes; donc si on nomme σ l'angle que l'axe instantané de rotation fait avec l'axe perpendiculaire au plan invariable, on aura, par une formule connue,

$$\cos\sigma = \cos l \cos\lambda + \cos m \cos\mu + \cos n \cos\nu;$$

et par conséquent $\dot{\theta}\cos\sigma = \frac{2H}{C'}$, où la quantité $\frac{2H}{C'}$ est une constante qui dépend de l'état initial; ce qui donne un rapport indépendant de la figure du corps, entre la vîtesse réelle de rotation à chaque instant, et la position de l'axe de rotation relativement au plan invariable.

Au reste, si on prend le plan des x, y de manière qu'il passe par le centre du corps et par la droite suivant laquelle se fait l'impulsion, les constantes A et B deviendront nulles (art. 16), et l'équation générale trouvée ci-dessus se réduira à $C\dot{\varphi} = 2H$, laquelle fait voir que la vîtesse de rotation, par rapport à l'axe des z, c'est-à-dire parallèlement au plan de l'impulsion, demeure toujours la même.

§ VI.

Propriétés relatives à la moindre action.

39. Nous allons maintenant considérer le quatrième principe, celui de la *moindre action*.

En nommant u la vîtesse de chaque corps m du système, on a

$$u^2 = \frac{dx^2 + dy^2 + dz^2}{dt^2},$$

et l'équation des forces vives (art. 34) devient

$$S\left(\frac{u^2}{2} + \Pi\right)\mathrm{m} = H,$$

laquelle, étant différentiée par rapport à la caractéristique δ, donne

$$S(u\delta u + \delta\Pi)\,\mathrm{m} = 0.$$

Or Π étant une fonction de p, q, r, etc., on a

$$\delta\Pi = P\delta p + Q\delta q + R\delta r + \text{etc.}$$

Donc

$$S(P\delta p + Q\delta q + R\delta r + \text{etc.})\mathrm{m} = -Smu\delta u.$$

Et cette équation aura toujours lieu, pourvu que $Pdp + Qdq + Rdr +$ etc. soit une quantité intégrable, et que la liaison des corps soit indépendante du temps; elle cesserait d'être vraie si l'une de ces conditions n'avait pas lieu.

Qu'on substitue maintenant l'expression précédente dans la formule

mule générale de la Dynamique (art. 5, sect. II), elle deviendra

$$S\left(\frac{d^2x}{dt^2}\delta x+\frac{d^2y}{dt^2}\delta y+\frac{d^2z}{dt^2}\delta z-u\delta u\right)\text{m}=0.$$

Or $d^2x\delta x+d^2y\delta y+d^2z\delta z$ est $=d.(dx\delta x+dy\delta y+dz\delta z)-dxd\delta x-dyd\delta y-dzd\delta z$. Mais parce que les caractéristiques d et δ représentent des différences ou variations tout-à-fait indépendantes les unes des autres, les quantités $d\delta x$, $d\delta y$, $d\delta z$ doivent être la même chose que δdx, δdy, δdz. D'ailleurs il est visible que $dx\delta dx+dy\delta dy+dz\delta dz=\frac{1}{2}\delta.(dx^2+dy^2+dz^2)$. Donc on aura

$$d^2x\delta x+d^2y\delta y+d^2z\delta z=d.(dx\delta x+dy\delta y+dz\delta z)$$
$$-\tfrac{1}{2}\delta.(dx^2+dy^2+dz^2).$$

Soit s l'espace ou l'arc décrit par le corps m dans le temps t; on aura $ds=\sqrt{dx^2+dy^2+dz^2}$, et $dt=\frac{ds}{u}$. Donc

$$d^2x\delta x+d^2y\delta y+d^2z\delta z=d.(dx\delta x+dy\delta y+dz\delta z)-ds\delta ds;$$

et de là

$$\frac{d^2x}{dt^2}\delta x+\frac{d^2y}{dt^2}\delta y+\frac{d^2z}{dt^2}\delta z=\frac{d.(dx\delta x+dy\delta y+dz\delta z)}{dt^2}-\frac{u^2\delta ds}{ds}.$$

Ainsi la formule générale dont il s'agit deviendra

$$S\left(\frac{d.(dx\delta x+dy\delta y+dz\delta z)}{dt^2}-\frac{u^2\delta ds}{ds}-u\delta u\right)\text{m}=0,$$

ou, en multipliant tous les termes par l'élément constant $dt=\frac{ds}{u}$, et remarquant que $u\delta ds+ds\delta u=\delta.(uds)$,

$$S\left(\frac{d.(dx\delta x+dy\delta y+dz\delta z)}{dt}-\delta.(uds)\right)\text{m}=0.$$

Comme le signe intégral S n'a aucun rapport aux signes différentiels d et δ, on peut faire sortir ceux-ci hors de celui-là; et l'équation précédente prendra cette forme,

$$\frac{d.S(dx\delta x+dy\delta y+dz\delta z)\text{m}}{dt}-\delta.S\text{m}uds=0.$$

Intégrons par rapport au signe différentiel d, et dénotons cette intégration par le signe intégral ordinaire $\int$, nous aurons

$$\frac{S(dx\delta x+dy\delta y+dz\delta z)m}{dt}-\int\delta.Smuds=\text{const.}$$

Or le signe $\int$ dans l'expression $\int\delta.Smuds$ ne pouvant regarder que les variables u et s, et n'ayant aucune relation avec les signes S et δ, il est clair que cette expression est la même chose que celle-ci, $\delta.Sm\int uds$; et si l'on suppose que dans les points où commencent les intégrales $\int uds$ on ait $\delta x=0$, $\delta y=0$, $\delta z=0$, il faudra que la constante arbitraire soit nulle, parce que le premier membre de l'équation devient nul dans ces points. Ainsi on aura dans ce cas

$$\delta.Sm\int uds=\frac{S(dx\delta x+dy\delta y+dz\delta z)m}{dt}.$$

Donc si on suppose de plus que les variations δx, δy, δz soient aussi nulles pour les points où les intégrales $\int uds$ finissent, on aura simplement $\delta.Sm\int uds=0$; c'est-à-dire, que la variation de la quantité $Sm\int uds$ sera nulle; par conséquent cette quantité sera un *maximum* ou un *minimum*.

De là résulte donc ce théorème général, que *dans le mouvement d'un système quelconque de corps animés par des forces mutuelles d'attraction, ou tendantes à des centres fixes, et proportionnelles à des fonctions quelconques des distances, les courbes décrites par les différens corps, et leurs vîtesses, sont nécessairement telles, que la somme des produits de chaque masse par l'intégrale de la vîtesse multipliée par l'élément de la courbe est un* maximum *ou un* minimum, *pourvu que l'on regarde les premiers et les derniers points de chaque courbe comme donnés, ensorte que les variations des coordonnées répondantes à ces points soient nulles.* C'est le théorème dont nous avons parlé à la fin de la première section, sous le nom de *Principe de la moindre action.*

40. Mais ce théorème ne contient pas seulement une propriété très-remarquable du mouvement des corps, il peut encore servir à déterminer ce mouvement. En effet, puisque la formule $Sm\int uds$ doit être un *maximum* ou un *minimum*, il n'y a qu'à chercher par la méthode des *variations*, les conditions qui peuvent la rendre telle; et en employant l'équation générale de la conservation des forces vives, on trouvera toujours toutes les équations nécessaires pour déterminer le mouvement de chaque corps. Car pour le *maximum* ou *minimum*, il faut que la variation soit nulle, et que par conséquent on ait $\delta . Sm\int uds = 0$; et de là en pratiquant dans un ordre rétrograde les opérations exposées ci-dessus, on retrouvera la même formule générale d'où l'on était parti.

Pour rendre cette méthode plus sensible, nous allons l'exposer ici en peu de mots. La condition du *maximum* ou *minimum* donne en général $\delta . Sm\int uds = 0$, et faisant passer le signe différentiel δ sous les signes S et $\int$ (ce qui est évidemment permis par la nature de ces différens signes), on aura l'équation $Sm\int\delta(uds) = 0$, ou bien, en exécutant la différentiation par δ,

$$Sm\int(ds\delta u + u\delta ds) = 0.$$

Je considère d'abord la partie $Sm\int ds\delta u$; en mettant pour ds sa valeur udt, elle devient $Sm\int u\delta udt$, ou changeant l'ordre des signes S et $\int$ qui sont absolument indépendans l'un de l'autre, $\int dtSmu\delta u$. Or l'équation générale du principe des forces vives donne (art. 34) $Su^2m = 2H - 2S.\Pi m$, $d\Pi$ étant $= Pdp + Qdq + Rdr + \text{etc.}$; donc différentiant suivant δ, on aura

$$Su\delta um = -S\delta\Pi m = -S(P\delta p + Q\delta q + R\delta r + \text{etc.})m,$$

parce que Π étant supposée une fonction algébrique de p, q, r, etc., la différentielle $\delta\Pi$ est la même que la $d\Pi$, en changeant seulement d en δ. Ainsi la quantité $Sm\int ds\delta u$ se réduira à cette forme,

$$-\int dtS(P\delta p + Q\delta q + R\delta r + \text{etc.})m.$$

Je considère ensuite l'autre partie $Sm\int u\delta ds$, et j'y substitue à la place de ds sa valeur exprimée par des coordonnées rectangles, ou par d'autres variables quelconques. En employant les coordonnées rectangles x, y, z, on a $ds = \sqrt{dx^2 + dy^2 + dz^2}$; donc différentiant suivant δ, $\delta ds = \frac{dx\delta dx + dy\delta dy + dz\delta dz}{ds}$, ou bien, en transposant les signes d, δ, et écrivant $d\delta$ au lieu de δd, ce qui est toujours permis à cause de l'indépendance de ces signes, $\delta ds = \frac{dxd\delta x + dyd\delta y + dzd\delta z}{ds}$; on aura ainsi, en substituant cette valeur, et mettant dt à la place de $\frac{ds}{u}$,

$$\int u\delta ds = \int \frac{dxd\delta x + dy\delta dy + dzd\delta z}{dt}.$$

Comme il se trouve ici sous le signe intégral $\int$, des différentielles des variations δx, δy, δz, il faut les faire disparaître par l'opération connue des intégrations par parties, suivant les principes de la méthode des variations. On transformera donc la quantité $\int \frac{dxd\delta x}{dt}$ en celle-ci, qui lui est équivalente,

$$\frac{dx}{dt}\delta x - \int \delta x d.\frac{dx}{dt};$$

et supposant que les deux termes de la courbe soient donnés, ensorte que les coordonnées qui répondent au commencement et à la fin de l'intégrale, ne varient point, on aura simplement $\int \frac{dxd\delta x}{dt} = -\int \delta x d.\frac{dx}{dt}$. On trouvera de même $\int \frac{dyd\delta y}{dt} = -\int \delta y d.\frac{dy}{dt}$, et pareillement $\int \frac{dzd\delta z}{dt} = -\int \delta z d.\frac{dz}{dt}$; de sorte qu'on aura cette transformée

$$\int u\delta ds = -\int \left(\delta x d.\frac{dx}{dt} + \delta y d.\frac{dy}{dt} + \delta z d.\frac{dz}{dt}\right).$$

Donc la quantité $Sm\int u\delta ds$ deviendra, en transposant les signes S et $\int$, et supposant dt constant,

$$-\int dt S\left(\delta x d.\frac{dx}{dt^2} + \delta y d.\frac{dy}{dt^2} + \delta z d.\frac{dz}{dt^2}\right)\mathrm{m}.$$

L'équation du *maximum* ou *minimum* sera donc

$$\int dt S \left\{ \begin{array}{l} P\delta p + Q\delta q + R\delta r + \text{etc.} \\ + \delta x d.\frac{dx}{dt^2} + \delta y d.\frac{dy}{dt^2} + \delta z d.\frac{dz}{dt^2} \end{array} \right\} m = 0,$$

laquelle devant avoir lieu en général pour toutes les variations possibles, il faudra que la quantité sous le signe $\int$ soit nulle à chaque instant; on aura ainsi l'équation indéfinie

$$S(P\delta p + Q\delta q + R\delta r + \text{etc.} + \delta x d.\frac{dx}{dt^2} + \delta y d.\frac{dy}{dt^2} + \delta z d.\frac{dz}{dt^2})\, m = 0,$$

équation qui est la même chose que la formule générale de la Dynamique (art. 5, sect. II), et qui donnera par conséquent, comme celle-ci, toutes les équations nécessaires pour la solution du problème.

41. Au lieu des coordonnées x, y, z, on peut employer d'autres indéterminées quelconques, et tout se réduit à exprimer l'élément de l'arc ds en fonction de ces indéterminées. Qu'on prenne, par exemple, le rayon ou la distance rectiligne à l'origine des coordonnées, qu'on nommera ρ, avec deux angles, dont l'un ψ soit l'inclinaison de ce rayon sur le plan des x et y, et l'autre φ soit l'angle de la projection du même rayon sur ce plan avec l'axe des x, on aura $z = \rho \sin \psi$, $y = \rho \cos \psi \sin \varphi$, $x = \rho \cos \psi \cos \varphi$, et de là on trouvera $ds^2 = dx^2 + dy^2 + dz^2 = d\rho^2 + \rho^2(d\psi^2 + \cos\psi^2 d\varphi^2)$, expression qu'on pourrait aussi trouver directement par la Géométrie. Différentiant donc par δ, et changeant δd en $d\delta$, on aura $ds\delta ds = d\rho d\delta\rho + \rho(d\psi^2 + \cos\psi^2 d\varphi^2)\delta\rho + \rho^2(d\psi d\delta\psi - \sin\psi \cos\psi d\varphi^2 \delta\psi + \cos\psi^2 d\varphi d\delta\varphi)$; d'où en divisant par $dt = \frac{ds}{u}$, et en intégrant on aura

$$\int u\delta ds = \int \frac{d\rho d\delta\rho + \rho(d\psi^2 + \cos\psi^2 d\varphi^2)\delta\rho}{dt} + \int \frac{\rho^2(d\psi d\delta\psi - \sin\psi \cos\psi d\varphi^2 \delta\psi + \cos\psi^2 d\varphi d\delta\varphi)}{dt}.$$

On fera disparaître de dessous le signe $\int$ les doubles signes $d\delta$, par des intégrations par parties, et on rejettera d'abord les termes qui contiendraient des variations hors du signe $\int$, parce que ces variations devant alors se rapporter aux extrémités de l'intégrale, deviennent nulles par la supposition que les premiers et derniers points des courbes décrites par les corps soient donnés et invariables. On aura ainsi cette transformée

$$\int u\delta ds = -\int du\delta s = -\int\Big[\Big(d.\frac{d\rho}{dt} - \rho\frac{d\psi^2 + \cos\psi^2 d\varphi^2}{dt}\Big)\delta\rho$$
$$+\Big(\frac{\rho^2 \sin\psi \cos\psi d\varphi^2}{dt} + d.\frac{\rho^2 d\psi}{dt}\Big)\delta\psi + d.\frac{\cos\psi^2 d\varphi}{dt}\delta\varphi\Big];$$

par conséquent l'équation du *maximum* ou *minimum* sera

$$\int dtS\left\{\begin{array}{l} P\delta p + Q\delta q + R\delta r + \text{etc.} \\ + \Big(d.\frac{d\rho}{dt^2} - \rho\frac{d\psi^2 + \cos\psi^2 d\varphi^2}{dt^2}\Big)\delta\rho + \\ \Big(\frac{\rho^2 \sin\psi \cos\psi d\varphi^2}{dt^2} + d.\frac{\rho^2 d\psi}{dt^2}\Big)\delta\psi + d.\frac{\cos\psi^2 d\varphi}{dt^2}\delta\varphi \end{array}\right\} \mathrm{m} = 0.$$

Égalant à zéro la quantité qui est sous le signe $\int$, on aura une équation indéfinie, analogue à celle de l'article précédent, mais qui, au lieu des variations δx, δy, δz, contiendra les $\delta\rho$, $\delta\varphi$, $\delta\psi$; et on en tirera les équations nécessaires pour la solution du problème, en réduisant d'abord toutes les variations au plus petit nombre possible, faisant ensuite des équations séparées des termes affectés de chacune des variations restantes.

En employant d'autres indéterminées, on aura des formules différentes, et on sera assuré d'avoir toujours dans chaque cas les formules les plus simples que la nature des indéterminées puisse comporter. Voyez le second volume des Mémoires de l'Académie de Turin, où l'on a employé cette méthode pour résoudre différens problèmes de Mécanique.

42. Au reste, puisque $ds = udt$, la formule $Sm\int uds$, qui est un *maximum* ou un *minimum*, peut aussi se mettre sous la forme

$Sm\int u^2 dt$, ou $\int dt Smu^2$, dans laquelle Smu^2 exprime la force vive de tout le système dans un instant quelconque. Ainsi le principe dont il s'agit, se réduit proprement à ce que la somme des forces vives instantanées de tous les corps, depuis le moment où ils partent des points donnés, jusqu'à celui où ils arrivent à d'autres points donnés, soit un *maximum* ou un *minimum*. On pourrait donc l'appeler avec plus de fondement, le principe de la plus grande ou plus petite force vive ; et cette manière de l'envisager aurait l'avantage d'être générale tant pour le mouvement que pour l'équilibre, puisque nous avons vu dans la troisième section de la première Partie (art. 22), que la force vive d'un système est toujours la plus grande ou la plus petite dans la situation d'équilibre.

QUATRIÈME SECTION.

Équations différentielles pour la solution de tous les problèmes de Dynamique.

1. LA formule à laquelle nous avons réduit, dans la seconde section, toute la théorie de la Dynamique, n'a besoin que d'être développée pour donner toutes les équations nécessaires à la solution de quelque problème de cette science que ce soit; mais ce développement, qui n'est qu'une affaire de pur calcul, peut encore être simplifié, à plusieurs égards, par les moyens que nous allons employer dans cette section.

Comme tout consiste à réduire les différentes variables qui entrent dans la formule dont il s'agit, au plus petit nombre possible, par le moyen des équations de condition données par la nature de chaque problème; une des principales opérations est de substituer à la place de ces variables des fonctions d'autres variables. Cet objet est toujours facile à remplir par les méthodes ordinaires; mais il y a une manière particulière d'y satisfaire relativement à la formule proposée, qui a l'avantage de conduire toujours directement à la transformée la plus simple.

2. Cette formule est composée de deux parties différentes qu'il faut considérer séparément.

La première contient les termes

$$S\left(\frac{d^2x}{dt^2}\delta x + \frac{d^2y}{dt^2}\delta y + \frac{d^2z}{dt^2}\delta z\right)m,$$

qui

qui proviennent uniquement des forces résultantes de l'inertie des corps.

La seconde est composée des termes

$$S(P\delta p + Q\delta q + R\delta r + \text{etc.})\,\text{m},$$

dus aux forces accélératrices P, Q, R, etc., qu'on suppose agir effectivement sur chaque corps, suivant les lignes p, q, r, etc., et qui tendent à diminuer ces lignes. La somme de ces deux quantités étant égale à zéro, constitue la formule générale de la Dynamique (sect. II, art. 5).

3. Considérons d'abord la quantité $d^2x\delta x + d^2y\delta y + d^2z\delta z$, il est clair que si on y ajoute celle-ci $dxd\delta x + dyd\delta y + dzd\delta z$, la somme sera intégrable, et aura pour intégrale $dx\delta x + dy\delta y + dz\delta z$. D'où il suit que l'on a

$$\begin{aligned} d^2x\delta x + d^2y\delta y + d^2z\delta z &= d.(dx\delta x + dy\delta y + dz\delta z) \\ &- dxd\delta x - dyd\delta y - dzd\delta z. \end{aligned}$$

Or le double signe $d\delta$ étant équivalent à δd, par les principes connus, la quantité $dxd\delta x + dyd\delta y + dzd\delta z$ peut se réduire à la forme $dx\delta dx + dy\delta dy + dz\delta dz$, c'est-à-dire, à $\frac{1}{2}\,\delta.(dx^2 + dy^2 + dz^2)$. Ainsi on aura cette réduction

$$\begin{aligned} d^2x\delta x + d^2y\delta y + d^2z\delta z &= d.(dx\delta x + dy\delta y + dz\delta z) \\ &- \tfrac{1}{2}\,\delta(dx^2 + dy^2 + dz^2); \end{aligned}$$

par laquelle on voit que pour calculer la quantité proposée $d^2x\delta x + d^2y\delta y + d^2z\delta z$, il suffit de calculer ces deux-ci, qui ne contiennent que des différences premières, $dx\delta x + dy\delta y + dz\delta z$, $dx^2 + dy^2 + dz^2$, et de différentier ensuite l'une par rapport à d, et l'autre par rapport à δ.

4. Supposons donc qu'il s'agisse de substituer à la place des variables x, y, z, des fonctions données d'autres variables ξ, ψ,

φ, etc.; différentiant ces fonctions, on aura des expressions de la forme

$$dx = Ad\xi + Bd\psi + Cd\varphi + \text{etc.},$$
$$dy = A'd\xi + B'd\psi + C'd\varphi + \text{etc.},$$
$$dz = A''d\xi + B''d\psi + C''d\varphi + \text{etc.},$$

dans lesquelles A, A', A'', B, B', etc. seront des fonctions connues des mêmes variables ξ, ψ, φ, etc.; et les valeurs de δx, δy, δz seront exprimées aussi de la même manière, en changeant seulement d en δ.

Faisant ces substitutions dans la quantité $dx\delta x + dy\delta y + dz\delta z$, elle deviendra de cette forme,

$$Fd\xi\delta\xi + G(d\xi\delta\psi + d\psi\delta\xi) + Hd\psi\delta\psi$$
$$+ I(d\xi\delta\varphi + d\varphi\delta\xi) + \text{etc.}$$

où F, G, H, I, etc. seront des fonctions finies de ξ, ψ, φ, etc.

Donc changeant δ en d, on aura aussi la valeur de $dx^2 + dy^2 + dz^2$, laquelle sera

$$Fd\xi^2 + 2Gd\xi d\psi + Hd\psi^2 + 2I\xi d\Phi + \text{etc.}$$

Qu'on différentie par d la première de ces deux quantités, on aura la différentielle

$$d.(Fd\xi) \times \delta\xi + Fd\xi d\delta\xi + d.(Gd\xi) \times \delta\psi$$
$$+ d.(Gd\psi) \times \delta\xi + Gd\xi d\delta\psi + Gd\psi d\delta\xi$$
$$+ d.(Hd\psi) \times \delta\psi + Hd\psi d\delta\psi + \text{etc.};$$

différentiant ensuite la seconde par δ, on aura celle-ci,

$$\delta Fd\xi^2 + 2Fd\xi\delta d\xi + 2\delta Gd\xi d\psi + 2Gd\psi\delta d\xi$$
$$+ 2Gd\xi\delta d\psi + \delta Hd\psi^2 + 2Hd\psi\delta d\psi + \text{etc.}$$

Si donc on retranche la moitié de cette dernière différentielle de la première, et qu'on observe que $d\delta$ et δd sont la même chose, on aura

$$d.(Fd\xi)\times\delta\xi-\tfrac{1}{2}\delta Fd\xi^2+d.(Gd\xi)\times\delta\psi$$
$$+d.(Gd\psi)\times\delta\xi-\tfrac{1}{2}\delta Gd\xi d\psi+d.(Hd\psi)\times\delta\psi$$
$$-\tfrac{1}{2}\delta Hd\psi^2+\text{etc.},$$

pour la valeur transformée de la quantité $d^2x\delta x+d^2y\delta y+d^2z\delta z$.

Or il est visible que cette valeur peut se déduire immédiatement de la dernière différentielle, en divisant tous les termes par 2, en changeant les signes de ceux qui ne contiennent point la double caractéristique δd, et en effaçant dans les autres la d après la δ, pour l'appliquer aux quantités qui multiplient les doubles différences affectées de δd. Ainsi le terme $\delta Fd\xi^2$ donne $-\frac{1}{2}\delta Fd\xi^2$, le terme $2Fd\xi\delta d\xi$ donnera $d.(Fd\xi)\times\delta\xi$, le terme $2\delta Gd\xi d\psi$ donnera $-\delta Gd\xi d\psi$, le terme $2Gd\psi\delta d\xi$ donnera $d.(Gd\psi)\times\delta\xi$, et ainsi des autres.

5. D'où il s'ensuit que si on désigne par Φ la fonction de ξ, ψ, φ, etc., et de $d\xi$, $d\psi$, $d\varphi$, etc., dans laquelle se transforme la quantité $\frac{1}{2}(dx^2+dy^2+dz^2)$ par la substitution des valeurs de x, y, z, en ξ, ψ, φ, etc., on aura en général cette transformée

$$d^2x\delta x+d^2y\delta y+d^2z\delta z$$
$$=\left(-\frac{\delta\Phi}{\delta\varphi}+d.\frac{\delta\Phi}{\delta d\xi}\right)\delta\xi+\left(-\frac{\delta\Phi}{\delta\psi}+d.\frac{\delta\Phi}{\delta d\psi}\right)\delta\psi$$
$$+\left(-\frac{\delta\Phi}{\delta\varphi}+d.\frac{\delta\Phi}{\delta d\varphi}\right)\delta\varphi+\text{etc.},$$

en dénotant, suivant l'usage, par $\frac{\delta\Phi}{\delta\xi}$ le coefficient de $\delta\xi$ dans la différence $\delta\Phi$, par $\frac{\delta\Phi}{\delta d\xi}$ le coefficient de $\delta d\xi$ dans la même différence; et ainsi des autres.

6. Ce qu'on vient de trouver d'une manière particulière, aurait pu l'être plus simplement et plus généralement par les principes de la méthode des variations.

Soit en effet Φ une fonction quelconque de x, y, z, etc., dx, dy,

dz, d^2x, d^2y, d^2z, etc., etc., laquelle devienne une fonction de ξ, ψ, φ, etc., $d\xi$, $d\psi$, $d\varphi$, etc., $d^2\xi$, $d^2\psi$, $d^2\varphi$, etc., etc., par la substitution des valeurs de x, y, z, etc., exprimées en ξ, ψ, φ, etc.; en différentiant par rapport à δ, on aura cette équation identique,

$$\begin{aligned}
\delta\Phi &= \frac{\delta\Phi}{\delta x}\delta x + \frac{\delta\Phi}{\delta dx}\delta dx + \frac{\delta\Phi}{\delta d^2x}\delta d^2x + \text{etc.} \\
&+ \frac{\delta\Phi}{\delta y}\delta y + \frac{\delta\Phi}{\delta dy}\delta dy + \frac{\delta\Phi}{\delta d^2y}\delta d^2y + \text{etc.} \\
&+ \frac{\delta\Phi}{\delta z}\delta z + \frac{\delta\Phi}{\delta dz}\delta dz + \frac{\delta\Phi}{\delta d^2z}\delta d^2z + \text{etc.} \\
&\text{etc.} \\
&= \frac{\delta\Phi}{\delta\xi}\delta\xi + \frac{\delta\Phi}{\delta\psi}\delta\psi + \frac{\delta\Phi}{\delta\varphi}\delta\varphi + \text{etc.} \\
&+ \frac{\delta\Phi}{\delta d\xi}\delta d\xi + \frac{\delta\Phi}{\delta d\psi}\delta d\psi + \frac{\delta\Phi}{\delta d\varphi}\delta d\varphi + \text{etc.} \\
&+ \frac{\delta\Phi}{\delta d^2\xi}\delta d^2\xi + \frac{\delta\Phi}{\delta d^2\psi}\delta d^2\psi + \frac{\delta\Phi}{\delta d^2\varphi}\delta d^2\varphi + \text{etc.} \\
&\text{etc.}
\end{aligned}$$

Qu'on y change les doubles signes δd, δd^2, etc., en leurs équivalens $d\delta$, $d^2\delta$, etc.; qu'ensuite on intègre par rapport à d, et qu'on fasse disparaître, par des intégrations par parties, tous les doubles signes $d\delta$, $d^2\delta$, etc., sous le signe intégral $\int$ qui se rapporte au signe différentiel d; on aura une équation de cette forme,

$$\begin{aligned}
&\int(A\delta x + B\delta y + C\delta z + \text{etc.}) + Z \\
&= \int(A'\delta\xi + B'\delta\psi + C'\delta\varphi + \text{etc.}) + Z',
\end{aligned}$$

dans laquelle

$$\begin{aligned}
A &= \frac{\delta\Phi}{\delta x} - d.\frac{\delta\Phi}{\delta dx} + d^2.\frac{\delta\Phi}{\delta d^2x} - \text{etc.} \\
B &= \frac{\delta\Phi}{\delta y} - d.\frac{\delta\Phi}{\delta dy} + d^2.\frac{\delta\Phi}{\delta d^2y} - \text{etc.} \\
C &= \frac{\delta\Phi}{\delta z} - d.\frac{\delta\Phi}{\delta dz} + d^2.\frac{\delta\Phi}{\delta d^2z} - \text{etc.} \\
&\text{etc.}
\end{aligned}$$

$$A' = \frac{\delta\Phi}{\delta\xi} - d.\frac{\delta\Phi}{\delta d\xi} + d^2.\frac{\delta\Phi}{\delta d^2\xi} - \text{etc.}$$

$$B' = \frac{\delta\Phi}{\delta\psi} - d.\frac{\delta\Phi}{\delta d\psi} + d^2.\frac{\delta\Phi}{\delta d^2\psi} - \text{etc.}$$

$$C' = \frac{\delta\Phi}{\delta\varphi} - d.\frac{\delta\Phi}{\delta d\varphi} + d^2.\frac{\delta\Phi}{\delta d^2\varphi} - \text{etc.}$$

etc.

$$Z = \left(\frac{\delta\Phi}{\delta dx} - d.\frac{\delta\Phi}{\delta d^2x} + \text{etc.}\right)\delta x + \frac{\delta\Phi}{\delta d^2x}\,d\delta x + \text{etc.}$$
$$+ \left(\frac{\delta\Phi}{\delta dy} - d.\frac{\delta\Phi}{\delta d^2y} + \text{etc.}\right)\delta y + \frac{\delta\Phi}{\delta d^2y}\,d\delta y + \text{etc.}$$
$$+ \left(\frac{\delta\Phi}{\delta dz} - d.\frac{\delta\Phi}{\delta d^2z} + \text{etc.}\right)\delta z + \frac{\delta\Phi}{\delta d^2z}\,d\delta z + \text{etc.}$$

etc.

$$Z' = \left(\frac{\delta\Phi}{\delta d\xi} - d.\frac{\delta\Phi}{\delta d^2\xi} + \text{etc.}\right)\delta\xi + \frac{\delta\Phi}{\delta d^2\xi}\,d\delta\xi + \text{etc.}$$
$$+ \left(\frac{\delta\Phi}{\delta d\psi} - d.\frac{\delta\Phi}{\delta d^2\psi} + \text{etc.}\right)\delta\psi + \frac{\delta\Phi}{\delta d^2\psi}\,d\delta\psi + \text{etc.}$$
$$+ \left(\frac{\delta\Phi}{\delta d\varphi} - d.\frac{\delta\Phi}{\delta d^2\varphi} + \text{etc.}\right)\delta\varphi + \frac{\delta\Phi}{\delta d^2\varphi}\,d\delta\varphi + \text{etc.}$$

etc.

Donc redifférentiant et transposant, on aura l'équation

$$A\delta x + B\delta y + C\delta z + \text{etc.} - A'\delta\xi - B'\delta\psi - C'\delta\varphi - \text{etc.}$$
$$= dZ' - dZ,$$

laquelle doit être identique et avoir lieu quelles que soient les variations ou différences marquées par la lettre δ.

Ainsi puisque le second membre de cette équation est une différentielle exacte par rapport à la caractéristique d, il faudra que le premier membre en soit une aussi par rapport à la même caractéristique, et indépendamment de la caractéristique δ; or c'est ce qui ne se peut, parce que les termes de ce premier membre contiennent simplement les variations δx, δy, δz, etc., $\delta\xi$, $\delta\psi$, etc., et nullement les différentielles de ces variations.

D'où il suit que pour que l'équation puisse subsister, il faudra nécessairement que les deux membres soient nuls chacun en particulier; ce qui donnera ces deux équations identiques,

$$A\delta x + B\delta y + C\delta z + \text{etc.} = A'\delta\xi + B'\delta\psi + C'\delta\varphi + \text{etc.}$$
$$dZ = dZ',$$

lesquelles peuvent être utiles dans différentes occasions.

Soit, par exemple, $\Phi = \frac{1}{2}(dx^2 + dy^2 + dz^2)$, on aura $\frac{\delta\Phi}{\delta x} = 0$, $\frac{\delta\Phi}{\delta dx} = dx$, $\frac{\delta\Phi}{\delta d^2x} = 0$, etc., et ainsi des autres quantités semblables; donc

$$A = -d^2x, \quad B = -d^2y, \quad C = -d^2z;$$

ensuite comme Φ ne contient que des différences du premier ordre, on aura simplement

$$A' = \frac{\delta\Phi}{\delta\xi} - d.\frac{\delta\Phi}{\delta d\xi},$$
$$B' = \frac{\delta\Phi}{\delta\psi} - d.\frac{\delta\Phi}{\delta d\psi},$$
$$C' = \frac{\delta\Phi}{\delta\varphi} - d.\frac{\delta\Phi}{\delta d\varphi}, \text{ etc.}$$

Donc on aura l'équation identique

$$\begin{aligned} & -d^2x\delta x - d^2y\delta y - d^2z\delta z \\ & = \left(\frac{\delta\Phi}{\delta\xi} - d.\frac{\delta\Phi}{\delta d\xi}\right)\delta\xi + \left(\frac{\delta\Phi}{\delta\psi} - d.\frac{\delta\Phi}{\delta d\psi}\right)\delta\psi \\ & + \left(\frac{\delta\Phi}{\delta\varphi} - d.\frac{\delta\Phi}{\delta d\varphi}\right)\delta\varphi + \text{etc.}, \end{aligned}$$

qui s'accorde avec celle de l'article 5.

7. Il résulte de là que pour avoir la valeur de la quantité

$$S\left(\frac{d^2x}{dt^2}\delta x + \frac{d^2y}{dt^2}\delta y + \frac{d^2z}{dt^2}\delta z\right)m,$$

en fonction de ξ, ψ, φ, etc. il suffira de chercher la valeur de la quantité

$$S\left(\frac{dx^2 + dy^2 + dz^2}{2dt^2}\right)m,$$

en fonction de ξ, ψ, φ, etc., et de leurs différentielles; car nommant T cette fonction, on aura sur-le-champ la transformée

$$\left(d.\frac{\delta T}{\delta d\xi} - \frac{\delta T}{\delta \xi}\right)\delta\xi + \left(d.\frac{\delta T}{\delta d\psi} - \frac{\delta T}{\delta \psi}\right)\delta\psi$$
$$+ \left(d.\frac{\delta T}{\delta d\varphi} - \frac{\delta T}{\delta \varphi}\right)\delta\varphi + \text{etc.}$$

Et cette transformation aura lieu également, quand même parmi les nouvelles variables il se trouverait le temps t, pourvu qu'on le regarde comme constant, c'est-à-dire, qu'on fasse $\delta t = 0$.

De plus, il est facile de voir qu'une pareille transformation aura lieu aussi dans le cas où les variations $\delta\xi$, $\delta\psi$, $\delta\varphi$, etc. ne seraient pas des différentielles exactes, pourvu qu'elles représentent des quantités indéterminées, et que la variation δT soit de la forme

$$\delta T = \frac{\delta T}{\delta \xi}\,\delta\xi + \frac{\delta T}{d\delta\xi}\,d\delta\xi + \frac{\delta T}{\delta\psi}\,\delta\psi + \frac{\delta T}{d\delta\psi}\,d\delta\psi + \text{etc.},$$

quels que soient d'ailleurs les coefficiens $\frac{\delta T}{\delta\xi}$, $\frac{\delta T}{d\delta\xi}$, $\frac{\delta T'}{\delta\psi}$, etc.

8. Au reste, il est bon de remarquer que si l'expression de T renferme un terme dA, qui soit la différentielle complète d'une fonction A dans laquelle une des variables, comme ξ, n'entre que sous la forme finie, ce terme ne donnera rien dans la transformée précédente, relativement à cette variable. Car faisant

$$T = dA = \frac{dA}{d\xi}\,d\xi + \frac{dA}{d\psi}\,d\psi + \text{etc.},$$

on a

$$\frac{\delta T}{\delta d\xi} = \frac{dA}{d\xi}, \quad \frac{\delta T}{\delta \xi} = \frac{\delta\,\frac{dA}{d\xi}}{d\xi}\,d\xi + \frac{\delta.\frac{dA}{d\psi}}{\delta\xi}\,d\psi + \text{etc.}$$
$$= \frac{d^2A}{d\xi^2}\,d\xi + \frac{d^2A}{d\xi d\psi}\,d\psi + \text{etc.} = d.\frac{dA}{d\xi}.$$

Donc $d.\frac{\delta T}{\delta d\xi} - \frac{\delta T}{\delta \xi}$, coefficient de $\delta\xi$, deviendra $= d.\frac{dA}{d\xi}$ $- d.\frac{dA}{d\xi} = 0$.

Il s'ensuit de là que si l'expression de T contenait un terme de la forme BdA, A étant fonction de ξ, ψ, etc., sans $d\xi$, et B une fonction quelconque sans ξ, ce terme donnerait simplement, relativement à la variation de ξ, le terme $dB\frac{\delta A}{\delta \xi}$.

Car donnant au terme BdA la forme $d.(BA) - AdB$, on voit d'abord que le terme $d.(BA)$ ne donnerait rien relativement à la variation de ξ, puisque AB contient ξ sans $d\xi$; ensuite comme dB ne contient point ξ ni $d\xi$, et que A contient ξ sans $d\xi$, on voit qu'en faisant $T = -AdB$, on aura $\frac{\delta T}{\delta d\xi} = 0$, et $\frac{\delta T}{\delta \xi} = -\frac{\delta A}{\delta \xi}dB$; de sorte que le coefficient de $\delta\xi$ se réduira à $\frac{\delta A}{\delta \xi}dB$.

9. A l'égard de la quantité $P\delta p + Q\delta q + R\delta r +$ etc., elle est toujours facile à réduire en fonction de ξ, ψ, φ, etc., puisqu'il ne s'agit que d'y réduire séparément les expressions des distances p, q, r, etc., et des forces P, Q, R, etc. Mais cette opération devient encore plus facile, lorsque les forces sont telles, que la somme des momens, c'est-à-dire la quantité $Pdp + Qdq + Rdr +$ etc., est intégrable, ce qui, comme nous l'avons déjà observé, est proprement le cas de la nature.

Car supposant, comme dans l'article 34 de la section III,

$$d\Pi = Pdp + Qdq + Rdr + \text{etc.},$$

on aura Π exprimé par une fonction finie de p, q, r, etc.; par conséquent on aura aussi

$$\delta\Pi = P\delta p + Q\delta q + R\delta r + \text{etc.}$$

Multipliant par m et prenant la somme pour tous les corps du système, on aura

$$S(P\delta p + Q\delta q + R\delta r + \text{etc.})\text{m} = S\delta\Pi\text{m} = \delta.S\Pi\text{m},$$

puisque le signe S est indépendant du signe δ.

Il n'y aura ainsi qu'à chercher la valeur de la quantité $S\Pi\text{m}$ en fonction de ξ, ψ, φ, etc.; ce qui ne demande que la substitution des valeurs de x, y, z en ξ, ψ, φ, etc., dans les expressions de p, q, etc. (art. 1, sect. II, part. I); et cette valeur de $S\Pi\text{m}$ étant nommée V, on aura immédiatement

$$\delta V = \frac{dV}{d\xi}\delta\xi + \frac{dV}{d\psi}\delta\psi + \frac{dV}{d\varphi}\delta\varphi + \text{etc.}$$

10. De cette manière, la formule générale de la Dynamique (art. 2) sera transformée en celle-ci :

$$\Xi\delta\xi + \Psi\delta\psi + \Phi\delta\varphi + \text{etc.} = 0,$$

dans laquelle on aura

$$\Xi = d.\frac{\delta T}{\delta d\xi} - \frac{\delta T}{\delta\xi} + \frac{\delta V}{\delta\xi},$$

$$\Psi = d.\frac{\delta T}{\delta d\psi} - \frac{\delta T}{\delta\psi} + \frac{\delta V}{\delta\psi},$$

$$\Phi = d.\frac{\delta T}{\delta d\varphi} - \frac{\delta T}{\delta\varphi} + \frac{\delta V}{\delta\varphi},$$

etc.,

en supposant

$$T = S\left(\frac{dx^2 + dy^2 + dz^2}{2dt^2}\right)\text{m}, \quad V = S\Pi\text{m},$$

et $\quad d\Pi = Pdp + Qdq + Rdr + \text{etc.}$

Si les corps m et m′ du système, regardés comme des points, dont la distance mutuelle est p, s'attiraient avec une force accélératrice représentée par P fonction de p, il est facile de voir que le moment de cette force serait exprimé par mm′Pdp, et il faudrait ajouter à la valeur de V la quantité mm′$\int$Pdp; et ainsi s'il y avait dans le système d'autres forces d'attraction mutuelle.

En général, si le système renfermait des forces quelconques F,

G, etc., tendantes à diminuer la valeur des quantités f, g, etc., on aurait $F\delta f$, $G\delta g$, etc., pour les momens de ces forces (art. 9, sect. II, part. I); et en regardant F comme fonction de f, G comme fonction de g, etc., il faudrait ajouter à la valeur de V autant de termes de la forme $\int Fdf$, $\int Gdg$, etc., qu'il y aurait de pareilles forces.

Or si dans le choix des nouvelles variables ξ, ψ, φ, etc., on a eu égard aux équations de condition données par la nature du système proposé, ensorte que ces variables soient maintenant tout-à-fait indépendantes les unes des autres, et que par conséquent leurs variations $\delta\xi$, $\delta\psi$, $\delta\varphi$, etc., demeurent absolument indéterminées, on aura sur-le-champ les équations particulières $\Xi=0$, $\Psi=0$, $\Phi=0$, etc., lesquelles serviront à déterminer le mouvement du système; puisque ces équations sont en même nombre que les variables ξ, ψ, φ, etc., d'où dépend la position du système à chaque instant.

11. Mais quoiqu'on puisse toujours ramener la question à cet état, puisqu'il ne s'agit que d'éliminer, par les équations de condition, autant de variables qu'elles permettent de le faire, et de prendre ensuite pour ξ, ψ, φ, etc. les variables restantes; il peut néanmoins y avoir des cas où cette voie soit trop pénible, et où il soit à propos, pour ne pas trop compliquer le calcul, de conserver un plus grand nombre de variables. Alors les équations de condition auxquelles on n'aura pas encore satisfait, devront être employées à éliminer dans la formule générale, quelques-unes des variations $\delta\xi$, $\delta\psi$, etc.; mais au lieu de l'élimination actuelle, on pourra aussi faire usage de la méthode des multiplicateurs, exposée dans la première Partie (sect. IV).

Soient $L=0$, $M=0$, $N=0$, etc. les équations dont il s'agit, réduites en fonctions de ξ, ψ, φ, etc., ensorte que L, M, N, etc. soient des fonctions données de ces variables. On ajoutera au premier membre de la formule générale (art. précéd.) la quantité $\lambda\delta L+\mu\delta M+\nu\delta N+$ etc., dans laquelle λ, μ, ν, etc. sont des coefficiens indéterminés; et on pourra regarder alors les variations $\delta\xi$, $\delta\psi$, $\delta\varphi$, etc. comme indépendantes et arbitraires.

On aura ainsi l'équation générale

$$\Xi\delta\xi + \Psi\delta\psi + \Phi\delta\varphi + \text{etc.} + \lambda\delta L + \mu\delta M + \nu\delta N + \text{etc.} = 0,$$

laquelle devant être vérifiée indépendamment des variations $\delta\xi$, $\delta\psi$, $\delta\varphi$, etc., donnera ces équations particulières pour le mouvement du système,

$$\Xi + \lambda \frac{\delta L}{\delta\xi} + \mu \frac{\delta M}{\delta\xi} + \nu \frac{\delta N}{\delta\xi} + \text{etc.} = 0,$$

$$\Psi + \lambda \frac{\delta L}{\delta\psi} + \mu \frac{\delta M}{\delta\psi} + \nu \frac{\delta N}{\delta\psi} + \text{etc.} = 0,$$

$$\Phi + \lambda \frac{\delta L}{\delta\varphi} + \mu \frac{\delta M}{\delta\varphi} + \nu \frac{\delta N}{\delta\varphi} + \text{etc.} = 0,$$

etc.,

d'où il faudra ensuite éliminer les inconnues λ, μ, ν, etc., ce qui diminuera d'autant le nombre des équations; mais en y ajoutant les équations de condition qui doivent nécessairement avoir lieu, on aura toujours autant d'équations que de variables.

12. Comme ces équations peuvent avoir différentes formes plus ou moins simples, et surtout plus ou moins propres pour l'intégration, il n'est pas indifférent sous quelle forme elles se présentent d'abord; et c'est peut-être un des principaux avantages de notre méthode, de fournir toujours les équations de chaque problème, sous la forme la plus simple, relativement aux variables qu'on y emploie, et de mettre en état de juger d'avance quelles sont les variables dont l'emploi peut en faciliter le plus l'intégration. Voici pour cet objet quelques principes généraux, dont on verra ensuite l'application dans la solution de différens problèmes.

Il est clair, par les formules que nous venons de donner, que les termes différentiels des équations pour le mouvement d'un système quelconque de corps, viennent uniquement de la quantité T qui exprime la somme de toutes les quantités $\frac{dx^2+dy^2+dz^2}{2dt^2}$ m, relativement aux différens corps; chaque variable finie, comme ξ, qui entrera dans l'expression de T donnant le terme $-\frac{\delta T}{\delta \xi}$, et chaque variable différentielle, comme $d\xi$, donnant le terme $d.\frac{\delta T}{\delta d\xi}$. D'où l'on voit d'abord que les termes dont il s'agit ne pourront contenir d'autres fonctions des variables, que celles qui se trouveront dans l'expression même de T; par conséquent si en employant des sinus et cosinus d'angles, ce qui se présente naturellement dans la solution de plusieurs problèmes, il arrive que les sinus et cosinus disparaissent de la fonction T, elle ne contiendra alors que les différentielles de ces angles, et les termes en question ne contiendront aussi que ces mêmes différentielles. Ainsi il y aura toujours à gagner, pour la simplicité des équations du problème, à employer ces sortes de substitutions.

Par exemple, si à la place des deux coordonnées x, y, on emploie le rayon vecteur r, mené du centre des mêmes coordonnées, et faisant avec l'axe des x l'angle φ, on aura $x=r\cos\varphi$, $y=r\sin\varphi$, et différentiant $dx=\cos\varphi dr-r\sin\varphi d\varphi$, $dy=\sin\varphi dr+r\cos\varphi d\varphi$; donc $dx^2+dy^2=dr^2+r^2d\varphi^2$, expression fort simple qui ne contient ni sinus, ni cosinus de φ, mais seulement sa différentielle $d\varphi$. De cette manière, la quantité $dx^2+dy^2+dz^2$ se trouvera changée en $r^2d\varphi^2+dr^2+dz^2$.

On pourrait encore substituer au lieu de r et z, un nouveau rayon vecteur ρ avec l'angle ψ que ce rayon fait avec r qui en est la projection; ce qui donnerait $r=\rho\cos\psi$, $z=\rho\sin\psi$, et par conséquent $dr^2+dz^2=d\rho^2+\rho^2d\psi^2$; de sorte que la quantité $dx^2+dy^2+dz^2$ serait transformée en celle-ci: $\rho^2(\cos\psi^2d\varphi^2+d\psi^2)+d\rho^2$. Ici il est clair que ρ sera le rayon mené du centre des coordonnées au point de l'espace où est le corps m, ψ sera l'inclinaison de ce rayon sur le plan des x et y, et φ l'angle de la projection de ce rayon sur le même plan, avec l'axe des x; et l'on aura, comme dans l'article 4 de la section III,

$$x = \rho \cos \psi \cos \varphi, \quad y = \rho \cos \psi \sin \varphi, \quad z = \rho \sin \psi.$$

Enfin on pourra employer à volonté d'autres substitutions, et lorsque le système est composé de plusieurs corps, on pourra les rapporter immédiatement les uns aux autres par des coordonnées relatives; les circonstances de chaque problème indiqueront toujours celles qui seront le plus propres. On pourra même, après avoir trouvé, d'après une substitution, une ou quelques-unes des équations du problème, déduire les autres d'autres substitutions; ce qui fournira de nouveaux moyens de diversifier ces équations, et de trouver les plus simples et les plus faciles à intégrer.

13. Les autres termes des équations dont il s'agit dépendent des forces accélératrices qu'on suppose agir sur les corps, et des équations de condition qui doivent subsister entre les variables relatives à la position des corps dans l'espace.

Lorsque les forces P, Q, R, etc. tendent à des centres fixes ou à des corps du même système, et sont proportionnelles à des fonctions quelconques des distances, comme cela a lieu dans la nature, la quantité V qui exprime la somme des quantités $m\int(Pdp + Qdq + Rdr + \text{etc.})$ pour tous les corps m du système, sera une fonction algébrique des distances, et fournira pour chaque variable ξ dont elle se trouvera composée, un terme fini de la forme $\frac{\delta V}{\delta \xi}$.

De même les équations de condition $L = 0$, $M = 0$, etc. fourniront pour la même variable ξ les termes $\lambda \frac{\delta L}{\delta \xi}$, $\mu \frac{\delta M}{\delta \xi}$, etc., et ainsi des autres. De sorte qu'il n'y aura qu'à ajouter à la valeur de V les quantités λL, μM, etc., en regardant ensuite λ, μ, etc. comme constantes dans les différentiations en δ.

Si donc quelques-unes des variables qui entrent dans la fonction T, n'entrent point dans V, ni dans L, M, etc., les équations relatives à ces variables ne contiendront que des termes différentiels, et l'intégration n'en sera que plus facile, surtout si ces variables ne se trouvent dans T que sous la forme différentielle. C'est ce qui aura lieu lorsque les corps étant attirés vers des centres, on prendra les distances à ces centres, et les angles décrits autour d'eux pour coordonnées.

14. Une intégration qui a toujours lieu lorsque les forces sont des fonctions de distances, et que les fonctions T, V, L, M, etc. ne contiennent point la variable finie t, est celle qui donne le principe de la conservation des forces vives. Quoique nous ayons déjà montré comment ce principe résulte de notre formule générale de la Dynamique (sect. III, art. 34), il ne sera pas inutile de faire voir que les équations particulières déduites de cette formule, fournissent toujours une équation intégrable, qui est celle de la conservation des forces vives.

Ces équations, considérées dans toute leur généralité, étant chacune de la forme (art. 11)

$$d.\frac{\delta T}{\delta d\xi} - \frac{\delta T}{\delta \xi} + \frac{\delta V}{\delta \xi} + \lambda \frac{\delta L}{\delta \xi} + \mu \frac{\delta M}{\delta \xi} + \text{etc.} = 0,$$

si on les ajoute ensemble après les avoir multipliées par les différentielles respectives $d\xi$, $d\psi$, etc., et qu'on fasse attention que les quantités V, L, M, etc. sont par l'hypothèse des fonctions algébriques des variables ξ, ψ, etc. sans t, il est clair qu'on aura l'équation

$$\left(d.\frac{\delta T}{\delta d\xi} - \frac{\delta T}{\delta \xi}\right) d\xi + \left(d.\frac{\delta T}{\delta d\psi} - \frac{\delta T}{\delta \psi}\right) d\psi + \text{etc.}$$
$$+ dV + \lambda dL + \mu dM + \text{etc.} = 0;$$

mais $L=0$, $M=0$, etc. étant les équations de condition, on aura généralement $dL=0$, $dM=0$, etc.; par conséquent l'équation précédente se réduira à

$$\left(d.\frac{\delta T}{\delta d\xi} - \frac{\delta T}{\delta \xi}\right) d\xi + \text{etc.} + dV = 0.$$

Or on a

$$d\xi d.\frac{\delta T}{\delta d\xi} = d.\left(\frac{\delta T}{\delta d\xi}d\xi\right) - \frac{\delta T}{\delta d\xi}d^2\xi\,;$$

et comme T est une fonction algébrique des variables ξ, ψ, etc. et de leurs différentielles $d\xi$, $d\psi$, etc. sans t, on aura

$$dT = \frac{\delta T}{\delta\xi}d\xi + \frac{\delta T}{\delta d\xi}d^2\xi + \frac{\delta T}{\delta\psi}d\psi + \frac{\delta T}{\delta d\psi}d^2\psi + \text{etc.};$$

donc l'équation deviendra

$$d.\left(\frac{\delta T}{\delta d\xi}d\xi + \frac{\delta T}{\delta d\psi}d\psi + \text{etc.}\right) - dT + dV = 0,$$

laquelle est évidemment intégrable, et dont l'intégrale est

$$\frac{\delta T}{\delta d\xi}d\xi + \frac{\delta T}{\delta d\psi}d\psi + \text{etc.} - T + V = \text{à une constante.}$$

Maintenant puisque $T = S\,\frac{dx^2+dy^2+dz^2}{2dt^2}\,\text{m}$, il est évident que quelques variables qu'on substitue pour x, y, z, la fonction résultante sera nécessairement homogène et de deux dimensions, relativement aux différences de ces variables; donc, par le théorème connu, on aura $\frac{\delta T}{\delta d\xi}d\xi + \frac{\delta T}{\delta d\psi}d\psi + \text{etc.} = 2T$. Donc l'intégrale trouvée sera simplement $T + V = const.$, laquelle contient le principe de la conservation des forces vives (sect. III, art. 34).

Si la quantité V n'était pas une fonction algébrique, on n'aurait pas $dV = \frac{\delta V}{\delta\xi}d\xi + \text{etc.}$, et si les quantités T, L, M, etc. contenaient aussi la variable t, alors leurs différentielles dT, dL, dM, etc. contiendraient aussi les termes $\frac{\delta T}{\delta t}dt, \frac{\delta L}{\delta t}dt, \frac{\delta M}{\delta t}dt$, etc.; donc les réductions qui ont rendu l'équation intégrable n'auraient plus lieu, ni par conséquent le principe de la conservation des forces vives.

15. Quoique le théorème sur les fonctions homogènes dont nous venons de parler, soit démontré dans différens ouvrages, et

qu'on puisse par conséquent le supposer comme connu, la démonstration que voici est si simple, que je ne crois pas devoir la supprimer. Si F est une fonction homogène de différentes variables x, y, etc., et qu'elle soit de la dimension n, il est clair qu'en y mettant ax, ay, etc. à la place de x, y, etc., elle deviendra nécessairement a^nF, quelle que soit la quantité a. Donc faisant $a=1+\alpha$, et regardant α comme une quantité infiniment petite, l'accroissement infiniment petit de F dû aux accroissemens infiniment petits αx, αy, etc. de x, y, etc. sera $n\alpha F$. Mais en faisant varier x, y, etc., de αx, αy, on a en général pour la variation de F, $\frac{\delta F}{\delta x}\alpha x+\frac{\delta F}{\delta y}\alpha y+$ etc. Donc égalant ces deux expressions de l'accroissement de F, et divisant par α, on aura

$$nF=\frac{\delta F}{\delta x}x+\frac{\delta F}{\delta y}y+\text{etc.}$$

16. L'intégrale relative à *la conservation des forces vives* est d'une grande utilité dans la solution des problèmes de Mécanique, surtout lorsque la fonction T ne contient que la différentielle d'une variable qui ne se trouve point dans la fonction V; car cette intégrale servira alors à déterminer cette même variable, et à l'éliminer des équations différentielles.

A l'égard des intégrales qui se rapportent à *la conservation du mouvement du centre de gravité*, et *au principe des aires*, et que nous avons déjà trouvées d'une manière générale dans la section troisième, elles se présenteront d'elles-mêmes dans la solution de chaque problème, pourvu qu'on ait soin, dans le choix des variables, de séparer le mouvement absolu du système, des mouvemens relatifs des corps entre eux, ainsi que nous l'avons fait dans la section citée.

Les autres intégrales dépendront de la nature des équations différentielles de chaque problème; et on ne saurait donner de règle générale pour les trouver. Il y a cependant un cas très-étendu, qui

qui est toujours susceptible d'une solution complète en termes finis; c'est celui où le système ne fait que de très-petites oscillations autour de sa situation d'équilibre. Nous destinons une section particulière à ce problème, à cause de son importance.

17. Lorsque le système dont on cherche le mouvement est composé d'une infinité de particules ou élémens dont l'assemblage forme une masse finie de figure variable, il faut employer une analyse semblable à celle que nous avons exposée dans le § II de la section quatrième de la première Partie; mais à la place de la caractéristique d, que nous y avons employée (art. 11 et suiv.) pour désigner les différences des variables relatives aux différens élémens du système, il faudra substituer la caractéristique D, qui répond à la caractéristique intégrale S, relative à tout le système, afin de pouvoir conserver l'autre caractéristique d pour les différences relatives au temps, auxquelles nous l'avons destinée dans la seconde section.

Ainsi en nommant m la masse entière, et Dm un de ses élémens, il faudra mettre Dm au lieu de m dans les expressions de T et de V de l'article 10.

S'il y a pour chaque élément du corps des forces F, G, etc. qui tendent à diminuer les quantités f, g, etc. dont ces forces sont fonctions, il faudra ajouter à la valeur de V les expressions $S\int Fdf$, $S\int Gdg$, etc.

Et s'il y a des équations de condition $L=0$, $M=0$, etc. qui doivent avoir lieu à chaque point de la masse m, il faudra mettre $S\lambda\delta L$, $S\mu\delta M$, etc. à la place de $\lambda\delta L$, $\mu\delta M$, etc. dans les formules de l'article 11.

Les quantités f, g, etc., ainsi que L, M, etc., pouvant renfermer des différences des variables relatives à la caractéristique D, il faudra alors faire disparaître les doubles signes δD, δD^2, etc., par l'opération connue des intégrations par parties, de manière qu'il ne reste sous le signe S que les variations simples marquées par δ; et les termes hors du signe S se rapporteront uniquement aux extrémités des intégrales.

Il faudra enfin avoir égard aussi aux forces et aux équations de condition relatives à des points déterminés de la masse m, et en tenir compte dans la formule générale; mais elles ne donneront que des termes indépendans du signe S.

Les variations qui resteront sous le signe S donneront, en égalant leurs coefficiens à zéro, autant d'équations indéfinies pour le mouvement de chaque élément du système; et les variations hors du signe donneront des équations déterminées pour certains points du système.

CINQUIÈME SECTION.

Méthode générale d'approximation, pour les problèmes de Dynamique, fondée sur la variation des constantes arbitraires.

Les équations générales que nous avons données dans la section précédente étant du second ordre, demandent encore des intégrations, qui surpassent souvent les forces de l'analyse connue; on est obligé alors d'avoir recours aux approximations, et nos formules fournissent aussi les moyens les plus propres à remplir cet objet.

1. Toute approximation suppose la solution exacte d'un cas de la question proposée, dans lequel on a négligé des élémens ou des quantités qu'on regarde comme très-petites. Cette solution forme le premier degré d'approximation, et on la corrige ensuite en tenant compte successivement des quantités négligées.

Dans les problèmes de Mécanique qu'on ne peut résoudre que par approximation, on trouve ordinairement la première solution en n'ayant égard qu'aux forces principales qui agissent sur les corps; et pour étendre cette solution aux autres forces qu'on peut appeler *perturbatrices*, ce qu'il y a de plus simple, c'est de conserver la forme de la première solution, mais en rendant variables les constantes arbitraires qu'elle renferme; car si les quantités qu'on avait négligées, et dont on veut tenir compte, sont très-petites, les nouvelles variables seront à peu près constantes, et on pourra y appliquer les méthodes ordinaires d'approximation. Ainsi la difficulté se réduit à trouver les équations entre ces variables.

On connaît la méthode génerale de faire varier les constantes arbitraires des intégrales des équations différentielles, pour que ces intégrales conviennent aussi aux mêmes équations augmentées de certains termes; mais la forme que nous avons donnée, dans la section précédente (art. 10), aux équations générales de la Dynamique, a l'avantage de fournir une relation entre les variations des constantes arbitraires que l'intégration doit y introduire, laquelle simplifie singulièrement les formules de ces variations, dans les problèmes où elles expriment l'effet des forces perturbatrices. Nous allons d'abord démontrer cette relation; nous donnerons ensuite les équations les plus simples pour déterminer les variations des constantes arbitraires dans les problèmes dont il s'agit.

§ I,

Où l'on déduit des équations données dans la section précédente, une relation générale entre les variations des constantes arbitraires.

2. Soit un système quelconque de corps m, animés par des forces accélératrices P, Q, R, etc. qui tendent à des centres quelconques fixes ou non, et qui soient proportionnelles à des fonctions quelconques de leurs distances p, q, r, etc. à ces centres.

Supposons qu'en ayant égard aux équations de condition du système, on ait exprimé les coordonnées x, y, z de chacun des corps, en fonctions d'autres variables ξ, ψ, φ, etc., qui soient tout-à-fait indépendantes entre elles, et qui suffisent pour déterminer la position du système à chaque instant.

On aura, pour le mouvement de tout le système, les équations de l'article 10 de la section précédente, et il est facile de voir que ces équations seront du second ordre, par rapport aux variables ξ, ψ, φ, etc.; de sorte que les valeurs complètes de ces variables, qu'on trouvera par l'intégration, et qui seront exprimées en fonctions du temps t, contiendront deux fois autant de constantes arbitraires qu'il y a de variables. Comme ces constantes doivent demeurer arbitraires, on peut les faire varier à volonté; ainsi on pourra différentier les équations dont il s'agit relativement à ces constantes, qui sont supposées contenues dans les expressions des variables ξ, ψ, φ, etc.

3. Faisons, pour plus de simplicité, $d\xi = \xi' dt$, $d\psi = \psi' dt$, $d\varphi = \varphi' dt$, etc., la quantité T deviendra une fonction de ξ, ψ, φ, etc. et de ξ', ψ', φ', etc.; et si les forces tendent à des centres fixes, ou à des corps du même système, la quantité V sera une simple fonction de ξ, ψ, φ, etc. Dans ce cas, en faisant $Z = T - V$, on aura

$$\frac{\delta T}{\delta d\xi} = \frac{\delta Z}{\delta \xi' dt}, \quad \frac{\delta T}{\delta d\psi} = \frac{\delta Z}{\delta \psi' dt}, \quad \frac{\delta T}{\delta d\varphi} = \frac{\delta Z}{\delta \varphi' dt}, \quad \text{etc.},$$

où l'on pourra changer la caractéristique δ en d, puisqu'elle ne sert qu'à représenter des différences partielles.

Ainsi les équations différentielles du mouvement du système (art. 10, sect. précéd.) étant multipliées par dt, se réduiront à cette forme plus simple,

$$d.\frac{dZ}{d\xi'} - \frac{dZ}{d\xi}\,dt = 0,$$

$$d.\frac{dZ}{d\psi'} - \frac{dZ}{d\psi}\,dt = 0,$$

$$d.\frac{dZ}{d\varphi'} - \frac{dZ}{d\varphi}\,dt = 0,$$

etc.

4. Différentions ces équations par rapport à la caractéristique δ, que nous regarderons comme relative uniquement aux variations des constantes arbitraires qui sont censées contenues dans les expressions des variables ξ, ψ, φ, etc., dont Z est fonction; et comme la caractéristique d qui affecte les termes $d.\frac{dZ}{d\xi'}$, $d.\frac{dZ}{d\psi'}$, etc. n'est relative qu'à la variable t qui représente

le temps, on pourra, par les principes du calcul des variations, changer la double caractéristique δd en $d\delta$; de sorte qu'on aura les équations

$$d\delta.\frac{dZ}{d\xi'} - \delta.\frac{dZ}{d\xi}dt = 0,$$

$$d\delta.\frac{dZ}{d\psi'} - \delta.\frac{dZ}{d\psi}dt = 0,$$

$$d\delta.\frac{dZ}{d\varphi'} - \delta.\frac{dZ}{d\varphi}dt = 0,$$

etc.

De même, si pour représenter des variations différentes des mêmes constantes arbitraires, on emploie la caractéristique Δ, on aura

$$d\Delta.\frac{dZ}{d\xi'} - \Delta.\frac{dZ}{d\xi}dt = 0,$$

$$d\Delta.\frac{dZ}{d\psi'} - \Delta.\frac{dZ}{d\psi}dt = 0,$$

$$d\Delta.\frac{dZ}{d\varphi'} - \Delta.\frac{dZ}{d\varphi}dt = 0,$$

etc.

5. Multiplions maintenant les premières équations respectivement par $\Delta\xi$, $\Delta\psi$, $\Delta\varphi$, etc., et retranchons de leur somme celle des dernières équations multipliées respectivement par $\delta\xi$, $\delta\psi$, $\delta\varphi$, etc., on aura

$$\begin{aligned}
&\Delta\xi d\delta.\frac{dZ}{d\xi'} + \Delta\psi d\delta.\frac{dZ}{d\psi'} + \Delta\varphi d\delta.\frac{dZ}{d\varphi'} + \text{etc.} \\
&- \delta\xi d\Delta.\frac{dZ}{d\xi'} - \delta\psi d\Delta.\frac{dZ}{d\psi'} - \delta\varphi d\Delta.\frac{dZ}{d\varphi'} + \text{etc.} \\
&- \left(\Delta\xi\delta.\frac{dZ}{d\xi} + \Delta\psi\delta.\frac{dZ}{d\psi} + \Delta\varphi\delta.\frac{dZ}{d\varphi} + \text{etc.}\right)dt \\
&+ \left(\delta\xi\Delta.\frac{dZ}{d\xi} + \delta\psi\Delta.\frac{dZ}{d\psi} + \delta\varphi\Delta.\frac{dZ}{d\varphi} + \text{etc.}\right)dt = 0.
\end{aligned}$$

Or $\Delta\xi d\delta.\frac{dZ}{d\xi'} = d.\left(\Delta\xi\delta.\frac{dZ}{d\xi'}\right) - d\Delta\xi\delta.\frac{dZ}{d\xi'}$; mais $d\Delta\xi = \Delta d\xi$

$\Delta\xi' dt$, à cause de $d\xi = \xi' dt$ (hyp.); donc

$$\Delta\xi d\delta . \frac{dZ}{d\xi'} = d. \left(\Delta\xi\delta . \frac{dZ}{d\xi'}\right) - \Delta\xi'\delta . \frac{dZ}{d\xi'} dt.$$

On aura pareillement

$$\delta\xi d\Delta . \frac{dZ}{d\xi'} = d. \left(\delta\xi\Delta . \frac{dZ}{d\xi'}\right) - \delta\xi'\Delta . \frac{dZ}{d\xi'} dt,$$

et ainsi des autres formules semblables.

Par le moyen de ces transformations, l'équation précédente deviendra de cette forme

$$d. \left\{ \begin{array}{l} \Delta\xi\delta . \frac{dZ}{d\xi'} + \Delta\psi\delta . \frac{dZ}{d\psi'} + \Delta\varphi\delta . \frac{dZ}{d\varphi'} + \text{etc.} \\ - \delta\xi\Delta . \frac{dZ}{d\xi'} - \delta\psi\Delta . \frac{dZ}{d\psi'} - \delta\varphi\Delta . \frac{dZ}{d\varphi'} - \text{etc.} \end{array} \right\}$$

$$- \left\{ \begin{array}{l} \Delta\xi\delta . \frac{dZ}{d\xi} + \Delta\psi\delta . \frac{dZ}{d\psi} + \Delta\varphi\delta . \frac{dZ}{d\varphi} + \text{etc.} \\ + \Delta\xi'\delta . \frac{dZ}{d\xi'} + \Delta\psi'\delta . \frac{dZ}{d\psi'} + \Delta\varphi'\delta . \frac{dZ}{d\varphi'} + \text{etc.} \end{array} \right\} dt$$

$$+ \left\{ \begin{array}{l} \delta\xi\Delta . \frac{dZ}{d\xi} + \delta\psi\Delta . \frac{dZ}{d\psi} + \delta\varphi\Delta . \frac{dZ}{d\varphi} + \text{etc.} \\ + \delta\xi'\Delta . \frac{dZ}{d\xi'} + \delta\psi'\Delta . \frac{dZ}{d\psi'} + \delta\varphi'\Delta . \frac{dZ}{d\varphi'} + \text{etc.} \end{array} \right\} dt = 0.$$

6. Or si on développe les expressions $\delta . \frac{dZ}{d\xi}$, $\delta . \frac{dZ}{d\xi'}$, etc., ainsi que les expressions semblables $\Delta . \frac{dZ}{d\xi}$, $\Delta . \frac{dZ}{d\xi'}$, etc. en regardant Z comme fonction de ξ, ψ, φ, etc. et de ξ', ψ', φ', etc., il est facile de voir que les termes multipliés par dt dans l'équation précédente, se détruisent mutuellement. En effet, on a

$$\delta . \frac{dZ}{d\xi} = \frac{d^2Z}{d\xi^2} \delta\xi + \frac{d^2Z}{d\xi d\psi} \delta\psi + \text{etc.} + \frac{d^2Z}{d\xi d\xi'} \delta\xi' + \frac{d^2Z}{d\xi d\psi'} \delta\psi' + \text{etc.}$$

$$\delta . \frac{dZ}{d\psi} = \frac{d^2Z}{d\xi d\psi} \delta\xi + \frac{d^2Z}{d\psi^2} \delta\psi + \text{etc.} + \frac{d^2Z}{d\psi d\xi'} \delta\xi' + \frac{d^2Z}{d\psi d\psi'} \delta\psi' + \text{etc.}$$

etc.

$$\delta.\frac{dZ}{d\xi'}=\frac{d^2Z}{d\xi d\xi'}\delta\xi+\frac{d^2Z}{d\psi d\xi'}\delta\psi+\text{etc.}+\frac{d^2Z}{d\xi'^2}\delta\xi'+\frac{d^2Z}{d\xi' d\psi'}\delta\psi'+\text{etc.}$$

$$\delta.\frac{dZ}{d\psi'}=\frac{d^2Z}{d\xi d\psi'}\delta\xi+\frac{d^2Z}{d\psi d\psi'}\delta\psi+\text{etc.}+\frac{d^2Z}{d\xi' d\psi'}\delta\xi'+\frac{d^2Z}{d\psi'^2}\delta\psi'+\text{etc.}$$

etc.,

ce qui donne, en ordonnant les termes par rapport aux différences partielles de Z, ce développement

$$\Delta\xi\delta.\frac{dZ}{d\xi}+\Delta\psi\delta.\frac{dZ}{d\psi}+\text{etc.}+\Delta\xi'\delta.\frac{dZ}{d\xi'}+\Delta\psi'\delta.\frac{dZ}{d\psi'}+\text{etc.}$$

$$=\frac{d^2Z}{d\xi^2}\Delta\xi\delta\xi+\frac{d^2Z}{d\xi d\psi}(\Delta\xi\delta\psi+\Delta\psi\delta\xi)+\frac{d^2Z}{d\psi^2}\Delta\psi\delta\psi+\text{etc.}$$

$$+\frac{d^2Z}{d\xi d\xi'}(\Delta\xi\delta\xi'+\Delta\xi'\delta\xi)+\frac{d^2Z}{d\xi d\psi'}(\Delta\xi\delta\psi'+\Delta\psi'\delta\xi)+\text{etc.}$$

$$+\frac{d^2Z}{d\psi d\xi'}(\Delta\psi\delta\xi'+\Delta\xi'\delta\psi)+\frac{d^2Z}{d\psi d\psi'}(\Delta\psi\delta\psi'+\Delta\psi'\delta\psi)+\text{etc.}$$

$$+\frac{d^2Z}{d\xi'^2}\Delta\xi'\delta\xi'+\frac{d^2Z}{d\xi' d\psi'}(\Delta\xi'\delta\psi'+\Delta\psi'\delta\xi')+\frac{d^2Z}{d\psi'^2}\Delta\psi'\delta\psi'+\text{etc.}$$

etc.

En changeant les caractéristiques δ, Δ l'une dans l'autre, on aura le développement de l'expression semblable

$$\delta\xi\Delta.\frac{dZ}{d\xi}+\delta\psi\Delta.\frac{dZ}{d\psi}+\text{etc.}+\delta\xi'\Delta.\frac{dZ}{d\xi'}+\delta\psi'\Delta.\frac{dZ}{d\psi'}+\text{etc.}$$

Mais on voit que ce changement n'en produit aucun dans le développement précédent; d'où il suit que les deux expressions sont identiques; de sorte que, comme elles se trouvent dans l'équation ci-dessus avec des signes différens, elles doivent s'y détruire.

7. Ainsi on aura simplement l'équation

$$d.\left\{\begin{array}{l}\Delta\xi\delta.\frac{dZ}{d\xi'}+\Delta\psi\delta.\frac{dZ}{d\psi'}+\Delta\varphi\delta.\frac{dZ}{d\varphi'}+\text{etc.}\\ -\delta\xi\Delta.\frac{dZ}{d\xi'}-\delta\psi\Delta.\frac{dZ}{d\psi'}-\delta\varphi\Delta.\frac{dZ}{d\varphi'}-\text{etc.}\end{array}\right\}=0,$$

dans laquelle on peut changer Z en T, puisque $Z=T-V$, et que V ne doit point contenir les variables ξ', ψ', φ', etc. (art. 3).

On

On voit par cette équation, que la quantité

$$\Delta\xi\delta.\frac{dT}{d\xi'} + \Delta\psi\delta.\frac{dT}{d\psi'} + \Delta\phi\delta.\frac{dT}{d\phi'} + \text{etc.}$$
$$- \delta\xi\Delta.\frac{dT}{d\xi'} - \delta\psi\Delta.\frac{dT}{d\psi'} - \delta\phi\Delta.\frac{dT}{d\phi'} - \text{etc.}$$

est toujours nécessairement constante relativement au temps t, auquel se rapportent les différentielles marquées par la caractéristique d; que par conséquent si on y substitue les valeurs des variables ξ, ψ, ϕ, etc. exprimées en fonctions de t et des constantes arbitraires, déduites des équations d'un problème quelconque de Mécanique, la variable t s'évanouira d'elle-même, quelles que soient les variations qu'on fera subir à ces constantes, dans les quantités affectées des caractéristiques δ et Δ; ce qui est une nouvelle propriété très-remarquable de la fonction T, qui représente la force vive de tout le système, et ce qui peut fournir un critère général pour juger de l'exactitude d'une solution trouvée par quelque méthode que ce soit. Mais l'usage principal de cette formule est pour la variation des constantes arbitraires dans les questions de Mécanique, comme nous allons le montrer.

§ II,

Où l'on donne les équations différentielles les plus simples pour déterminer les variations des constantes arbitraires, dues à des forces perturbatrices.

8. Supposons maintenant qu'aprés avoir résolu le problème contenu dans les équations différentielles de l'article 3, par l'intégration complète de ces équations, il s'agisse de résoudre le même problème, mais avec l'addition de nouvelles forces appliquées au même système, tendantes à des centres fixes ou mobiles d'une manière quelconque, et proportionnelles à des fonctions des distances aux centres. Ces nouvelles forces, qu'on peut regarder commedes

forces perturbatrices du mouvement du système, étant d'une nature semblable aux forces P, Q, R, etc., d'où dépend la fonction V, ajouteront à cette fonction une fonction analogue que nous désignerons par $-\Omega$. De sorte qu'il n'y a qu'à mettre $V-\Omega$ à la place de V, dans les équations de l'article 10 (sect. précéd.), et par conséquent $Z-\Omega$ à la place de Z, dans les termes de celles de l'article 3, qui contiennent les différences partielles de Z relatives à ξ, ψ, φ, etc., pour avoir les équations du nouveau problème, lesquelles seront, ainsi

$$d.\frac{dZ}{d\xi'} - \frac{dZ}{d\xi}dt = \frac{d\Omega}{d\xi}dt,$$

$$d.\frac{dZ}{d\psi'} - \frac{dZ}{d\psi}dt = \frac{d\Omega}{d\psi}dt,$$

$$d.\frac{dZ}{d\varphi'} - \frac{dZ}{d\varphi}dt = \frac{d\Omega}{d\varphi}dt,$$

etc.

9. Si on suppose connues les expressions des variables ξ, ψ, φ, etc. en t et en constantes arbitraires, dans le cas où les seconds membres de ces équations sont nuls, on peut, en conservant ces mêmes expressions, mais en rendant variables leurs constantes arbitraires, faire ensorte qu'elles satisfassent aussi à la totalité de ces équations; et l'objet de l'analyse que nous allons exposer est de donner les formules les plus simples pour la détermination de ces constantes devenues variables.

Nous remarquerons d'abord que puisque ces constantes sont en nombre double de celui des variables ξ, ψ, φ, etc., comme nous l'avons déjà observé (art. 2), et par conséquent en nombre double de celui des équations auxquelles il faut satisfaire, on pourra encore les assujétir à un nombre de conditions arbitraires égal à celui de ces variables.

Les conditions les plus simples et en même temps les plus appropriées à la chose, sont que les valeurs de $\frac{d\xi}{dt}$, $\frac{d\psi}{dt}$, $\frac{d\varphi}{dt}$, etc. conservent aussi la même forme que si les constantes n'y variaient point. De cette manière, non-seulement les espaces parcourus par les corps, mais encore leurs vîtesses seront déterminées par des formules semblables, soit que les constantes arbitraires demeurent invariables, comme lorsqu'il n'y a point de forces perturbatrices, soit qu'elles deviennent variables par l'effet de ces forces.

Ces conditions auront de plus l'avantage de réduire au premier ordre les équations différentielles entre les nouvelles variables, de sorte qu'on aura un nombre double d'équations, mais du premier ordre seulement.

10. En employant, comme dans l'article 4, la caractéristique δ pour désigner les différentielles dues uniquement à la variation des constantes arbitraires, tandis que la caractéristique d ne se rapporte qu'aux différentielles relatives au temps t, les conditions dont nous venons de parler seront exprimées par les équations

$$\delta\xi = 0, \qquad \delta\psi = 0, \qquad \delta\varphi = 0, \quad \text{etc.},$$

dans lesquelles il faut remarquer que toutes les constantes arbitraires doivent devenir variables à la fois, de sorte que la caractéristique δ indiquera dans la suite la variation simultanée de toutes les constantes arbitraires, au lieu que dans les formules de l'article 4 et suivans, la même caractéristique dénotait en général les différentielles relatives à la variation de toutes les constantes, ou seulement de quelques-unes d'entre elles à volonté, ainsi que l'autre caractéristique Δ.

Donc en faisant tout varier, les différentielles de ξ, ψ, φ, etc. seront simplement $d\xi$, $d\psi$, $d\varphi$, etc., ou bien $\xi' dt$, $\psi' dt$, $\varphi' dt$, etc., comme si le temps seul variait.

Ainsi dans les équations de l'article 8 la fonction Z sera la même, soit que les constantes arbitraires soient censées variables ou non; mais en regardant ces constantes comme variables, les différences $d.\frac{dZ}{d\xi'}$, $d.\frac{dZ}{d\psi'}$, $d.\frac{dZ}{d\varphi'}$, etc. devront être augmentées des termes $\delta.\frac{dZ}{d\xi'}$, $\delta.\frac{dZ}{d\psi'}$, $\delta.\frac{dZ}{d\varphi'}$, etc., dus à la variation des constantes.

D'un autre côté, comme par l'hypothèse les fonctions de t et des constantes qui représentent les valeurs de ξ, ψ, φ, etc. satisfont identiquement aux mêmes équations, sans leurs seconds membres, dans le cas où ces constantes ne varient pas, quelles que soient d'ailleurs leurs valeurs, il est clair que les termes

$$d.\frac{dZ}{d\xi'} - \frac{dZ}{d\xi}dt, \quad d.\frac{dZ}{d\psi'} - \frac{dZ}{d\psi}dt, \quad d.\frac{dZ}{d\varphi'} - \frac{dZ}{d\varphi}dt, \quad \text{etc.}$$

se détruiront d'eux-mêmes, et pourront par conséquent être effacés.

On aura donc simplement, pour la variation des constantes arbitraires, les équations

$$\delta.\frac{dZ}{d\xi'} = \frac{d\Omega}{d\xi}dt, \quad \delta.\frac{dZ}{d\psi'} = \frac{d\Omega}{d\psi}dt, \quad \delta.\frac{dZ}{d\varphi'} = \frac{d\Omega}{d\varphi}dt, \quad \text{etc.},$$

qu'il faudra combiner avec les équations données ci-dessus, $\delta\xi = 0$, $\delta\psi = 0$, $\delta\varphi = 0$, etc.

Ces équations étant en nombre double de celui des variables ξ, ψ, φ, etc., et par conséquent en même nombre que les constantes arbitraires (art. 2), serviront à déterminer toutes ces constantes devenues variables.

11. Les équations qu'on vient de trouver étant multipliées respectivement par $\Delta\xi$, $\Delta\psi$, $\Delta\varphi$, etc., et ensuite ajoutées ensemble, donnent

$$\Delta\xi\delta.\frac{dZ}{d\xi'} + \Delta\psi\delta.\frac{dZ}{d\psi'} + \Delta\varphi\delta.\frac{dZ}{d\varphi'} + \text{etc.}$$
$$= \left(\frac{d\Omega}{d\xi}\Delta\xi + \frac{d\Omega}{d\psi}\Delta\psi + \frac{d\Omega}{d\varphi}\Delta\varphi + \text{etc.}\right)dt.$$

Ici $\Delta\xi$, $\Delta\psi$, $\Delta\varphi$, etc. indiquent, comme dans l'article 4, des différentielles des fonctions ξ, ψ, φ, etc., prises en faisant varier seulement les constantes arbitraires d'une manière quelconque, soit qu'elles varient toutes en même temps, ou quelques-unes seulement à volonté.

Or en regardant Ω comme une fonction de ξ, ψ, φ, etc., on aura, en différentiant par rapport à Δ,

$$\Delta.\Omega = \frac{d\Omega}{d\xi}\Delta\xi + \frac{d\Omega}{d\psi}\Delta\psi + \frac{d\Omega}{d\varphi}\Delta\varphi + \text{etc.}$$

Donc on aura

$$\Delta.\Omega dt = \Delta\xi\delta.\frac{dZ}{d\xi'} + \Delta\psi\delta.\frac{dZ}{d\psi'} + \Delta\varphi\delta.\frac{dZ}{d\varphi'} + \text{etc.}$$

Retranchons du second membre de cette équation la quantité

$$\delta\xi\Delta.\frac{dZ}{d\xi'} + \delta\psi\Delta.\frac{dZ}{d\psi'} + \delta\varphi\Delta.\frac{dZ}{d\varphi'} + \text{etc.},$$

qui est nulle en vertu des équations de condition $\delta\xi = 0$, $\delta\psi = 0$, $\delta\varphi = 0$, etc., on aura cette formule générale,

$$\begin{aligned}\Delta.\Omega dt &= \Delta\xi\delta.\frac{dZ}{d\xi'} + \Delta\psi\delta.\frac{dZ}{d\psi'} + \Delta\varphi\delta.\frac{dZ}{d\varphi'} + \text{etc.}\\ &\quad - \delta\xi\Delta.\frac{dZ}{d\xi'} - \delta\psi\Delta.\frac{dZ}{d\psi'} - \delta\varphi\Delta.\frac{dZ}{d\varphi'} - \text{etc.}\\ &= \Delta\xi\delta.\frac{dT}{d\xi'} + \Delta\psi\delta.\frac{dT}{d\psi'} + \Delta\varphi\delta.\frac{dT}{d\varphi'} + \text{etc.}\\ &\quad - \delta\xi\Delta.\frac{dT}{d\xi'} - \delta\psi\Delta.\frac{dT}{d\psi'} - \delta\varphi\Delta.\frac{dT}{d\varphi'} - \text{etc.}\end{aligned}$$

en changeant Z en T, comme dans l'article 7.

On voit que le second membre de l'équation précédente est la même fonction que nous avons vu devoir être indépendante du temps t (art. 7). D'où il suit qu'après y avoir substitué les valeurs de ξ, ψ, φ, etc. en fonctions de t et des constantes arbitraires, on pourra y faire t nul ou égal à une valeur quelconque.

12. Donc si on suppose, ce qui est toujours permis, que ces fonctions, ainsi que celles qui représentent les valeurs de $\frac{dT}{d\xi'}$, $\frac{dT}{d\psi'}$,

$\frac{dT}{d\varphi'}$, etc., soient développées en séries de puissances ascendantes de t, de cette manière

$$\xi = \alpha + \alpha' t + \alpha'' t^2 + \alpha''' t^3 + \text{etc.},$$
$$\psi = \beta + \beta' t + \beta'' t^2 + \beta''' t^3 + \text{etc.},$$
$$\varphi = \gamma + \gamma' t + \gamma'' t^2 + \gamma''' t^3 + \text{etc.},$$
$$\text{etc.},$$

$$\frac{dT}{d\xi'} = \lambda + \lambda' t + \lambda'' t^2 + \lambda''' t^3 + \text{etc.},$$
$$\frac{dT}{d\psi'} = \mu + \mu' t + \mu'' t^2 + \mu''' t^3 + \text{etc.},$$
$$\frac{dT}{d\varphi'} = \nu + \nu' t + \nu'' t^2 + \nu''' t^3 + \text{etc.},$$
$$\text{etc.},$$

et qu'on substitue ces valeurs dans le second membre de l'équation de l'article précédent, on pourra y faire $t = 0$, ce qui les réduira aux seuls premiers termes α, β, γ, etc.; λ, μ, ν, etc.

Cette équation se réduira ainsi à la forme

$$\begin{aligned} \Delta . \Omega dt = {} & \Delta\alpha\delta\lambda + \Delta\beta\delta\mu + \Delta\gamma\delta\nu + \text{etc.} \\ & - \Delta\lambda\delta\alpha - \Delta\mu\delta\beta - \Delta\nu\delta\gamma - \text{etc.} \end{aligned}$$

13. Les quantités α, β, γ, etc., λ, μ, ν, etc. ne peuvent être que fonctions des constantes arbitraires que la double intégration introduit dans les expressions finies des variables ξ, ψ, φ, etc., et l'on peut aussi les prendre pour ces mêmes constantes.

En effet, les constantes arbitraires qui donnent à la solution d'un problème de Mécanique toute l'étendue qu'elle peut avoir, sont les valeurs initiales des variables, ainsi que celles de leurs différences premières; c'est-à-dire, les valeurs de ξ, ψ, φ, etc. et de $\frac{d\xi}{dt}$, $\frac{d\psi}{dt}$, $\frac{d\varphi}{dt}$, etc., lorsque $t = 0$; ces valeurs sont donc, dans les expressions de ξ, ψ, φ, etc., que nous avons adoptées, α, β, γ, etc., α', β', γ', etc. Or T étant une fonction donnée de ξ, ψ, φ, etc. et de $\xi' = \frac{d\xi}{dt}$, $\psi' = \frac{d\psi}{dt}$, $\varphi' = \frac{d\varphi}{dt}$, etc., il est clair qu'en faisant $t = 0$ dans les fonctions $\frac{dT}{d\xi'}$, $\frac{dT}{d\psi'}$, $\frac{dT}{d\varphi'}$, etc., ce qui les réduit à λ, μ, ν, etc., ces constantes λ, μ, ν, etc. seront les mêmes fonctions des constantes α, β, γ, etc., α', β', γ', etc.; que les fonctions $\frac{dT}{d\xi'}$, $\frac{dT}{d\psi'}$, $\frac{dT}{d\varphi'}$, etc. le sont des variables ξ, ψ, φ, etc., ξ', ψ', φ', etc. Par conséquent au lieu de prendre immédiatement α', β', γ', etc. pour constantes arbitraires, on peut prendre celles-ci, λ, μ, ν, etc., qui en dépendent. Ainsi on aura α, β, γ, etc., λ, μ, ν, etc. pour les constantes arbitraires des expressions de ξ, ψ, φ, etc.; et l'on voit que le nombre de ces constantes sera précisément double de celui des variables ξ, ψ, φ, etc.

De cette manière, la différentielle $\Delta . \Omega$, dans laquelle la caractéristique Δ ne doit affecter que les constantes arbitraires contenues dans Ω, à raison des valeurs de ξ, ψ, φ, etc. qui renferment ces constantes, deviendra

$$\begin{aligned}\Delta . \Omega = \frac{d\Omega}{d\alpha}\Delta\alpha + \frac{d\Omega}{d\beta}\Delta\beta + \frac{d\Omega}{d\gamma}\Delta\gamma + \text{etc.}\\ + \frac{d\Omega}{d\lambda}\Delta\lambda + \frac{d\Omega}{d\mu}\Delta\mu + \frac{d\Omega}{d\nu}\Delta\nu + \text{etc.}\end{aligned}$$

En la substituant dans le premier membre de l'équation de l'article précédent, et ordonnant les termes par rapport aux différences marquées par Δ, on aura

$$\begin{aligned}&\left(\frac{d\Omega}{d\alpha}dt - \delta\lambda\right)\Delta\alpha + \left(\frac{d\Omega}{d\beta}dt - \delta\mu\right)\Delta\beta + \left(\frac{d\Omega}{d\gamma}dt - \delta\nu\right)\Delta\gamma + \text{etc.}\\ &+ \left(\frac{d\Omega}{d\lambda}dt + \delta\alpha\right)\Delta\lambda + \left(\frac{d\Omega}{d\mu}dt + \delta\beta\right)\Delta\mu + \left(\frac{d\Omega}{d\nu}dt + \delta\gamma\right)\Delta\nu + \text{etc.} = 0.\end{aligned}$$

Comme on peut donner aux différences $\Delta\alpha$, $\Delta\beta$, etc., marquées par la caractéristique Δ, une valeur quelconque, il faudra que l'équation soit vérifiée indépendamment de ces différences, ce qui donnera autant d'équations particulières, telles que

$$\frac{d\Omega}{d\alpha}dt = \delta\lambda, \quad \frac{d\Omega}{d\beta}dt = \delta\mu, \quad \frac{d\Omega}{d\gamma}dt = \delta\nu, \quad \text{etc.},$$

$$\frac{d\Omega}{d\lambda}dt = -\delta\alpha, \quad \frac{d\Omega}{d\mu}dt = -\delta\beta, \quad \frac{d\Omega}{d\nu}dt = -\delta\gamma, \quad \text{etc.}$$

14. Les différences marquées par la caractéristique δ sont proprement les différentielles des constantes arbitraires devenues variables (art. 10); ainsi comme ces différentielles peuvent maintenant être rapportées également au temps t, il est permis et même convenable de changer le δ en d, et l'on aura pour la détermination des nouvelles variables α, β, γ, etc., λ, μ, ν, etc., les équations

$$\frac{d\alpha}{dt} = -\frac{d\Omega}{d\lambda}, \quad \frac{d\beta}{dt} = -\frac{d\Omega}{d\mu}, \quad \frac{d\gamma}{dt} = -\frac{d\Omega}{d\nu}, \quad \text{etc.},$$

$$\frac{d\lambda}{dt} = \frac{d\Omega}{d\alpha}, \quad \frac{d\mu}{dt} = \frac{d\Omega}{d\beta}, \quad \frac{d\nu}{dt} = \frac{d\Omega}{d\gamma}, \quad \text{etc.},$$

qui sont, comme l'on voit, sous une forme très-simple, et qui fournissent ainsi la solution la plus simple du problème de la variation des constantes arbitraires.

15. Comme la fonction Ω renferme les quantités α, β, γ, etc., λ, μ, ν, etc., il faudra les regarder aussi comme variables dans les différences partielles de cette fonction; mais lorsque la valeur de Ω, qui dépend des forces perturbatrices, est supposée fort petite, il est clair que les variations de ces quantités seront aussi fort petites, et qu'on pourra, dans la première approximation, les regarder comme constantes dans les différences partielles de Ω, et n'avoir égard à leur variabilité que dans les approximations suivantes.

Dénotons par a, b, c, etc., l, m, n, etc. les parties constantes de α, β, γ, etc., λ, μ, ν, etc., et par α', β', γ', etc., λ', μ', ν', etc., leurs parties variables, qui, étant de l'ordre de la quantité Ω, seront nécessairement très-petites, et soit O la valeur de Ω, en y changeant α, β, γ, etc, λ, μ, ν, etc., en a, b, c, etc., l, m, n, etc. On aura ainsi

$$\alpha = a + \alpha', \quad \beta = b + \beta', \quad \gamma = c + \gamma', \quad \text{etc.},$$
$$\lambda = l + \lambda', \quad \mu = m + \mu', \quad \nu = n + \nu', \quad \text{etc.},$$

et on aura par le développement

$$\Omega = O + \frac{dO}{da}\alpha' + \frac{dO}{db}\beta' + \frac{dO}{dc}\gamma' + \text{etc.}$$
$$+ \frac{dO}{dl}\lambda' + \frac{dO}{dm}\mu' + \frac{dO}{dn}\nu' + \text{etc.}$$
$$+ \text{etc.},$$

Les équations différentielles de l'article précédent donneront

$$d\alpha' = -\frac{d\Omega}{dl}dt, \quad d\beta' = -\frac{d\Omega}{dm}dt, \quad d\gamma' = -\frac{d\Omega}{dn}dt, \quad \text{etc.},$$
$$d\lambda' = \frac{d\Omega}{da}dt, \quad d\mu' = \frac{d\Omega}{db}dt, \quad d\nu' = \frac{d\Omega}{dc}dt, \quad \text{etc.};$$

car il est évident que les différences partielles relatives à α, β, γ, etc., λ, μ, ν, etc. peuvent être rapportées aux quantités analogues a, b, c, etc., l, m, n, etc.

Pour la première approximation, on aura $\Omega = O$, O étant une simple fonction de t; donc on aura par l'intégration

$$\alpha' = -\int\frac{dO}{dl}dt, \quad \beta' = -\int\frac{dO}{dm}dt, \quad \gamma' = -\int\frac{dO}{dn}dt, \quad \text{etc.};$$
$$\lambda' = \int\frac{dO}{da}dt, \quad \mu' = \int\frac{dO}{db}dt, \quad \nu' = \int\frac{dO}{dc}dt, \quad \text{etc.}$$

En substituant ces valeurs dans l'expression de Ω, on aura pour la seconde approximation,

$$\Omega = O + \frac{dO}{dl}\int\frac{dO}{da}dt - \frac{dO}{da}\int\frac{dO}{dl}dt$$
$$+ \frac{dO}{dm}\int\frac{dO}{db}dt - \frac{dO}{db}\int\frac{dO}{dm}dt,$$
$$\text{etc.},$$

et ainsi de suite.

16. Il y a ici une remarque importante à faire. Si la fonction O ne contient le temps que sous les signes de sinus et cosinus, il est clair que la valeur de Ω ne contiendra, dans la première approximation, que les mêmes sinus et cosinus. Mais on pourrait douter si, dans l'approximation suivante, elle ne contiendrait pas des termes où le temps t serait hors des signes de sinus et de cosinus, et qui, croissant continuellement, augmenteraient à l'infini la valeur de Ω, et rendraient par conséquent l'approximation fautive.

Pour lever ce doute, nous remarquerons que de pareils termes ne pourraient venir que d'une partie constante de Ω, c'est-à-dire, dégagée de tout sinus ou cosinus renfermant le t.

Soit donc A cette partie qui sera fonction des constantes arbitraires α, β, γ, etc., λ, μ, ν, etc. Ainsi O contiendra une pareille fonction de a, b, c, etc, l, m, n, etc., que nous dénoterons encore par A.

En substituant A au lieu de O dans l'expression de Ω de l'article précédent, on aura la partie de Ω, due à la constante A, dans la seconde approximation, et cette partie sera

$$\begin{aligned} A &+ \frac{dA}{dl}\times\frac{dA}{da}t - \frac{dA}{da}\times\frac{dA}{dl}t \\ &+ \frac{dA}{dm}\times\frac{dA}{db}t - \frac{dA}{db}\times\frac{dA}{dm}t, \\ &\text{etc.}, \end{aligned}$$

où l'on voit que les termes affectés de t se détruisent mutuellement.

Ainsi on est assuré que la seconde approximation ne donne dans Ω aucun terme qui croisse avec le temps t; mais il resterait à voir s'il en pourrait naître dans les approximations suivantes.

Au reste, le même terme constant A pourrait donner encore dans Ω des termes multipliés par t, étant combiné avec des termes non constans de la même fonction Ω; mais alors le t qui se trouverait dégagé des sinus et cosinus, serait en même temps multiplié par des sinus ou cosinus d'angles proportionnels au temps. La même chose aurait lieu si le coefficient de t sous les signes de sinus et cosinus était fonction des constantes arbitraires α, β, γ, etc., parce qu'alors les différentiations partielles de Ω relatives à ces constantes, feront sortir le t hors des sinus ou cosinus. Mais on peut remarquer en général que lorsque les approximations successives font paraître des termes de la forme dont il s'agit, dans lesquels des sinus ou cosinus se trouvent multipliés par l'angle qui est sous ces sinus ou cosinus, ces sortes de termes sont presque toujours le résultat du développement d'autres sinus ou cosinus, et on peut les éviter en intégrant directement les équations différentielles entre les constantes arbitraires devenues variables.

17. Quoique les constantes arbitraires que nous avons employées soient celles qui se présentent le plus naturellement, et qui donnent les résultats les plus simples, il arrive souvent que les différentes intégrations introduisent à leur place d'autres constantes, mais qui ne peuvent être que des fonctions de celles-là.

Nous désignerons en général les constantes arbitraires qui sont censées entrer dans les expressions des variables ξ, ψ, φ, etc., par a, b, c, f, g, etc., dont le nombre doit être également double de celui des variables; et pour avoir les relations entre ces nouvelles constantes et les premières, il suffira de supposer $t=0$ dans les valeurs des fonctions ξ, ψ, φ, etc., $\frac{dT}{d\xi'}$, $\frac{dT}{d\psi'}$, $\frac{dT}{d\varphi'}$, etc., et d'égaler les résultats aux quantités α, β, γ, etc., λ, μ, ν, etc. De cette manière on aura autant d'équations entre ces différentes constantes, par lesquelles on pourra déterminer les valeurs de a, b, c, f, g, etc. en fonctions de α, β, γ, etc., λ, μ, ν, etc.

Nous supposerons donc ces fonctions connues, et la différentiation nous donnera tout de suite

$$da = \frac{da}{d\alpha}d\alpha + \frac{da}{d\beta}d\beta + \frac{da}{d\gamma}d\gamma + \text{etc.}$$
$$+ \frac{da}{d\lambda}d\lambda + \frac{da}{d\mu}d\mu + \frac{da}{d\nu}d\nu + \text{etc.}$$

Donc substituant les valeurs trouvées ci-dessus (art. 14) de $d\alpha$, $d\beta$, etc., et divisant par dt, on aura

$$\frac{da}{dt} = \frac{da}{d\lambda}\times\frac{d\Omega}{d\alpha} + \frac{da}{d\mu}\times\frac{d\Omega}{d\beta} + \frac{da}{d\nu}\times\frac{d\Omega}{d\gamma} + \text{etc.}$$
$$-\frac{da}{d\alpha}\times\frac{d\Omega}{d\lambda} - \frac{da}{d\beta}\times\frac{d\Omega}{d\mu} - \frac{da}{d\gamma}\times\frac{d\Omega}{d\nu} + \text{etc.}$$

Il en est de même des valeurs de $\frac{db}{dt}$, $\frac{dc}{dt}$, etc., pour lesquelles il n'y aura qu'à changer dans l'équation précédente a en b, en c, etc.

18. Mais ces formules contiennent encore les différences partielles de Ω relatives aux constantes α, β, γ, etc., et il s'agit de les changer en différences partielles relatives à a, b, c, etc., ce qui est facile par les opérations connues.

En effet comme Ω est censée maintenant fonction de a, b, c, etc., et que ces quantités sont elles-mêmes fonctions de α, β, γ, etc., λ, μ, ν, etc., on a tout de suite, par l'algorithme des différences partielles,

$$\frac{d\Omega}{d\alpha} = \frac{d\Omega}{da}\times\frac{da}{d\alpha} + \frac{d\Omega}{db}\times\frac{db}{d\alpha} + \frac{d\Omega}{dc}\times\frac{dc}{d\alpha} + \text{etc.};$$
$$\frac{d\Omega}{d\beta} = \frac{d\Omega}{da}\times\frac{da}{d\beta} + \frac{d\Omega}{db}\times\frac{db}{d\beta} + \frac{d\Omega}{dc}\times\frac{dc}{d\beta} + \text{etc.},$$
etc.,

et il n'y aura plus qu'à substituer ces valeurs dans celles de $\frac{da}{dt}$, $\frac{db}{dt}$, etc. de l'article précédent.

En faisant ces substitutions et ordonnant les termes par rapport aux différences partielles de Ω, on voit d'abord que le coefficient de $\frac{d\Omega}{da}$ est nul dans la valeur de $\frac{da}{dt}$, que celui de $\frac{d\Omega}{db}$ est nul dans la valeur de $\frac{db}{dt}$, etc.

Ensuite si, pour représenter la valeur de $\frac{da}{dt}$, on emploie la formule

$$\frac{da}{dt} = (a,b) \times \frac{d\Omega}{db} + (a,c) \times \frac{d\Omega}{dc} + (a,f) \times \frac{d\Omega}{df} + \text{etc.},$$

on aura

$$(a,b) = \frac{da}{d\lambda} \times \frac{db}{d\alpha} + \frac{da}{d\mu} \times \frac{db}{d\beta} + \frac{da}{d\nu} \times \frac{db}{d\gamma} + \text{etc.}$$
$$- \frac{da}{d\alpha} \times \frac{db}{d\lambda} - \frac{da}{d\beta} \times \frac{db}{d\mu} - \frac{da}{d\gamma} \times \frac{db}{d\nu} - \text{etc.},$$
$$(a,c) = \frac{da}{d\lambda} \times \frac{dc}{d\alpha} + \frac{da}{d\mu} \times \frac{dc}{d\beta} + \frac{da}{d\nu} \times \frac{dc}{d\gamma} + \text{etc.}$$
$$- \frac{da}{d\alpha} \times \frac{dc}{d\lambda} - \frac{da}{d\beta} \times \frac{dc}{d\mu} - \frac{da}{d\gamma} \times \frac{dc}{d\nu} - \text{etc.},$$

etc.

Et pour avoir la valeur de $\frac{db}{dt}$, il n'y aura qu'à changer dans ces formules a en b et b en a, en remarquant que l'on a $(b,a) = -(a,b)$; on aura ainsi

$$\frac{db}{dt} = -(a,b)\frac{d\Omega}{da} + (b,c)\frac{d\Omega}{dc} + (b,f)\frac{d\Omega}{df} + \text{etc.},$$

etc.,

$$(b,c) = \frac{db}{d\lambda} \times \frac{dc}{d\alpha} + \frac{db}{d\mu} \times \frac{dc}{d\beta} + \frac{db}{d\nu} \times \frac{dc}{d\gamma} + \text{etc.}$$
$$- \frac{db}{d\alpha} \times \frac{dc}{d\lambda} - \frac{db}{d\beta} \times \frac{dc}{d\mu} - \frac{db}{d\gamma} \times \frac{dc}{d\nu} - \text{etc.},$$

etc.

En général si k représente une quelconque des constantes arbitraires a, b, c, f, etc., et qu'on observe que la valeur des symboles représentés par deux crochets, devient nulle lorsque les deux lettres renfermées entre les crochets sont identiques, et qu'elle change simplement de signe lorsqu'on change l'ordre de ces lettres, on aura ces formules générales,

$$\frac{dk}{dt} = (k,a)\frac{d\Omega}{da} + (k,b)\frac{d\Omega}{db} + (k,c)\frac{d\Omega}{dc} + \text{etc.},$$
$$(k,a) = \frac{dk}{d\lambda} \times \frac{da}{d\alpha} + \frac{dk}{d\mu} \times \frac{da}{d\beta} + \frac{dk}{d\nu} \times \frac{da}{d\gamma} + \text{etc.}$$
$$- \frac{dk}{d\alpha} \times \frac{da}{d\lambda} - \frac{dk}{d\beta} \times \frac{da}{d\mu} - \frac{dk}{d\gamma} \times \frac{da}{d\nu} - \text{etc.},$$

etc.

19. Le principal usage de ces formules est dans la théorie des planètes, pour calculer l'effet de leurs perturbations, en le réduisant à la variation des constantes arbitraires qui sont les élémens du mouvement primitif. Elles sont surtout utiles pour déterminer les variations que les astronomes appellent *séculaires*, parce qu'elles ont des périodes très-longues et indépendantes de celles qui ont lieu dans les variables primitives.

Comme les équations de l'article 18 ne contiennent d'autres fonctions du temps, que les différences partielles de la fonction Ω, si on cherche par la résolution en séries, ou autrement, la partie A de la fonction Ω, qui est indépendante du temps t, et ne contient que les constantes arbitraires a, b, c, etc., il suffira de substituer, dans ces équations, A au lieu de Ω, et l'on aura directement les équations entre les quantités a, b, c, etc. devenues variables, et le temps t, lesquelles serviront à déterminer leurs variations séculaires, parce qu'elles sont débarrassées de tout sinus ou cosinus.

§ III,

Où l'on démontre une propriété importante de la quantité qui exprime la force vive dans un système troublé par des forces perturbatrices.

20. Les constantes arbitraires dont nous venons de donner les variations, dépendent de la nature de chaque problème, et ne peuvent être déterminées que dans les cas particuliers. Il y en a cependant une qui a lieu en général pour tous les problèmes où V n'est fonction que de ξ, ψ, ω, etc., c'est celle que l'intégration doit ajouter à t; car comme les équations différentielles ne renferment alors que l'élément dt, il est clair que dans les expressions finies des variables en fonctions de t, on peut toujours mettre t plus une constante arbitraire à la place de t.

Désignons cette constante par K, et rapportons-y les différences marquées par la caractéristique Δ dans la formule générale de l'article 11. On aura ainsi

$$\Delta.\Omega = \frac{d\Omega}{dK}\Delta K, \quad \Delta.\xi = \frac{d\xi}{dK}\Delta K, \quad \Delta.\psi = \frac{d\psi}{dK}\Delta K, \quad \text{etc.}$$

Mais puisque ξ, ψ, φ, etc. sont fonctions de $t+K$, il est clair qu'on aura $\frac{d\xi}{dK}=\frac{d\xi}{dt}=\xi'$, et de même $\frac{d\psi}{dK}=\frac{d\psi}{dt}=\psi'$, $\frac{d\varphi}{dK}=\frac{d\varphi}{dt}=\varphi'$, etc. Donc

$$\Delta\xi = \xi'\Delta K, \quad \Delta\psi = \psi'\Delta K, \quad \Delta\varphi = \varphi'\Delta K, \quad \text{etc.}$$

Par la même raison on aura

$$\Delta\frac{dZ}{d\xi'} = \frac{d.\frac{dZ}{d\xi'}}{dt}\Delta K, \quad \Delta\frac{dZ}{d\psi'} = \frac{d.\frac{dZ}{d\psi'}}{dt}\Delta K, \quad \text{etc.}$$

Mais les équations différentielles de l'article 3 donnent

$$\frac{d.\frac{dZ}{d\xi'}}{dt} = \frac{dZ}{d\xi}, \quad \frac{d.\frac{dZ}{d\psi'}}{dt} = \frac{dZ}{d\psi}, \quad \text{etc.}$$

Donc on aura

$$\Delta\frac{dZ}{d\xi'} = \frac{dZ}{d\xi}\Delta K, \quad \Delta\frac{dZ}{d\psi'} = \frac{dZ}{d\psi}\Delta K, \quad \text{etc.}$$

Ainsi la formule générale de l'article 11 deviendra par ces substitutions, et après la division par ΔK,

$$\begin{aligned}\frac{d\Omega}{dK}dt = {} & \xi'\delta.\frac{dZ}{d\xi'} + \psi'\delta.\frac{dZ}{d\psi'} + \varphi'\delta.\frac{dZ}{d\varphi'} + \text{etc.}\\ & - \frac{dZ}{d\xi}\delta\xi - \frac{dZ}{d\psi}\delta\psi - \frac{dZ}{d\varphi}\delta\varphi - \text{etc.}\end{aligned}$$

Or on a

$$\begin{aligned}& \xi'\delta.\frac{dZ}{d\xi'} + \psi'\delta.\frac{dZ}{d\psi'} + \varphi'\delta.\frac{dZ}{d\varphi'} + \text{etc.}\\ = {} & \delta\left(\xi'\frac{dZ}{d\xi'} + \psi'\frac{dZ}{d\psi'} + \varphi'\frac{dZ}{d\varphi'} + \text{etc.}\right)\\ & - \frac{dZ}{d\xi'}\delta\xi' - \frac{dZ}{d\psi'}\delta\psi' - \frac{dZ}{d\varphi'}\delta\varphi' - \text{etc.};\end{aligned}$$

et comme Z est censé fonction de ξ, ψ, φ, etc., et de ξ', ψ',

φ', etc., on aura

$$\delta Z = \frac{dZ}{d\xi}\delta\xi + \frac{dZ}{d\psi}\delta\psi + \frac{dZ}{d\varphi}\delta\varphi + \text{etc.}$$
$$+ \frac{dZ}{d\xi'}\delta\xi' + \frac{dZ}{d\psi'}\delta\psi' + \frac{dZ}{d\varphi'}\delta\varphi' + \text{etc.}$$

Donc l'équation précédente deviendra

$$\frac{d\Omega}{dK}\,dt = \delta.\left(\xi'\frac{dZ}{d\xi'} + \psi'\frac{dZ}{d\psi'} + \varphi'\frac{dZ}{d\varphi'} + \text{etc.} - Z\right);$$

dont le second membre doit être une fonction des constantes arbitraires, indépendante de t.

21. En effet, si on change Z en $T - V$ et ξ', ψ', φ', etc. en $\frac{d\xi}{dt}$, $\frac{d\psi}{dt}$, $\frac{d\varphi}{dt}$, etc. (art. 3), il est facile de voir que la quantité

$$\xi'\frac{dZ}{d\xi'} + \psi'\frac{dZ}{d\psi'} + \varphi'\frac{dZ}{d\varphi'} + \text{etc.} - Z$$

sera la même chose que la quantité

$$\frac{\delta T}{\delta d\xi}d\xi + \frac{\delta T}{\delta d\psi}d\psi + \frac{\delta T}{\delta d\varphi}d\varphi + \text{etc.} - T + V,$$

que nous avons vu être toujours égale à une constante et qui se réduit à $T + V$ (sect. précéd., art. 14), d'où résulte l'équation $T + V = H$, laquelle exprime la conservation des forces vives du système.

Ainsi en prenant H pour une des constantes arbitraires, on aura pour sa variation due aux forces perturbatrices contenues dans la fonction Ω, cette formule très-simple,

$$dH = \frac{d\Omega}{dK}\,dt.$$

22. On pourrait aussi arriver à cette formule par un chemin plus court. En effet, si on reprend les équations de l'article 8, qu'on les ajoute ensemble après les avoir multipliées respectivement par $d\xi$, $d\psi$, $d\varphi$, etc., et qu'on intègre en employant les

mêmes

mêmes réductions que nous avons pratiquées dans l'article 14 de la section précédente, on parviendra directement à l'équation

$$T+V=H+\int\left(\frac{d\Omega}{d\xi}d\xi+\frac{d\Omega}{d\psi}d\psi+\frac{d\Omega}{d\varphi}d\varphi+\text{etc.}\right),$$

dans laquelle la quantité qui est sous le signe intégral n'est pas intégrable en général, parce que la fonction Ω, à cause de la mobilité qu'on peut supposer aux centres des forces perturbatrices, est censée contenir, outre les variables ξ, ψ, φ, etc., encore d'autres variables indépendantes de celles-là.

Dans le cas où il n'y a point de forces perturbatrices, on a simplement $T+V=H$. Or il est évident qu'on peut conserver cette forme à l'intégrale qu'on vient de trouver, en rendant variable la constante H, et en faisant

$$dH=\frac{d\Omega}{d\xi}d\xi+\frac{d\Omega}{d\psi}d\psi+\frac{d\Omega}{d\varphi}d\varphi+\text{etc.};$$

mais il est visible que la quantité

$$\frac{d\Omega}{d\xi}d\xi+\frac{d\Omega}{d\psi}d\psi+\frac{d\Omega}{d\varphi}d\varphi+\text{etc.}$$

n'est autre chose que la différentielle de Ω, en ne faisant varier que les quantités ξ, ψ, φ, etc., qui dépendent des équations différentielles primitives, et qui sont supposées connues en fonctions de $t+K$, en nommant K, comme dans l'article 20, la constante qui peut toujours s'ajouter à la variable t. Ainsi, comme les variables ξ, ψ, φ, etc. ne varient qu'avec le temps t, il est facile de voir que la quantité dont il s'agit sera la même chose que $\frac{d\Omega}{dK}dt$; par conséquent on aura, comme plus haut, l'équation $\frac{dH}{dt}=\frac{d\Omega}{dK}$.

23. Cette équation peut donc aussi se mettre sous la forme $\frac{dH}{dt}=\left(\frac{d\Omega}{dt}\right)$, pourvu que dans la différence partielle de Ω on ne fasse varier le t qu'autant qu'il est contenu dans les expressions

des variables ξ, ψ, φ, etc.; et il résulte de cette formule, que si la fonction Ω ne contient le temps t que sous les signes de sinus et cosinus, comme cela a lieu dans la théorie des Planètes, l'expression de $\left(\frac{d\Omega}{dt}\right)$ ne pourra contenir que des termes périodiques, parce que tout terme constant de Ω s'en ira par la différentiation relative à t. Ainsi, dans la première approximation, où l'on regarde comme absolument constantes, les constantes arbitraires qui entrent dans la fonction Ω, l'intégrale de $\left(\frac{d\Omega}{dt}\right)dt$, c'est-à-dire la valeur de H, ne pourra pas contenir des termes tels que Nt qui croissent avec le temps t. Nous avons vu plus haut (art. 16), que la seconde approximation ne peut donner à Ω aucun terme qui ne soit périodique; donc la même conclusion relative à la valeur de H, aura lieu encore dans la seconde approximation.

24. La quantité T exprime la force vive du système, et elle est égale à $H - V$. Lorsque le système n'est troublé par aucune force perturbatrice, la quantité H est constante, et la force vive ne dépend que des forces accélératrices contenues dans l'expression de V, comme on l'a vu dans l'article 34 de la troisième section. Cette quantité devient variable quand il y a des forces perturbatrices, par conséquent la force vive sera altérée par l'action de ces forces; mais par ce que nous venons de démontrer, on voit que ses altérations ne pourront être que périodiques, si l'expression des forces perturbatrices est périodique, du moins dans les deux premières approximations. Ce résultat est d'une grande importance dans le calcul des perturbations.

SIXIÈME SECTION.

Sur les oscillations très-petites d'un système quelconque de corps.

LES équations différentielles du mouvement d'un système quelconque de corps, sont toujours intégrables dans le cas où les corps ne s'écartent que très-peu de leurs points d'équilibre; et l'on peut alors déterminer les lois des oscillations de tout le système. L'analyse générale de ce cas, qui est très-étendu, et la solution de quelques-uns des principaux problèmes qui s'y rapportent, sont l'objet de cette section.

§ I.

Solution générale du problème des oscillations très-petites d'un système de corps autour de leurs points d'équilibre.

1. Soient a, b, c les valeurs des coordonnées rectangles x, y, z de chaque corps m du système proposé dans le lieu de son équilibre. Comme on suppose que le système, dans son mouvement, s'éloigne très-peu de sa situation d'équilibre, on aura en général

$$x = a + \alpha, \quad y = b + \beta, \quad z = c + \gamma,$$

les variables α, β, γ étant toujours très-petites; il suffira par conséquent d'avoir égard à la première dimension de ces quantités dans les équations différentielles du mouvement. La même chose aura lieu pour les autres quantités analogues, qu'on distinguera par un, deux, etc. traits, relativement aux différens corps m′, m″, etc. du même système.

Considérons d'abord les équations de condition qui doivent avoir lieu par la nature du système, et qu'on peut représenter par $L=0$, $M=0$, etc., L, M, etc. étant des fonctions algébriques données des coordonnées x, y, z, x', y', etc. Comme la position d'équilibre est une de celles que le système peut avoir, il s'ensuit que les mêmes équations $L=0$, $M=0$, etc. devront subsister, en supposant que x, y, z, x', etc. deviennent a, b, c, a', etc., d'où il est facile de conclure que ces équations ne sauraient renfermer le temps t.

Soient A, B, etc. ce que deviennent L, M, etc. lorsque x, y, z, x', etc. deviennent a, b, c, a', etc.; il est clair qu'en substituant pour x, y, z, x', etc. leurs valeurs $a+\alpha$, $b+\beta$, $c+\gamma$, $a'+\alpha'$, etc., on aura, à cause de la petitesse de α, β, γ, α', etc.,

$$L = A + \frac{dA}{da}\alpha + \frac{dA}{db}\beta + \frac{dA}{dc}\gamma + \frac{dA}{da'}\alpha' + \text{etc.},$$

$$M = B + \frac{dB}{da}\alpha + \frac{dB}{db}\beta + \frac{dB}{dc}\gamma + \frac{dB}{da'}\alpha' + \text{etc.},$$

et ainsi de suite.

Donc 1°. on aura $A=0$, $B=0$, etc., relativement à l'équilibre; 2°. on aura les équations

$$\frac{dA}{da}\alpha + \frac{dA}{db}\beta + \frac{dA}{dc}\gamma + \frac{dA}{da'}\alpha' + \text{etc.} = 0,$$

$$\frac{dB}{da}\alpha + \frac{dB}{db}\beta + \frac{dB}{dc}\gamma + \frac{dB}{da'}\alpha' + \text{etc.} = 0,$$

etc.,

lesquelles donneront la relation qui doit subsister entre les variables α, β, γ, α', etc.

En négligeant d'abord les quantités très-petites du second ordre et des ordres supérieurs, on aura des équations linéaires par lesquelles on déterminera les valeurs de quelques-unes de ces variables par les autres; ensuite par ces premières valeurs on en trouvera de plus exactes, en tenant compte des secondes puissances, et des puissances plus hautes, comme on voudra. On aura ainsi les valeurs de quelques-unes des variables α, β, γ, α', etc., exprimées par des fonctions en série des autres variables; et ces variables restantes seront alors absolument indépendantes entre elles.

On pourra aussi, dans la plupart des cas, en ayant égard aux conditions du problème, réduire les coordonnées, immédiatement par des substitutions, en fonctions rationnelles et entières d'autres variables indépendantes entre elles, et très-petites, dont la valeur soit nulle dans l'état d'équilibre.

Nous supposerons donc en général que l'on ait

$$x = a + a1\xi + a2\psi + a3\varphi + \text{etc.} + a'1\xi^2 + \text{etc.},$$
$$y = b + b1\xi + b2\psi + b3\varphi + \text{etc.} + b'1\xi^2 + \text{etc.},$$
$$z = c + c1\xi + c2\psi + c3\varphi + \text{etc.} + c'1\xi^2 + \text{etc.},$$

et ainsi des autres coordonnées x', y', etc., les quantités a, b, c, $a1$, $b1$, etc. sont constantes, et les quantités ξ, ψ, φ, etc. sont variables, très-petites, et nulles dans l'équilibre.

2. Il ne s'agira que de faire ces substitutions dans les valeurs de T et V de l'article 10 de la section IV; et il suffira de tenir compte des secondes dimensions, pour avoir des équations différentielles linéaires. Et d'abord il est clair que la valeur de T sera de cette forme :

$$T = \frac{(1)d\xi^2 + (2)d\psi^2 + (3)d\varphi^2 + \text{etc.}}{2dt^2}$$
$$+ \frac{(1,2)d\xi d\psi + (1,3)d\xi d\varphi + (2,3)d\psi d\varphi + \text{etc.}}{dt^2},$$

en supposant, pour abréger,

$$(1) = S(a1^2 + b1^2 + c1^2)\text{m},$$
$$(2) = S(a2^2 + b2^2 + c2^2)\text{m},$$
$$(3) = S(a3^2 + b3^2 + c3^2)\text{m},$$
etc.

$$(1,2) = S(a1a2 + b1b2 + c1c2)\mathrm{m},$$
$$(1,3) = S(a1a3 + b1b3 + c1c3)\mathrm{m},$$
$$(2,3) = S(a2a3 + b2b3 + c2c3)\mathrm{m},$$
etc.,

où le signe S dénote des intégrations ou sommations relatives à tous les différens corps m du système, et en même temps indépendantes des variables ξ, ψ, φ, etc., ainsi que du temps t.

Ensuite si on dénote par F la fonction algébrique Π, en y mettant a, b, c, à la place de x, y, z, il est clair que la valeur générale de Π sera représentée ainsi,

$$\begin{aligned}
&F + \frac{dF}{da}(a1\xi + a2\psi + a3\varphi + \text{etc.}) \\
&+ \frac{dF}{db}(b1\xi + b2\psi + b3\varphi + \text{etc.}) \\
&+ \frac{dF}{dc}(c1\xi + c2\psi + c3\varphi + \text{etc.}) \\
&+ \frac{d^2F}{2da^2}(a1\xi + a2\psi + a3\varphi + \text{etc.})^2 \\
&+ \frac{d^2F}{dadb}(a1\xi + a2\psi + a3\varphi + \text{etc.})(b1\xi + b2\psi + b3\varphi + \text{etc.}) \\
&+ \frac{d^2F}{2db^2}(b1\xi + b2\psi + b3\varphi + \text{etc.})^2, \\
&\text{etc.}
\end{aligned}$$

où il suffit d'avoir égard aux secondes dimensions de ξ, ψ, φ, etc.

Multipliant donc cette fonction par m, et intégrant avec le signe S, on aura en général

$$\begin{aligned}
V = H &+ H1\xi + H2\psi + H3\varphi + \text{etc.} \\
&+ \frac{[1]\xi^2 + [2]\psi^2 + [3]\varphi^2 + \text{etc.}}{2} \\
&+ [1,2]\xi\psi + [1,3]\xi\varphi + [2,3]\psi\varphi, \text{ etc.} + \text{etc.}, \\
&\text{etc.}
\end{aligned}$$

$$H = SF\mathrm{m},$$
$$H1 = S\left(\frac{dF}{da}a1 + \frac{dF}{db}b1 + \frac{dF}{dc}c1\right)\mathrm{m},$$
$$H2 = S\left(\frac{dF}{da}a2 + \frac{dF}{db}b2 + \frac{dF}{dc}c2\right)\mathrm{m},$$
$$H3 = S\left(\frac{dF}{da}a3 + \frac{dF}{db}b3 + \frac{dF}{dc}c3\right)\mathrm{m},$$
etc.,

$$[1] = S\Big(\frac{d^2F}{da^2}a1^2 + \frac{d^2F}{db^2}b1^2 + \frac{d^2F}{dc^2}c1^2$$
$$+ 2\frac{d^2F}{dadb}a1b1 + 2\frac{d^2F}{dadc}a1c1 + 2\frac{d^2F}{dbdc}b1c1\Big)\,\mathrm{m},$$

$$[2] = S\Big(\frac{d^2F}{da^2}a2^2 + \frac{d^2F}{db^2}b2^2 + \frac{d^2F}{dc^2}c2^2$$
$$+ 2\frac{d^2F}{dadb}a2b2 + 2\frac{d^2F}{dadc}a2c2 + 2\frac{d^2F}{dbdc}b2c2\Big)\,\mathrm{m},$$

$$[3] = S\Big(\frac{d^2F}{da^2}a3^2 + \frac{d^2F}{db^2}b3^2 + \frac{d^2F}{dc^2}c3^2$$
$$+ 2\frac{d^2F}{dadb}a3b3 + 2\frac{d^2F}{dadc}a3c3 + 2\frac{d^2F}{dbdc}b3c3\Big)\,\mathrm{m},$$

etc.,

$$[1,2] = S\Big(\frac{d^2F}{da^2}a1a2 + \frac{d^2F}{db^2}b1b2 + \frac{d^2F}{dc^2}c1c2$$
$$+ \frac{d^2F}{dadb}(a1b2+a2b1) + \frac{d^2F}{dadc}(a1c2+a2c1) + \frac{d^2F}{dbdc}(b1c2+b2c1)\Big)\,\mathrm{m},$$

$$[1,3] = S\Big(\frac{d^2F}{da^2}a1a3 + \frac{d^2F}{db^2}b1b3 + \frac{d^2F}{dc^2}c1c3$$
$$+ \frac{d^2F}{dadb}(a1b3+a3b1) + \frac{d^2F}{dadc}(a1c3+a3c1) + \frac{d^2F}{dbdc}(b1c3+b3c1)\Big)\,\mathrm{m},$$

$$[2,3] = S\Big(\frac{d^2F}{da^2}a2a3 + \frac{d^2F}{db^2}b2b3 + \frac{d^2F}{dc^2}c2c3$$
$$+ \frac{d^2F}{dadb}(a2b3+a3b2) + \frac{d^2F}{dadc}(a2c3+a3c2) + \frac{d^2F}{dbdc}(b2c3+b3c2)\Big)\,\mathrm{m},$$

etc.

3. Ayant ainsi les valeurs de T et V exprimées en fonctions des variables ξ, ψ, φ, etc. indépendantes entre elles, on n'aura plus aucune équation de condition à employer, et comme la quantité T ne contient que les différentielles des variables, on aura sur-le-champ, pour le mouvement du système, les équations suivantes:

$$d.\frac{\delta T}{\delta d\xi} + \frac{\delta V}{\delta \xi} = 0,$$
$$d.\frac{\delta T}{\delta d\psi} + \frac{dV}{\delta \psi} = 0,$$
$$d.\frac{\delta T}{\delta d\varphi} + \frac{\delta V}{\delta \varphi} = 0,$$

etc.,

dont le nombre sera, comme l'on voit, égal à celui des variables.

Ces équations doivent avoir lieu aussi dans l'état d'équilibre, puisque le système y étant une fois, y resterait toujours de lui-même; or dans l'équilibre on a constamment $x=a$, $y=b$, $z=c$, $x'=a'$, etc. par l'hypothèse; donc $\xi=0$, $\psi=0$, $\varphi=0$, etc., ainsi que $\frac{d\xi}{dt}=0$, $\frac{d\psi}{dt}=0$, etc., et $\frac{d^2\xi}{dt^2}=0$, etc. Donc les termes $d.\frac{\delta T}{\delta d\xi}$, $d.\frac{\delta T}{\delta d\psi}$, etc. seront nuls, et les termes $\frac{\delta V}{\delta \xi}$, $\frac{\delta V}{\delta \psi}$, $\frac{\delta V}{\delta \varphi}$, etc. se réduiront à $H1$, $H2$, $H3$, etc. Par conséquent on aura

$$H1=0, \quad H2=0, \quad H3=0, \quad \text{etc.};$$

ce sont les conditions nécessaires pour que a, b, c, a', etc. soient les valeurs de x, y, z, x', etc. pour l'état d'équilibre, comme on le suppose.

En effet, il est visible que

$$dV = S(Pdp + Qdq + Rdr + \text{etc.})\,\mathrm{m}$$

exprime la somme des momens de toutes les forces Pm, Qm, Rm, etc., appliquées à tous les corps m du système, et qui doivent se détruire mutuellement dans l'état d'équilibre; donc par la formule générale donnée dans la seconde section de la première Partie, il faudra que l'on ait $dV=0$, par rapport à chacune des variables indépendantes; par conséquent

$$\frac{\delta V}{\delta \xi}=0, \quad \frac{\delta V}{\delta \psi}=0, \quad \frac{\delta V}{\delta \varphi}=0, \quad \text{etc.},$$

seront les conditions de l'équilibre, lequel étant supposé répondre à $\xi=0$, $\psi=0$, $\varphi=0$, etc., on aura $H1=0$, $H2=0$, $H3=0$, etc. De sorte que les premières dimensions des variables ξ, ψ, φ, etc., dans l'expression de V, disparaîtront toujours.

Substituant donc dans les équations générales les valeurs de T et de V, et faisant $H1$, $H2$, $H3$, etc., nuls, on aura pour le mouvement

mouvement du système,

$$o = (1)\frac{d^2\xi}{dt^2} + (1,2)\frac{d^2\psi}{dt^2} + (1,3)\frac{d^2\varphi}{dt^2} + \text{etc.}$$
$$+ [1]\xi + [1,2]\psi + [1,3]\varphi + \text{etc.},$$
$$o = (2)\frac{d^2\psi}{dt^2} + (1,2)\frac{d^2\xi}{dt^2} + (2,3)\frac{d^2\varphi}{dt^2} + \text{etc.}$$
$$+ [2]\psi + [1,2]\xi + [2,3]\varphi + \text{etc.},$$
$$o = (3)\frac{d^2\varphi}{dt^2} + (1,3)\frac{d^2\xi}{dt^2} + (2,3)\frac{d^2\psi}{dt^2} + \text{etc.}$$
$$+ [3]\varphi + [1,3]\xi + [2,3]\psi + \text{etc.},$$
etc.,

équations qui, étant sous une forme linéaire avec des coefficiens constans, peuvent être intégrées rigoureusement et généralement par les méthodes connues.

4. On peut supposer d'abord que les variables, dans ces sortes d'équations, aient entre elles des rapports constans; c'est-à-dire, que l'on ait $\psi = f\xi$, $\varphi = g\xi$, etc.; par ces substitutions, elles deviendront

$$\big((1)+(1,2)f+(1,3)g+\text{etc.}\big)\frac{d^2\xi}{dt^2}+\big([1]+[1,2]f+[1,3]g+\text{etc.}\big)\xi=o,$$
$$\big((2)f+(1,2)+(2,3)g+\text{etc.}\big)\frac{d^2\xi}{dt^2}+\big([2]f+[1,2]+[2,3]g+\text{etc.}\big)\xi=o,$$
$$\big((3)g+(1,3)+(2,3)f+\text{etc.}\big)\frac{d^2\xi}{dt^2}+\big([3]g+[1,3]+[2,3]f+\text{etc.}\big)\xi=o,$$
etc.,

lesquelles donnent $\frac{d^2\xi}{dt^2} + k\xi = o$, en faisant

$$k = \frac{[1] + [1,2]f + [1,3]g + \text{etc.}}{(1) + (1,2)f + (1,3)g + \text{etc.}}$$
$$= \frac{[2]f + [1,2] + [2,3]g + \text{etc.}}{(2)f + (1,2) + (2,3)g + \text{etc.}}$$
$$= \frac{[3]g + [1,3] + [2,3]f + \text{etc.}}{(3)g + (2,3) + (2,3)f + \text{etc.}}.$$

Le nombre de ces équations est, comme l'on voit, égal à celui des inconnues f, g, etc. k; par conséquent elles déterminent exactement ces inconnues; et comme, en retenant pour premier membre le terme k, et le multipliant respectivement par le dénominateur du second, on a des équations linéaires en f, g, etc., on pourra les éliminer par les méthodes connues, et il n'est pas difficile de voir par les formules générales d'élimination, que la résultante en k sera d'un degré égal à celui des équations, et par conséquent égal à celui des équations différentielles proposées; de sorte que l'on aura pour k un pareil nombre de différentes valeurs, dont chacune étant substituée dans les expressions de f, g, etc., donnera les valeurs correspondantes de ces quantités.

Maintenant l'équation $\frac{d^2\xi}{dt^2} + k\xi = 0$, donne par l'intégration

$$\xi = E \sin(t\sqrt{k} + \varepsilon),$$

E, ε étant des constantes arbitraires; ainsi comme on a supposé $\psi = f\xi$, $\varphi = g\xi$, etc., on aura aussi les valeurs de ψ, φ, etc.

Cette solution n'est que particulière, mais elle est en même temps double, triple, etc., selon le nombre des valeurs de k; par conséquent en les joignant ensemble, on aura la solution générale, puisque d'un côté la somme des valeurs particulières de ξ, ψ, φ, etc., satisfera également aux équations différentielles, à cause de leur forme linéaire, et que de l'autre cette somme contiendra deux fois autant de constantes arbitraires qu'il y a d'équations, et par conséquent autant que les intégrales complètes peuvent en admettre.

Dénotant par k', k'', k''', etc. les différentes valeurs de k, c'est-à-dire les racines de l'équation en k, et par f', g', etc., f'', g'', etc., f''', g''', etc., etc., les valeurs correspondantes de f, g, etc.; et prenant un pareil nombre de coefficiens arbitraires E', E'', E''', etc., et d'angles aussi arbitraires ε', ε'', ε''', etc.; on aura ces valeurs complètes de ξ, ψ, φ, etc.,

$$\xi = E'\sin(t\sqrt{k'}+\varepsilon') + E''\sin(t\sqrt{k''}+\varepsilon'') + E'''\sin(t\sqrt{k'''}+\varepsilon''') + \text{etc.},$$
$$\psi = f'E'\sin(t\sqrt{k'}+\varepsilon') + f''E''\sin(t\sqrt{k''}+\varepsilon'') + f'''E'''\sin(t\sqrt{k'''}+\varepsilon''') + \text{etc.},$$
$$\varphi = g'E'\sin(t\sqrt{k'}+\varepsilon') + g''E''\sin(t\sqrt{k''}+\varepsilon'') + g'''E'''\sin(t\sqrt{k'''}+\varepsilon''') + \text{etc.},$$
etc.,

dans lesquelles les arbitraires E', E'', E''', etc. ε', ε'', ε''', etc. dépendront des valeurs de ξ, ψ, φ, etc., et $\frac{d\xi}{dt}$, $\frac{d\psi}{dt}$, $\frac{d\varphi}{dt}$, etc., lorsque t est $=0$, et par conséquent de l'état initial du système.

En effet, si dans les expressions trouvées de ξ, ψ, φ, etc., on fait $t=0$, et qu'on suppose données les valeurs de ξ, ψ, φ, etc., on aura des équations linéaires entre les inconnues $E' \sin \varepsilon'$, $E'' \sin \varepsilon''$, etc., par lesquelles on pourra déterminer chacune de ces inconnues. De même si on fait $t=0$ dans les différentielles des mêmes expressions, et qu'on regarde aussi comme données les valeurs de $\frac{d\xi}{dt}$, $\frac{d\psi}{dt}$, $\frac{d\varphi}{dt}$, etc., on aura un second système d'équations linéaires entre $E' \cos \varepsilon'$, $E'' \cos \varepsilon''$, etc., lesquelles serviront à leur détermination. De là on tirera aisément les valeurs de E', E'', etc., ainsi que de $\operatorname{tang} \varepsilon'$, $\operatorname{tang} \varepsilon''$, etc., et enfin celles des angles mêmes ε', ε'', etc.

Mais voici un moyen plus simple de déterminer ces inconnues directement et sans les embarras de l'élimination.

5. Je remarque qu'en ajoutant ensemble les équations différentielles de l'article 3, après avoir multiplié la seconde par f, la troisième par g, et ainsi de suite; et faisant pour abréger,

$$\begin{aligned}
p &= (1) + (1,2)f + (1,3)g + \text{etc.},\\
P &= [1] + [1,2]f + [2,3]g + \text{etc.},\\
q &= (2)f + (1,2) + (2,3)g + \text{etc.},\\
Q &= [2]f + [1,2] + [2,3]g + \text{etc.},\\
r &= (3)g + (1,3) + (2,3)f + \text{etc.},\\
R &= [3]g + [1,3] + (2,3]f + \text{etc.},\\
&\text{etc.},
\end{aligned}$$

on a l'équation

$$\begin{aligned}
0 = p\,\frac{d^2\xi}{dt^2} + q\,\frac{d^2\psi}{dt^2} + r\,\frac{d^2\varphi}{dt^2} + \text{etc.}\\
+ P\xi + Q\psi + R\varphi + \text{etc.}
\end{aligned}$$

Mais les équations de l'article 4 donnent

$$P = kp, \quad Q = kq, \quad R = kr, \quad \text{etc.}$$

Donc l'équation précédente deviendra de la forme

$$o = \frac{d^2.(p\xi + q\psi + r\varphi + \text{etc.})}{dt^2} + (p\xi + q\psi + r\varphi + \text{etc.})k;$$

dont l'intégrale est

$$p\xi + q\psi + r\varphi + \text{etc.} = L\sin(t\sqrt{k} + \lambda),$$

L et λ étant deux constantes arbitraires.

Cette équation doit avoir lieu également pour toutes les différentes valeurs de k qui résultent des mêmes équations de condition, et que nous avons dénotées par k', k'', etc. Ainsi désignant de même par p', p'', etc., q', q'', etc., etc. les valeurs correspondantes de p, q, etc., et prenant différentes constantes arbitraires L', L'', etc., λ', λ'', etc., on aura les équations suivantes :

$$p'\xi + q'\psi + r'\varphi + \text{etc.} = L'\sin(t\sqrt{k'} + \lambda'),$$
$$p''\xi + q''\psi + r''\varphi + \text{etc.} = L''\sin(t\sqrt{k''} + \lambda''),$$
$$p'''\xi + q'''\psi + r'''\varphi + \text{etc.} = L'''\sin(t\sqrt{k'''} + \lambda'''),$$
etc.

Ces équations serviraient également à déterminer les valeurs de ξ, ψ, φ, etc. et il est clair que ces valeurs devraient coïncider avec celles qu'on a trouvées ci-dessus (art. 6), puisqu'elles résultent les unes et les autres des mêmes équations différentielles. Ainsi en substituant les valeurs de l'article cité dans les équations précédentes, elles devront devenir entièrement identiques.

D'où il est facile de conclure que pour la première équation, on aura

$$\lambda' = \varepsilon', \quad L' = (p' + f'q' + g'r' + \text{etc.})E',$$

ensuite

$$p' + f''q' + g''r' + \text{etc.} = o, \quad p' + f'''q' + g'''r' + \text{etc.} = o, \text{ etc.};$$

que l'on aura de même pour la seconde équation,

$$\lambda'' = \varepsilon'', \quad L'' = (p'' + f''q'' + g''r'' + \text{etc.})E',$$

ensuite

$$p'' + f'q'' + g'r'' + \text{etc.} = 0, \quad p'' + f'''q'' + g'''r'' + \text{etc.} = 0, \text{ etc.},$$

et ainsi des autres.

Donc substituant dans les équations ci-dessus pour λ', L', λ'', L'', λ''', L''', etc., les valeurs qu'on vient de trouver, on aura celles-ci:

$$E' \sin(t\sqrt{k'} + \varepsilon') = \frac{p'\xi + q'\psi + r'\varphi + \text{etc.}}{p' + q'f' + r'g' + \text{etc.}},$$

$$E'' \sin(t\sqrt{k''} + \varepsilon'') = \frac{p''\xi + q''\psi + r''\varphi + \text{etc.}}{p'' + q''f'' + r''g'' + \text{etc.}},$$

$$E''' \sin(t\sqrt{k'''} + \varepsilon''') = \frac{p'''\xi + q'''\psi + r'''\varphi + \text{etc.}}{p''' + q'''f''' + r'''g''' + \text{etc.}},$$

etc.,

qui sont les réciproques de celles de l'article 4.

Maintenant la détermination des arbitraires E', E'', etc., ε', ε'', n'a plus de difficulté; car 1°. en supposant $t=0$, les premiers membres des équations précédentes deviennent $E' \sin \varepsilon'$, $E'' \sin \varepsilon''$, etc., et les seconds sont tous connus, en supposant les valeurs de ξ, ψ, φ, etc. données dans le premier instant. 2°. En différentiant les mêmes équations, et supposant ensuite $t=0$, les premiers membres seront $\sqrt{k'} . E' \cos \varepsilon'$, $\sqrt{k''} . E'' \cos \varepsilon''$, etc., et les seconds seront aussi tous connus, en regardant comme données les quantités $\frac{d\xi}{dt}$, $\frac{d\psi}{dt}$, $\frac{d\varphi}{dt}$, etc. lorsque $t=0$. Donc, etc.

6. La solution du problème est donc réduite uniquement à la détermination des quantités k, f, g, h, etc.; et nous avons vu dans l'article 4 que cette détermination dépend de la résolution des équations

$$pk - P = 0, \quad qk - Q = 0, \quad rk - R = 0, \quad \text{etc.},$$

en conservant les expressions de p, q, r, etc., P, Q, R, etc. de l'article 5.

Or si on représente par A ce que devient la quantité T en y changeant $\frac{d\xi}{dt}$, $\frac{d\psi}{dt}$, $\frac{d\varphi}{dt}$, etc. en e, f, g, etc., et par B ce que devient la partie de la quantité V, où les variables ξ, ψ, φ, etc. forment ensemble deux dimensions, en changeant de même ces variables en e, f, g, etc.; il est aisé de voir, et on pourrait même s'en convaincre *à priori*, que l'on aura

$$p = \frac{dA}{de}, \quad q = \frac{dA}{df}, \quad r = \frac{dA}{dg}, \text{ etc.},$$

$$P = \frac{dB}{de}, \quad Q = \frac{dB}{df}, \quad R = \frac{dB}{dg}, \text{ etc.},$$

en faisant ensuite $e = 1$.

Donc en général si on fait $Ak - B = K$, les équations pour la détermination des inconnues k, f, g, etc. seront

$$\frac{dK}{de} = 0, \quad \frac{dK}{df} = 0, \quad \frac{dK}{dg} = 0, \text{ etc.},$$

en supposant $e = 1$. Ainsi comme la quantité K se forme immédiatement des quantités T et V, on pourra aussi trouver directement les équations dont il s'agit, sans avoir besoin de les déduire des équations différentielles du mouvement du système.

Je remarque maintenant que puisque K est une fonction homogène de deux dimensions de e, f, g, etc., on aura par la propriété de ces sortes de fonctions, démontrée dans l'article 15 de la section IV,

$$2K = e\frac{dK}{de} + f\frac{dK}{df} + g\frac{dK}{dg} + \text{etc.}$$

Donc on aura aussi $K = 0$; par conséquent les inconnues f, g, h, etc. doivent être telles, que non-seulement la quantité K soit nulle, mais que chacune de ses différentielles relatives à ces inconnues le soit aussi; d'où il s'ensuit que la quantité k regardée comme une fonction de ces inconnues, dépendante de l'équation $K = 0$, devra être un *maximum* ou un *minimum*.

Si on fait d'abord $e = 1$, et qu'on remplace par $K = 0$ l'équation $\frac{dK}{de}=0$, on aura, pour la détermination des inconnues f, g, h, etc., les équations

$$K=0, \quad \frac{dK}{df}=0, \quad \frac{dK}{dg}=0, \quad \text{etc.}$$

Si donc on tire d'abord la valeur de f de l'équation $\frac{dK}{df}=0$, et qu'en la substituant dans $K=0$, on change cette équation en $K'=0$, il n'y aura qu'à faire ensuite $\frac{dK'}{dg}=0$, et substituer de même la valeur de g tirée de cette dernière équation dans $K'=0$; alors nommant $K''=0$ l'équation résultante, on fera de nouveau $\frac{dK''}{dh}=0$, et ainsi de suite. Par ce moyen on parviendra à une équation finale qui ne contiendra plus les inconnues f, g, h, etc., mais seulement la quantité k, et qui sera l'équation cherchée en k, dont les racines ont été nommées k', k'', k''', etc.

On peut même réduire cette équation en une formule générale, en considérant que puisque les quantités f, g, h, etc., ne forment ensemble dans la valeur de K que deux dimensions, la quantité $\frac{2Kd^2K-dK^2}{df^2}$ sera nécessairement sans f, sa différentielle relative à f étant $\frac{2Kd^3K}{df^3}$, et par conséquent nulle. De sorte qu'on pourra faire $K'=\frac{2Kd^2K-dK^2}{df^2}$; et comme dans cette quantité K' les inconnues restantes, g, h, etc., ne montent aussi qu'à la seconde dimension, on pourra faire de même $K''=\frac{2K'd^2K'-dK'^2}{dg^2}$; et ainsi de suite. La dernière des quantités K, K', K'', etc., étant égalée à zéro, sera l'équation cherchée en k. Il est vrai que cette équation pourra monter à un degré plus haut qu'il ne faut, à cause des facteurs étrangers introduits dans les équations $K''=0$, $K'''=0$, etc.; mais si en développant ces équations, on a soin de les débarrasser successivement de ces mêmes facteurs, et de ne prendre ensuite pour les valeurs de K'', K''', etc., que leurs premiers membres ainsi simplifiés, l'équation finale se trouvera rabaissée d'elle-même à la forme et au degré dont elle doit être.

Quant aux valeurs de f, g, etc., on les déterminera ensuite par les équations $\frac{dK}{df} = 0$, $\frac{dK'}{dg} = 0$, etc., en commençant par la dernière, et remontant à la première par la substitution successive des valeurs trouvées.

7. Comme la solution précédente est fondée sur la supposition que les variables ξ, ψ, φ, etc. soient très-petites, il faut, pour qu'elle soit légitime, que cette supposition ait lieu en effet; ce qui demande que les racines k', k'', etc. soient toutes réelles, positives et inégales, afin que le temps t, qui croît à l'infini, soit toujours renfermé sous les signes de sinus ou cosinus. Si quelques-unes de ces racines devenaient négatives ou imaginaires, elles introduiraient dans les sinus ou cosinus correspondans des exponentielles réelles, et si elles devenaient simplement égales, elles y introduiraient des puissances algébriques de l'arc; c'est de quoi on peut s'assurer, par les méthodes connues, en mettant dans le premier cas, à la place des sinus ou cosinus, leurs expressions exponentielles imaginaires, et en supposant dans le second, que les racines égales diffèrent entre elles de quantités infiniment petites indéterminées; mais comme le développement de ces cas est inutile pour l'objet présent, nous ne nous y arrêterons point.

Si la condition de la réalité et de l'inégalité des coefficiens de t a lieu, il est visible que les plus grandes valeurs de ξ, de η, etc. seront moindres que les sommes des quantités E', E'', E''', etc., des quantités $f'E'$, $f''E''$, $f'''E'''$, etc., en prenant toutes ces quantités positivement; par conséquent si ces différentes sommes sont fort petites, on sera assuré que les valeurs des variables le seront toujours aussi.

Mais comme les coefficiens E', E'', E''', etc. sont arbitraires et dépendent uniquement du déplacement initial du système, il est possible

possible que les variables ξ, ψ, etc. restent fort petites, quand même parmi les quantités $\sqrt{k'}$, $\sqrt{k''}$, etc., il y en aurait d'imaginaires ou d'égales; car il suffit pour cela que les quantités correspondantes E', E'', etc. soient nulles, ce qui fera disparaître les termes qui croîtraient avec le temps t. Alors la solution, sans être exacte en général, le sera néanmoins dans le cas particulier ou la condition précédente aura lieu.

8. On a des méthodes pour reconnaître si une équation donnée, de quelque degré qu'elle soit, a toutes ses racines réelles ou non, et pour juger, dans le cas de la réalité, de leur signe et de leur inégalité; mais l'application de ces méthodes étant toujours un peu pénible, voici quelques caractères simples et généraux qui serviront à juger de la forme des racines dont il s'agit, dans un grand nombre de cas.

En prenant l'équation $K = \rho$, ou $Ak - B = 0$ (article 6), on a $k = \frac{B}{A}$; or il est facile de se convaincre que la quantité A a toujours nécessairement une valeur positive, tant que f, g, etc. sont des quantités réelles; car la fonction T, d'où elle résulte, en changeant $\frac{d\xi}{dt}$, $\frac{d\psi}{dt}$, $\frac{d\varphi}{dt}$, etc. en 1, f, g, etc. (art. cite), est composée de la somme de plusieurs carrés multipliés par des coefficiens nécessairement positifs. Donc si la quantité B est aussi toujours positive, ce qui a lieu lorsque la partie de la fonction V, où les variables ξ, ψ, φ, etc. forment ensemble deux dimensions, est réductible à la même forme que la fonction T, parce que la quantité B résulte aussi de cette partie de V, en changeant ξ, ψ, φ, etc. en 1, f, g, etc., on est assuré que les valeurs de k, c'est-à-dire, les racines de l'équation en k, seront toujours positives toutes les fois qu'elles seront réelles.

Au contraire, si la quantité B est toujours négative, ce qui arrivera quand elle sera composée de plusieurs carrés multipliés par des coefficiens négatifs, les valeurs réelles de k seront toutes négatives. Dans ce dernier cas, la solution ne pourra pas être bonne, parce que les racines de l'équation en k ne pouvant être qu'imaginaires ou réelles négatives, les expressions des variables ξ, ψ, etc. contiendront nécessairement le temps t hors des signes de sinus et cosinus.

Dans le premier cas où B est positive, on voit seulement que si les racines sont réelles, elles sont nécessairement positives; et il serait peut-être difficile de démontrer directement qu'elles doivent être toutes réelles; mais on peut se convaincre, d'une autre manière, que cela doit être ainsi.

Car le principe de la conservation des forces vives, que nous avons démontré dans le § V de la section III, donne l'équation $T+V=$ const. (art. 14, sect. précéd.), laquelle a toujours lieu puisque T et V sont fonctions sans t (art. 2). Or si on désigne par V' la partie de V qui contient les termes de deux dimensions, ensorte que $V=H+V'$, à cause de $H1=0$, $H2=0$, $H3=0$, etc. (art. 3), on aura

$$T+H+V'=\text{const.}=(T)+H+(V'),$$

en dénotant par (T) et (V') les valeurs de T et V' au premier instant; donc $T+V'=(T)+(V')$.

Donc, puisque T est par sa forme une quantité toujours positive, si V' l'est aussi on aura nécessairement $V'>0$ et $<(T)+(V')$; de sorte que la valeur de V', et conséquemment aussi celles des variables ξ, ψ, φ, etc. seront renfermées dans des limites données et dépendantes uniquement de l'état initial. Ces variables ne pourront donc pas contenir le temps t hors des signes de sinus et cosinus, parce qu'alors elles pourraient aller en croissant à l'infini. Or lorsque la valeur de B est constamment positive, celle de V' l'est aussi, par conséquent les racines de l'équation en k seront nécessairement toutes réelles, positives et inégales (art. 7), et la solution sera toujours bonne.

Dans ce cas, l'état d'équilibre d'ou le système a été déplacé sera stable, puisque le système y reviendra, ou tendra toujours à y revenir par des oscillations très-petites; du moins il ne pourra jamais s'en ecarter que très-peu.

9. C'est de cette manière que nous avons démontré, à la fin de la troisième section de la Statique (art. 23 et suiv.), que lorsque la fonction Π est un *minimum* dans l'état d'équilibre, cet état est stable; car il est facile de voir que la fonction nommée Π dans l'article 21 de la section citée, est la même que nous représentons ici par V, puisque l'une et l'autre est l'intégrale de la totalité des momens des forces agissantes sur les différens corps du système, totalité qui doit être nulle dans l'équilibre. Or comme l'on a $V = H + V'$, et que V' ne contient les variables ξ, ψ, φ, etc. qu'à la seconde dimension, il s'ensuit que V sera un *minimum* ou un *maximum*, selon que la valeur de V' sera positive ou négative en donnant à ces variables des valeurs quelconques. Donc l'équilibre sera nécessairement stable dans le cas du *minimum* de V (art. précéd.).

Au contraire, dans le cas du *maximum* de V, la quantité V' étant toujours négative, la quantité B le sera aussi, puisqu'en faisant $\psi = f\xi$, $\varphi = g\xi$, etc., la valeur de V' devient $\xi^2 B$ (art. 6); et par ce que nous avons démontré dans l'article précédent, les expressions des variables contiendront nécessairement des termes où t sera hors des signes de sinus et cosinus; l'équilibre ne pourra donc pas être stable, car le système en étant tant soit peu déplacé, s'en éloignera toujours davantage. Cette seconde partie du théorème énoncé dans l'endroit cité de la Statique, n'avait pu y être démontrée faute des principes nécessaires; nous en avions remis la démonstration à la Dynamique, et celle que nous venons de donner ne laisse plus rien à desirer.

10. Au reste, entre ces deux états de stabilité et de non-stabilité absolue, dans lesquels l'équilibre étant tant soit peu dérangé d'une manière quelconque, tend à se rétablir de lui-même, ou à se déranger de plus en plus, il peut y avoir des états de stabilité conditionnelle et relative, dans lesquels le rétablissement de l'équilibre dépendra du déplacement initial du système. Car si quelques-unes des valeurs de $\sqrt{k}$ sont imaginaires, les termes correspondans dans les valeurs des variables contiendront des arcs de cercle, et l'équilibre ne sera pas stable en général; mais si les coefficiens de ces termes deviennent nuls, ce qui dépend de l'état initial du système, les arcs de cercle disparaîtront, et l'équilibre pourra encore être regardé comme stable, du moins par rapport à cet état particulier.

11. Lorsque toutes les valeurs de $\sqrt{k}$ sont réelles et inégales, et que par conséquent l'équilibre est stable, les expressions de toutes les variables seront composées d'autant de termes de la forme

$$E \sin(t\sqrt{k} + \varepsilon)$$

qu'il y a de variables.

Or ce terme représente les oscillations très-petites et isochrones d'un pendule simple dont la longueur est $\frac{g}{k}$, en prenant g pour la force de la gravité. Donc les oscillations des différens corps du système pourront être regardées comme composées d'oscillations simples analogues à celles des pendules dont les longueurs seraient $\frac{g}{k'}$, $\frac{g}{k''}$, $\frac{g}{k'''}$, etc.

Mais les coefficiens E', E'', etc. étant arbitraires et dépendant uniquement de l'état initial du système, on peut toujours supposer cet état tel, que tous ces coefficiens, hors un quelconque, soient nuls; alors tous les corps du système feront des oscillations simples, analogues à celles d'un même pendule; et l'on voit qu'un même système est susceptible d'autant de différentes oscillations simples, qu'il y a de corps mobiles. Donc en général les oscillations quelconques d'un système ne seront composées que de toutes les oscillations simples qui pourront y avoir lieu par la nature du système.

Daniel Bernoulli avait remarqué cette composition d'oscillations simples et isochrones, dans le mouvement d'une corde vibrante chargée de plusieurs petits poids, et il l'avait regardée comme une loi générale de tous les petits mouvemens réciproques qui peuvent avoir lieu dans un système quelconque de corps. Un seul cas, comme celui des cordes vibrantes, ne suffisait pas pour établir une telle loi; mais l'analyse que nous venons de donner établit cette loi d'une manière certaine et générale, et fait voir que quelque irrégulières que puissent paraître les petites oscillations qui s'observent dans la nature, elles peuvent toujours se réduire à des oscillations simples, dont le nombre sera égal à celui des corps oscillans dans le même système.

C'est une suite de la nature des équations linéaires, auxquelles se réduisent les mouvemens des corps qui composent un système quelconque, lorsque ces mouvemens sont très-petits.

12. Si les valeurs des quantités $\sqrt{k'}$, $\sqrt{k''}$, $\sqrt{k'''}$, etc. sont incommensurables, il est clair que les temps de ces oscillations seront aussi incommensurables, et que par conséquent le système ne pourra jamais reprendre sa première position.

Mais si ces quantités sont entre elles comme nombre à nombre, et que leur plus grande commune mesure soit μ, on verra facilement que le système reviendra toujours à la même position, au bout d'un temps $\theta = \frac{2\pi}{\mu}$, π étant l'angle de 180 degrés. Ainsi θ sera le temps de l'oscillation composée de tout le système.

13. La solution que nous venons de donner demande que les coordonnées puissent être exprimées par des fonctions en série de

variables très-petites, et qui soient nulles dans l'état d'équilibre, ainsi que nous l'avons supposé dans l'article 3.

Or c'est ce qui est toujours possible, comme nous l'avons vu, lorsque les équations de condition réduites en série, contiennent les premières puissances des variables supposées très-petites, parce que ces termes donnent d'abord des équations résolubles rationnellement, et qu'ensuite on peut toujours, par la méthode des séries, avoir des solutions rationnelles de plus en plus exactes.

Il peut néanmoins arriver que les termes de la première dimension manquent dans une ou plusieurs des équations de condition, ce qui aura lieu, par exemple, si dans l'équation $L=0$, les valeurs des coordonnées pour l'équilibre sont telles, qu'elles rendent non-seulement L nulle, mais aussi chacune de ces différences premières; car on aura alors $\frac{dA}{da}=0$, $\frac{dA}{db}=0$, etc., et l'équation $L=0$ ne contiendra que les secondes puissances et les puissances ultérieures de α, β, γ, α', etc. (art. 1). Dans ce cas, si on réduit les coordonnées en fonctions de variables indépendantes, ces fonctions ne pourront plus être rationnelles, et les équations différentielles ne seront ni linéaires, ni même rationnelles. Ainsi la supposition des mouvemens très-petits du système ne servira pas alors à simplifier la solution du problème, ou du moins ne la rendra pas susceptible de la méthode générale que nous avons exposée.

Pour résoudre ces sortes de questions de la manière la plus simple, on fera d'abord abstraction des équations de condition, où les premières dimensions des variables ne se trouveraient pas; on parviendra ainsi à des expressions de T et de V de la forme de celles de l'article 2. Ensuite on ajoutera à cette valeur de V les premiers membres des équations de condition auxquelles on n'aura pas encore eu égard, multipliés chacun par un coefficient indéterminé, et qu'on supposera constant dans les différentiations par δ; et il suffira dans ces termes dus aux équations de condition, de tenir compte des plus basses dimensions des variables très-petites. De là on trouvera les équations différentielles à l'ordinaire, et il s'agira d'en éliminer les coefficiens indéterminés.

Si les équations de condition étaient du second degré, et que les coefficiens indéterminés pussent être supposés constans, la valeur de V serait encore de la même forme que dans la solution générale; par conséquent on pourrait l'appliquer aussi à ce cas; on déterminerait ensuite les coefficiens, ensorte que les équations de condition fussent satisfaites. On pourra donc toujours commencer par adopter cette supposition, on verra ensuite si les valeurs qui en résultent pour les variables, peuvent satisfaire aux équations de condition, auquel cas la supposition sera légitime, et la solution exacte, sinon il faudra chercher à intégrer les équations différentielles par des méthodes particulières.

§ II.

Des oscillations d'un système linéaire de corps.

14. Lorsque les corps qui composent le système proposé sont disposés, les uns par rapport aux autres, d'une manière uniforme et regulière, on peut simplifier le calcul et parvenir à des formules générales et symétriques, en employant la notation et l'algorithme des différences finies. Nous allons en donner un exemple, en examinant le cas où un nombre quelconque de corps rangés sur une ligne droite ou courbe, oscillent, en vertu de forces quelconques combinées avec leur action réciproque.

Soient x, y, z les coordonnées rectangles d'un quelconque des corps du système, que nous dénoterons par Dm, en employant la lettre majuscule D pour dénoter les différences finies (art 17, sect. IV). On aura d'abord

$$T = S\,\frac{dx^2 + dy^2 + dz^2}{2dt^2}\,D\text{m},$$

la caractéristique S représentant les sommes relatives à tout le système.

La fonction V doit contenir la somme $S\Pi Dm$ provenant des fonctions accélératrices P, Q, R, etc. qu'on suppose telles que l'on ait

$$\Pi = \int (Pdp + Qdq + Rdr + \text{etc.})$$

Cette fonction doit contenir aussi la somme $S\int \Phi dDs$, en supposant que Φ soit la force avec laquelle deux corps voisins qui sont à la distance Ds l'un de l'autre, s'attirent, et que cette force soit une fonction de la même distance Ds, ensorte que $\int \Phi dDs$ soit une quantité intégrable dont la différentielle par δ soit $\Phi \delta Ds$. Cette force Φ, que nous supposons fonction de Ds, pourra varier d'un corps à l'autre, et sera par conséquent aussi fonction du nombre ou de la quantité qui représente la place de chaque corps dans la série de tous les corps, et à laquelle se rapporte le signe sommatoire S. Si les corps, au lieu de s'attirer, se repoussaient, il faudrait prendre Φ négativement.

On aura ainsi $V = S\Pi Dm + S\int \Phi dDs$, et par conséquent

$$\delta V = S\delta \Pi Dm + S\Phi \delta Ds.$$

Et il est bon de remarquer que cette expression de δV serait la même, si les corps étaient liés entre eux de manière que leurs distances mutuelles fussent invariables ; car on aurait dans ce cas l'équation de condition $\delta Ds = 0$, laquelle donnerait dans l'expression de δV le terme $S\lambda \delta Ds$ (art. cité).

15. En exprimant l'élément Ds par les différences finies de x, y, z, il est clair qu'on aura

$$D = \sqrt{Dx^2 + Dy^2 + Dz^2};$$

donc différentiant par δ,

$$\delta Ds = \frac{Dx\delta Dx + Dy\delta Dy + Dz\delta Dz}{Ds}.$$

Substituant

Substituant cette valeur, et faisant, pour abréger, $\frac{\Phi}{Ds} = \Psi$ fonction de Ds, on aura

$$\delta V = S\delta\Pi Dm + S\Psi(Dx\delta Dx + Dy\delta Dy + Dz\delta Dz).$$

Comme les caractéristiques D et δ sont indépendantes entre elles, on peut changer δD en $D\delta$, et l'on aura

$$\delta V = S\delta\Pi Dm + S\Psi(DxD\delta x + DyD\delta y + DzD\delta z).$$

On peut aussi faire disparaître le D avant le δ, par l'intégration par parties appliquée aux différences finies.

16. En effet, on a en général

$$\begin{aligned} D.xy &= xDy + yDx + DxDy \\ &= (x + Dx)Dy + yDx = x_{,}Dy + yDx, \end{aligned}$$

en dénotant par $x_{,}$ le terme qui suit x dans la série des termes consécutifs x, $x + Dx$, etc. Donc, en passant des différences aux sommes, on aura

$$SyDx = xy - Sx_{,}Dy.$$

On trouverait de la même manière

$$SyD^2x = yDx - x_{,}Dy + Sx_{,,}D^2y,$$

et ainsi de suite, x, $x_{,}$, $x_{,,}$, etc. étant les termes qui se suivent dans la même série.

Pour compléter ces sommations, il faudra rapporter les termes hors du signe S, au dernier point de l'intégrale finie $SyDx$, et en retrancher les mêmes termes rapportés au premier point. Ainsi, en marquant par un zéro et par un i placés au bas des lettres les termes qui se rapportent au premier et au dernier point, on aura ces sommations complètes.

$$\begin{aligned} SyDx &= x_iy_i - x_0y_0 - Sx_{,}Dy, \\ SyD^2x &= y_iDx_i - x_{i+1}Dy_i \\ &\quad - y_0Dx_0 + x_{,}Dy_0 + Sx_{,,}Dy, \end{aligned}$$

etc.

Lorsque la caractéristique S indique des sommes totales d'un nombre de termes donné, il est clair qu'on peut, à la place des termes $x_{,}Dy$, $x_{,,}Dy$ sous le signe S, prendre les termes précédens, que nous dénoterons par $xD_{,}y$, $xD_{,,}y$, etc., en marquant d'un trait, de deux, etc., placés à gauche, les termes $_{,,}y$, $_{,}y$ qui précèdent y dans la série indéfinie etc., $_{,,}y$, $_{,}y$, y, $y_{,}$, $y_{,,}$, etc.

17. Cela posé, mettons dans les formules précédentes δx à la place de x, et ΨDx à la place de y, on aura ces transformations

$$S\Psi Dx D\delta x = (\Psi Dx\delta x)_{i} - (\Psi Dx\delta x)_{0} \\ - S\delta x D_{,}(\Psi Dx);$$

et de même

$$S\Psi Dy D\delta y = (\Psi Dy\delta y)_{i} - (\Psi Dy\delta y)_{0} \\ - S\delta y D_{,}(\Psi Dy),$$

$$S\Psi Dz D\delta z = (\Psi Dz\delta z)_{i} - (\Psi Dz\delta z)_{0} \\ - S\delta z D_{,}(\Psi Dz),$$

et l'on fera ces substitutions dans l'expression de δV.

Si le premier corps et le dernier sont supposés fixes, les variations δx_{0}, δy_{0}, δz_{0}; et δx_{i}, δy_{i}, δz_{i}, qui s'y rapportent, seront nulles. Nous adopterons d'abord cette hypothèse qui simplifie les formules, et nous aurons en conséquence

$$\delta V = S\delta\Pi Dm - S\delta x D_{,}(\Psi Dx) \\ - S\delta y D_{,}(\Psi Dy) - S\delta z D_{,}(\Psi Dz).$$

En général, comme il faut que les variations disparaissent toujours, si le premier ou le dernier corps, ou tous les deux, n'étaient pas fixes, il faudrait supposer la valeur de Ψ nulle au commencement, ou à la fin. On aurait ainsi, à cause de $\Psi = \frac{\Phi}{Ds}$, la condition à remplir $\Phi_{0} = 0$, ou $\Phi_{i} = 0$, si le premier ou le dernier corps est supposé mobile, et si tous les deux étaient mobiles on aurait les deux conditions $\Phi_{0} = 0$ et $\Phi_{i} = 0$.

18. La variation δV étant réduite à cette forme simple, les équations générales de la quatrième section (art. 10) étant rapportées aux variables x, y, z de chacun des corps du système, donneront pour ces variables les trois équations suivantes, dans lesquelles je remets Φ au lieu de ΨDs,

$$\frac{d^2x}{dt^2}\,Dm + \frac{\delta\Pi}{\delta x}\,Dm - D_{,}\left(\frac{\Phi Dx}{Ds}\right) = 0,$$

$$\frac{d^2y}{dt^2}\,Dm + \frac{\delta\Pi}{\delta y}\,Dm - D_{,}\left(\frac{\Phi Dy}{Ds}\right) = 0,$$

$$\frac{d^2z}{dt^2}\,Dm + \frac{\delta\Pi}{\delta z}\,Dm - D_{,}\left(\frac{\Phi Dz}{Ds}\right) = 0.$$

Ces équations sont rigoureuses, quel que soit le mouvement des corps; mais lorsque ces mouvemens sont très-petits, les équations se simplifient et deviennent linéaires, comme nous l'avons vu plus haut (§ I).

19. Supposons que dans l'état d'équilibre du système, les coordonnées x, y, z deviennent a, b, c, et qu'elles soient dans le mouvement $a+\xi$, $b+\eta$, $c+\zeta$, les quantités ξ, η, ζ étant très-petites. La fonction Π deviendra $\Pi + \frac{d\Pi}{da}\xi + \frac{d\Pi}{db}\eta + \frac{d\Pi}{dc}\zeta$. Ainsi en regardant dorénavant Π comme une simple fonction de a, b, c, les trois différences partielles $\frac{\delta\Pi}{\delta x}$, $\frac{\delta\Pi}{\delta y}$, $\frac{\delta\Pi}{\delta z}$ pourront s'exprimer ainsi :

$$\frac{d\Pi}{da} + \left(\frac{d^2\Pi}{da^2}\,\xi + \frac{d^2\Pi}{da\,db}\,\eta + \frac{d^2\Pi}{da\,dc}\,\zeta\right),$$

$$\frac{d\Pi}{db} + \left(\frac{d^2\Pi}{da\,db}\,\xi + \frac{d^2\Pi}{db^2}\,\eta + \frac{d^2\Pi}{db\,dc}\,\zeta\right),$$

$$\frac{d\Pi}{dc} + \left(\frac{d^2\Pi}{da\,dc}\,\xi + \frac{d^2\Pi}{db\,dc}\,\eta + \frac{d^2\Pi}{dc^2}\,\zeta\right).$$

Par les mêmes substitutions de $a+\xi$, $b+\eta$, $c+\zeta$, au lieu de x, y, z, les différences Dx, Dy, Dz deviendront

$$Da + D\xi, \quad Db + D\eta, \quad Dc + D\zeta.$$

A l'égard de la quantité Φ, qui est supposée fonction de Ds, si on fait, pour abréger,

$$Df = \sqrt{Da^2 + Db^2 + Dc^2},$$

on aura d'abord

$$Ds = Df + \frac{Da}{Df} D\xi + \frac{Db}{Df} D\eta + \frac{Dc}{Df} D\zeta;$$

ensuite si on nomme F ce que devient la fonction Φ lorsqu'on y change Ds en Df; et qu'on fasse $\frac{dF}{d.Df} = \frac{F'}{Df}$, on aura par le développement,

$$\Phi = F + F'\left(\frac{Da}{Df} \times \frac{D\xi}{Df} + \frac{Db}{Df} \times \frac{D\eta}{Df} + \frac{Dc}{Df} \times \frac{D\zeta}{Df}\right),$$

et par conséquent

$$\frac{\Phi}{Ds} = \frac{F}{Df} + \frac{F' - F}{Df}\left(\frac{Da}{Df} \times \frac{D\xi}{Df} + \frac{Db}{Df} \times \frac{D\eta}{Df} + \frac{Dc}{Df} \times \frac{D\zeta}{Df}\right).$$

20. On fera ces substitutions dans les trois équations trouvées ci-dessus, et comme dans l'état d'équilibre les variables ξ, η, ζ sont supposées nulles, il faudra que ces équations se vérifient dans cette hypothèse. Ainsi les termes constans devront se détruire, ce qui donnera d'abord les trois équations de condition

$$\frac{d\Pi}{da} Dm - D,\left(\frac{FDa}{Df}\right) = 0,$$

$$\frac{d\Pi}{db} Dm - D,\left(\frac{FDb}{Df}\right) = 0,$$

$$\frac{d\Pi}{dc} Dm - D,\left(\frac{FDc}{Df}\right) = 0.$$

Ces équations donneront les valeurs que les coordonnées a, b, c doivent avoir dans la situation de l'équilibre; et il est facile de voir qu'elles représentent d'une manière générale celles que nous avons trouvées dans la section V de la première Partie, pour l'équilibre de plusieurs corps liés par un fil extensible ou non.

21. On aura ensuite, entre les variables ξ, η, ζ et t, les trois

équations suivantes, dans lesquelles je fais, pour abréger,

$$G = F - F',$$

$$a' = \frac{Da}{Df}, \quad b' = \frac{Db}{Df}, \quad c' = \frac{Dc}{Df},$$

$$\frac{d^2\xi}{dt^2} Dm + \left(\frac{d^2\Pi}{da^2}\xi + \frac{d^2\Pi}{dadb}\eta + \frac{d^2\Pi}{dadc}\zeta\right) Dm$$
$$- D_{,}\left[\frac{FD\xi}{Df} - Ga'\left(\frac{a'D\xi}{Df} + \frac{b'D\eta}{Df} + \frac{c'D\zeta}{Df}\right)\right] = 0,$$

$$\frac{d^2\eta}{dt^2} Dm + \left(\frac{d^2\Pi}{dadb}\xi + \frac{d^2\Pi}{db^2}\eta + \frac{d^2\Pi}{dbdc}\zeta\right) Dm$$
$$- D_{,}\left[\frac{FD\eta}{Df} - Gb'\left(\frac{a'D\xi}{Df} + \frac{b'D\eta}{Df} + \frac{c'D\zeta}{Df}\right)\right] = 0,$$

$$\frac{d^2\zeta}{dt^2} Dm + \left(\frac{d^2\Pi}{dadc}\xi + \frac{d^2\Pi}{dbdc}\eta + \frac{d^2\Pi}{dc^2}\zeta\right) Dm$$
$$- D_{,}\left[\frac{FD\zeta}{Df} - Gc'\left(\frac{a'D\xi}{Df} + \frac{b'D\eta}{Df} + \frac{c'D\zeta}{Df}\right)\right] = 0.$$

Ce sont ces équations qui serviront à déterminer les oscillations du système supposées très-petites; elles sont du genre de celles qu'on nomme *à différences finies* et *infiniment petites*, et comme elles sont à coefficiens constans, elles sont susceptibles de la méthode générale exposée dans le paragraphe précédent.

22. Les équations de l'article 20 qui renferment les conditions de l'équilibre donnent, en passant des différences aux sommes,

$$\frac{FDa}{Df} = S\frac{d\Pi}{da}Dm + A,$$
$$\frac{FDb}{Df} = S\frac{d\Pi}{db}Dm + B,$$
$$\frac{FDc}{Df} = S\frac{d\Pi}{dc}Dm + C,$$

A, B, C étant trois constantes arbitraires; d'où l'on tire tout de suite

$$F = \sqrt{\left(S\frac{d\Pi}{da}Dm + A\right)^2 + \left(S\frac{d\Pi}{db}Dm + B\right)^2 + \left(S\frac{d\Pi}{dc}Dm + C\right)^2}$$

Lorsque la quantité F est une fonction donnée de Df, ce qui a lieu quand on suppose que les corps s'attirent ou se repoussent par une force Φ fonction de leurs distances Ds, la valeur précédente de F donnera la valeur de Df qui doit avoir lieu dans l'état d'équilibre.

Mais lorsque les distances Ds sont supposées données et invariables, alors la quantité Φ qui tient lieu du multiplicateur λ (art. 14) est inconnue et doit se déterminer par la formule précédente; mais dans ce cas on a $Ds = Df$, et par conséquent (art. 19)

$$\frac{Da}{Df} D\xi + \frac{Db}{Df} D\eta + \frac{Dc}{Df} D\zeta = 0,$$

ce qui simplifie les équations de l'article précédent.

23. L'esprit de la méthode de l'article 4 consiste à supposer que chaque variable soit exprimée par une même fonction de t, multipliée par une quantité différente pour chaque variable.

Si on désigne par θ cette fonction, on fera

$$\xi = \theta X, \quad \eta = \theta Y, \quad \zeta = \theta Z,$$

et après avoir substitué ces valeurs dans les équations de l'article 21, on verra aisément que pour vérifier ces équations, il est nécessaire que la variable θ soit déterminée par une équation de la forme

$$\frac{d^2\theta}{dt^2} + k\theta = 0;$$

car alors en mettant pour $\frac{d^2\theta}{dt^2}$ sa valeur $-k\theta$, et divisant tous les termes par θ, on aura ces trois équations aux différences finies,

$$kXDm = \left(\frac{d^2\Pi}{da^2} X + \frac{d^2\Pi}{dadb} Y + \frac{d^2\Pi}{dadc} Z\right) Dm$$
$$- D_{\prime}\left[\frac{FDX}{Df} - Ga'\left(\frac{a'DX}{Df} + \frac{b'DY}{Df} + \frac{c'DZ}{Df}\right)\right],$$

$$kYDm = \left(\frac{d^2\Pi}{dadb} X + \frac{d^2\Pi}{db^2} Y + \frac{d^2\Pi}{dbdc} Z\right) Dm$$
$$- D_{\prime}\left[\frac{FDY}{Df} - Gb'\left(\frac{a'DX}{Df} + \frac{b'DY}{Df} + \frac{c'DZ}{Df}\right)\right],$$

$$kZD\text{m} = \left(\frac{d^2\Pi}{dadc}X + \frac{d^2\Pi}{dbdc}Y + \frac{d^2\Pi}{dc^2}Z\right)D\text{m}$$
$$-D_{,}\left[\frac{FDZ}{Df} - Gc'\left(\frac{a'DX}{Df} + \frac{b'DY}{Df} + \frac{c'DZ}{Df}\right)\right].$$

24. L'équation en θ s'intègre facilement; elle donne

$$\theta = E\sin(t\sqrt{k} + \epsilon),$$

E et ϵ étant deux constantes arbitraires.

A l'égard des équations en X, Y, Z, elles ne sont en général intégrables en termes finis, par les méthodes connues, que lorsqu'elles sont à coefficiens constans; mais si on développe les différences finies marquées par D, elles deviennent de la forme (art. 16)

$$AX_{,} + BY_{,} + CZ_{,} + A'X + B'Y + C'Z$$
$$+ A''_{,}X + B''_{,}Y + C'_{,}Z = 0;$$

les coefficiens A, B, C, A', B', etc. sont constans ou variables, mais indépendans de t, et la quantité k n'entre que dans les valeurs de A', B', C', et seulement à la première dimension.

Si maintenant on désigne par X_0, X_1, X_2, X_3, etc. les valeurs consécutives de X, en commençant par la première, qui répond au premier corps du système, et de même par Y_0, Y_1, Y_2, Y_3, etc., Z_0, Z_1, Z_2, Z_3, etc. les valeurs consécutives correspondantes de Y et Z, et qu'on substitue successivement ces valeurs dans les trois équations réduites à la forme précédente, il est aisé de voir que les trois premières donneront les valeurs de X_2, Y_2, Z_2 en fonctions linéaires de X_0, Y_0, Z_0, X_1, Y_1, Z_1; que les trois suivantes donneront X_3, Y_3, Z_3 en fonctions linéaires de X_2, Y_2, Z_2, X_1, Y_1, Z_1, lesquelles, par la substitution des valeurs de X_2, Y_2, Z_2, deviendront aussi des fonctions linéaires de X_0, Y_0, Z_0, X_1, Y_1, Z_1, et ainsi de suite.

Donc en général les valeurs de X_{n+1}, Y_{n+1}, Z_{n+1} seront de la forme

$$\text{A}X_0 + \text{B}Y_0 + \text{C}Z_0 + \text{A}'X_1 + \text{B}'Y_1 + \text{C}'Z_1,$$

et il est facile de s'assurer, par le calcul, que les quantités A, B, C seront des fonctions rationnelles et entières de k de la dimension $n-2$, et que les quantités A', B', C' sont de pareilles fonctions de la dimension $n-1$.

Nous avons supposé (art. 17) que le premier et le dernier corps du système étaient fixes; le premier corps appartient à l'indice o, et si on désigne par n le nombre des corps mobiles, le dernier corps, qui doit être fixe, appartiendra à l'indice $n+1$. Il faudra donc que l'on ait

$$X_0 = 0, \quad Y_0 = 0, \quad Z_0 = 0, \quad X_{n+1} = 0, \quad Y_{n+1} = 0, \quad Z_{n+1} = 0,$$

ce qui donnera entre X_1, Y_1, Z_1 trois équations linéaires de la forme $A'X_1 + B'Y_1 + C'Z_1 = 0$, dans lesquelles les coefficiens A', B', C' seront des fonctions rationnelles et entières de k de la dimension n.

En éliminant les quantités X_1, Y_1, Z_1, on aura une équation en k du degré $3n$, nombre des inconnues X, Y, Z, et qui aura par conséquent $3n$ racines.

Les mêmes équations donneront les rapports entre les trois quantités X_1, Y_1, Z_1; de sorte qu'on pourra prendre à volonté la valeur d'une de ces quantités. Comme ces rapports se trouveront exprimés par des fonctions rationnelles de k, on pourra exprimer les valeurs des trois quantités X_1, Y_1, Z_1 par des fonctions rationnelles et entières de k, et par ce moyen les inconnues X, Y, Z seront aussi exprimées en général par des fonctions connues, rationnelles et entières de k.

25. Nous dénoterons par k', k'', k''', etc., $k^{(3n)}$ les différentes racines de l'équation en k, dont la résolution doit être supposée connue; et nous dénoterons pareillement par X', X'', X''', etc., Y', Y'', Y''', etc., Z', Z'', Z''', etc. les valeurs correspondantes des quantités X, Y, Z, qui résultent de la substitution de ces différentes racines à la place de k.

Donc

Donc puisqu'on a trouvé (art. 23, 24)

$$\xi = XE\sin(t\sqrt{k}+\epsilon),$$
$$\eta = YE\sin(t\sqrt{k}+\epsilon),$$
$$\zeta = ZE\sin(t\sqrt{k}+\epsilon),$$

en substituant successivement les différentes valeurs de k et en prenant différentes constantes arbitraires E et ϵ, on aura autant de valeurs particulières de ξ, η, ζ, dont la somme donnera les valeurs complètes de ces variables, par la nature des équations linéaires.

Ces valeurs particulières de ξ, η, ζ sont analogues à celles qui représentent les petites oscillations d'un pendule dont la longueur serait $\frac{g}{k}$ (art. 11), pourvu que k soit une quantité réelle et positive; et le mouvement de chaque corps sera composé d'autant de pareilles oscillations qu'il y aura de valeurs différentes de k; de sorte que si toutes ces valeurs sont incommensurables entre elles, il sera impossible que le système reprenne jamais sa première position, à moins que les valeurs de ξ, η, ζ ne se réduisent aux valeurs particulières qui répondent à une seule des racines k. Dans ce cas, en faisant $t=0$ dans les formules précédentes, on aura $XE\sin\epsilon$, $YE\sin\epsilon$, $ZE\sin\epsilon$ pour les valeurs de ξ, η, ζ, et $XE\cos\epsilon$, $YE\cos\epsilon$, $ZE\cos\epsilon$ pour celles de $\frac{d\xi}{dt}$, $\frac{d\eta}{dt}$, $\frac{d\zeta}{dt}$. Ainsi pour que ce cas puisse avoir lieu, il faudra que les déplacemens primitifs ξ, η, ζ, ainsi que les vîtesses initiales $\frac{d\xi}{dt}$, $\frac{d\eta}{dt}$, $\frac{d\zeta}{dt}$ soient proportionnelles à X, Y, Z; et il y aura autant de manières de satisfaire à ces conditions, qu'il y a de valeurs différentes de k.

26. Si on désigne, par des traits supérieurs, des constantes arbitraires différentes, on aura

$$\xi = X'E'\sin(t\sqrt{k'}+\epsilon') + X''E''\sin(t\sqrt{k''}+\epsilon'') + X'''E'''\sin(t\sqrt{k'''}+\epsilon''') + \text{etc.},$$
$$\eta = Y'E'\sin(t\sqrt{k'}+\epsilon') + Y''E''\sin(t\sqrt{k''}+\epsilon'') + Y'''E'''\sin(t\sqrt{k'''}+\epsilon''') + \text{etc.},$$
$$\zeta = Z'E'\sin(t\sqrt{k'}+\epsilon') + Z''E''\sin(t\sqrt{k''}+\epsilon'') + Z'''E'''\sin(t\sqrt{k'''}+\epsilon''') + \text{etc.},$$

pour les valeurs complètes des variables ξ, η, ζ, qui représentent les oscillations de chacun des corps du système donné, quel que soit leur état initial.

On peut représenter ces valeurs d'une manière plus simple, en employant le signe Σ pour exprimer la somme de toutes les valeurs correspondantes aux différentes valeurs de k; on aura ainsi

$$\xi = \Sigma.\left(XE \sin(t\sqrt{k} + \varepsilon)\right),$$
$$\eta = \Sigma.\left(YE \sin(t\sqrt{k} + \varepsilon)\right),$$
$$\zeta = \Sigma.\left(ZE \sin(t\sqrt{k} + \varepsilon)\right),$$

et l'on aura les expressions particulières des variables ξ_1, η_1, ζ_1, ξ_2, η_2, ζ_2, etc. pour chacun des corps du système, en changeant, dans les précédentes, X, Y, Z en X_1, Y_1, Z_1, X_2, Y_2, Z_2, etc., et prenant pour E et ε différentes constantes arbitraires E_1, E_2, etc., ε_1, ε_2, etc. qui dépendent de l'état initial du système.

27. Pour déterminer ces constantes de la manière la plus simple, je reprends les équations en ξ, η, ζ de l'article 21, et je les ajoute ensemble, après avoir multiplié la première par X, la seconde par Y et la troisième par Z; je prends ensuite la somme de toutes ces équations ainsi composées, relativement à tous les corps du système, et je dénote cette somme par la caractéristique S; si on fait attention que cette caractéristique est indépendante de la caractéristique d des différentielles relatives à t, on aura l'équation

$$\frac{d^2.S(X\xi + Y\eta + Z\zeta)Dm}{dt^2}$$
$$+ S\left(\frac{d^2\Pi}{da^2}X + \frac{d^2\Pi}{dadb}Y + \frac{d^2\Pi}{dadc}Z\right)\xi Dm$$
$$+ S\left(\frac{d^2\Pi}{dadb}X + \frac{d^2\Pi}{db^2}Y + \frac{d^2\Pi}{dbdc}Z\right)\eta Dm$$
$$+ S\left(\frac{d^2\Pi}{dadc}X + \frac{d^2\Pi}{dbdc}Y + \frac{d^2\Pi}{dc^2}Z\right)\zeta Dm$$

$$- SXD_{,}\left[\frac{FD\xi}{Df} - Ga'\left(\frac{a'D\xi}{Df} + \frac{b'D\eta}{Df} + \frac{c'D\zeta}{Df}\right)\right]$$

$$- SYD_{,}\left[\frac{FD\eta}{Df} - Gb'\left(\frac{a'D\xi}{Df} + \frac{b'D\eta}{Df} + \frac{c'D\zeta}{Df}\right)\right]$$

$$- SZD_{,}\left[\frac{FD\zeta}{Df} - Gc'\left(\frac{a'D\xi}{Df} + \frac{b'D\eta}{Df} + \frac{c'D\zeta}{Df}\right)\right] = 0.$$

Dans cette équation, les termes qui contiennent des différences marquées par D sous le signe sommatoire S sont susceptibles de réductions analogues à celles des intégrations par parties, et dont nous avons donné le type dans l'article 16. Pour cela, considérons en général un terme quelconque de la forme $SXD_{,}(VD\xi)$, nous aurons, par les réductions de l'article cité, en faisant attention que les quantités X et ξ sont nulles au commencement et à la fin des intégrations marquées par D (art. 24),

$$SXD_{,}(VD\xi) = - SVD\xi DX = S\xi_{,}D(VDX).$$

Or $S\xi_{,}D(VDX)$ est la même chose que $S\xi D_{,}(VDX)$, en prenant à la place du terme $\xi_{,}D(VDX)$ celui qui le précède.

Donc en général on aura

$$SXD_{,}(VD\xi) = S\xi D_{,}(VDX),$$

et il en sera de même des termes semblables. Ainsi l'équation précédente deviendra de la forme

$$\frac{d^2.S(X\xi + Y\eta + Z\zeta)Dm}{dt^2}$$

$$+ S\big((X)\xi + (Y)\eta + (Z)\zeta\big) = 0,$$

dans laquelle les quantités désignées par (X), (Y), (Z) contiendront les mêmes termes qui composent les seconds membres des équations de l'article 23, de manière que ces équations donneront

$$(X) = kXDm,$$
$$(Y) = kYDm,$$
$$(Z) = kZDm,$$

d'où il suit que l'équation ci-dessus deviendra

$$\frac{d^2 . S(X\xi + Y\eta + Z\zeta)Dm}{dt^2}$$
$$+ kS(X\xi + Y\eta + Z\zeta)\,Dm = 0,$$

laquelle donne tout de suite par l'intégration

$$S(X\xi + Y\eta + Z\zeta)Dm = L\sin(t\sqrt{k} + \lambda);$$

L et λ étant deux constantes arbitraires.

28. Il est facile de voir, par la nature du calcul, que si on substitue dans cette équation pour k une des racines de l'équation en k, que nous avons dénotées par k', k'', k''', etc. (art. 25), on devra avoir un résultat identique avec les expressions de ξ, η, ζ de l'article 26, de sorte qu'en substituant ces mêmes expressions dans l'équation précédente, elle devra devenir absolument identique pour toutes les valeurs de k.

On aura donc ainsi l'équation identique

$$S\left\{\begin{matrix} X\Sigma(XE\sin(t\sqrt{k} + \varepsilon) \\ + Y\Sigma(YE\sin(t\sqrt{k} + \varepsilon) \\ + Z\Sigma(ZE\sin(t\sqrt{k} + \varepsilon) \end{matrix}\right\}Dm = L\sin(t\sqrt{k} + \lambda),$$

pour chacune des valeurs k', k'', k''', etc. de k; et comme cette identité doit avoir lieu indépendamment de la valeur de t, il ne sera pas difficile de se convaincre que tous les termes qui contiendront le même arc $t\sqrt{k}$ devront être identiques dans le premier, et dans le second membre de l'équation; d'où il suit d'abord qu'on aura nécessairement $\lambda = \varepsilon$ pour toutes les valeurs de λ et de ε.

Ensuite, si on fait attention à la valeur des signes sommatoires S et Σ, dont le premier, S, représente la somme des quantités sous le signe qui appartiennent à tous les corps du système, et que nous avons dénotées par des nombres placés en forme d'indices au bas des lettres (art. 24), et dont le second, Σ, représente la somme des quantités semblables qui répondent à toutes les racines k', k'', k''', etc. $k^{(3n)}$, et que nous dénotons par des traits supérieurs (art. 25), on trouvera par la comparaison des termes affectés des mêmes sinus, l'équation

$$ES(X^2+Y^2+Z^2)Dm = L.$$

Donc on aura en général,

$$E\sin(t\sqrt{k}+\epsilon) = \frac{L\sin(t\sqrt{k}+\lambda)}{S(X^2+Y^2+Z^2)Dm},$$

et par conséquent, par l'article 27,

$$E\sin(t\sqrt{k}+\epsilon) = \frac{S(X\xi+Y\eta+Z\zeta)Dm}{S(X^2+Y^2+Z^2)Dm},$$

équation qui aura lieu pour toutes les valeurs de k.

29. Soient maintenant, lorsque $t=0$, $\xi=\alpha$, $\eta=\beta$, $\zeta=\gamma$, et $\frac{d\xi}{dt}=\dot{\alpha}$, $\frac{d\eta}{dt}=\dot{\beta}$, $\frac{d\zeta}{dt}=\dot{\gamma}$; ces six quantités seront données par l'état initial du système; si donc on les introduit dans l'équation précédente et dans sa différentielle relative à t, en y faisant $t=0$, on aura les valeurs suivantes des constantes arbitraires

$$E\sin\epsilon = \frac{S(X\alpha+Y\beta+Z\gamma)Dm}{S(X^2+Y^2+Z^2)Dm},$$

$$E\cos\epsilon = \frac{S(X\dot{\alpha}+Y\dot{\beta}+Z\dot{\gamma})Dm}{\sqrt{k}.S(X^2+Y^2+Z^2)Dm}.$$

Donc enfin, si on substitue ces valeurs dans les expressions de ξ, η, ζ de l'article 26, on aura

$$\xi = \Sigma\left(\frac{XS(X\alpha+Y\beta+Z\gamma)Dm}{S(X^2+Y^2+Z^2)Dm}\cos t\sqrt{k}\right)$$

$$+\Sigma\left(\frac{XS(X\dot{\alpha}+Y\dot{\beta}+Z\dot{\gamma})Dm}{\sqrt{k}.S(X^2+Y^2+Z^2)Dm}\sin t\sqrt{k}\right),$$

$$\eta = \Sigma\left(\frac{YS(X\alpha+Y\beta+Z\gamma)Dm}{S(X^2+Y^2+Z^2)Dm}\cos t\sqrt{k}\right)$$

$$+\Sigma\left(\frac{YS(X\dot{\alpha}+Y\dot{\beta}+Z\dot{\gamma})Dm}{\sqrt{k}.S(X^2+Y^2+Z^2)Dm}\sin t\sqrt{k}\right),$$

$$\zeta = \Sigma\left(\frac{ZS(X\alpha + Y\beta + Z\gamma)Dm}{S(X^2 + Y^2 + Z^2)Dm}\cos t\sqrt{k}\right)$$

$$+ \Sigma\left(\frac{ZS(X\dot{\alpha} + Y\dot{\beta} + Z\dot{\gamma})Dm}{\sqrt{k}.S(X^2 + Y^2 + Z^2)Dm}\sin t\sqrt{k}\right).$$

Ces formules, remarquables par leur généralité autant que par leur simplicité, renferment la solution de plusieurs problèmes dont l'analyse serait fort difficile par d'autres méthodes. Nous allons en faire l'application à deux problèmes déjà résolus dans différens ouvrages, mais d'une manière plus ou moins incomplète.

§ III,

Où l'on applique les formules précédentes aux vibrations d'une corde tendue et chargée de plusieurs corps, et aux oscillations d'un fil inextensible, chargé d'un nombre quelconque de poids, et suspendu par ses deux bouts ou par un seulement.

50. Les expressions des variables ξ, η, ζ que nous venons de trouver, se simplifient beaucoup lorsque, dans les équations différentielles de l'article 21, les variables dont il s'agit se trouvent séparées. Alors les variables X, Y, Z se trouvent aussi séparées dans les équations aux différences finies de l'article 23; et chacune de ces équations donne, par le procédé de l'article 24, une équation particulière en k du degré m. Si on dénote par k, $k1$, $k2$ les valeurs des k qui répondent aux quantités X, Y, Z données par ces trois équations, et qu'on conserve les dénominations de l'article précédent, les expressions de ξ, η, ζ se réduiront, dans le cas présent, à celles-ci :

$$\xi = \Sigma\left(\frac{XSX\alpha Dm}{SX^2Dm}\cos t\sqrt{k}\right) + \Sigma\left(\frac{XSX\dot{\alpha}Dm}{SX^2Dm.\sqrt{k}}\sin t\sqrt{k}\right),$$

$$\eta = \Sigma\left(\frac{YSY\beta Dm}{SY^2Dm}\cos t\sqrt{k1}\right) + \Sigma\left(\frac{YSY\dot{\beta}Dm}{SY^2Dm.\sqrt{k1}}\sin t\sqrt{k1}\right),$$

$$\zeta = \Sigma\left(\frac{ZSZ\gamma Dm}{SZ^2Dm}\cos t\sqrt{k2}\right) + \Sigma\left(\frac{ZSZ\dot{\gamma}Dm}{SZ^2Dm.\sqrt{k2}}\sin t\sqrt{k2}\right).$$

31. Ce cas a lieu premièrement lorsque les corps sont supposés placés en ligne droite dans l'état d'équilibre ; car si on prend cette ligne pour l'axe des x, les ordonnées b et c deviennent nulles, ainsi que leurs différences Db, Dc, et les équations de condition de l'article 20 exigent que l'on ait $\frac{d\Pi}{db}=0$, $\frac{d\Pi}{dc}=0$, c'est-à-dire, que les forces perpendiculaires à l'axe soient nulles. On aura donc aussi $\frac{d^2\Pi}{dadb}=0$, $\frac{d^2\Pi}{dadc}=0$, etc., et les équations de l'article 21 deviendront, à cause de $a'=1$, $b'=0$, $c'=0$, et de $G=F-F'$,

$$\frac{d^2\xi}{dt^2}Dm+\frac{d^2\Pi}{da^2}\xi-D_{\prime}\left(\frac{F'D\xi}{Df}\right),$$

$$\frac{d^2\eta}{dt^2}Dm-D_{\prime}\left(\frac{FD\eta}{Df}\right)=0,$$

$$\frac{d^2\zeta}{dt^2}Dm-D_{\prime}\left(\frac{FD\zeta}{Df}\right)=0,$$

Par conséquent les équations de l'article 23 se réduiront à celles-ci :

$$\left(k-\frac{d^2\Pi}{da^2}\right)XDm+D_{\prime}\left(\frac{F'DX}{Df}\right)=0,$$

$$kYDm+D_{\prime}\left(\frac{FDY}{Df}\right)=0,$$

$$kZDm+D_{\prime}\left(\frac{FDZ}{Df}\right)=0,$$

dans lesquelles on voit que les variables sont séparées, de manière qu'on peut les déterminer chacune en particulier.

La constante indéterminée k pourra donc être différente dans ces trois équations, et chacune d'elles donnera une équation du $n^{ième}$ degré pour la détermination de cette constante. On aura ainsi les formules de l'article précédent.

32. Puisqu'on a dans le cas dont il s'agit $Db=0$, $Dc=0$, on aura $Df=Da$ (art. 19), et les équations de l'équilibre (art. 22) donneront $F=S\frac{d\Pi}{da}Dm+A$.

Mais pour avoir la valeur de la quantité F' (art. 19), il faudra connaître la valeur de F en fonction de Df ou Da; et l'on en déduira, par la différentiation, la valeur de F' en fonction de F.

Si, par exemple, on suppose $\Phi = K(Ds)^m$, on aura $F = K(Df)^m$, et de là $F' = mK(Df)^m = mF$.

Dans le cas où l'on ferait abstraction de toute force étrangère, on aurait $\frac{d\Pi}{da} = 0$, ce qui donne $F = A$, et par conséquent F constante pour tous les corps. Mais la valeur de F' pourra varier d'un corps à l'autre, à moins que l'intervalle Da entre les corps consécutifs ne soit aussi le même pour tous les corps. Dans ce dernier cas, les quantités F et F' seront deux constantes qu'on pourra déterminer *à posteriori*, sans connaître la loi de la fonction Φ.

Ce cas est celui d'un fil ou corde tendue, dont les deux extrémités sont fixes, et qui est chargée d'un nombre quelconque de corps placés à distances égales entre eux; la quantité F exprime alors la tension de la corde ou le poids qui peut la produire; mais pour la quantité F', on ne peut la déduire de F sans connaître la loi de l'élasticité de la corde.

Ce problème, qui est connu sous le nom de *problème des cordes vibrantes*, mérite un examen particulier, tant parce qu'il est susceptible d'une solution générale, que parce qu'il est intimement lié avec le fameux problème des vibrations des cordes sonores.

33. Nous supposerons que tous les corps Dm dont le fil est chargé, soient égaux entre eux et sans pesanteur, et que les intervalles Df ou Da qui les séparent dans l'état d'équilibre soient aussi tous égaux.

Comme n est le nombre des corps mobiles, si on désigne par M la masse entière ou la somme de toutes les masses Dm, en y comprenant la dernière, qui est supposée fixe, et par l la longueur de la corde dans l'état d'équilibre, il est clair qu'on aura

aura $Dm = \frac{M}{n+1}$, et $Df = Da = \frac{l}{n+1}$; et les trois équations en X, Y, Z de l'article 31 deviendront

$$\frac{lMk}{(n+1)^2F'}X + D^2_{,}X = 0,$$
$$\frac{lMk}{(n+1)^2F}Y + D^2_{,}Y = 0,$$
$$\frac{lMk}{(n+1)^2F}Z + D^2_{,}Z = 0;$$

lesquelles étant semblables entre elles, il suffira de résoudre la première, et il n'y aura plus qu'à changer F' en F pour avoir aussi la résolution des deux autres.

34. Soit r l'exposant ou l'indice du rang qu'un terme quelconque X tient dans la série des X; nous désignerons en général ce terme par X_r, et le terme précédent $_{,}X$ sera X_{r-1}; ainsi la première équation sera

$$\frac{lMk}{(n+1)^2F'}X_r + D^2X_{r-1} = 0.$$

Supposons, pour résoudre cette équation,

$$X_r = H\sin(r\varphi + e),$$

H et e étant deux constantes arbitraires; on aura par les formules connues de la multiplication des angles,

$$D^2X_{r-1} = X_{r+1} - 2X_r + X_{r-1} = -4H\sin(r\varphi + e) \times \left(\sin\frac{\varphi}{2}\right)^2,$$

et ces valeurs étant substituées dans l'équation précédente, elle deviendra, après la division par X_r,

$$\frac{lMk}{(n+1)^2F'} - 4\left(\sin\frac{\varphi}{2}\right)^2 = 0,$$

laquelle donne

$$\sqrt{k} = 2(n+1)\sqrt{\frac{F'}{lM}} \times \sin\frac{\varphi}{2}.$$

Or on a (art. 24) les deux conditions à remplir $X_0 = 0$, et $X_{n+1} = 0$; la première donne $e = 0$; la seconde donne $\sin(n+1)\varphi = 0$; d'où l'on tire $(n+1)\varphi = \rho\pi$, π étant l'angle de 180°, et ρ un nombre quelconque entier. Donc on aura $\varphi = \frac{\rho\pi}{n+1}$; par conséquent en faisant, ce qui est permis, $H = 1$, on aura en général

$$X_r = \sin r \frac{\rho\pi}{n+1}.$$

Et l'on aura la même expression pour Y_r et pour Z_r, qu'on substituera à la place de X, Y, Z, dans les expressions de ξ, η, ζ de l'article 30.

La même valeur de φ étant substituée dans l'expression de $\sqrt{k}$ trouvée ci-dessus, donne

$$\sqrt{k} = 2(n+1)\sqrt{\frac{F'}{lM}} \times \sin\frac{\rho\pi}{2(n+1)},$$

où l'on peut mettre pour ρ tous les nombres entiers depuis o jusqu'à n inclusivement; car $\rho = n+1$ donne X, Y, Z nuls, et au-dessus de $n+1$, les sinus de $\frac{\rho\pi}{2(n+1)}$ reviennent les mêmes.

Ainsi on aura autant de valeurs différentes de k qu'il y a de corps mobiles; ce seront les racines de l'équation en k.

En changeant F' en F, on aura les valeurs des racines $k1$ et $k2$ des deux autres équations en k.

On fera donc ces substitutions dans les formules générales de l'article 30, et l'on observera que la caractéristique sommatoire S doit se rapporter uniquement aux exposans ou indices de rang r, depuis $r = 1$ jusqu'à $r = n$, et que la caractéristique sommatoire Σ doit se rapporter aux indices ρ des différentes racines depuis $\rho = 1$ jusqu'à $\rho = n$.

A l'égard de la valeur de $SX^2Dm = DmSX^2$, on aura, à cause de $\varphi = \frac{\rho\pi}{n+1}$, la sommation suivante:

$$\begin{aligned} SX^2 &= \sin\varphi^2 + \sin 2\varphi^2 + \sin 3\varphi^2 + \text{etc.} + \sin n\varphi^2 \\ &= \tfrac{1}{2}n - \tfrac{1}{2}(\cos 2\varphi + \cos 4\varphi + \cos 6\varphi + \text{etc.} + \cos 2n) \\ &= \tfrac{1}{2}n - \tfrac{1}{2}\left(\frac{\cos 2n\varphi - \cos 2(n+1)\varphi}{2(1-\cos 2\varphi)} - \tfrac{1}{2}\right) = \frac{n+1}{2}. \end{aligned}$$

On aura de même $SY^2 = SZ^2 = \frac{n+1}{2}$.

35. Comme les valeurs de k sont incommensurables entre elles, la corde ne pourra jamais reprendre sa première position, à moins que les expressions de ξ, η, ζ ne se réduisent à un seul terme (art. 25). Dans ce cas, en mettant dans les formules de l'article cité, pour X, Y, Z et k, les valeurs qu'on vient de trouver, et faisant, pour abréger,

$$h' = \sqrt{\frac{F'}{lM}}, \qquad h = \sqrt{\frac{F}{lM}},$$

on aura ces expressions, dans lesquelles j'ai conservé l'angle φ à la place de sa valeur $\frac{\rho\pi}{n+1}$,

$$\xi = E \sin r\varphi \times \sin\left(h't \sin\frac{\varphi}{2} + \varepsilon\right),$$

$$\eta = E \sin r\varphi \times \sin\left(ht \sin\frac{\varphi}{2} + \varepsilon\right),$$

$$\zeta = E \sin r\varphi \times \sin\left(ht \sin\frac{\varphi}{2} + \varepsilon\right);$$

mais il faudra que les valeurs initiales α, β, γ, $\dot{\alpha}$, $\dot{\beta}$, $\dot{\gamma}$, qui répondent à $t = 0$, soient proportionnelles à $\sin r\varphi$. C'est la solution connue, dans laquelle on suppose que les corps ne font que des oscillations simples et isochrones.

36. Pour avoir des expressions générales applicables à un état initial quelconque, il faut employer les formules de l'article 30, en y substituant les valeurs trouvées ci-dessus (art. 34). Nous appliquerons, pour plus de clarté, aux variables ξ, η, ζ l'exposant ou indice r placé au bas de ces lettres, pour marquer le rang du corps auquel elles se rapportent, et à l'égard des quantités α, β, γ, $\dot{\alpha}$, $\dot{\beta}$, $\dot{\gamma}$ et X, Y, Z, qui sont sous le signe sommatoire S, nous emploierons l'exposant s au lieu de r, parce que cet exposant est uniquement relatif au signe S, lequel indique qu'il faut prendre la somme de tous les termes qui répondent aux valeurs de S, depuis 0 jusqu'à n.

On aura ainsi cette formule générale

$$\xi_r = \Sigma\,\frac{2\sin r\varphi}{n+1}\times\left\{\begin{array}{l} S\alpha_s\sin s\varphi\times\cos\left(2(n+1)h't\sin\frac{\varphi}{2}\right) \\ +\;S\dot{\alpha}_s\sin s\varphi\times\dfrac{\sin\left(2(n+1)h't\sin\frac{\varphi}{2}\right)}{2(n+1)h'\sin\frac{\varphi}{2}}\end{array}\right\},$$

et pour avoir les expressions de η_r et ζ_r, il n'y aura qu'à changer h' en h et α, $\dot{\alpha}$ en β, $\dot{\beta}$ et en $\dot{\gamma}$, γ.

Les variables ξ_r représentent les excursions longitudinales des corps dans la ligne droite ou axe qui passe par les deux extrémités fixes de la corde, et les variables η_r, ζ_r représentent leurs excursions transversales ou latérales dans la direction perpendiculaire à l'axe, les seules qu'on ait considérées jusqu'ici, dans la solution du problème des cordes vibrantes.

A l'égard du signe Σ, on se souviendra qu'il exprime la somme de toutes les quantités, sous ce signe, qui répondent à $\rho = 1, 2, 3$, etc., n; d'où l'on voit que les excursions de chaque corps, tant longitudinales que transversales, seront composées en général d'autant d'excursions particulières analogues à celles de différens pendules dont les longueurs seraient $\dfrac{g}{4(n+1)^2h'^2\left(\sin\frac{\varphi}{2}\right)^2}$, ou $\dfrac{g}{4(n+1)^2h^2\left(\sin\frac{\varphi}{2}\right)^2}$, qu'il y a de corps mobiles, g étant la force de la gravité.

Pour que les valeurs de h et h' soient réelles, il faut que les quantités F et F' soient positives (art. 35); donc suivant l'hypothèse de l'article 32, il faudra que l'exposant m soit positif. Si les corps se repoussaient, F serait une quantité négative, et il faudrait alors que l'exposant m fût aussi négatif, et que, de plus, on eût $\beta = 0$, $\dot{\beta} = 0$, $\gamma = 0$, $\dot{\gamma} = 0$, pour rendre nulles les excursions transversales η et ζ.

37. Il y a une remarque importante à faire sur l'expression générale de ξ_r que nous venons de trouver. Quoique nous ayons supposé que le nombre n des corps mobiles est donné, et que la corde, dont la longueur est aussi donnée, est fixe par ses deux bouts, le calcul n'est pas arrêté par ces suppositions, et l'expression dont il s'agit donne la valeur de ξ_r pour tout corps placé sur la même ligne droite dont le rang serait exprimé par un nombre quelconque r entier positif, ou négatif.

En effet, puisque ce nombre r n'entre que dans le $\sin r\varphi$, il est visible qu'on peut lui donner telle valeur que l'on veut, et on voit en même temps que, comme $\varphi = \frac{\rho\pi}{n+1}$, ce sinus ne changera pas de valeur si on y met $2\lambda(n+1) + r$ à la place de r, et deviendra simplement négatif si on y change r en $2\lambda(n+1) - r$, λ étant un nombre quelconque entier positif ou négatif. D'où il s'ensuit qu'en imaginant, suivant l'esprit du calcul, que la corde s'étende indéfiniment de part et d'autre, et qu'elle soit chargée, dans toute sa longueur, de corps égaux et placés à distances égales entre eux, les mouvemens de ces corps seront tels, qu'on aura toujours

$$\xi_{2\lambda(n+1) \pm r} = \pm\, \xi_r.$$

Or il est facile de voir que la formule $2\lambda(n+1) \pm r$ peut représenter tous les nombres entiers positifs ou négatifs, en supposant r compris entre 0 et $n+1$; car ayant un nombre entier quelconque, si on le divise par $2(n+1)$ jusqu'à ce que le reste, positif ou négatif, soit moindre que $n+1$, ce qui est toujours possible, et qu'on prenne λ pour le quotient et $\pm r$ pour le reste, ce nombre sera représenté par $2\lambda(n+1) \pm r$. Ainsi la valeur de ξ, relative à un corps quelconque placé sur la même ligne, à telle distance qu'on voudra de l'origine de l'axe l, se réduira toujours à la valeur de ξ pour un des corps placés sur cet axe.

Comme la relation que nous venons de trouver entre les différentes valeurs de ξ est générale, quel que soit le nombre r, si on y met $\lambda(n+1)+r$ à la place de r, et qu'on prenne les signes inférieurs, elle devient

$$\xi_{\lambda(n+1)-r} = -\xi_{\lambda(n+1)+r}.$$

D'où il est facile de conclure que si l'on imagine toute la longueur indéfinie de la corde divisée en parties égales à l'axe l de la corde donnée, les valeurs de ξ, dans chacune de ces parties, seront les mêmes, à égale distance des points de division, mais de signes différens dans les parties contiguës. Si donc on représente les valeurs de ξ pour tous les corps placés sur l'axe l, par les ordonnées des angles d'un polygone décrit sur cet axe, il n'y aura qu'à transporter ce polygone alternativement et symétriquement au-dessous et au-dessus de l'axe prolongé des deux côtés à l'infini, de manière que les côtés qui aboutissent aux points de division soient les mêmes, mais placés en sens contraire et dans la même direction; on aura ainsi à chaque instant les valeurs de ξ pour tous les corps qu'on supposera distribués sur la même ligne droite prolongée à l'infini, par les ordonnées des angles de ce polygone composé d'une infinité de branches. Ces valeurs seront nulles dans chaque point de division, de sorte que les corps placés dans ces points seront d'eux-mêmes immobiles; et c'est ainsi que le calcul satisfait à la condition, que les deux bouts de la corde donnée soient fixes.

Ce que nous venons de démontrer par rapport aux variables ξ, a lieu également pour les différentielles $\frac{d\xi}{dt}$; car en différentiant l'expression de ξ_r par rapport à t, on a une expression de $\frac{d\xi_r}{dt}$ à laquelle on peut appliquer les mêmes raisonnemens.

Donc les valeurs de α et de $\dot{\alpha}$, qui représentent celles de ξ et de $\frac{d\xi}{dt}$ au premier instant, et qui sont arbitraires pour tous les corps placés sur l'axe l, seront représentés par une pareille construction dans l'étendue de la corde de longueur indéfinie.

Comme les expressions des deux autres variables η et ζ ne different de celle de ξ que par les valeurs initiales β, $\dot{\beta}$ et γ, $\dot{\gamma}$, qui sont à la place de α, $\dot{\alpha}$, les mêmes résultats auront lieu aussi par rapport à ces autres variables.

38. On conclura donc en général, que si une corde tendue, d'une longueur quelconque, est chargée de corps égaux et placés à distances égales entre eux, et qu'ayant divisé cette corde en plusieurs parties égales, comprises chacune entre deux corps, tous les corps, à l'exception de ceux qui sont dans les points de division, soient ébranlés à-la-fois, de manière que l'ébranlement soit le même, mais dans un sens opposé, pour ceux qui sont à distances égales de part et d'autre de chaque point de division, les corps placés dans ces points de division demeureront immobiles d'eux-mêmes, et chaque partie de la corde aura le même mouvement que si elle était isolée, et que ses deux extrémités fussent absolument fixes.

Il résulte de là qu'une corde tendue, de la longueur l, fixe par ses deux extrémités, et chargée d'un nombre n de corps, étant divisée en ν parties égales, ν étant un diviseur de $n+1$, si l'état initial est tel, que les corps placés dans les points de division n'aient reçu aucun ébranlement, et que ceux qui sont en-deçà et en-delà d'un point de division à distances égales, aient reçu des ébranlemens égaux, mais en sens contraire, la corde oscillera comme si les points de division étaient fixes et que la corde n'eût que la longueur $\frac{l}{\nu}$.

39. La séparation des variables dans les équations en ξ, η, ζ, peut encore avoir lieu sans supposer que les corps soient disposés en ligne droite dans l'état d'équilibre, mais en supposant que leurs distances mutuelles ne varient pas dans le mouvement. Nous avons remarqué dans l'article 14, que ce cas dépend des mêmes formules générales, en y regardant la quantité Φ, et par conséquent aussi

la quantité F, comme indéterminées; et nous avons vu dans l'article 22, que l'on a alors l'équation de condition

$$\frac{Da}{Df}D\xi + \frac{Db}{Df}D\eta + \frac{Dc}{Df}D\zeta = 0,$$

laquelle fait disparaître, dans les équations générales de l'article 21, tous les termes multipliés par G.

En n'ayant égard qu'à la pesanteur des corps, et prenant l'axe des abscisses x et a, vertical et dirigé de bas en haut, on aura $\frac{d\Pi}{da}$ égale à la force accélératrice de la gravité, que nous désignerons par g, et de plus, $\frac{d\Pi}{db} = 0$, $\frac{d\Pi}{dc} = 0$; et les équations de l'article cité deviendront

$$\frac{d^2\xi}{dt^2}Dm - D_{\prime}\left(\frac{FD\xi}{Df}\right) = 0,$$

$$\frac{d^2\eta}{dt^2}Dm - D_{\prime}\left(\frac{FD\eta}{Df}\right) = 0,$$

$$\frac{d^2\zeta}{dt^2}Dm - D_{\prime}\left(\frac{FD\zeta}{Df}\right) = 0,$$

où les variables sont séparées.

La valeur de F sera (art. 22)

$$F = \sqrt{(gSDm + A)^2 + B^2 + C^2}.$$

Les équations en X, Y, Z deviendront donc (art. 23)

$$kXDm + D_{\prime}\left(\frac{FDX}{Df}\right) = 0,$$

$$kYDm + D_{\prime}\left(\frac{FDY}{Df}\right) = 0,$$

$$kZDm + D_{\prime}\left(\frac{FDZ}{Df}\right) = 0,$$

qui sont, comme l'on voit, tout-à-fait semblables entre elles; de sorte qu'on pourra supposer $X = Y = Z$, parce que les constantes arbitraires par lesquelles ces quantités peuvent différer, devant être déterminées

déterminées par les mêmes conditions, deviendront aussi les mêmes. Ainsi les valeurs de ξ, η, ζ données par les formules générales de l'article 30, ne seront différentes que par les valeurs initiales α, β, γ, $\dot{\alpha}$, $\dot{\beta}$, $\dot{\gamma}$, qui peuvent être quelconques.

Toute la difficulté se réduit donc à trouver l'expression générale de X; mais c'est à quoi on ne saurait parvenir par les méthodes connues.

Ce cas est celui d'un fil inextensible chargé de plusieurs poids et fixement arrêté dans ses deux extrémités.

40. Lorsque le fil n'est arrêté que par une de ses extrémités, que nous prendrons pour l'extrémité supérieure, le corps le plus bas devant être libre, il faudra, par l'article 17, que la valeur de Φ ou de F soit nulle à l'extrémité inférieure. Or en prenant cette extrémité pour l'origine des abscisses, que nous supposons dirigées de bas en haut, et y faisant commencer la somme SDm, la valeur de F y sera nulle, pourvu qu'on ait $A=0$, $B=0$, $C=0$. On aura ainsi $F=\mathrm{g}SD\mathrm{m}$.

Comme on a dans ce cas $\frac{d\Pi}{da}=\mathrm{g}$, $\frac{d\Pi}{db}=0$, $\frac{d\Pi}{dc}=0$, les équations de l'article 22 donneront $Da=Df$, $Db=0$, $Dc=0$, c'est-à-dire que les ordonnées b, c seront constantes; de sorte qu'on aura, pour l'état d'équilibre, une ligne droite parallèle à l'axe vertical des abscisses a. Ainsi on peut faire $b=0$, $c=0$, en prenant pour l'axe des a la verticale qui passe par le point de suspension du fil.

Ce cas, qui est celui des oscillations très-petites d'un fil suspendu à un point fixe, et chargé d'un nombre quelconque de poids, est aussi susceptible d'une solution générale lorsque les poids sont tous égaux entre eux, et placés à distances égales les uns des autres.

41. Dans ce dernier cas, en nommant n le nombre des corps, M la somme de leurs masses Dm, et l la longueur du fil, on a

$Dm = \frac{M}{n}$, $Df = Da = \frac{l}{n}$; et si on nomme, de plus, r le nombre des corps, à commencer du plus bas jusqu'à celui auquel répondent les variables ξ, η, ζ, on aura $SDm = (r-1)Dm = \frac{(r-1)M}{n}$; et de là on aura $F = \frac{g(r-1)M}{n}$.

L'équation en X de l'article 39 étant multipliée par $\frac{l}{gM}$ deviendra, en mettant X_r au lieu de X, et observant que ${}_{,}X$ devient X_{r-1}, et $X_{,}$ devient X_{r+1},

$$\frac{lk}{gn} X_r + D\left((r-1)DX_{r-1}\right) = 0,$$

savoir, en exécutant les différentiations indiquées par la caractéristique D, suivant la formule de l'article 16,

$$\frac{lk}{gn} X_r + (X_{r+1} - X_r) + (r-1)(X_{r-1} - 2X_r + X_{r+1}) = 0.$$

Cette équation, à cause du coefficient variable r, ne peut pas être traitée comme celles qui donnent les suites récurrentes ordinaires; mais on peut en déduire successivement les valeurs de X_2, X_3, etc.

Pour cela, il n'y a qu'à la mettre sous cette forme, où $h = \frac{lk}{gn}$,

$$X_{r+1} = \frac{2r-h-1}{r} X_r - \frac{r-1}{r} X_{r-1}.$$

De là, en faisant successivement $r = 1, 2, 3$, etc., on aura

$$X_2 = (1-h) X_1,$$

$$X_3 = \frac{3-h}{2} X_2 - \frac{1}{2} X_1 = \left(1 - 2h + \frac{h^2}{2}\right) X_1,$$

$$X_4 = \frac{5-h}{3} X_3 - \frac{2}{3} X_2 = \left(1 - 3h + \frac{3h^2}{2} - \frac{h^3}{2.3}\right) X_1,$$

$$X_5 = \left(1 - 4h + \frac{6h^2}{2} - \frac{4h^3}{2.3} + \frac{h^4}{2.3.4}\right) X_1;$$

et ainsi de suite ; de sorte qu'on aura en général,

$$X_{r+1} = \left(1 - rh + \frac{r(r-1)}{4} h^2 - \frac{r(r-1)(r-2)}{4 \cdot 9} h^3 + \text{etc.}\right) X_1.$$

L'extrémité supérieure du fil devant être fixe, on peut supposer qu'elle réponde au corps dont le rang serait $n+1$; ainsi il faudra que l'on ait $X_{n+1} = 0$, ce qui donne l'équation suivante, en remettant pour h sa valeur $\frac{lk}{gn}$,

$$1 - \frac{lk}{g} + \frac{(n-1)l^2k^2}{4ng^2} - \frac{(n-1)(n-2)l^3k^3}{4 \cdot 9n^2g^3} + \text{etc.} = 0,$$

laquelle sera, par rapport à k, du degré n, et donnera par conséquent les n valeurs de k, que nous désignerons en général par $k^{(\rho)}$.

42. Il n'y aura donc qu'à substituer dans les formules de l'art. 30, l'expression précédente de X_r à la place de X, de Y et de Z, et celle de $k^{(\rho)}$ à la place de k, et ensuite exécuter les sommations indiquées par les signes S et Σ. Mais il faut observer que dans le cas présent, où l'on suppose $Db = 0$, $Dc = 0$ (art. 40), l'équation de condition de l'article 39 donne $D\xi = 0$, et par conséquent $\xi =$ à une constante pour tous les corps, mais qui peut être une fonction de t ; donc on aura pour le commencement du mouvement, α et $\dot{\alpha}$ égales à des constantes ; or le premier corps étant supposé fixe, les valeurs initiales α et $\dot{\alpha}$ sont nulles pour ce corps ; donc elles seront aussi nulles pour tous les autres. Par conséquent l'expression générale de la variable ξ deviendra nulle. Cela a lieu en négligeant, comme nous l'avons fait, les carrés et les puissances supérieures des variables ξ, η, ζ supposées très-petites. En effet, l'équation $Ds = Df$ de l'article 19 donne, à cause de $Ds^2 = Dx^2 + Dy^2 + Dz^2$ et de $Db = 0$, $Dc = 0$, $Da^2 = (Da + D\xi)^2 + D\eta^2 + D\zeta^2$, d'où l'on tire

$$D\xi = -\frac{D\eta^2 + D\zeta^2}{2Da};$$

de sorte que les variables ξ seront du second ordre par rapport à η et ζ.

Désignons maintenant par Φr cette fonction de r,

$$1-(r-1)\times\frac{lk^{(\rho)}}{gn}+\frac{(r-1)(r-2)}{4}\times\left(\frac{lk^{(\rho)}}{gn}\right)^2$$
$$-\frac{(r-1)(r-2)(r-3)}{4\cdot 9}\times\left(\frac{lk^{(\rho)}}{gn}\right)^3+\text{etc.};$$

et mettons dans l'expression générale de la variable η de l'article 30, à l'imitation de ce que nous avons fait dans l'article 36, η_r au lieu de η, et Φr au lieu de Y dans les termes qui sont hors du signe S; mais dans ceux qui sont sous ce signe, nous changerons r en s, et nous mettrons β_s, $\dot{\beta}_s$ au lieu de β et $\dot{\beta}$. On aura ainsi, pour un corps quelconque dont le rang est r en montant,

$$\eta_r=\Sigma\left(\frac{\Phi r S(\Phi s\times\alpha_s)}{S(\Phi s)^2}\cos t\sqrt{k^{(\rho)}}\right)$$
$$+\Sigma\left(\frac{\Phi r S(\Phi s\times\dot{\alpha}_s)}{S(\Phi s)^2\cdot\sqrt{k^{(\rho)}}}\sin t\sqrt{k^{(\rho)}}\right),$$

où le signe S exprime la somme des termes qui répondent à $s=1, 2, 3$, etc., n, et le signe Σ représente la somme des termes qui répondent à $\rho=1, 2, 3$, etc., n, en supposant que $k^{(1)}$, $k^{(2)}$, $k^{(3)}$, etc., $k^{(n)}$ soient les racines de l'équation en $k^{(\rho)}$, représentée par $\Phi(n+1)=0$.

On aura une expression tout-à-fait semblable pour la variable ζ_r, en changeant simplement β_s, $\dot{\beta}_s$ en γ_s, $\dot{\gamma}_s$.

Le problème des oscillations infiniment petites d'un fil chargé d'un nombre quelconque de poids égaux, est donc complètement résolu; il ne reste qu'à déterminer les racines de l'équation en $k^{(\rho)}$, ce qui ne paraît pas possible en général.

43. Au reste, quoiqu'on ne puisse pas déterminer ces racines, on peut néanmoins être assuré qu'elles doivent être toutes réelles,

positives et inégales; autrement les valeurs de ξ, η, ζ contiendraient des termes qui iraient en augmentant avec le temps, ce qui ne peut être, puisqu'il est évident, par la nature du problème, que les oscillations du fil doivent toujours être de peu d'étendue, si les valeurs initiales de ξ, η, ζ sont très-petites.

Le contraire aurait lieu si on supposait la quantité g, qui exprime la gravité, négative, c'est-à-dire, agissant en sens opposé; car ce serait le cas où le point de suspension du fil vertical étant placé à son extrémité inférieure, le fil culbuterait, pour peu qu'il fût déplacé de la situation verticale. En effet, en faisant g négative dans l'équation en k, tous ses termes deviennent positifs, de sorte qu'elle ne peut avoir que des racines imaginaires ou réelles négatives.

On peut aussi trouver ces résultats *à priori*, par les principes établis dans l'article 8, ce qui peut servir à montrer la justesse de ces principes. En effet, si on a égard à la condition de l'inextensibilité du fil, laquelle donne (art. précéd.), en prenant les sommes comptées du corps le plus bas,

$$\xi = \xi_1 - S\,\frac{D\eta^2 + D\zeta^2}{2Da},$$

la valeur de V sera simplement $S\Pi Dm$, et l'on aura $\Pi = gx = ga + g\xi$.

Mais puisque le corps le plus haut qui répond à $n+1$ est supposé fixe, la valeur de ξ y devra être nulle; ainsi on aura

$$\xi_1 = \left(S\,\frac{D\eta^2 + D\zeta^2}{2Da}\right),$$

en supposant que la somme renfermée entre deux crochets soit la somme totale. Donc on aura

$$\xi = S'\,\frac{D\eta^2 + D\zeta^2}{2Da},$$

où le signe S' dénote les sommes prises à rebours, à commencer par le corps le plus haut, et qui sont les différences de la somme totale, et des sommes partielles dénotées par S, lesquelles doivent commencer au corps le plus bas, où est l'origine des abscisses.

On aura donc ainsi

$$V = gSaDm + gSDmS' \frac{D\eta^2 + D\zeta^2}{2Da},$$

où l'on voit que la partie de V qui contient les secondes dimensions des variables η et ζ, qui sont maintenant indépendantes, est nécessairement toujours positive, et que par conséquent les racines de l'équation en k seront toutes réelles, positives et inégales. Ce serait le contraire si on donnait à g une valeur négative.

§ IV.

Sur les vibrations des cordes sonores, regardées comme des cordes tendues, chargées d'une infinité de petits poids infiniment proches l'un de l'autre; et sur la discontinuité des fonctions arbitraires.

44. La solution générale que nous avons donnée du problème des cordes vibrantes a lieu quel que soit le nombre n des corps mobiles, et quel que soit aussi leur état initial; par conséquent elle doit s'appliquer aussi au cas où le nombre n deviendrait infiniment grand, et les intervalles entre les corps diminueraient à l'infini, de manière que la longueur de la corde restât la même; alors le mouvement de chaque corps se trouvera représenté par une série infinie de termes dont la somme sera équivalente à une fonction finie, différente de celle de chacun de ses termes. Ce cas est celui d'une corde sonore uniformément épaisse; et on a coutume de le résoudre directement par le calcul différentiel; cependant il peut être intéressant pour l'analyse de faire voir comment on peut le déduire de la solution générale, surtout parce que de cette manière on sera assuré d'avoir une solution applicable à quelque figure que la corde puisse avoir au commencement de son mouvement.

45. Nous remarquerons d'abord qu'en supposant n infini, la valeur de $\sqrt{k}$ (art. 34) devient $\sqrt{\frac{F'}{lM}} \times \rho\pi$, parce que la dernière

limite de $2(n+1)\sin\frac{\rho\pi}{2(n+1)}$ est $\rho\pi$; de sorte que les racines de l'équation en k qui étaient toutes incommensurables entre elles, tant que le nombre n des corps mobiles était fini, deviennent toutes commensurables lorsque n est infini, ayant pour commune mesure $\pi\sqrt{\frac{F'}{lM}}$ dans les excursions longitudinales ξ, et $\pi\sqrt{\frac{F}{lM}}$ dans les excursions transversales η et ζ; d'où il suit que la corde reprendra toujours sa première figure par rapport à l'axe, au bout d'un temps $=2\sqrt{\frac{lM}{F}}$, quel que puisse être son état initial.

Il est vrai que le nombre ρ pouvant aussi devenir infini, il y aurait des cas où l'on ne pourrait plus supposer $2(n+1)\sin\frac{\rho\pi}{2(n+1)}=\rho\pi$; mais comme cela ne peut avoir lieu qu'après un nombre infini de termes dans les séries infinies marquées par Σ, il s'ensuit de la théorie connue de ces séries, que ces cas particuliers ne sont point une exception au résultat général.

On peut d'ailleurs s'en convaincre directement; car dans le cas de n infini, les différences finies marquées par D deviennent infiniment petites; ainsi l'équation en X de l'article 33 devient, en changeant D en d, et mettant pour $n+1$ sa valeur $\frac{l}{da}$,

$$\frac{Mk}{lF'}X+\frac{d^2X}{da^2}=0,$$

laquelle étant intégrée donne

$$X=H\sin\left(a\sqrt{\frac{Mk}{lF'}}+\varepsilon\right).$$

Il faut que X soit nul lorsque $a=0$, et lorsque $a=l$, parce que les deux extrémités de la corde sont fixes; la première condition donne $\varepsilon=0$, et la seconde donne $l\sqrt{\frac{Mk}{lF'}}=\rho\pi$, d'où l'on tire $\sqrt{k}=\rho\pi\sqrt{\frac{F'}{lM}}$, comme plus haut.

On n'a donc pas besoin, dans ce cas, pour que la corde revienne toujours à son premier état, de supposer qu'elle ne fasse que des oscillations simples et semblables à celles d'un pendule, comme dans l'article 35; car quel que soit son état initial, on est assuré que ses vibrations seront toujours isochrones entre elles, et sinchrones à celles d'un pendule simple de longueur $= \frac{g}{k}$; mais la loi de ces vibrations sera différente de celle des vibrations des pendules, et dépendra de l'état initial de la corde.

Pour connaître cette loi, il faut voir ce que deviennent les expressions générales de ξ, η, ζ dans le cas de n infini; c'est ce que nous allons examiner.

46. Faisons dans la formule générale de l'article 36 les substitutions de $\frac{\rho\pi}{n+1}$ à la place de φ et de $\frac{\rho\pi}{2(n+1)}$ à la place de $\sin\frac{\varphi}{2}$, en supposant n infini; et au lieu des exposans ou indices r et s qui dénotent le rang des corps auxquels appartiennent les variables ξ et α, employons, ce qui est plus simple, les parties mêmes de l'axe ou les abscisses qui répondent à ces corps, en dénotant par x l'abscisse relative à ξ, et par a l'abscisse relative à α et à $\dot{\alpha}$. Comme la longueur totale de la corde est supposée égale à l, on aura $\frac{r}{n+1} = \frac{x}{l}$, $\frac{s}{n+1} = \frac{a}{l}$, $n+1 = \frac{l}{Da}$; et la formule dont il s'agit donnera cette expression générale des excursions longitudinales ξ,

$$\xi = 2\Sigma \sin\frac{\rho\pi x}{l} \times \left(A^{(\rho)}\cos(\rho\pi h't) + \dot{A}^{(\rho)}\frac{\sin(\rho\pi h't)}{\rho\pi h'}\right),$$

en faisant

$$A^{(\rho)} = S\left(\sin\frac{\rho\pi a}{l} \times \frac{\alpha Da}{l}\right),$$

$$\dot{A}^{(\rho)} = S\left(\sin\frac{\rho\pi a}{l} \times \frac{\dot{\alpha} Da}{l}\right).$$

Le signe Σ dénote ici une suite infinie de termes qui répondent à $\rho = 1, 2, 3$, etc. à l'infini; et le signe S dénote d'autres suites

infinies

infinies de termes qui répondent à toutes les valeurs de a, Da, $2Da$, $3Da$, etc. à l'infini, à cause de Da infiniment petit.

On aura de pareilles expressions pour les excursions transversales η et ζ, en changeant h' en h et α, $\dot{\alpha}$ en β, $\dot{\beta}$, et en γ, $\dot{\gamma}$.

47. Daniel Bernoulli, en généralisant la solution du problème des cordes vibrantes, donnée par Taylor, était parvenu à une formule semblable à la précédente, mais dans laquelle les coefficiens $\dot{A}^{(\rho)}$ étaient nuls, et les coefficiens $A^{(\rho)}$ dénotaient simplement des constantes arbitraires dépendantes de la figure initiale de la corde (Mém. de Berlin, 1753); et il avait cru pouvoir expliquer, par les différens termes de sa formule, les sons harmoniques qu'une corde sonore fait entendre, avec le son principal. Notre formule dans laquelle ces coefficiens sont exprimés par les valeurs initiales α, $\dot{\alpha}$, nous met en état d'apprécier cette explication, qui a été adoptée par plusieurs autres auteurs après lui.

En effet, il est facile de voir que le son principal de la corde, sera donné par le premier ou les deux premiers termes de la série qui répondent à $\rho=1$, et que les sons harmoniques successifs, c'est-à-dire, l'octave, la douzième, la double octave, la dix-septième, etc., seront données par les termes suivans qui répondent à $\rho=2, 3, 4, 5$, etc. Donc pour que le son principal domine parmi tous les autres, et qu'il n'y ait que les premiers des harmoniques qui se fassent entendre en même temps, il faut supposer que les coefficiens $A^{(1)}$, $\dot{A}^{(1)}$ soient beaucoup plus grands que tous les autres pris ensemble, et que les coefficiens suivans :

$$A^{(2)},\ A^{(3)},\ A^{(4)},\ \text{etc.},\ \dot{A}^{(2)},\ \dot{A}^{(3)},\ \dot{A}^{(4)},\ \text{etc.},$$

forment des séries extrêmement convergentes. Mais par la manière dont ces coefficiens dépendent des valeurs initiales α et $\dot{\alpha}$, on voit que cette supposition est inadmissible, en regardant l'état initial de la corde comme arbitraire ; on voit même que dans la plupart des cas, ces coefficiens formeront des séries divergentes, ce qui n'empêchera pas que la corde ne fasse des vibrations isochrones ou d'égale durée, seule condition nécessaire pour la formation d'un ton.

48. Quoique les formules de l'article 46 donnent rigoureusement le mouvement de la corde au bout d'un temps quelconque t, les séries infinies qui entrent dans ces formules empêchent néanmoins qu'elles ne représentent ce mouvement d'une manière nette et sensible; mais en envisageant sous un autre point de vue la formule générale de l'article 36, on peut en tirer une construction simple et uniforme pour déterminer l'état de la corde à chaque instant, quel que puisse être son état initial.

Reprenons cette formule, et mettons-la sous la forme suivante, ce qui est permis à cause de l'indépendance des signes sommatoires S et Σ,

$$\xi_r = S\alpha_s \Sigma \left[\frac{2\sin r\varphi}{n+1} \sin s\varphi \times \cos\left(2(n+1)h't\sin\frac{\varphi}{2}\right)\right]$$

$$+ S\dot{\alpha}_s \Sigma \left[\frac{2\sin r\varphi}{n+1} \sin s\varphi \times \frac{\sin\left(2(n+1)h't\sin\frac{\varphi}{2}\right)}{(n+1)h'\sin\frac{\varphi}{2}}\right].$$

Nous tirerons d'abord de cette formule une conséquence qui nous sera fort utile. Comme on a supposé que α est la valeur initiale de ξ (art. 29), il faut qu'en faisant $t=0$ dans l'expression précédente de ξ_r elle se réduise à α_r, et qu'on ait par conséquent cette équation identique,

$$\alpha_r = S\alpha_s \Sigma \frac{2\sin r\varphi}{n+1} \sin s\varphi.$$

Il est évident que le second membre de cette équation ne peut se réduire à α_r, à moins que l'on n'ait en général

$$\Sigma \frac{2\sin r\varphi}{n+1} \sin s\varphi = 0,$$

tant que s est différent de r; et que, lorsque $s=r$, on ait

$$\Sigma \frac{2\sin r\varphi}{n+1}\sin r\varphi = 1,$$

φ étant $=\frac{\rho\pi}{n+1}$, et le signe Σ étant rapporté aux valeurs successives 1, 2, 3, etc. n de ρ; ce qui donne une série formée des produits de sinus d'angles multiples de $\frac{r\pi}{n+1}$, et $\frac{s\pi}{n+1}$, dont la somme devra être toujours nulle dans le premier cas, et égale à 1 dans le second. C'est aussi ce qu'on peut démontrer directement par les formules connues, pour la sommation de ces sortes de suites.

Dans ces formules, r et s sont supposés des nombres quelconques entiers compris entre 0 et $n+1$; mais à cause de $\varphi=\frac{\rho\pi}{n+1}$, ρ étant aussi un nombre entier, si on met $2\lambda(n+1)\pm r$ à la place de r, λ étant un nombre quelconque entier positif ou négatif, on aura $\sin(2\lambda(n+1)\pm r)\varphi=\pm\sin r\varphi$; par conséquent on aura en général

$$\Sigma\left(\frac{2\sin(2\lambda(n+1)\pm r)\varphi}{n+1}\sin s\varphi\right)=\pm 1 \text{ ou } =0,$$

selon que s sera $=r$ ou non.

La formule $2\lambda(n+1)\pm r$ peut représenter tous les nombres entiers positifs ou négatifs, comme nous l'avons vu dans l'art. 37; ainsi ayant un nombre quelconque entier N, on peut faire $N=2\lambda(n+1)\pm r$, ce qui donnera $r=\pm\big(N-2\lambda(n+1)\big)$, et l'on aura en général, quel que soit N,

$$\Sigma\,\frac{\sin N\varphi\times\sin s\varphi}{n+1}=\pm\tfrac{1}{2} \text{ ou } =0,$$

selon que s sera $=\pm\big(N-2\lambda(n+1)\big)$ ou non, s etant un nombre entier entre 0 et $n+1$.

49. Cela posé, comme l'expression de ξ_r est composée de deux

parties, dont la première contient les valeurs initiales α de la variable ξ, et dont la seconde contient les valeurs initales $\dot{\alpha}$ des différentielles $\frac{d\xi}{dt}$, nous considérerons ces deux parties séparément, et nous désignerons la première par ξ'_{r} et la seconde par ξ''_{r}, de manière que l'on ait $\xi_{r} = \xi'_{r} + \xi''_{r}$.

En supposant n infini, l'angle $\varphi = \frac{\rho\pi}{n+1}$ devient infiniment petit, et $\sin\frac{\varphi}{2}$ se réduit à $\frac{\varphi}{2}$ (art. 46). Faisant cette substitution dans l'expression de ξ'_{r}, on aura (art. 48)

$$\xi'_{r} = S\alpha_{,}\Sigma\frac{2}{n+1}\sin r\varphi \sin s\varphi \cos(n+1)h't\varphi\,;$$

et développant le produit $\sin r\varphi \times \cos(n+1)h't\varphi$,

$$\xi'_{r} = S\alpha_{,}\Sigma\left(\frac{\sin(r+(n+1)h't)\varphi}{n+1}\sin s\varphi\right),$$
$$+\ S\alpha_{,}\Sigma\left(\frac{\sin(r-(n+1)h't)\varphi}{n+1}\sin s\varphi\right).$$

Comme n est supposé un nombre infiniment grand, on pourra toujours regarder comme un nombre entier le nombre $(n+1)h't$, quel que puisse être le nombre exprimé par $h't$.

Ainsi en faisant dans la dernière formule de l'article précédent, $N = r + (n+1)h't$, on aura

$$S\alpha_{,}\Sigma\left(\frac{\sin(r+(n+1)h't)\varphi}{n+1}\sin s\varphi\right) = \pm\tfrac{1}{2}\alpha_{,},$$

où
$$s = \pm\big(r + (n+1)h't - 2\lambda(n+1)\big);$$

et faisant $N = r - nh't$, on aura pareillement

$$S\alpha_{,}\Sigma\,\frac{\sin(r-(n+1)h't)\varphi}{n+1}\sin s\varphi\Big) = \pm\tfrac{1}{2}\alpha_{,'}\,;$$

où
$$s' = \pm\big(r - (n+1)h't - 2\lambda'(n+1)\big),$$

λ et λ' étant des nombres entiers quelconques, ou zéro.

Donc réunissant ces deux valeurs, on aura simplement

$$\xi_r = \tfrac{1}{2}(\pm \alpha_s \pm \alpha_{s'}),$$

où les signes ambigus de α_s et de $\alpha_{s'}$ répondent à ceux des valeurs de s et de s'.

50. Mais à la place des exposans ou indices r et s qui dénotent le rang des corps auxquels appartiennent les variables ξ et α, il est plus commode d'employer les parties mêmes de la corde comprises entre la première extrémité fixe et ces mêmes corps.

Désignons, comme dans l'article 46, par x la partie de l'axe ou l'abscisse qui répond à ξ, et par a celle qui répond à α; la longueur de la corde étant l, on aura $\frac{r}{n+1} = \frac{x}{l}$, $\frac{s}{n+1} = \frac{a}{l}$; et de même $\frac{s'}{n+1} = \frac{a'}{l}$, ce qui donne

$$r = \frac{(n+1)x}{l}, \quad s = \frac{(n+1)a}{l}, \quad s' = \frac{(n+1)a'}{l};$$

et à la place de ξ'_r, α_s, $\alpha_{s'}$, on pourra écrire simplement ξ'_x, α_a, $\alpha_{a'}$.

Substituant ces valeurs de r, s, s' dans les valeurs de s et s' de l'article précédent, multipliant par l, et divisant $n+1$, on aura

$$a = \pm (x + lh't - 2\lambda l),$$
$$a' = \pm (x - lh't - 2\lambda' l),$$
$$\xi'_x = \tfrac{1}{2}(\pm \alpha_a \pm \alpha_{a'}),$$

les signes ambigus de α_a et $\alpha_{a'}$ répondant à ceux de a et de a'; et on déterminera ces signes, ainsi que les valeurs de a et de a', par la condition que ces valeurs soient positives et moindres que l.

51. Représentons par A et A' les valeurs de $\pm\alpha_a$ et $\pm\alpha_{a'}$, ensorte que l'on ait en général,

$$\xi'_x = \frac{A + A'}{2}.$$

Donc 1°. si $x + lh't$ est entre o et l, on prendra $a = x + lh't$ et $A = + \alpha_a$.

2°. Si $x+lh't$ est entre l et $2l$, on prendra $a=-(x+lh't-2l)$ et $A=-\alpha_a$.

3°. Si $x+lh't$ est entre $2l$ et $3l$, on prendra $a=x+lh't-2l$ et $A=+\alpha_a$. Et ainsi de suite.

De même, 1°. si $x-lh't$ est entre l et o, on prendra $a'=x-lh't$ et $A'=\alpha_a$.

2°. Si $x-lh't$ est entre o et $-l$, on prendra $a'=-(x-lh't)$ et $A'=-\alpha_{a'}$.

3°. Si $x-lh't$ est entre $-l$ et $-2l$, on prendra $a'=x-lh't+2l$ et $A'=\alpha_{a'}$. Et ainsi de suite.

On voit que ces différens cas se réduisent à déterminer les abscisses a ou a', en ajoutant ou en retranchant de l'abscisse x la ligne $lh't$, de manière que lorsqu'elle passera l'une ou l'autre extrémité de l'axe l, elle soit repliée en arrière et comme réfléchie par des obstacles placés à ces deux extrémités, et à prendre l'ordonnée correspondante α_a ou $\alpha_{a'}$ positive, si le nombre des réflexions est pair, ou négative, si ce nombre est impair.

52. Mais il est encore plus simple de continuer la courbe des α sur le même axe l prolongé des deux côtés, de manière qu'on ait directement les ordonnées α_a et $\alpha_{a'}$ qui répondent aux abscisses $x+lh't$ et $x-lh't$.

Pour cela, ayant décrit sur l'axe l le polygone d'une infinité de côtés, ou la courbe dont les coordonnées sont α_x, pour une abscisse quelconque x, et qui sera donnée par les valeurs initiales des excursions ξ_x de tous les points de la corde; il n'y aura qu'à transporter cette même courbe alternativement au-dessous et au-dessus du même axe prolongé indéfiniment des deux côtés, de manière qu'il en résulte une courbe continue formée de branches égales situées symétriquement autour de l'axe et se joignant par les mêmes extrémités, dans laquelle les ordonnées prises à distances égales de part et d'autre de chacune des deux extrémités de l'axe l, soient toujours égales entre elles et de signe contraire.

En prenant dans cette courbe les ordonnées qui répondent aux abscisses $x+lh't$ et $x-lh't$, on aura les valeurs de A et de A', et la variable ξ'_x sera représentée, au bout d'un temps quelconque t, par la formule

$$\xi'_x = \tfrac{1}{2}(\alpha_{x+lh't} + \alpha_{x-lh't}).$$

On aurait pu déduire tout de suite cette continuation de la courbe qui représente les valeurs de α, de ce que nous avons démontré en général dans l'article 37, en supposant que la corde, au lieu d'être terminée aux deux points fixes, s'étende de part et d'autre à l'infini; le polygone que nous avons imaginé dans cet article deviendra ici une courbe continue, laquelle étant appliquée au premier instant du mouvement, sera la courbe des valeurs de α prolongée à l'infini.

53. Considérons maintenant la seconde partie de ξ_r, que nous désignons par ξ''_r, et qui est représentée par la formule (art. 46)

$$\xi''_r = S\dot{\alpha}_s\Sigma\left[\frac{2\sin r\varphi}{n+1}\sin s\varphi \times \frac{\sin\left(2(n+1)h't\sin\frac{\varphi}{2}\right)}{2(n+1)h'\sin\frac{\varphi}{2}}\right].$$

Il faut commencer par la délivrer du dénominateur $\sin\frac{\varphi}{2}$, pour la rendre semblable à celle de ξ'_r et susceptible des mêmes réductions.

Pour cela, je prends la différence $D.\xi''_r$, et comme l'exposant r n'entre que dans $\sin r\varphi$, il suffira d'affecter ce sinus de la caractéristique D.

Or, par les théorèmes connus, on a

$$D.\sin r\varphi = \sin(r+1)\varphi - \sin r\varphi = 2\sin\frac{\varphi}{2}\cos(r+\tfrac{1}{2})\varphi.$$

Substituant donc cette valeur dans l'expression de $D\xi''_{r}$, on aura

$$D.\xi''_{r} = \frac{1}{(n+1)h'} S\dot{\alpha}_{,}\Sigma\left[\frac{2\cos(r+\frac{1}{2})\varphi}{(n+1)}\sin s\varphi\sin\left(2(n+1)h't\sin\frac{\varphi}{2}\right)\right].$$

Faisant, pour le cas de n infini, $\sin\frac{\varphi}{2} = \frac{\varphi}{2}$, et développant le produit $\cos(r+\frac{1}{2})\varphi \times \sin(n+1)h't\varphi$, on aura

$$D\xi''_{r} = \frac{1}{(n+1)h'} S\dot{\alpha}_{,}\Sigma \frac{\sin(r+(n+1)h't+\frac{1}{2})\varphi}{n+1}\sin s\varphi$$

$$-\frac{1}{(n+1)h'} S\dot{\alpha}_{,}\Sigma \frac{\sin(r-(n+1)h't+\frac{1}{2})\varphi}{n+1}\sin s\varphi.$$

Cette expression de $D\xi''_{r}$ est composée de deux parties semblables à celles de ξ'_{r} (art. 49); on peut donc y appliquer les mêmes raisonnemens, et la ramener à une construction semblable.

Ayant donc tracé sur l'axe l le polygone d'une infinité de côtés, ou la courbe dont les ordonnées pour chaque abscisse x soient $\dot{\alpha}_{x}$, et qui sera donnée par les vîtesses initiales $\dot{\alpha}$, on la transportera alternativement au-dessous et au-dessus du même axe prolongé indéfiniment des deux côtés, de manière que l'on ait une courbe continue semblable à celle de l'article précédent. Alors en mettant $\frac{l}{Dq}$ ou $\frac{l}{Dx}$ à la place de $n+1$, et négligeant comme nul le terme $\frac{1}{2(n+1)}$ vis-à-vis de x, on trouvera

$$D\xi''_{x} = \frac{Dx}{2lh'}(\dot{\alpha}_{x+lh't} - \dot{\alpha}_{x-lh't});$$

et passant des différences aux sommes,

$$\xi''_{x} = \frac{1}{2lh'}S(\dot{\alpha}_{x+lh't} - \dot{\alpha}_{x-lh't})\,Dx.$$

54. Ces sommes ou ces intégrales représentent, comme l'on voit, des aires de la courbe dont les ordonnées sont $\dot{\alpha}$; et il faut que ces aires ne commencent qu'aux points où $x=0$, et où les abscisses sont $lh't$ et $-lh't$; mais il est plus commode de les faire commencer a l'origine commune des abscisses, qui est l'extrémité

trémité antérieure de l'axe l. Pour cela il faudra retrancher de l'aire qui commence à ce point, et qui répond à l'abscisse $x + lh't$, l'aire qui répond à l'abscisse $lh't$, pour que l'aire restante ne commence qu'au point où $x = 0$; et quant à l'aire qui répondra à l'abscisse $x - lh't$, il faudra y ajouter l'aire relative à $-lh't$, pour en rapporter le commencement au même point de l'origine des abscisses.

Dénotons en général par $(\int \dot{\alpha} dx)_x$ toute aire qui commence à cette origine et qui répond à une abscisse quelconque x; d'après ce que nous venons de dire, on aura, dans l'expression de ξ''_x,

$$S\dot{\alpha}_{x+lh't}Dx = (\int \dot{\alpha} dx)_{x+lh't} - (\int \dot{\alpha} dx)_{lh't},$$

$$S\dot{\alpha}_{x-lh't}Dx = (\int \dot{\alpha} dx)_{x-lh't} + (\int \dot{\alpha} dx)_{-lh't}.$$

On substituera donc ces valeurs, et on remarquera qu'on a en général

$$(\int \dot{\alpha} dx)_{lh't} + (\int \dot{\alpha} dx)_{-lh't} = 0,$$

puisque par la nature de la courbe des $\dot{\alpha}$, les ordonnées qui répondent à des abscisses égales, mais de signe différent, sont aussi égales et de signe différent; de sorte qu'on a constamment $\dot{\alpha}_{lh't} + \dot{\alpha}_{-lh't} = 0$.

Donc on aura simplement (art. précéd.)

$$\xi''_x = \frac{1}{2lh'}\left((\int \dot{\alpha} dx)_{x+lh't} - (\int \dot{\alpha} dx)_{x-lh't}\right).$$

55. Donc enfin réunissant les valeurs de ξ'_x et de ξ''_x, on aura cette expression générale de ξ_x, au bout d'un temps quelconque t,

$$\xi_x = \frac{1}{2}(\alpha_{x+lh't} + \alpha_{x-lh't})$$
$$+ \frac{1}{2lh'}\left((\int \dot{\alpha} dx)_{x+lh't} - (\int \dot{\alpha} dx)_{x-lh't}\right).$$

On aura des expressions semblables pour les variables η_x, ζ_x, en changeant seulement h' en h et α, $\dot{\alpha}$ en β, $\dot{\beta}$ et γ, $\dot{\gamma}$, et en supposant qu'on ait tracé de la même manière les courbes correspondantes aux valeurs initiales β, $\dot{\beta}$ et γ, $\dot{\gamma}$.

Ayant ainsi les excursions longitudinales ξ_x et les excursions latérales η_x, ζ_x de chaque point de la corde qui répond à l'abscisse x prise dans l'axe, on connaîtra l'état de la corde au bout d'un temps quelconque t écoulé depuis le commencement du mouvement, et comme les valeurs initiales α, β, γ, ainsi que $\dot{\alpha}$, $\dot{\beta}$, $\dot{\gamma}$, sont absolument arbitraires, on voit que rien ne pourra limiter cette solution, tant que les courbes formées d'après ces valeurs auront une courbure continue et ne formeront point d'angles finis, ce qui produirait des sauts dans les expressions des vîtesses et des forces accélératrices.

On a supposé (art. 35) $h = \sqrt{\frac{F}{lM}}$, $h' = \sqrt{\frac{F'}{lM}}$, l étant la longueur de la corde, et M la masse de tous les poids dont elle est chargée (art. 33); ainsi M sera la masse ou le poids de toute la corde qui est supposée uniformément épaisse; de sorte que si on nomme P sa pesanteur spécifique qui dépend de la densité et de la grosseur, on aura $M = lP$; par conséquent on aura

$$h = \frac{1}{l}\sqrt{\frac{F}{P}}, \qquad h' = \frac{1}{l}\sqrt{\frac{F'}{P}}.$$

A l'égard des quantités F et F', nous avons vu que ce sont deux constantes, dont l'une, F, exprime la tension de la corde, et est par conséquent proportionnelle au poids qui la tend; mais F' dépend de la loi de cette tension, relativement à l'extension de la corde (art. 32).

56. Pour peu qu'on examine la nature des courbes qui représentent les valeurs de α et $\dot{\alpha}$, il est facile de voir que les ordonnées éloignées entre elles de l'intervalle $2l$, seront toujours

égales et de même signe, et que les aires qui se termineront à ces ordonnées seront aussi égales entre elles, parce que toute aire qui répond à un intervalle $2l$, pris dans un endroit quelconque de l'axe prolongé à l'infini, est toujours nulle, étant composée de deux parties égales entre elles, mais de signe contraire.

Il suit de là que la valeur de ξ_x demeurera la même si on augmente le temps t de la quantité $\frac{2}{h'}$ ou d'un multiple quelconque de cette quantité; donc les excursions longitudinales de la corde reviendront les mêmes au bout d'un intervalle de temps égal à $\frac{2}{h'}$, ou $2l\sqrt{\frac{P}{F'}}$; c'est la durée des vibrations longitudinales.

Il en sera de même des valeurs de η_x et de ζ_x, en changeant h' en h, c'est-à-dire F' en F; ainsi la durée des vibrations transversales sera $2l\sqrt{\frac{P}{F}}$.

Tous les Auteurs qui ont traité jusqu'à présent des vibrations des cordes sonores, n'ont considéré que les vibrations transversales, et ils ont trouvé pour leur durée la même formule que nous venons de donner.

A l'égard des vibrations longitudinales, M. Chladni est le seul, que je sache, qui en ait fait mention dans son intéressant Traité d'Acoustique (§ 43.); il donne le moyen de les produire sur une corde de violon, et il remarque que le ton qu'elles rendent n'est pas le même que celui des oscillations transversales, d'où il suit que F' est différent de F; par conséquent, dans l'hypothèse très-vraisemblable que la force élastique par laquelle chaque élément de la corde résiste à être alongée, ou tend à se raccourcir, soit proportionnelle à la puissance m de cet élément, c'est-à-dire qu'on ait $\Phi = K(Ds)^m$ (art. 14), il faudra que m soit différent de l'unité (art. 32); et si, comme M. Chladni paraît l'insinuer, le ton longitudinal est toujours plus élevé que le transversal, il faudra que $F' > F$, et par conséquent $m > 1$.

57. Nous avons vu (art. 36) qu'une corde tendue, de la longueur l et chargée de n corps, peut se mouvoir comme si elle n'avait qu'une longueur $\frac{l}{\nu}$, ν étant un diviseur de $n+1$. Lorsque n est un nombre infini, ν peut être un nombre entier quelconque; ainsi une corde sonore de la longueur l pourra osciller comme une corde dont la longueur serait $\frac{l}{\nu}$, c'est-à-dire, une partie aliquote de l, et la durée de ses oscillations se réduira alors à $\frac{2l}{\nu}\sqrt{\frac{P}{F'}}$ pour les oscillations longitudinales, et à $\frac{2l}{\nu}\sqrt{\frac{P}{F}}$ pour les oscillations transversales.

En effet, si les valeurs initiales et arbitraires α et $\dot{\alpha}$ sont telles, que les courbes ou les lieux de ces valeurs sur l'axe l, coupent cet axe en deux ou en ν parties égales, et que les branches qui répondent à ces parties soient les mêmes, mais situées alternativement au-dessus et au-dessous de l'axe, de manière qu'à distances égales de part et d'autre de chacun de ces points d'intersection, les ordonnées soient égales et de signe contraire; ces courbes étant ensuite prolongées à l'infini, suivant la construction de l'article 49, auront la même forme que si elles provenaient d'une corde dont la longueur ne serait que $\frac{l}{\nu}$, et l'expression générale de ξ_x (art. 52) fait voir que les valeurs de ξ qui répondent aux points d'intersection sont toujours nulles, de sorte que la corde, dans ses oscillations longitudinales, se partagera d'elle-même en autant de parties égales, qui oscilleront comme si leurs extrémités étaient fixes.

Il en sera de même par rapport aux oscillations transversales représentées par les variables η et ζ.

58. Comme le ton que donne une corde sonore ne dépend que de la durée de ses oscillations isochrones, laquelle, pour une même corde tendue, est proportionnelle à sa longueur, il s'ensuit qu'une corde, en se partageant ainsi d'elle-même en parties aliquotes,

rendra des tons qui seront au ton principal, dans lequel l'oscillation est entière, comme les fractions qui expriment ces parties sont à l'unité. Ainsi, si la corde se partage en deux, trois, quatre, etc. parties égales, ces tons seront exprimés par les fractions $\frac{1}{2}$, $\frac{1}{3}$, $\frac{1}{4}$, $\frac{1}{5}$, etc., et seront par conséquent à l'octave, à la douzième, à la double octave, à la dix-septième, etc. du ton fondamental.

On appelle ces tons qu'une même corde peut donner d'elle-même, *tons harmoniques*, et on sait qu'on peut les produire à volonté, en touchant légérement la corde pendant sa vibration, dans un des points de division qu'on nomme *nœuds de vibration*, d'après Sauveur, qui a expliqué le premier, par ces nœuds, les sons harmoniques de la trompette marine et des autres instrumens, dans les Mémoires de l'Académie des Sciences de 1701. Wallis les avait déjà observés dans les cordes qui sont à l'octave, à la douzième, à la double octave, etc., au-dessous d'une autre corde qu'on fait résonner, et qui frémissent en se divisant naturellement en deux, trois, quatre, etc. parties égales, dont chacune donnerait le même ton que la corde qu'on fait résonner. Voyez le chapitre 107 de son Algèbre.

59. La théorie et l'expérience sont bien d'accord sur la production des sons harmoniques; mais il n'est pas aussi facile de rendre raison de ce qu'on appelle, d'après Rameau qui en a fait la base de son système, la *résonnance du corps sonore*, et qui consiste dans la réunion des sons harmoniques avec le son principal de toute corde qu'on fait résonner d'une manière quelconque.

Si ces sons harmoniques sont en effet produits par la même corde, en même temps que le son principal, il faut supposer que la corde fait à-la-fois des vibrations entières et des vibrations partielles, et que ses vibrations effectives sont composées de ces différentes vibrations, comme tout mouvement peut être composé ou regardé comme composé de plusieurs autres mouvemens.

Nous avons déjà vu plus haut (art. 47) qu'on ne peut expliquer d'une manière plausible la coexistence des sons harmoniques, par la formule de Daniel Bernoulli; on peut ajouter que les séries qui pourraient donner ces différens sons disparaissent de la formule, lorsqu'on suppose le nombre des corps infini, et qu'il en résulte pour chaque point de la corde, une loi d'isochronisme simple et uniforme, qui dépend immédiatement et simplement de l'état initial, comme nous venons de le démontrer.

Au reste, si on voulait à toute force expliquer la résonnance multiple des cordes par les vibrations composées, il faudrait regarder la figure initiale, par exemple, comme formée de différentes courbes superposées l'une à l'autre, de manière que l'une serve d'axe à la suivante, et dont la première ne forme qu'une branche dans toute l'étendue de la corde; la seconde forme deux branches égales et placées symétriquement, qui divisent l'axe en deux parties égales; la troisième forme trois branches égales qui divisent l'axe en trois parties égales, et ainsi de suite.

Alors les vibrations de la corde pourront être regardées comme composées de vibrations entières dans toute la longueur de la corde, et de vibrations qui ne répondent qu'à la moitié de la corde, au tiers, au quart, etc. Mais cette composition de courbes et de vibrations n'étant qu'hypothétique, les conséquences qu'on pourrait en déduire, relativement à la coexistence des sons harmoniques, seraient tout-à-fait précaires.

60. Revenons à la formule générale trouvée dans l'article 55. Comme les quantités $\alpha_{x+lh't}$ et $\alpha_{x-lh't}$ sont les coordonnées d'une courbe donnée, qui répondent aux abscisses $x+lh't$ et $x-lh't$, on peut les représenter par des fonctions de ces abscisses, de la même forme. Ainsi en désignant par la caractéristique F une fonction indéterminée, on aura

$$\alpha_{x+lh't} = \mathrm{F}(x+lh't), \qquad \alpha_{x-lh't} = \mathrm{F}(x-lh't).$$

Pareillement, en prenant une autre fonction désignée par la caractéristique f, on pourra faire

$$(\int \alpha dx)_{x+lh't} = \mathrm{f}(x+lh't), \quad (\int \alpha dx)_{x-lh't} = \mathrm{f}(x-lh't).$$

Ainsi l'expression de ξ_x (art. 55) pourra se mettre sous cette forme

$$\xi_x = \frac{\mathrm{F}(x+lh't)+\mathrm{F}(x-lh't)}{2} + \frac{\mathrm{f}(x+lh't)-\mathrm{f}(x-lh't)}{2lh'},$$

dans lesquelles les fonctions marquées par les caractéristiques F et f sont arbitraires, puisqu'elles dépendent de l'état initial de la corde.

On peut même réduire cette expression à une forme plus simple, en observant que $\frac{\mathrm{F}(x+lh't)}{2} + \frac{\mathrm{f}(x+lh't)}{2lh'}$ ne représente proprement qu'une fonction de $x+lh't$ qu'on peut marquer par la caractéristique Φ, et que $\frac{\mathrm{F}(x-lh't)}{2} - \frac{\mathrm{f}(x+lh't)}{2lh'}$ ne représente aussi qu'une seule fonction de $x-lh't$, mais différente de la précédente, et qu'on peut marquer par une autre caractéristique Ψ.

De cette manière, l'expression générale de ξ deviendra simplement

$$\xi = \Phi(x+lh't) + \Psi(x-lh't).$$

61. On peut parvenir directement à cette expression par l'équation différentielle qui détermine la variable ξ (art. 31). Cette équation, en faisant $\frac{d\Pi}{da}=0$ et F' constant, comme dans l'article 32, et changeant la caractéristique D des différences finies dans la caractéristique d des différences infiniment petites, devient

$$\frac{d^2\xi}{dt^2}\,dm - F'd\left(\frac{d\xi}{df}\right) = 0.$$

Si maintenant on fait $df = dx$, $dm = \frac{Mdx}{l}$, et $h' = \sqrt{\frac{F'}{lM}}$ cette équation devient

$$\frac{d^2\xi}{dt^2} - l^2h'^2\frac{d^2\xi}{dx^2} = 0,$$

laquelle est aux différences partielles du second ordre, entre les trois variables ξ, x et t, et qui a pour intégrale complète

$$\xi = \Phi(x + lh't) + \Psi(x - lh't),$$

les signes Φ et Ψ dénotant deux fonctions arbitraires comme ci-dessus.

Ces fonctions doivent être déterminées par l'état initial de la corde, et par les conditions que ses deux bouts soient fixes. Si on les décompose en deux autres fonctions marquées par les signes F et f, et telles que $\Phi = \frac{\mathrm{F}}{2} + \frac{\mathrm{f}}{2lh'}$ et $\Psi = \frac{\mathrm{F}}{2} - \frac{\mathrm{f}}{2lh'}$, de manière que l'on ait

$$\xi = \frac{\mathrm{F}(x+lh't) + \mathrm{F}(x-lh't)}{2} + \frac{\mathrm{f}(x+lh't) - \mathrm{f}(x-lh't)}{2lh'},$$

comme nous l'avons déduit de notre construction; la première condition donnera, en faisant $t = 0$, $\xi = \mathrm{F}x = \alpha$ et $\frac{d\xi}{dt} = \mathrm{f}'x = \dot{\alpha}$; d'où l'on tire $\mathrm{f}x = \int \dot{\alpha} dx$; ainsi on a tout de suite les valeurs des fonctions $\mathrm{F}x$ et $\mathrm{f}x$ dans toute l'étendue l de la corde, par le moyen des valeurs initiales α et $\dot{\alpha}$.

Les conditions de l'immobilité des extrémités de la corde donnent $\xi = 0$ lorsque $x = 0$ et lorsque $x = l$, quelle que soit la valeur de t. En assujétissant séparément, ce qui est permis, à ces deux conditions, les deux fonctions F et f, on a pour la première

$$\mathrm{F}(-lh't) = -\mathrm{F}(lh't), \quad \mathrm{F}(l + lh't) = -\mathrm{F}(l - lh't),$$

et

et pour la seconde

$$f(-lh't) = f(lh't), \qquad f(l+lh't) = f(l-lh't),$$

ce qui donne par la différentiation

$$-f'(-lh't) = f'(lh't), \qquad f'(l+lh't) = -f'(l-lh't),$$

où l'on voit que les conditions de la fonction f' sont les mêmes que celles de la fonction F.

Ces conditions déterminent les valeurs des fonctions Fx, $f'x$ pour les abscisses x négatives ou plus grandes que l, d'après les valeurs de ces fonctions pour les abscisses comprises entre o et l; et il est facile de voir qu'il en résulte les constructions données dans les articles 52 et 53.

Si au lieu des excursions longitudinales ξ, on considère les excursions transversales η ou ζ, on a la même équation différentielle, et par conséquent aussi la même intégrale et les mêmes constructions, en changeant seulement h' en h, et $\dot{\alpha}$, α en β, β ou en γ, $\dot{\gamma}$.

Ces constructions sont semblables à celle qu'Euler avait donnée pour déterminer la figure de la corde dans un instant quelconque, d'après sa figure initiale, en faisant abstraction des vîtesses imprimées au commencement du mouvement. Mais il faut remarquer que comme elles ne sont fondées ici que sur les fonctions qui représentent les intégrales des équations aux différences partielles, elles ne peuvent avoir plus d'étendue que ne comporte la nature des fonctions, soit algébriques ou transcendantes. Or l'équation différentielle étant la même pour tous les points de la corde et pour tous les instans de son mouvement, la relation qu'elle représente doit régner constamment et uniformément entre les variables, quelque étendue qu'on leur donne; par conséquent, quoique les fonctions arbitraires soient en elles-mêmes d'une forme indéterminée, néanmoins lorsque cette forme est donnée dans une certaine étendue par l'état initial de la corde, il est naturel d'en conclure qu'elle doit demeurer la même dans toute l'étendue de la fonction, et qu'il n'est pas permis de la changer pour la plier aux conditions qui dépendent de l'immobilité supposée des extrémités de la corde.

Aussi d'Alembert, à qui on doit la découverte de cette intégrale en fonctions arbitraires, a toujours soutenu que la construction qui en résulte n'est légitime que lorsque la courbe initiale est telle, qu'elle ait par sa nature, des branches alternatives égales et semblables, toutes renfermées dans une même équation, pour que la même fonction puisse représenter cette courbe avec toutes ses branches à l'infini. Euler, au contraire, en adoptant la solution analytique de d'Alembert, a cru qu'il suffisait de transporter la courbe initiale alternativement au-dessus ou au-dessous de l'axe à l'infini, pour en former une courbe continue, sans s'embarrasser si ses différentes branches pouvaient être liées par une même équation, et assujéties à la loi de continuité des fonctions analytiques. Voyez les Mémoires de Berlin de 1747, 1748, et les tomes I et IV des Opuscules de d'Alembert.

62. Comme les formules qui donnent le mouvement d'une corde tendue et chargée d'un nombre indéfini de corps égaux, ne sont sujettes à aucune difficulté, parce que le mouvement de chaque corps est déterminé par une équation particulière, il est évident que si on peut appliquer ces mêmes formules au mouvement d'une corde uniformément épaisse, en supposant le nombre des corps infini, et leurs distances mutuelles infiniment petites, la loi qui en résultera pour les vibrations de la corde, sera entièrement indépendante de son état initial; et si cette loi se trouve la même que celle qui se déduit de la considération des fonctions arbitraires, il sera prouvé que ces fonctions peuvent être d'une forme quelconque, continue ou discontinue, pourvu qu'elles représentent l'état initial de la corde. C'est ainsi que je démontrai, dans le premier volume des Mémoires de Turin, la construction d'Euler, qui n'était encore fondée que sur des preuves insuffisantes. L'analyse que j'y employai

est, à quelques simplifications près que j'y ai apportées depuis, la même que je viens de donner, et j'ai cru qu'elle ne serait pas déplacée dans ce Traité, parce qu'elle conduit directement à la solution rigoureuse d'une des questions les plus intéressantes de la Mécanique.

La généralité des fonctions arbitraires et leur indépendance de la loi de continuité, étant démontrées pour l'intégrale de l'équation relative aux vibrations des cordes sonores, on est fondé à admettre ces fonctions, de la même manière, dans les intégrales des autres équations aux différences partielles; j'ai même fait voir, dans le second volume des Mémoires cités, comment on pouvait intégrer plusieurs de ces équations, sans la considération des fonctions arbitraires, et parvenir aux mêmes solutions que l'on trouverait par le moyen de ces fonctions, envisagées dans toute leur étendue.

Maintenant le principe de la discontinuité des fonctions est reçu généralement pour les intégrales de toutes les équations aux différences partielles; et les constructions que M. Monge a données d'un grand nombre de ces équations, jointes à sa théorie de la génération des surfaces par les fonctions arbitraires, ne laissent plus aucune incertitude sur l'emploi des fonctions discontinues dans les problèmes qui dépendent des équations de ce genre.

63. C'est une chose digne de remarque, que la même formule

$$\xi = \Phi(x + kt) + \Psi(x - kt),$$

qui satisfait à l'équation en différences partielles,

$$\frac{d^2\xi}{dt^2} - k^2 \frac{d^2\xi}{dx^2} = 0,$$

satisfait aussi à la même équation en différences finies, qu'on peut représenter par

$$\frac{D^2\xi}{Dt^2} - k^2 \frac{D^2\xi}{Dx^2} = 0,$$

pourvu qu'on y suppose $Dx = kDt$, et Dt constant. En effet on a, en ne faisant varier que l'x,

$$D^2{}_{,}\Phi(x+kt)=\Phi(x+Dx+kt)-2\Phi(x+kt)+\Phi(x-Dx+kt),$$

et en ne faisant varier que le t,

$$D^2{}_{,}\Phi(x+kt)=\Phi(x+kt+kDt)-2\Phi(x+kt)+\Phi(x+kt-kDt),$$

expressions qui deviennent égales en faisant $Dx = kDt$; et on trouvera la même chose pour la fonction $\Psi(x-kt)$.

Dans l'infiniment petit, la condition $dx = kdt$ disparaît, et l'intégrale a toujours lieu; la raison en est qu'alors l'expression $\frac{d^2\xi}{dt^2}$, qui paraît représenter la différence seconde de ξ, divisée par le carré de la différence de t, n'est plus qu'un symbole qui exprime une fonction simple de t dérivée de la fonction primitive ξ et différente de cette fonction, laquelle est tout-à-fait indépendante de la valeur de dt. Il en est de même de l'expression $\frac{d^2\xi}{dx^2}$, par rapport à x; c'est dans ce changement de fonctions que consiste réellement le passage du fini à l'infiniment petit et l'essence du calcul différentiel.

64. J'ajouterai encore ici une remarque qui peut être utile dans plusieurs occasions; elle a pour objet une nouvelle méthode d'interpolation qui résulte des formules de l'article 48.

Nous avons vu que la formule

$$\frac{2}{n+1}\,\Sigma\left(\sin\left(\frac{r\rho\pi}{n+1}\right) S \sin\left(\frac{s\rho\pi}{n+1}\right)\times \alpha_{,}\right)$$

devient égale à α_r lorsque $r = 1, 2, 3$, etc., n. Donc si on a une suite de quantités α_1, α_2, α_3, etc., α_n, dont le nombre soit n, on pourra représenter par la formule précédente un terme quelconque intermédiaire dont le rang serait marqué par un nombre quelconque r entier ou fractionnaire, puisqu'en faisant successivement $r = 1, 2, 3$, etc., n, la formule donne α_1, α_2, α_3, etc., α_n.

Le signe S indique la somme de tous les termes qui répondent à $s = 1, 2, 3$, etc. n, et le signe Σ la somme de tous les termes qui répondent à $\rho = 1, 2, 3$, etc., n, la quantité π étant l'angle de deux droits.

Supposons qu'il n'y ait qu'un terme α_1 donné, on fera $n = 1$, $s = 1$, $\rho = 1$, et l'on aura pour l'expression générale de α_r,

$$\alpha_r = \alpha_1 \sin \frac{r\pi}{2}.$$

Soit $n = 2$, et les deux termes donnés α_1, α_2, on fera $s = 1, 2$, $\rho = 1, 2$, et l'on aura

$$\alpha_r = \frac{2}{3}\left(A' \sin \frac{r\pi}{3} + A'' \sin \frac{2r\pi}{3}\right),$$

en supposant

$$A' = \alpha_1 \sin \frac{\pi}{3} + \alpha_2 \sin \frac{2\pi}{3},$$
$$A'' = \alpha_1 \sin \frac{2\pi}{3} + \alpha_2 \sin \frac{4\pi}{3}.$$

Soit $n = 3$, et les termes donnés α_1, α_2, α_3, on fera $s = 1, 2, 3$, et $\rho = 1, 2, 3$, on aura

$$\alpha_r = \frac{2}{4}\left(A' \sin \frac{r\pi}{4} + A'' \sin \frac{2r\pi}{4} + A''' \sin \frac{3r\pi}{4}\right)$$

où les coefficiens A', A'', A''', sont déterminés par ces formules

$$A' = \alpha_1 \sin \frac{\pi}{4} + \alpha_2 \sin \frac{2\pi}{4} + \alpha_3 \sin \frac{3\pi}{4},$$
$$A'' = \alpha_1 \sin \frac{2\pi}{4} + \alpha_2 \sin \frac{4\pi}{4} + \alpha_3 \sin \frac{6\pi}{4},$$
$$A''' = \alpha_1 \sin \frac{3\pi}{4} + \alpha_2 \sin \frac{6\pi}{4} + \alpha_3 \sin \frac{9\pi}{4},$$

et ainsi de suite.

Dans la méthode ordinaire d'interpolation, on suppose qu'on

fasse passer par les extrémités des ordonnées qui représentent les termes donnés, une courbe parabolique de la forme

$$y = a + bx + cx^2 + cx^3 + \text{etc.}$$

Dans la méthode précédente, au lieu d'une courbe parabolique, on suppose une courbe de la forme

$$y = A' \sin\left(\frac{\pi x}{a}\right) + A'' \sin\left(\frac{2\pi x}{a}\right) + A''' \sin\left(\frac{3\pi x}{a}\right) + \text{etc.},$$

et il y a bien des cas où cette supposition peut être préférable, comme plus conforme à la nature de la question.

FIN DU TOME PREMIER.

ERRATA.

Page 71, lig. 15, *au lieu de* cinquième, *lisez* sixième.
—— 27, — 5, *au lieu de* $\delta.S\Pi dm = 0$, *lisez* $\delta.S\Pi dm + a\delta.Sdm = 0$
—— 102, — 4, *à compter d'en bas, au lieu de* λU, *lisez* U
—— 148, — 10, *au lieu de* antérieures, *lisez* extérieures
—— 173, — 6, *au lieu de* art. 58, *lisez* art. 60
——*Ibid.*, — 10, *au lieu de* $\delta\lambda$, $\delta\mu$, $\delta\nu$, *lisez* δl, δm, δn
—— 368, — 4, *au lieu de* fonctions, *lisez* forces
—— 403, — 6, *au lieu de* 1, *lisez* $\frac{n+1}{2}$
—— 405, — 15, *au lieu de* dans les valeurs de s, s', *lisez* dans les formules

Printed in the United States
By Bookmasters

Printed in the United States
By Bookmasters